營造工程管理技術士技能檢定
術科精華解析

社團法人台灣中小型營造業協會
楊秉蒼
編著

全華圖書股份有限公司 印行

☆物價指數調整補貼爭取活動剪影

94.05.04 傅會長義信率自救會會員，拜會行政院公共工程委員會與郭主委瑤琪協商物調補償事宜。

94.09.13 傅會長義信率自救會會員，由林滄敏立委帶領前往立法院陳情物調補償事宜。

94.09.13 傅會長義信率自救會會員，與林滄敏立委討論前往立法院陳情物調補償事宜。

94.12.26 傅會長義信率自救會會員，拜會高雄市政府與郝秘書長建生協商物調補償事宜。

95.08.04 傅理事長義信率理監事及會員由羅志明立委陪同拜會行政院公共工程委員會吳主委澤成協商物調補償事宜。

95.01.13 傅會長義信率自救會會員，拜會高雄市政府葉市長菊蘭協商物調補償事宜。

95.04.27 傅理事長義信率理監事及高雄縣會員拜會高雄縣政府楊縣長秋興協商物調補償事宜。

95.05.10 傅理事長義信率理監事及屏東縣會員拜會屏東縣政府古副縣長源光協商物調補償事宜。

95.07.27 傅理事長義信率理監事及台南市會員拜會台南市政府許添財市長協商物調補償事宜。

95.08.07 傅理事長義信率理監事及雲林縣會員拜會雲林縣政府張主任秘書哲誠協商補償事宜。

95.08.30 傅理事長義信率理監事及嘉義縣會員拜會嘉義縣政府黃副縣長癸楠協商物調補補償事宜償事宜。

96.01.10 傅理事長義信率理監事及台南縣市會員拜會台南縣政府蘇縣長煥智協商物調補償事宜。

☆ 台灣中小型營造業協會拜會縣市圖 ☆

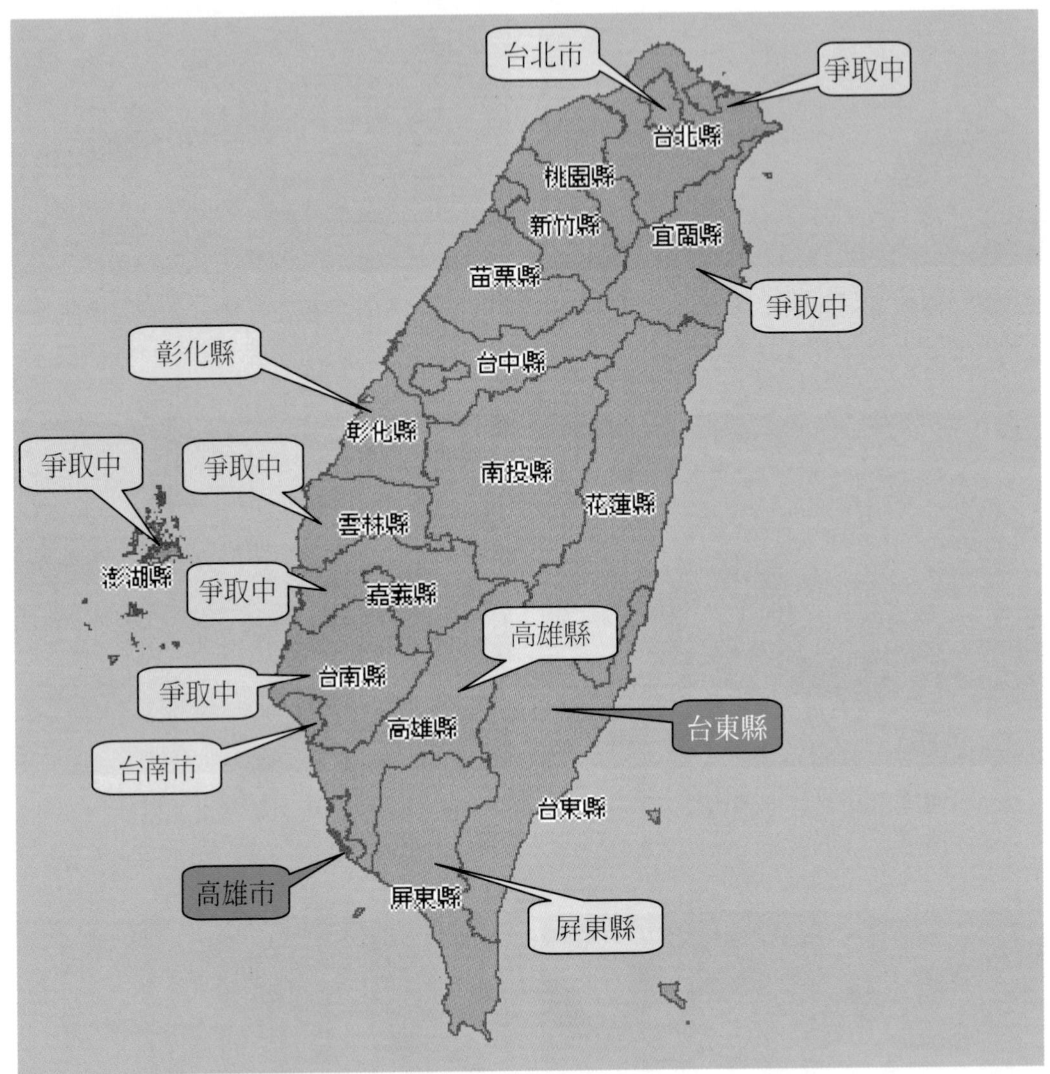

■ 已領補貼款縣市：高雄市、台東縣。

■ 允諾補貼縣市：台北市、高雄縣、台南市、彰化縣、屏東縣。

■ 爭取補貼縣市：雲林縣、嘉義縣、台南縣、基隆市、澎湖縣、宜蘭縣。

尚未拜會縣市：台北縣、桃園縣、新竹市、新竹縣、苗栗縣、台中市、台中縣、南投縣、嘉義市、花蓮縣。

理事長序

鑑於政府針對物價調整補貼事宜漠視中小型營造業者之權益，爲求爭取中小型營造業者的生存權以及政府對其應有之關愛的眼神，全國中小型營造業集眾人之力於民國 94 年 3 月 20 日成立『營造業物價指數調整補貼爭取自救會』(以下簡稱自救會)進行請願。然一年多來自救會針對物調補貼事宜向中央或地方政府請願的過程卻遭受到被敷衍、輕蔑等非理性的對待，以致於最終走上街頭抗爭請願之結果。由於自救會欠缺法人的位階，因此當與政府部門交涉之時，使人驚覺自救會在政府眼中之地位原來竟是如此卑微，所以請願之路一路走來才令人倍感艱辛，亦令人百感交集，更深覺成立法人作爲中小營造業者權益之代言人，已經有其必要性及其急迫性。

面對此艱困之情勢，幸好自救會全國會員皆能愈挫愈勇，並持續熱情支持，且形成一股沛然莫之能禦之動力。於是乎在全體會員共同努力下，排除萬難，終於獲得政府核准籌設眞正屬於全國中小營造廠商的協會，她的名字爲『台灣中小型營造業協會』(以下簡稱營造協會)，核准字號爲 94 年 12 月 2 日台內社字第 0940044585 號。

本著營造協會所有資源爲所有會員共享，至於攸關會員過去所失去的權益及未來要爭取的權益，皆可交由協會來協助爭取之信念。因此擬定台灣中小型營造業協會成立宗旨係針對中小型營造業者需求，提供相關性服務，以求改善中小營造業者之經營環境。並代表全國中小營造業者與學術機構及政府部門進行交流參與討論，傳達業界心聲，以謀求自由化、合理化與制度化的營建市場機制，進而提昇產業成長。『台灣中小型營造業協會』爲因應自身任務之需要，因而設置下述相關委員會：1.評鑑委員會。2.工程爭議處理委員會。3.法規委員會。4.學術委員會。5.公關暨服務委員會。此外，針對營造業人才培訓方面，本協會設置有職業教育訓練中心，有關課程之安排皆配合職業所需，並遴聘各領域具試題分析能力、輔導考照之資深實務及教學經驗的專業講師組成講師群授課且精心編輯命中率極高之題庫提供學員研讀，協助學員通過證照之檢定。

本協會所開設之『營造工程管理技術士進修班』，係基於『工地主任班』已停辦近八年之久，致使業界的菁英人才長久以來無法取得證照，歷經各界努力之下，勞委會於 95 年 9 月起恢復舉辦技術士技能檢定，職類名稱訂為『營造工程管理』。參加此檢定考試，也是目前依法取得工地主任證照之方式。因為按營造業工地主任管理辦法規定，取得『工地主任』之資格，需先通過由行政院勞工委員會辦理之『營造工程管理技術士』之檢定，通過檢定取得營造工程管理甲級技術士證照之後，再由中央主管機關核發工地主任執業證者，始得擔任『工地主任』一職。

2006. 2. 26 於高雄圓山飯店

台灣中小型營造業協會
理事長　傅義信　謹識

自序

政府為提高營造業技術水準，確保營繕工程施工品質，促進營造業健全發展，增進公共福祉，於民國九十二年立法通過營造業法。期間為有效落實營造業法三十二條工地主任職務之設置，行政院勞工委員會於九十五年底正式推動營造工程管理技術士技能檢定，以期透過合法之考試認證制度，提供優秀之營造工地主任人才為營造業所用。

由於營造工程管理技術士檢定之考試範圍包含十二大營建領域;加上證照檢定工作，推動尚未滿一年，為能提供營造業從業人員更多考情來源，在台灣中小型營造業協會理事長 傅義信 熱忱感召下，著者以數月時間，日以繼夜，著手編撰“營造工程管理技術士技能檢定術科精華解析”一書，以期輔助營造從業人員迅速掌控考試方向，使考試準備工作達到事半功倍之效。此外，本書撰寫過程為確保解答之合理性，解析方向儘量以中國國家標準(CNS)、營建法規條文或政府出版資料為解答參考基礎，以避免看法不同產生模糊之解答。

著者才疏學淺，內容如有疏漏誤謬之處，尚祈各界先進不吝賜教。並向目前仍為營建工程未來奮鬥的工程先進致上崇高的敬意。最後，再度感謝協會傅義信理事長及林貝眞秘書從旁協助及督促，若沒有他們的熱忱及關心，本書迄今可能無法如期出版。本書撰寫之際著者正逢失父之痛及得子之悅的情境中，心情難以言喻，但仍要感謝一路陪我走過來的家人及朋友，更要感謝始終陪在身邊的老婆昭妏，感謝您幫我生個胖兒子楊錸。

本書引用之各項商標及資料，分屬各所有人擁有，相關參考資料均列於參考文獻，資料引用之目的，僅作為教育學習之用。本書若有遺漏商標聲明或參考文獻者，尚請不吝告知，改版修正之。

心經開門
無心菩提

(著書版稅僅作爲協會發展基金及公益慈善之用)

作者：楊秉蒼

賜教處：正修科技大學 土木與工程資訊系

地址：833 高雄縣鳥松鄉澄清路 840 號

電話：(07)731-0606 轉 3108

E-mail：yanglu@csu.edu.tw

Homepage：http://140.127.123.222/aseip_folder/teacher/kms/index.htm

楊秉蒼　謹識

編輯部序

「系統編輯」是我們的編輯方針，我們所提供給您的，絕不只是一本書，而是關於這門學問的所有知識，它們由淺入深，循序漸進。

本書撰寫過程為確保解答之合理性，解析方向儘量以中國國家標準(CNS)、營建法規條文或政府出版資料為解答參考基礎，以避免看法不同產生模糊之解答。本書引用之各項商標及資料，分屬各所有人擁有，相關參考資料均列於參考文獻，資料引用之目的，僅作為教育學習之用。

若您對於本書有任何問題，歡迎來函聯繫，我們將竭誠為您服務。

目 錄

第 **1** 章 營造工程管理技術士技能檢定規範 1-1

第 **2** 章 一般土木建築工程圖說之判讀與繪製 2-1

第 **3** 章 基本法令 3-1

第 **4** 章 測量與放樣 4-1

第 **5** 章 假設工程與施工機具 5-1

第 **6** 章 結構體工程 6-1

第 **7** 章 工程管理 7-1

第 **8** 章 施工計畫與管理 8-1

第 **9** 章 契約與規範 9-1

第 **10** 章 勞工安全與衛生 10-1

第 **11** 章 土方工程 11-1

第 **12** 章 地下工程(含基礎工程) 12-1

第 **13** 章 機電與設備 13-1

附錄 **A** 參考文獻 A-1

1

營造工程管理技術士技能檢定規範

營造工程管理技術士技能檢定規範

技能檢定規範之一八〇〇〇
營造工程管理
行政院勞工委員會
營造工程管理技術士技能檢定規範

壹、營造工程管理技術士技能檢定規範說明

一、營造工程管理技術士檢定規範係依據職業訓練法及配合營造業工地主任所需之技能予以訂定，以提高營造業技術水準，確保工程施工品質與施工安全。

二、依營造業法第三十二條之規定，營造業之工地主任應負責辦理下列工作：

1. 依施工計畫書執行按圖施工。
2. 按日填報施工日誌。
3. 工地之人員、機具及材料等管理。
4. 工地勞工安全衛生事項之督導、公共環境與安全之維護及其他工地行政事務。
5. 工地遇緊急異常狀況之通報。
6. 其他依法令規定應辦理之事項。

營造業承攬之工程，免依第三十條規定置工地主任者，前項工作，應由專任工程人員或指定專人爲之。

另依營造業法第四十一條之規定工程主管或主辦機關於勘驗、查驗或驗收工程時，營造業之專任工程人員及工地主任應在現場說明，並由專任工程人員於勘驗、查驗或驗收文件上簽名或蓋章。

未依前項規定辦理者，工程主管或主辦機關對該工程應不予勘驗、查驗或驗收。

三、本職類規範之工作範圍與專業範圍如下：

1. 一般土建工程圖說之判讀與繪製。

2. 基本法令。
3. 測量與放樣。
4. 假設工程與施工機具。
5. 結構體工程。
6. 工程管理。
7. 施工計畫與管理。
8. 契約規範。
9. 勞工安全與衛生。
10. 土方工程。
11. 地下工程(含基礎工程)。
12. 機電與設備。

四、 本職類檢定規範之重點

依營造工程實際需要，本職類規範依技能之工作範圍及專精程度，分甲、乙級。甲級其工作範圍及應具備技能標準如下：

※ 工作範圍：從事營造業法第32條及41條所訂工地主任應負責辦理工作。

※ 技能標準：須具備營建工程等專業工程之管理能力、施工圖之識讀、施工安全、機具、材料管理及應有之職業道德。

五、 本職類技術士檢定規範於公告後實施。

貳、營造工程管理技術士技能檢定規範

93年4月9日勞中二字第0930200061號公告

級別：甲級

工作範圍：從事營造業法第三十二條所訂工地主任應負責辦理工作。

應具知能：應具備下列各項工作項目、技能種類、技能標準及相關知識。

工作項目	技能種類	技能標準	相關知識
一、一般土木建築工程圖說之判讀與繪製	(一) 土木建築工程圖說之判讀	1. 能正確地識別各種土木建築工程圖示符號。 2. 能熟悉工程圖內容之用意。 3. 能判別一般構材之用料、尺寸及構造方式。 4. 能熟悉施工相關說明之內容。	※ 瞭解一般土木建築工程圖符號。 ※ 瞭解基層公共工程基本圖。 ※ 瞭解土木建築工程圖。 ※ 瞭解一般土木建築構造各種基本學理。 ※ 瞭解施工說明書之一般規定。
	(二) 給排水、衛生、消防、設備管線工程圖說判讀	1. 能正確地識別給排水、衛生設備、消防設備之各種配管管線、管件、器具、計器等主要之符號。 2. 能依瞭解之管線配置與土木建築配合，而不影響土木建築結構，並將不合理之管線位置，預先加以建議改善。	※ 瞭解土木建築工程給排水、衛生、消防工程管線圖。 ※ 瞭解給排水、衛生、消防設備符號。 ※ 瞭解給排水配管與土木建築空間的相互關係。
	(三) 電氣管線工程圖說判讀	1. 能正確地識別：(1)室內照明系統、(2)普通插座、(3)動力插座、(4)動力配管、(5)幹線系統配管、配線等主要符號。 2. 能依工程圖說之管線配置指導電氣工程人員與土木建築工程人員配合施工。	※ 瞭解電氣配線的種類及其表示符號。 ※ 瞭解電氣配管與土木建築空間的關係。
	(四) 裝修工程圖說判讀	1. 能識別裝修工程圖說。 2. 能依裝修工程圖之需要，預先於建築施工中安排預埋配件。	※ 瞭解建築裝修工程圖說。 ※ 瞭解土木建築透視圖。

工作項目	技能種類	技能標準	相關知識
	(五) 工程圖繪	1. 能依土木建築工程圖繪製合宜之模版施工圖。 2. 能依土木建築工程圖及相關技術規則或規範之規定繪製鋼筋施工圖。 3. 能依工程需要繪製工作架施工圖。	※ 瞭解模版施工圖繪製法。 ※ 瞭解鋼筋施工圖繪製法。 ※ 瞭解工作架之種類、規格、架構方式及施工圖繪製法。
	(六) 弱電系統管線	能督導工程人員依工程圖說完成工程並檢核。	※ 瞭解弱電系統管線等相關知識。
二、基本法令	(一) 營造業法及有關法令	能依營造業法之相關規定從事工地主任之工作。	※ 瞭解營造業法之相關法令。
	(二) 建築工程有關基本法令	能依建築法及建築技術規則相關規定從事工地主任之工作。	※ 瞭解建築法等有關法令。 ※ 瞭解建築技術規則及其規範相關規定。
	(三) 政府採購法及公共工程有關法令	能依政府採購法有關公共工程採購、品管及相關施工規範規定從事工地主任之工作。	※ 瞭解政府採購法有關公共工程及其採購、品管及相關施工規範之法令。
	(四) 其他與營建工程相關之基本法令	能熟悉其他與營建工程相關法令從事工地主任之工作。	※ 瞭解交通及消防法規、勞工安全衛生與環境保護及其他與工地主任執行業務相關法令之架構。
三、測量與放樣	(一) 高程測量	1. 能督導工程人員使用水準儀作直接水準測量，且不逾規定誤差。 2. 能督導工程人員以經緯儀作三角高程測量，且在規定精度以內。 3. 能督導工程人員作高程測量之計算。	※ 瞭解水準點之分佈要領及設置方法。 ※ 瞭解高程控制測量所需之精度。 ※ 瞭解各項誤差發生的原因及避免或消除誤差的方法。 ※ 瞭解高程測量之計算。

工作項目	技能種類	技能標準	相關知識
	(二) 地物點之平面位置及高程測量	1. 能督導工程人員使用各類儀器，以適當之方法，依平面控制測量成果，測量地物點之平面位置及依據已知點，測點地物點之高程。 2. 能督導工程人員明確判讀地形圖的各種圖示及內容。	※ 瞭解測量地物點位置及高程之各種方式。 ※ 瞭解測量地物點位置及高程所需之精度。 ※ 瞭解地形圖之繪製方法。
	(三) 路線測量	1. 能督導工程人員完成路線之中線測量，且不逾規定誤差。 2. 能督導工程人員作縱橫斷面測量，且不逾規定誤差。 3. 能督導工程人員配合地面情況，能以不同方法，佈設各種曲線，且不逾規定誤差。 4. 能督導工程人員佈設坡度樁及邊坡樁，且不逾規定誤差。 5. 能督導工程人員完成土方計算。	※ 瞭解路線工程圖說。 ※ 瞭解各種曲線佈設之計算方法。 ※ 瞭解曲線佈設之測設方法。 ※ 瞭解曲線佈設所需之精度。 ※ 瞭解曲線測設誤差之原因及其消除或避免之方法。 ※ 瞭解土方之各種計算方法。
	(四)工程放樣	1. 能督導工程人員以儀器按工程圖樣，正確釘出施工標的物位置及樁位，且達所需精度。 2. 能督導工程人員釘設板樁，確定施工標的物(房屋、橋樑、跑道、溝渠等)之位置及高度。	※ 瞭解工程圖說。 ※ 瞭解工程放樣方法。 ※ 瞭解工程放樣所需之精度。 ※ 瞭解相關法令。

工作項目	技能種類	技能標準	相關知識
	(五) 施工中檢測	能督導工程人員依工程圖說的已知數據使用適當儀器及正確測量方法，對施作中的標的物進行檢核測量，並能計算是否合於規定的精度。	※ 瞭解工程圖說。 ※ 瞭解工程檢測方法。 ※ 瞭解工程測量所需之精度。 ※ 瞭解相關法令。
四、假設工程與施工機具	(一) 安全圍籬、安全走廊及安全護欄	能依營建工程工地之需要設置各項安全圍籬、安全走廊及安全護欄及相關設施。	※ 瞭解營建工地之各項安全圍籬、安全走廊、安全護欄設施及配置。
	(二) 臨時建築物及危險物儲藏所	能依營建工程之屬性設置各項工程中所需之臨時性建築物(工務所、工寮)及營建材料儲藏空間。	※ 瞭解臨時性建物及各項儲藏室所需空間及設置標準。
	(三) 臨時施工通路、便道、通道	能規劃及督導設置工程施工所需之各項動線。	※ 瞭解工程施工之各項動線及機能。
	(四) 緊急避難及墜落物之防護	能配合工程之所需規劃及設置預防物體墜落及緊急避難設施。	※ 瞭解緊急避難及墜落物工程相關實務及法令之相關規定。
	(五) 臨時水電及各項支援設備工程	能依工地之條件及工程需要規劃配置各項臨時水電工程及相關支援設備。	※ 瞭解臨時性之水電及相關支援設備之作業規定。
	(六) 公共設施遷移及鄰近構造物之保護措施	能依相關規定及作業程序指導有關工程人員完成公共設施遷移及鄰近構造物之保護措施等工作。	※ 瞭解各項設施物遷移作業程序、規定、鄰近構造物鑑定及敦親睦鄰等工作。
	(七) 公共衛生設施及清潔	能依各工地位址法令之規定規劃完成及配置各項工地衛生清潔管理。	※ 瞭解營建工程衛生及清潔等事宜。

工作項目	技能種類	技能標準	相關知識
	(八) 工作架(含鷹架及施工架)	能配合工程施工及監造管理需要，設置各項施工架及工作台等。	※ 瞭解施工架、工作架等支撐之結構安全作業。
	(九) 吊裝工程施工機具	能適度安排各項營建工程所需吊裝(輪吊、塔吊、施工電梯)機具之操作管理及規定等作業安全。	※ 瞭解吊裝各項機具之性能、特殊條件、操作程序、檢查標準等規定。
五、結構體工程	(一) 木構造工程	能依建築法規及施工規範之規定，督導工作人員完成各項木構造設施物材料結合及各項檢測等工作。	※ 瞭解木構造之結構要求，材料結合及木材之相關知識。
	(二) 磚構造工程(含加強磚造、混凝土空心磚造)	能依建築法規及施工規範之規定，督導工作人員完成各項磚構造設施物各項檢測等工作。	※ 瞭解磚構造、加強磚造及混凝土空心磚造等之結構要求，黏結材料及磚材之相關知識。
	(三) 鋼結構工程材料	能依建築法規及鋼結構工程施工規範之規定，督導工作人員依圖說材料之規定完成工作。	※ 瞭解鋼構造之規範、規格及各項作業標準。 ※ 瞭解鋼構作業之各項材料切斷、鑽孔、接合等專業知識。
	(四) 鋼結構工程製造、吊裝及組立	1. 能依鋼構施工圖說進行查驗工程所需之鋼構材品質。 2. 能督導鋼構作業人員依圖總規定進行製造。 3. 能督導施工人員依設計圖說之規定進行各項按裝作業。 4. 能督導工程人員做好各項安全預防措施。	※ 瞭解鋼構造之規範、規則及各項作業標準。 ※ 瞭解鋼構作業之各項放樣、裁切、鑽孔及各式結合等專業知識。

工作項目	技能種類	技能標準	相關知識
	(五) 鋼結構工程檢測	1. 能依鋼構工程圖說安排工程所需之各項檢測。 2. 能督導鋼構工程人員依圖說規定進行各項檢測。	※ 瞭解鋼構造之規範、規則及各項作業標準。
	(六) 混凝土工程材料及配比	1. 能督導工程人員依圖說之規定從事混凝土各項材料(水泥、摻料、水、粒料)等之使用及儲存、檢驗。 2. 能督導工程人員依合約及圖說之規定配比製作符合規範之混凝土。	※ 瞭解混凝土材料之一般規定及水泥、摻料、水、粒料等之管制、儲存。 ※ 能督導工程人員依合約及圖說之規定配比製作符合規範規定之混凝土。
	(七) 混凝土模板工程	1. 能督導工程人員依施工圖說之規定完成模板材料之選用及模板組立。 2. 能督導工程人員完成檢驗、拆模，再撐等工作。	※ 瞭解各種模板之強度使用時機、種類，拆模時機及相關工作。 ※ 瞭解各種模板組立及檢核。
	(八) 混凝土鋼筋工程	能督導技術人員進行鋼筋、鋼線之加工、續接、組立、支墊等作業及檢核。	※ 瞭解各種鋼筋工程材料特性。 ※ 瞭解各項鋼筋續接器之特性及接續時機、作業安全等。
	(九) 混凝土工程之接縫與埋設物	能督導混凝土工程人員按圖做好各項工作接縫、埋設物之置放及檢核等作業。	※ 瞭解混凝土工程中各項接縫及埋設物等設置及作業方法。
	(十) 混凝土工程之輸送與澆置	能依工程需要督導工程人員選用適當之澆置機具、工具、方法及輸送機具，並做好相關安全設施。	※ 瞭解混凝土澆置、運輸機具、運用及相關安全作業。

工作項目	技能種類	技能標準	相關知識
	(十一) 混凝土工程缺陷修補與修飾	能按圖說之規定有效督導工程人員完成各項缺陷之補強及各項表面之修飾作業。	※ 瞭解混凝土各項缺陷之修補及檢驗方式。
	(十二) 混凝土之養護及檢驗	能依法規及規範之要求標準，督導混凝土工程人員完成各項混凝土養護及檢驗工作。	※ 瞭解各項混凝土之養護方式、期程及品質之檢驗。
	(十三) 預力混凝土工程	能督導及規劃完成預力混凝土工程各項施工及檢驗。	※ 瞭解預力混凝土之施工程序，步驟及各項工法之運用。
	(十四) 特殊(其他)混凝土工程	有效督導工程人員依規定完成各種特殊(巨積混凝、預鑄混凝土等)混凝土之施作及檢驗。	※ 瞭解特殊(其他)混凝土之施工程序、步驟及工法運用及品質檢驗。
六、工程管理	(一) 進度管理	能有效督導工程人員瞭解作業定義、作業排序、作業期間估算、專案時程擬定及專案時程控制。	※ 瞭解土木建築工程作業定義。 ※ 瞭解土木建築工程各項作業排序及作業期間估算。 ※ 瞭解土木建築工程時程擬定以及時程控制之程序。
	(二) 成本管理	能有效督導工程人員瞭解資源規劃、成本估算並完成預算編列及做好成本控制。	※ 瞭解土木建築工程各項資源編碼。 ※ 瞭解及分析土木建築工程各項成本。 ※ 瞭解及編列各項土木建築工程之預算。 ※ 瞭解及掌握土木建築工程各項工料之成本。

工作項目	技能種類	技能標準	相關知識
	(三) 採購管理	能有效督導工程人員瞭解採購規劃、邀商規劃、邀商作業並做好供應商選舉、履約保證及合約稽查。	※ 瞭解供應商採購制度之建立。 ※ 瞭解供應商選擇及滿意度評鑑機制。 ※ 瞭解採購契約內容,做好履約管理。 ※ 瞭解及掌控工程進料之品質。
	(四) 品質管理	能有效督導工程人員做好品質規劃、品質保證及品質控制。	※ 瞭解土木建築工程之品質管理系統。 ※ 瞭解土木建築工程之品質保證機制。 ※ 瞭解土木建築工程之品質管制原理。
	(五) 人力資源管理	能有效督導工程人員做好工程組織及職掌、作業績效、工程介面管理及人力調配。	※ 瞭解土木建築工程之組織結構及職掌功能。 ※ 瞭解溝通及統御領導能力提昇工作績效。 ※ 瞭解施工協調會議之重要性進行工程界面管理。 ※ 瞭解緊急應變措施掌握人力資源調配。
	(六) 工程風險管理及爭議處理	能有效督導工程人員做風險分析及工程保險。	※ 瞭解土木建築工程之風險進行危機處理。 ※ 瞭解辦理工程保險及工程保證相關事宜。

工作項目	技能種類	技能標準	相關知識
	(七) 營建倫理	1. 能愛物惜物，忠於工作，以最安全、負責、有效的方法完成工作。 2. 能具職業神聖的理念及重視團隊精神的發展，以最和諧的氣氛進行工作。 3. 能充分有效地與有關人員協助溝通並能適時圓滿地配合相關工程施工。	※ 瞭解敬業精神的意義及重要性。 ※ 瞭解職業素養的意義及其重要性。 ※ 能瞭解團隊精神及人際關係的重要性。 ※ 能瞭解與工作有關之溝通協調要領。
七、施工計畫與管理	(一) 施工計畫擬定及執行	1. 能編寫土木、建築工程施工計畫及執行。 2. 能依各縣市建築管理自治條例編寫有關施工計畫及執行。	※ 瞭解土木、建築工程施工技術、施工方法及施工程序並能加以整合。
	(二) 時程網狀圖	能編製土木、建築工程網狀圖之繪製及分析，有效地管理工程。	※ 瞭解工作網狀圖之製作法及應用。
	(三) 工程報表	能編寫各類工程報表並督導各類工程人員填記，以便有效控制工程進度情形。	※ 瞭解各項工程報表編寫方式及其功能。
	(四) 估驗與計價	能編寫各類工程估驗計價單，依合約書規定做爲工程每期計價款領放之依據。	※ 瞭解估驗計價單之編寫之方法。
	(五) 品質計畫	能製定品管組織、品質控管、材料及設備檢驗、施工自主檢查、不合格品之管制、矯正與預防措施等項目。	※ 瞭解工程品質控管流程等相關作業程序。
	(六) 環境保護及執行計畫	能督導工程人員依環境保護等相關規定完成作業及檢核。	※ 瞭解環境保護及執行計畫等相關作業程序。

工作項目	技能種類	技能標準	相關知識
	(七) 防災計畫	能製定緊急及災害搶救、災害預防等措施。	※ 瞭解各地防災單位及建立工地組織及任務編組。
八、契約與規範	(一) 合約之編寫	能依投標須知、工程圖說、估價單，以及有關法令之規定編寫合約書。	※ 瞭解編寫合約書各種法令之規定及法律上注意事項。
	(二) 合約之執行	能依合約書中之規定辦理工程開工、計價、驗收等工作。	※ 瞭解合約中之規定做爲工程執行之依據。
	(三) 各類小包之契約	能參予工程各類小包訂立合情合理之工程契約做爲工程管制之依據。	※ 瞭解一般工程習慣與各類小包訂立契約之方法。
	(四) 爭議處理與仲裁	能瞭解工程糾紛可以調解、和解、仲裁或訴訟方式來處理。	※ 瞭解仲裁條款或爭議處理之擬訂方法及注意事項。
	(五) 工程保證款及工程保險	能瞭解各種工程保證款及工程保險所代表的意義。	※ 瞭解辦理工程保證款及工程保險之相關事宜。
	(六) 施工規範	能瞭解合約書中施工規範之規定，並安排施工程序及材料檢驗。	※ 瞭解合約中相關規範之規定。
九、勞工安全與衛生	(一) 勞工安全衛生相關法規	能熟悉並督導工程人員依勞工安全衛生法規、營造安全衛生設施標準等相關法令完成工程(工地)各項準備及檢驗。	※ 瞭解勞工安全衛生及其他相關法規規定。
	(二) 勞工安全衛生計畫及管理	1. 能編寫職業災害防止計畫、工地作業守則及勞工安全衛生教育訓練計畫書等。 2. 能督導完成工程工作安全分析及安全觀察等事項。	※ 瞭解相關法規規定及實務。

工作項目	技能種類	技能標準	相關知識
	(三) 勞工安全衛生專業知識	能完成工程上組織協調、溝通並預防各類職業災害之發生。	※ 瞭解相關法規及實務、職業災害。
十、土方工程	(一) 整地	1. 能依據工程之需要完成整地計畫。 2. 能依各項施工機具之性能督導施工人員之使用。	※ 瞭解土木建築工程之土方測量準則。 ※ 瞭解土木建築工程之放樣程序。 ※ 瞭解土木建築工程之挖填土計畫。
	(二) 開挖	1. 能依據工程之需要擬定開挖計畫。 2. 能有效計算工程開挖量。 3. 能依工程之需要決定開挖方式及督導工程人員施工。	※ 瞭解土木建築工程之土方開挖施工方法及應注意事項。 ※ 瞭解土木建築工程之施工機具之應用、檢核及相關注意事項。
	(三) 運土	1. 能依據工程之需要規劃裝載選擇、計算及運距之評估。 2. 能完成運土能量之計算。	※ 瞭解裝運土機具之應用及注意事項。 ※ 瞭解裝運費用之計算。
	(四) 剩餘土及棄土	1. 能完成剩餘土及棄土地點之選擇。 2. 能熟悉廢剩餘土及棄土處理法規。 3. 能依規定做好剩餘土及棄土作業之管制與處理與回收。	※ 瞭解相關剩餘土石方相關規定。 ※ 瞭解相關管理制度。
	(五) 回填	能依規定督導工程人員完成回填。	※ 瞭解相關施工規範。 ※ 瞭解夯壓及預壓原理。 ※ 瞭解密度試驗等相關規定。

工作項目	技能種類	技能標準	相關知識
	(六) 查核試驗	能依規定督導工程人員完成高程之檢測、密度之檢測及數量之查核。	※ 瞭解載重試驗等相關規定。 ※ 瞭解密度試驗等相關規定。 ※ 瞭解數量與檢驗。
十一、地下工程(含基礎工程)	(一) 地質調查	1. 能判讀地質鑽探報告書。 2. 能完成地質調查作業程序。 3. 能督導完成土壤、岩石試驗程序及載重試驗。	※ 瞭解土壤力學等相關規定。 ※ 瞭解岩石力學等相關規定。 ※ 瞭解地工試驗等相關規定。
	(二) 擋土措施	1. 能督導完成各種擋土工法之計算及判讀。 2. 能完成各種擋土工法之施工技能。 3. 能完成擋土災害之預防及搶救。	※ 瞭解地錨等相關規定。 ※ 瞭解支撐等相關規定。 ※ 瞭解各種工法。 ※ 瞭解灌漿等相關規定。 ※ 瞭解地盤改良等相關規定。
	(三) 抽排水措施	1. 能督導完成地下水之研判。 2. 能督導完成抽排水計畫及施工技術。 3. 能督導有效運用各種抽、排水機具設備完成工程需要之各項抽、排水工程工作。	※ 瞭解水力學等相關規定。 ※ 瞭解抽排水原理等相關規定。
	(四) 直接基礎	1. 能督導完成承載力分析及檢討。 2. 能督導完成沉陷量分析及檢討。	※ 瞭解結構學等相關規定。 ※ 瞭解土壤力學等相關規定。 ※ 瞭解鋼筋混凝土設計等相關規定。

工作項目	技能種類	技能標準	相關知識
	(五) 樁基礎	1. 能督導完成單樁施工與檢核。 2. 能督導完成群樁施工與檢核。 3. 能與檢核樁之載重試驗。	※ 瞭解土壤力學等相關規定。 ※ 瞭解樁之設計理論等相關規定。
	(六) 墩基礎與沉箱	能完成沉箱及墩基之設計圖判讀與施工。	※ 瞭解沉箱及墩基相關理論與技術。 ※ 瞭解地工監測等相關規定。
	(七) 連續壁工程	能完成連續壁之設計圖判讀與施工。	※ 瞭解連續壁相關理論與技術。 ※ 瞭解地工監測等相關規定。
	(八) 隧道工程	1. 能完成隧道工法之檢討及指導施工。 2. 能完成監測紀錄及應變救災指揮。	※ 瞭解隧道相關理論與技術。 ※ 瞭解地工監測等相關規定。
	(九) 共同管道	1. 能完成共同管道各項工法之檢討及指導施工。 2. 能完成共同管道監測紀錄及應變救災指揮。	※ 瞭解共同管道相關理論與技術。 ※ 瞭解共同管道監測等相關規定。
	(十) 地下管線	1. 能完成地下管線各項工法之檢討及指導施工。 2. 能完成地下管線監測紀錄及應變救災指揮。	※ 瞭解地下管線相關理論與技術。 ※ 瞭解地下管線監測等相關規定。
十二、機電與設備	(一) 給排水衛生工程	1. 能督導配管工程人員做好給排水配管及試水檢查等工作。 2. 能督導工程人員做好衛生、廚房設備之按裝工作。	※ 瞭解配管試水檢查之方法。 ※ 瞭解各類衛生廚房設備之說明書及一般按裝應注意事項。

工作項目	技能種類	技能標準	相關知識
	(二) 機電工程	1. 能督導電氣工程人員做好配管穿線、接地等工作。 2. 能督導工程人員做好電機設備按裝工作。 3. 能督導工程人員做好弱電設備配管、按裝等工作。	※ 瞭解電氣配管、穿線、接地之工作方式。 ※ 瞭解電機設備之施工說明規定。 ※ 瞭解弱電設備配管、穿線之工作方式。 ※ 瞭解弱電設備之施工說明規定。
	(三) 昇降機、電扶梯	1. 能依電扶梯廠商提供之資料施工時預留施工空間。 2. 能督導工程人員做好昇降機之按裝工作。	※ 瞭解電扶梯之按裝說明要點。 ※ 瞭解有關電扶梯電氣配管及機電設備應注意事項。 ※ 瞭解昇降機之種類。 ※ 瞭解昇降機廠家之說明及規定。 ※ 瞭解昇降機及昇降送貨機之國家檢查標準。
	(四) 空調工程	能督導冷凍空調工程人員做好中央冷氣系統之配管、機器吊裝、風管按裝等工作。	※ 瞭解中央冷氣系統之配管、機器吊裝、風管按裝之工作方式。
	(五) 消防及警報系統工作	能督導水電工程人員做好消防設備配管及警報系統配線等工作。	※ 瞭解消防設備配管及警報系統配線之工作方式。

營造工程管理甲級技術士技能檢定術科測試應檢參考資料

壹、營造工程管理甲級技術士技能檢定術科測試應檢人須知

一、本測試所需工具、材料由測試試場供應，應檢人只需代書寫之文具(藍或黑色筆、立可白或橡皮擦、計算機、比例尺、圈圈板、三角板製圖工具等及其他考生自備設施)，無線通訊器材皆不得攜帶進入考場，違者不予計分。

二、應檢人準時至辦理單位指定報到處辦理報到手續。

三、逾規定時間十五分鐘，即不准進場，並取消該題計分。

四、進場時，應出示術科檢定准考證、身分證明文件，以供監評人員檢查。

五、應檢人進入試場後，檢定使用之材料、設備、器具，應即核對並檢查，如有疑問，應於測試開始十分鐘內，當場提出，請監考(評)人員處理。

六、應檢人依據檢定位置號碼就位，並應將術科檢定准考證及身分證明文件置於指定位置，以備核對。

七、應檢人於考驗中途放棄、身體不適離場或提前完成者，應向監評人員報告，依指示後始可離場，否則自行負責評定結果。

八、檢定時間之開始與停止，悉聽監評人員之鈴聲或口頭通知，不得自行提前開始或延後結束。

九、應檢人應正確操作由檢定單位所提供之各項器具，如有損壞，應負賠償責任。

十、應檢人對於器具操作應注意安全，如發生意外傷害，自負一切責任。

十一、檢定進行中如遇有停電、空襲警報或其它事故，悉聽監考(評)人員指示辦理。

十二、檢定進行中，應檢人因本身疏忽或過失而致器具故障，須自行排除，不另加給時間。

十三、 檢定結束時，應由試場工作人員點收器具，試題送繳監考(評)人員收回，監評人員並在術科檢定准考證上簽章，繳件出場後，不得再進場。

十四、 試場內外如發現有擾亂考試秩序、冒名頂替或影響考試信譽等情事，其情節重大者，得移送法辦。

十五、 應檢人有下列情形之一者，取消應檢資格，其成績以不及格論。

(一) 協助他人或委託他人代爲作弊者。

(二) 互換試卷。

(三) 攜出工具或試卷。

(四) 故意損壞器具、設備者。

(五) 不接受監評人員指導，擾亂試場內外秩序者

十六、 其他未盡事宜，除依考試院頒定之試場規則辦理及遵守檢定場中之補充規定外，並由各該考區負責人處理之。

貳、營造工程管理甲級技術士技能檢定術科測試應檢人自備工具表

項次	名　稱	規　格	單位	數量	備　考
1	三角板	30 度及 45 度各一支	組	1	數量僅供參考，應檢人可視各人需要酌予增加，增加攜入之工具需經監場人員同意。
2	直尺(公制)	45cm 長	支	1	
3	比例尺(公製)	30cm 長	支	1	
4	製圖自動鉛筆	含筆蕊	支	1	
5	工程用計算機	可開根號及四則運算	台	1	
6	彩色鉛筆或紅藍鉛筆		套	1	
7	圈圈板		張	1	
8	修正液或橡皮擦		只	1	

參、營造工程管理甲級技術士技能檢定術科測試試題

一、試題說明

(一) 測試方式爲採紙筆測試，分爲上午試題(以“A、B”卷表示)及下午試題(以“C、D”卷表示)；測試時間共計5小時20分鐘(每試卷測試時間1小時20分)。本測試採全國同一天、同一套試題方式進行測試。

項目	工作項目	細項配分	配分	實測時間
上午 A 卷	一般土建工程圖說之判讀與繪製	6 分	26 分	09:00-10:20 計 1 小時 20 分
	營造有關基本法令	5 分		
	營造有關基本法令	5 分		
	測量與放樣	5 分		
	測量與放樣	5 分		
上午 B 卷	假設工程與施工機具吊裝安排	5 分	22 分	10:40-12:00 計 1 小時 20 分
	假設工程與施工機具吊裝安排	5 分		
	結構體工程	6 分		
	結構體工程	6 分		
上午 C 卷	工程管理	8 分	28 分	13:00-14:20 計 1 小時 20 分
	施工計畫與管理	8 分		
	契約規範	7 分		
	勞工安全與衛生	5 分		
上午 D 卷	土方工程	8 分	24 分	14:40-16:00 計 1 小時 20 分
	地下工程	8 分		
	機電工程	8 分		
小計			100 分	5 小時 20 分

(二) 每測試時段逾測試時間15分鐘以上，該場不能參加術科測試，成績以零分計算，並視爲缺檢。

(三) 測試時間逾45分鐘以上方可交卷離場。

(四) 測試答案紙爲40公分×60公分方眼(格)紙，另提供影印紙作爲計算用。

(五) 依據「技能檢定作業及試場規則」第16條第4款規定：「答案卷上註記不應有之文字、符號或標記者，該科測試成績以零分計算。」

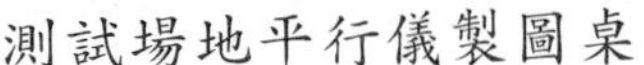

測試場地平行儀製圖桌

應檢人自攜製圖桌

二、評分計算

(一) 應檢時，應依各試題所訂之測試方式進行繪製、計算、排列或說明。

(二) 術科測試成績評分方式採正列給分，A、B、C、D計四卷評分，總成績達60分(含)以上為合格。

三、注意事項

(一) 應檢時電子通信器材不可帶入考場或須關機，若有響聲即刻請出場，該場測試以零分計算。

(二) 作答時答案須正確寫在規定之答案紙內，否則不予計分。

(三) 作答時不可左顧右盼或與人交談，否則以作弊論處。

(四) 做答時不可破壞試卷或答案卷及檢定單位所提供之設備，否則以作弊論處。

2

一般土木建築工程圖說之判讀與繪製

一般土木建築工程圖說之判讀與繪製應具備工作智能之技能種類、技能標準及相關知識範圍，內容說明如下。

一、 土木建築工程圖說之判讀

(一) 技能標準

1. 能正確地識別各種土木建築工程圖示符號。
2. 能熟悉工程圖內容之用意。
3. 能判別一般構材之用料、尺寸及構造方式。
4. 能熟悉施工相關說明之內容。

(二) 相關知識

1. 瞭解一般土木建築工程圖符號。
2. 瞭解基層公共工程基本圖。
3. 瞭解土木建築工程圖。
4. 瞭解一般土木建築構造各種基本學理。
5. 瞭解施工說明書之一般規定。

二、 給排水、衛生、消防、設備管線工程圖說判讀

(一) 技能標準

1. 能正確地識別給排水、衛生設備、消防設備之各種配管管線、管件、器具、計器等主要之符號。
2. 能依瞭解之管線配置與土木建築配合，而不影響土木建築結構，並將不合理之管線位置，預先加以建議改善。

(二) 相關知識

1. 瞭解土木建築工程給排水、衛生、消防工程管線圖。
2. 瞭解給排水、衛生、消防設備符號。
3. 瞭解給排水配管與土木建築空間的相互關係。

三、 電氣管線工程圖說判讀

(一) 技能標準

1. 能正確地識別：(1)室內照明系統、(2)普通插座、(3)動力插座、(4)

動力配管、(5)幹線系統配管、配線等主要符號。

2. 能依工程圖說之管線配置指導電氣工程人員與土木建築工程人員配合施工。

(二) 相關知識

1. 瞭解電氣配線的種類及其表示符號。
2. 瞭解電氣配管與土木建築空間的關係。

四、裝修工程圖說判讀

(一) 技能標準

1. 能識別裝修工程圖說。
2. 能依裝修工程圖之需要，預先於建築施工中安排預埋配件。

(二) 相關知識

1. 瞭解建築裝修工程圖說。
2. 瞭解土木建築透視圖。

五、工程圖繪

(一) 技能標準

1. 能依土木建築工程圖繪製合宜之模板施工圖。
2. 能依土木建築工程圖及相關技術規則或規範之規定繪製鋼筋施工圖。
3. 能依工程需要繪製工作架施工圖。

(二) 相關知識

1. 瞭解模板施工圖繪製法。
2. 瞭解鋼筋施工圖繪製法。
3. 瞭解工作架之種類、規格、架構方式及施工圖繪製法。

六、弱電系統管線

(一) 技能標準：能督導工程人員依工程圖說完成工程並檢核。

(二) 相關知識：瞭解弱電系統管線等相關知識。

何謂施工圖、工作圖及竣工圖。

解析

依公共工程製圖手冊規定，說明如下：

(1) 施工施工圖(製造圖)：爲永久性工作項目，施工用之圖樣，承包商爲配合施工需要，根據設計圖說(包括構想圖、設計圖及施工規範等)製作完成之圖樣，檢討及解決設計圖說不夠明確之詳細尺寸、斷面及接頭等細節及施工問題，以提高施工時之便利性及精準度，使施工結果能達成設計目標。

(2) 工作圖：爲承包商施作臨時性工程之施工圖樣，諸如臨時性擋土牆設施、開挖支撐、模板及施工架，及其他爲施工所需之圖樣。

(3) 竣工圖：爲承包商施工工作告一段落(包括全部完工或部份完工)，所應製備供驗收及日後查核用之圖樣。竣工圖應確實按實際完成之尺寸、位置、高度、深度及數量製作。尤其對地下管線及預埋物之確實位置、尺寸、數量、種類，應確實註記並於圖上列表說明。

試說明製圖時應先行考慮事項。

解析

依公共工程製圖手冊規定，說明如下：

(1) 完成之圖樣如須縮影或縮小，應使用較明顯之文字及數字。

(2) 供施工使用之圖說其說明及尺度標示應儘量詳細，且比例尺宜採用較大者。

(3) 註釋說明應集中於一處(通常位於圖面之右下角)，如需引用規範或規則之編號(例如CNS，AASHTO，ASTM等)，應列明完整之編號，以便使用者易於查尋。

(4) 簽名方格不宜太小，使簽名者不致簽出格外。

(5) 指北標記應儘量指向圖之上方。

(6) 如有里程標記應儘量自左至右進展。

試說明製圖時圖面佈置規則。

解析

依公共工程製圖手冊規定，說明如下：

(1) 製圖前對圖面之佈置應妥爲計畫，注意佈局之勻稱簡明，避免圖面過於擁擠。

(2) 原則上，平面圖置於圖之左上方。

(3) 立面圖置於平面圖下方或左(右)側。

(4) 剖面圖及詳細圖置於圖之右邊或其他空白處。

(5) 說明、圖例及比例尺等置於圖面之右邊。

(6) 索引圖應置於圖之右上角。

試說明公共工程圖號之編排規定。

解析

依公共工程製圖手冊規定，圖之編碼系統一般性通則爲(細目詳如圖碼代號對照表)：用途代號(2 碼)＋標別代號(2 碼)＋繪圖類別代號(2 碼)＋製圖分類編號(4 碼)＋版別代號(1 碼)

【範例】：BR-DL-ST2010A

【說明】：BR (橋梁工程)＋DL (設計標)＋ST (結構圖)＋2010 (圖號)＋A (版別)

試說明設計圖中的標題欄包含哪些內容。

解析

(1) 修正欄。

(2) 主辦單位欄。

(3) 設計單位欄。

(4) 比例及單位欄。

(5) 圖名欄。

公共工程圖樣之尺度單位規定為何。

依公共工程製圖手冊規定，圖樣之尺度單位除特別規定者外，均以公制爲準，原則上標高、座標、等高線等以公尺(m)爲單位。建築物及混凝土構造物以公分(cm)爲單位，鋼鐵構造及機電以公厘(mm)爲單位，此等單位須列述於圖列說明中。

試列舉說明公共工程土木圖、機械及電機圖及建築圖比例尺選擇之規定。

依公共工程製圖手冊規定，圖樣內各部分圖面應選擇適當之比例尺，以確保圖面之清晰，明瞭而不雜亂。同一套圖內相同類別之圖樣，宜採用相同之比例尺。

(1) 土木圖常用比例尺

圖別	常用比例尺					
位置圖	1：50000	1：25000	1：10000			
平面圖	1：5000	1：1200	1：1000	1：600	1：500	1：200
	1：100	1：50	1：30			
立面圖	1：500	1：300	1：100	1：50	1：30	1：20
剖面圖 (斷面圖)	1：100	1：80	1：60	1：50	1：40	1：30
	1：20	1：10				
詳圖	1：30	1：20	1：10	1：5	1：3	1：2
	1：1					
地形圖	1：300000	1：100000	1：50000	1：25000	1：10000	1：5000
	1：3000	1：1200	1：1000	1：500	1：200	1：100

(2) 機械及電機圖常用比例尺

圖別	常用比例尺
平面圖	1：200　1：100
剖面圖	1：1001：50
詳圖	1：501：401：301：251：201：10
流程圖、系統圖、及昇位圖	不按比例

註：爲配合土木或建築圖樣得使用相關土木或建築圖之比例。

(3) 建築圖常用比例尺

圖別	常用比例尺				
位置圖	1：10000				
現況圖	1：1200	1：600			
配置圖	1：1200	1：600	1：500		
日照圖	1：600	1：200			
平面圖	1：200	1：100			
立面圖	1：200	1：100			
總剖面圖	1：200	1：100			
平面詳圖	1：50	1：30	1：20		
剖立面圖	1：200	1：100			
剖面詳圖	1：30	1：20			
樓梯、升降機詳圖	1：30	1：20			
門窗圖	1：50	1：30	1：20	1：10	1：5
設備圖	1：200	1：100	1：50	1：30	1：20
其他特殊、大樣詳圖	1：10	1：2	1：1		

 試說明建築圖尺度標示法原則。

解析

依公共工程製圖手冊規定，說明如下：

(1) 有一連串三個以上之尺度出現時，應標示其總長度。

(2) 結構平面上應標示柱心至柱心，以及柱心與梁心之尺度。

(3) 建築平面上應標示牆心至牆心尺度，但外牆與柱心之尺度亦應標示。

(4) 必要時得以淨距離標示。

(5) 除因特別需要外，尺度之標示位置，平面圖標於上方及左方，立面圖標示每層樓之高度及建物總高度且標示於左方。

(6) 需申請建築執照之建築物，其尺度之標示應符合建築法規之規定。

試說明「圖」發送之原則。

解析

依公共工程製圖手冊規定，說明如下：

(1) 圖樣繪製完畢，先由繪圖人員檢查無誤，並經設計者校對後再送請複核，按預訂圖號編碼，填註圖樣完成日期，經審定後，圖樣即告完成。每一階段完成各主辦人均需簽字於標題欄以明責任，每次發送圖樣之日期，均要蓋發送圖日之日期戳記章。

(2) 圖樣日期之寫法分中西二式，中式爲民國紀元，按年月日之次序，以阿拉伯數字塡寫，西式(國際工程用)爲公元紀元，按月日年之次序塡寫，月份用英文縮寫字，日年用阿拉伯數字，年可僅寫最後二位數字。

(3) 圖樣發送時，主辦業主必須查明無缺漏及已按次序排列後，方可裝訂或摺疊，經收發登記及加蓋發送日期再發送之。若需再加蓋校對章、部門章、專業人員簽章、機關章等，應得有關主管許可後加蓋戳記於圖上。(例如於送審圖、請照圖或訂約圖上加蓋戳記)。

(4) 凡未經審定及正式發送之圖樣，一律稱爲非正式圖樣，不得據以施作，有必要時得經主管指示需將非正式圖樣先供業主參考，且在圖樣上蓋以紅色「非正式圖樣」戳記於標題欄上方明顯處以資識別。

(5) 所有圖樣非經正式途徑不得任意外流，有保密必要之圖樣，主管業主應依指示於圖樣上蓋以保密或限閱戳記，格式自訂。

試舉例說明建築結構常用符號及表示法。

解析

G	大梁	J	格柵梁
B	梁	L	楣梁
C	柱	S	樓板
F	基礎	W	牆

【範例一】：RB_3，【說明】：屋頂層編號3之梁。

【範例二】：$_7C_{5A}$，【說明】：七樓編號5A之柱。

試舉例說明坡度表示法。

解析

種類		圖例	適用場合
角度法		30°	一般用
正切法	用 $\frac{X}{100}$ 表示	X 100	道路坡度
	用 $\frac{X}{10}$ 表示	10 X	斜屋頂坡度
	用 $\frac{1}{X}$ 表示	1 X $\frac{1}{X}$	水溝坡度、平屋頂排水坡度、地坪坡度
	用 1：X 表示	X 1 1:X	擋土牆或道路邊坡
百分率法	用百分率表示	1%	道路縱坡戶橫坡
比值法	用比值表示	S=0.02	溝渠

圖號之英文代號表示原則。

解析

依 CNS 11567 建築製圖規定，說明如下：

(1) A 代表建築圖。

(2) S 代表結構圖。

(3) F 代表消防設備圖。

(4) E 代表電器設備圖。

(5) P 代表給水、排水及衛生設備圖。

(6) M 代表空調及機械設備圖。

(7) L 代表環境景觀植栽圖。

(8) W 代表污水處理設施圖。

(9) G 代表瓦斯設備圖。

試說明建築圖之面積計算表應載明哪些內容。

依 CNS 11567 建築製圖規定，說明如下：

(1) 基地面積(含各筆土地地號及其面積，全部基地實測面積)。

(2) 建築面積。

(3) 各層樓地板面積、屋頂突出物面積、陽台面積及總樓地板面積。

(4) 容許建築面積或法定容積率。

(5) 建蔽率、容積率。

(6) 停車空間檢討。

(7) 防空避難設備檢討。

(8) 其他。

試說明建築圖之平面圖應載明哪些內容。

依 CNS 11567 建築製圖規定，說明如下：

(1) 各層平面。

(2) 各部分之用途。

(3) 各部尺度。

(4) 牆身構造及厚度。

(5) 門窗位置、符號、編號及開啓方向。

(6) 樓梯位置、編號及上下方向。

(7) 昇降梯位置及編號。

(8) 走廊通道、樓梯之淨寬。

(9) 新舊溝渠及排水方向。

(10)其他。

試說明建築圖之立面圖應載明哪些內容。

解析

依 CNS 11567 建築製圖規定，說明如下：

(1) 各向立面外形、門窗開口位置。

(2) 建築線及高度限制線。

(3) 建築物高度、簷高、屋頂突出物高度及各層尺度。

(4) 外表材料。

(5) 避雷針。

試說明建築圖之結構平面圖應載明哪些內容。

解析

依 CNS 11567 建築製圖規定，說明如下：

(1) 基礎、屋頂、屋頂突出物及各層結構平面。

(2) 柱、梁、板、牆、基礎、電梯、電扶梯、樓梯之位置、編號及尺度。

(3) 註明材料規範、基土或基樁支承力等必要說明事項。

設備圖應載明的內容事項。

解析

依 CNS 11567 建築製圖規定，說明如下：

圖(表號)	圖名	主要內容
F	消防設備圖	載明(一) 消防平面圖。 (二) 消防各系統昇位圖。 (三) 消防泵容量揚程計算。 (四) 必要之詳圖及說明。 (五) 圖例。
E	電氣設備圖	載明(一) 電氣設備平面圖及系統圖(包括弱電設備)。 (二) 電話設備平面圖及系統圖。

圖(表號)	圖名	主要內容
		(三) 必要之詳圖及說明。 (四) 圖例。
F	給排水及衛生設備圖	載明(一) 給水、排水及衛生設備平面圖及系統圖。 (二) 特殊配管平面圖及系統圖。 (三) 必要之詳圖及說明。 (四) 圖例。
M	空調及機械設備圖	載明(一) 空氣調節、通風設備平面圖及系統圖。 (二) 其他機械設備平面圖及系統圖。 (三) 必要之詳圖及說明。 (四) 圖例。

一般建築圖包含哪些圖名。

解析

依 CNS 11567 建築製圖規定，說明如下：

(1) 索引表。

(2) 索引圖。

(3) 基地位置圖。

(4) 現況圖。

(5) 配置圖。

(6) 面積計算表。

(7) 日照分析表及日照圖。

(8) 平面圖。

(9) 立面圖。

(10)剖面圖。

(11)剖面詳圖。

(12)樓梯升降梯間詳圖。

(13)門窗圖。

(14)室內裝修表。

(15)其他。

試說明下列建築圖符號的名稱(尺度及位置) (1)C.L (2)@ (3)FL (4)PH (5)BM。

解析

依 CNS 11567 建築製圖規定，說明如下：

(1) 中心線。

(2) 間隔。

(3) 地板面線。

(4) 屋頂突出物。

(5) 水準點。

試說明下列建築圖符號的名稱(材料) (1)GIP (2)CIP (3)PL (4)# (5)W。

解析

依 CNS 11567 建築製圖規定，說明如下：

(1) 鍍鋅鋼管。

(2) 鑄鐵管。

(3) 鋼板。

(4) 規格號碼。

(5) 寬緣I型鋼。

試說明下列符號名稱。

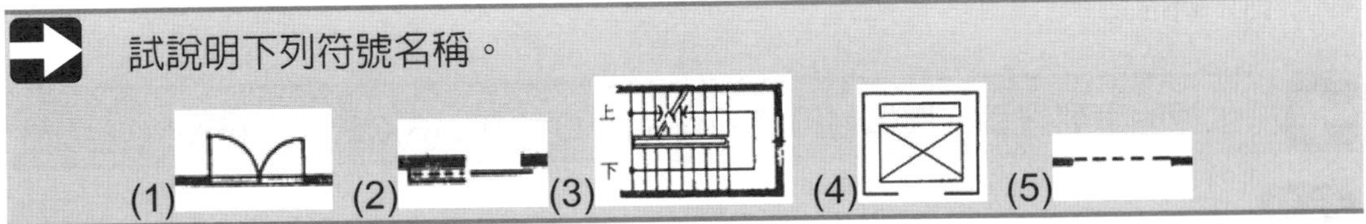

解析

依 CNS 11567 建築製圖規定，說明如下：

(1) 雙開窗。

(2) 單拉門。

(3) 樓梯。

(4) 電梯。

(5) 捲門。

試說明下列材料名稱。

解析

依 CNS 11567 建築製圖規定，說明如下：

(1) 石材。

(2) 空心磚牆。

(3) 木構材。

(4) 金屬。

(5) 玻璃。

試說明下列建築結構構造符號名稱 (1)RC (2)SRC (3)RB (4)W (5)S。

解析

依 CNS 11567 建築製圖規定，說明如下：

(1) 鋼筋混凝土造。

(2) 鋼骨鋼筋混凝土造。

(3) 加強磚造。

(4) 木構造。

(5) 鋼構造。

試說明下列建築結構構材符號名稱 (1)FG (2)Tb (3)CS (4)B (5)W。

解析

依 CNS 11567 建築製圖規定，說明如下：

(1) 地梁。

(2) 非構架繫梁。

(3) 懸壁板。

(4) 梁。

(5) 牆。

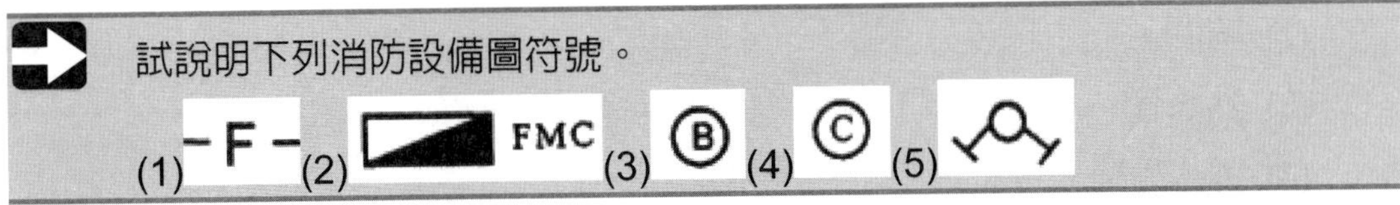

試說明下列消防設備圖符號。
(1) -F-
(2) FMC
(3) B
(4) C
(5)

解析

依 CNS 11567 建築製圖規定，說明如下：

(1) 消防水管。

(2) 消防栓箱。

(3) 火警警鈴。

(4) 滅火器。

(5) 消防送水口。

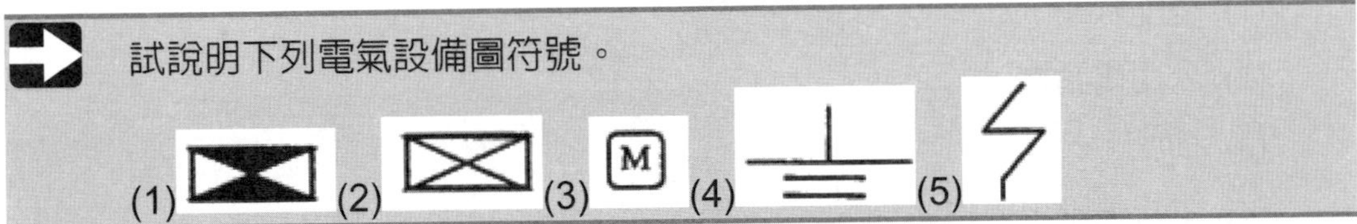

試說明下列電氣設備圖符號。
(1)
(2)
(3) M
(4)
(5)

解析

依 CNS 11567 建築製圖規定，說明如下：

(1) 電力總配電盤。

(2) 電力分電盤。

(3) 人孔。

(4) 接地。

(5) 接戶點。

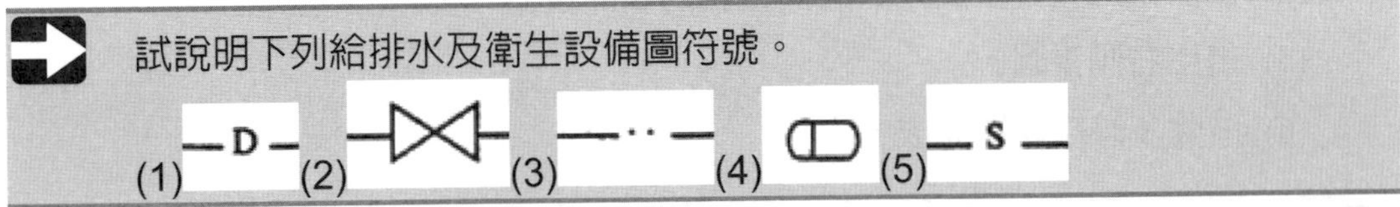

試說明下列給排水及衛生設備圖符號。
(1) D
(2)
(3)
(4)
(5) S

解析

依CNS 11567建築製圖規定，說明如下：

(1) 排水管。

(2) 閘閥。

(3) 熱水管。

(4) 蹲式馬桶。

(5) 排污管。

試說明下列電信、電鈴及電視設備圖符號。

(1) (2) (3) (4) (5)

解析

依 CNS 11567 建築製圖規定，說明如下：

(1) 總配線箱。

(2) 公用電話機。

(3) 插座。

(4) 電視天線出線口。

(5) 共同天線。

試簡單說明正投影三視圖的繪製步驟。

解析

(1) 選取物體最具特色的面作爲前面。

(2) 定出長寬高，並畫出前視圖。

(3) 於前視圖上方畫出俯視圖。

(4) 依前視圖與俯視圖找到右側視圖的相關位置。

(5) 畫出右側視圖。

(6) 清除多餘線條即完成。

何謂正投影多視圖？

解析

從物體的上、下、前、後、左、右六個方向來觀察物體時，將可以對物體的形狀及大，小、有比較明確的認識。依相對位置將此不同角度所見的形狀繪在圖紙上，並標明尺寸大小，即是正投影多視圖。

試簡單說明正投影三視圖的繪製步驟。

解析

(1) 選取物體最具特色的面作爲前面。

(2) 定出長寬高，並畫出前視圖。

(3) 於前視圖上方畫出俯視圖。

(4) 依前視圖與俯視圖找到右側視圖的相關位置。

(5) 畫出右側視圖。

(6) 清除多餘線條即完成。

試簡單說明斜視圖的繪製步驟。

解析

(1) 畫出最具特徵的正面。

(2) 由正面的各轉折點，畫出斜軸，並標出厚度位置。

(3) 連接斜軸上各厚度標記，此時必須判斷是否被擋住。

(4) 清除擋住部位及其他多餘線條即完成。

試簡單說明等角圖的繪製步驟。

解析

(1) 畫出夾角互爲120度的三軸。

(2) 在三軸上定出欲繪製物體的最大長、寬、高，由各點順軸線方向畫平行線，完成長方體。

(3) 在長方體的稜上定出其他關鍵部位的長度，並由各點同樣順軸線方向畫平行線。

(4) 清除多餘的線條，即完成所需的圖形。

依下圖之道路公共工程基本圖說明瀝青混凝土鋪面相關材料。

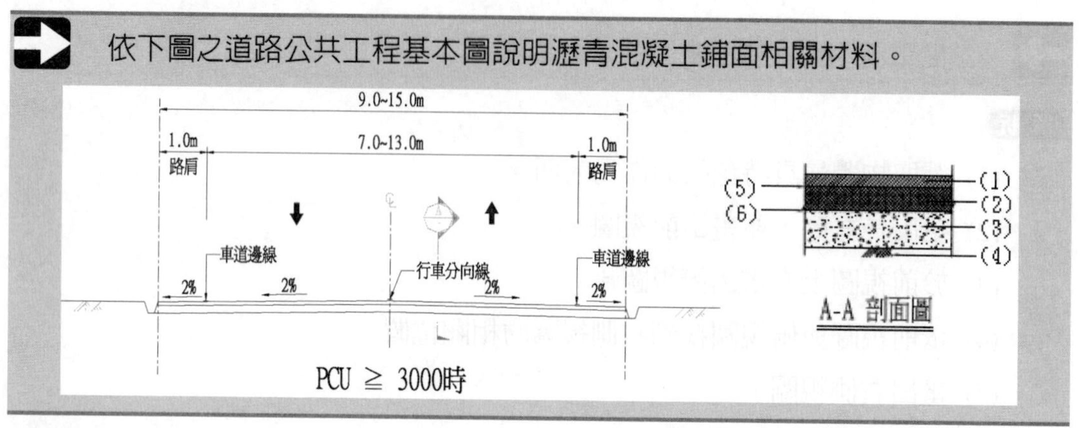

解析

(1) 面層：密級配瀝青混凝土。

(2) 聯結層：粗級配瀝青混凝土。

(3) 底層：碎石級配。

(4) 基層：原土層。

(5) 黏層。

(6) 透層。

依下圖之道路公共工程基本圖說明瀝青混凝土鋪面相關材料。

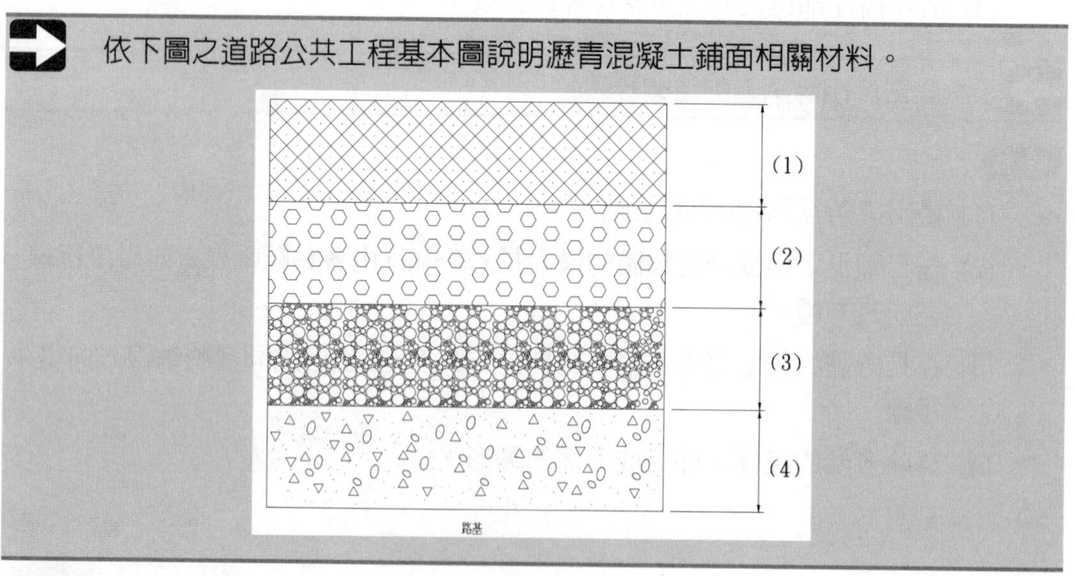

解析

(1) 透水性面層：4~5cm透水性瀝青混合料。

(2) 上層底層：7~12cm碎石級配。

(3) 下層基層：7cm碎石級配。

(4) 過濾層：10~15cm砂。

依下圖之護坡公共工程基本圖說明懸臂式擋土牆各部位名稱。

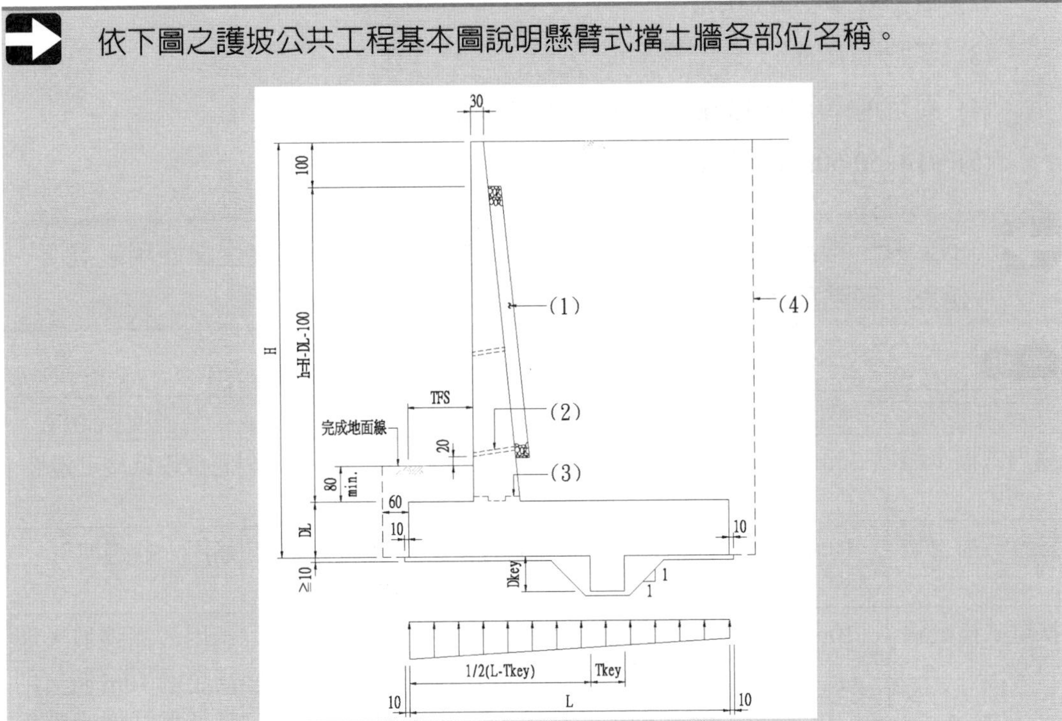

解析

(1) 透水材料30cm厚。

(2) PVC洩水管(直徑10cm@2m^2)。

(3) 剪力榫。

(4) 構造物開挖回填計價線。

依下圖之護坡公共工程基本圖說明摻土噴植護坡各部位名稱。

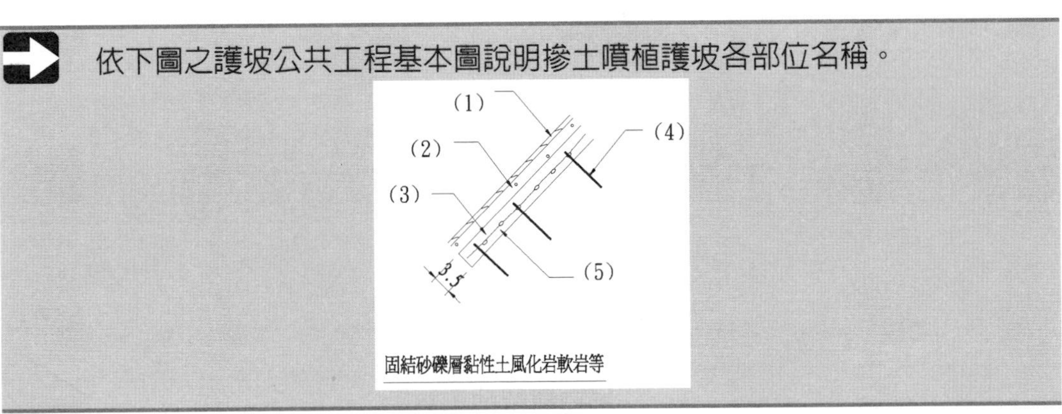

解析

(1) 防沖刷材或覆蓋材。

(2) 噴植層厚度≧1.0cm。

(3) 客肥土噴佈。

(4) 固定鋼棒(直徑13mm×50cm@100雙向)。

(5) #14×50/50mm菱形鐵絲網或高密度聚乙烯網。

依公共工程基本圖內容說明重力式、懸臂式及扶壁式擋土牆使用之高度、優點、缺點及使用時機。

解析

護坡種類	一般使用坡高	優點	缺點	建議使用時機
重力式檔土牆	5m 以下	施工方便簡單	體積龐大，需要較多混凝土及砂石材料	適合較低矮之邊坡
懸臂式擋土牆	10m 以下	施工簡單，材料較省	容易受基礎不均勻沉陷之影響	適用一般邊坡
扶壁式擋土牆	10m 以上	可有效抵抗側向土壓力對擋土牆所造成之剪力及彎矩，減少擋土牆之斷面	(1) 施工略爲複雜 (2) 施工中臨時開挖面較大	適用較高邊坡，坡高超過 10m 時，則較懸臂式擋土牆爲經濟

依公共工程基本圖內容說明生物滯留池的建設功能、生態功能、適用範圍、設計原則及注意事項。

解析

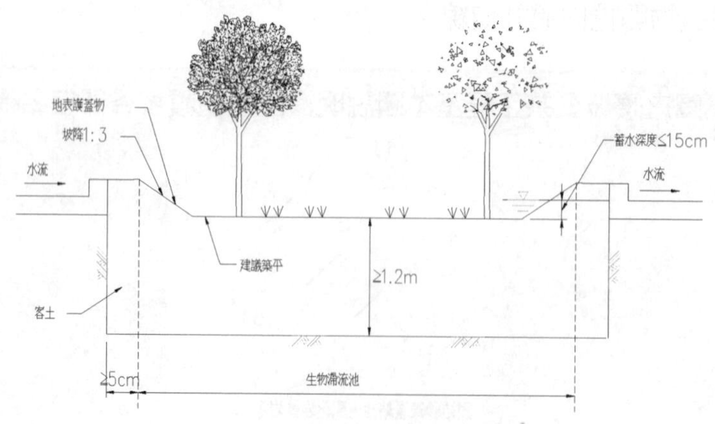

生物滯留池示意圖

建設功能	將雨水引至水池，使固體產生沈澱，部份污染物被分解，而產生淨化作用。
生態功能	(1) 可淨化污水減緩下游河川污染程度，間接保護下河川水質之功能。 (2) 具有補注地下水的功能。 (3) 可提供良好的生物庇護所，並可創造草澤溼地環境。
適用範圍	(1) 用於大面積流域之逕流污染控制。 (2) 需要去除高比例之粒狀污染物及少量之溶解性污染物時。
設計原則	(1) 草種以原生匍匐性草類爲主(如假儉草)，樹種可選用原生灌喬木。 (2) 蓄水深度之設計應≦15cm。 (3) 滯流池之周圍，其坡降應爲 3：1。
注意事項	效率可能低於大部份逕流處理設施。
補充建議	(1) 可以與景觀設計做綜合規劃。 (2) 可提供野生物生長，棲息及繁衍場所。
圖資來源	(1) USEPA, 1999. Perliminary Data Summary of Urban Storm Water Best Management Practices EPA 821-R-99-012. Washington, DC. (2) 經濟部水資局，2001，集水區親水及生態工法之建立(2/4)。

➡ 依公共工程基本圖內容說明固床工的基本功能、生態功能、設計原則、適用範圍及注意事項。

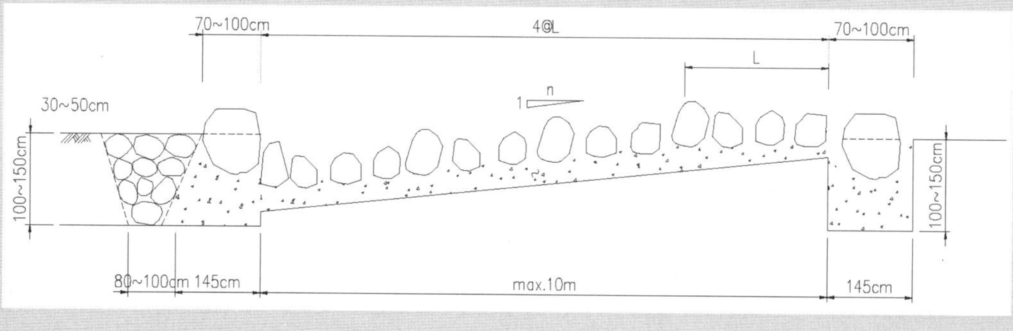

解 析

基本功能	降低流速，防止河床淘刷及穩定流心。
生態功能	(1) 營造多孔隙環境，提供水域生物棲息，避難之場所。 (2) 不同水型、流速，使水域之生態棲息環境其多樣性。 (3) 藉由多重的跌水設計，可增加水中之溶氧量。
設計原則	(1) 下游面之嵌石固床工上每間距 50cm 嵌入大塊石，排列成踏步臺，每一塊石須嵌入其高度之 1/2~2/3。 (2) 踏步臺可連結兩岸，作爲親水設施間之動線。 (3) 踏步塊石與固床工之寬度相同爲原則。 (4) 嵌石具有自然景觀，並可配合兩岸親水設施設計。
適用範圍	用於河床淘刷，流心不穩定之河段。
注意事項	(1) 須依現池環境條件予以設計。 (2) 施工時應避免下游河川受到污染。
補充說明	若無河床淘刷之疑慮，可不施作泥凝土基礎。
資料來源	行政院農委會水保局，2002，野溪自然牛態工法設計參考圖冊。

➡ 依公共工程基本圖內容說明蛇籠堤防的基本功能、生態功能、設計原則、適用範圍及注意事項。

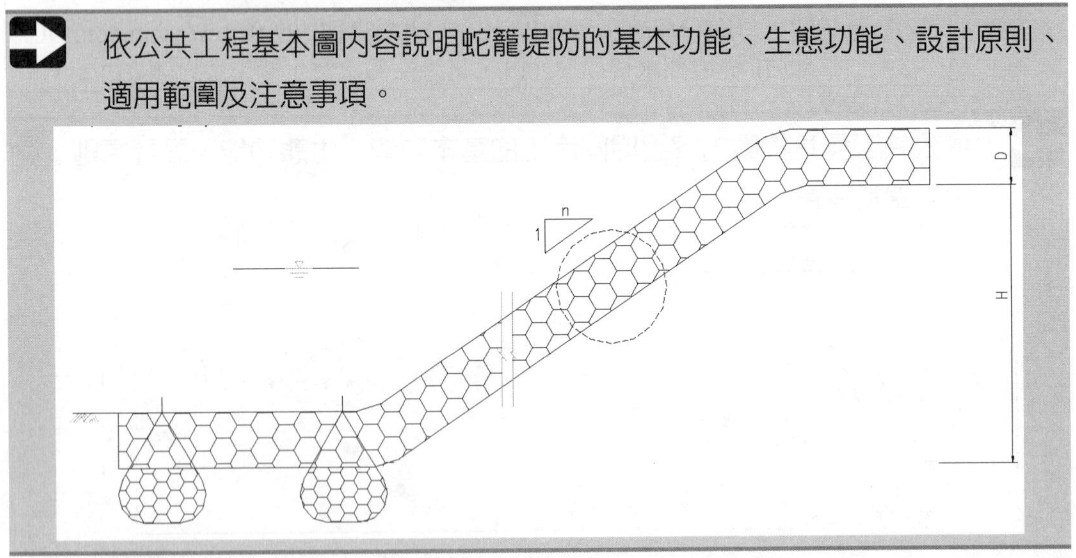

解析

基本功能	保護堤岸，減緩水流淘刷沖蝕力
生態功能	(1) 堤防面之多孔隙，可提供動物棲息及植物生長之生態環境。 (2) 堤防面透水化，使水文能依自然定律循環，回歸地底下，補助地下水，維持生態基流量。
設計原則	(1) 蛇籠填充石材之粒徑爲蛇籠網目孔徑之 1.5~2.0 倍。 (2) 過濾層於岸坡整平後，可依現地岸坡土質情況，其功能在排除孔隙水，繫留土層細料防止淘刷及增加承載力。 (3) 蛇籠單元之尺寸及種類依護岸之高度及斜度來調配選用。 (4) 水線以上之蛇籠面可利用客土袋植生或覆土植生。 (5) 河岸區之土層有不均勻沉陷或大量沉陷時可運用其柔性結構以抵抗變形。 (6) 設計得視堤防填充料，加設濾層或地工織物。 (7) 有關蛇籠之規範請參考相關章節。
適用範圍	(1) 適用於水蝕力大，流速快之溪流。 (2) 在雨量豐沛或地下水高之河岸地區，可利用其多孔性排隙水。
注意事項	宜經過海岸流力檢算後，確認當地條件是否適用此工法。
補充說明	最高水位線以上之蛇籠，可用客土袋或覆土植生。
資料來源	行政院農委會水保局，2002，野溪自然生態工法設計參考圖冊。

 試繪圖說明花台、浴廁及屋頂(或中庭)防水工程施工詳圖。

解析

(1) 花台防水施工詳圖

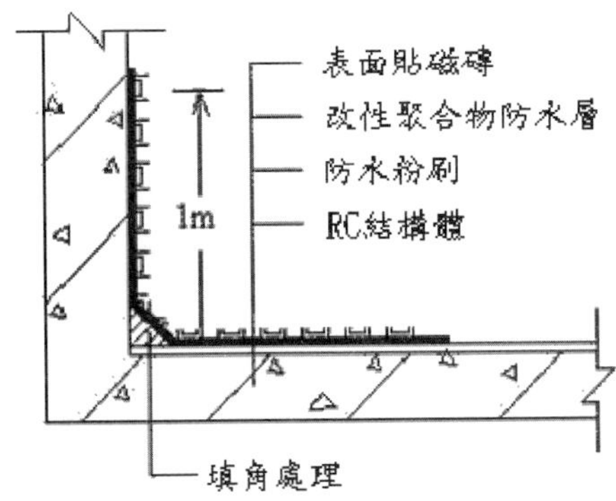

(2) 浴廁防水施工詳圖

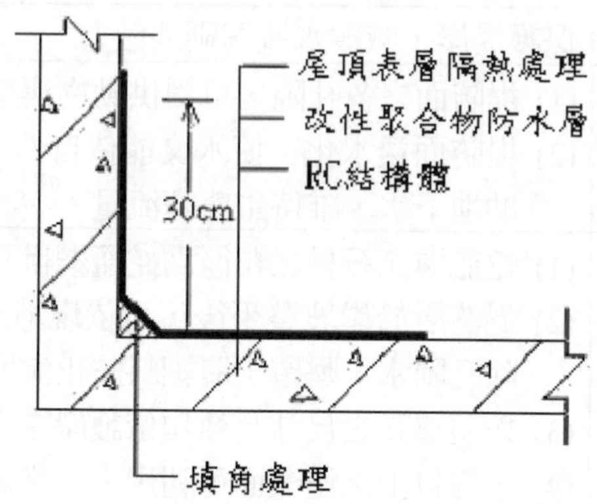

(3) 屋頂(或中庭)防水施工詳圖

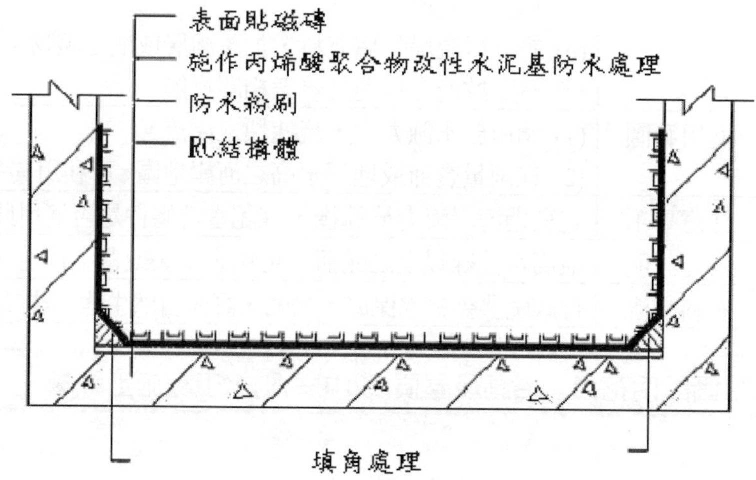

3 基本法令

基本法令應具備工作智能之技能種類、技能標準及相關知識範圍，內容說明如下。

一、營造業法及有關法令。

(一) 技能標準：能依營造業法之相關規定從事工地主任之工作。

(二) 相關知識：瞭解營造業法之相關法令。

二、建築工程有關基本法令

(一) 技能標準：能依建築法及建築技術規則相關規定從事工地主任之工作。

(二) 相關知識

1. 瞭解建築法等有關法令。
2. 瞭解建築技術規則及其規範相關規定。

三、政府採購法及公共工程有關法令

(一) 技能標準：能依政府採購法有關公共工程採購、品管及相關施工規範規定從事工地主任之工作。

(二) 相關知識：瞭解政府採購法有關公共工程及其採購、品管及相關施工規範之法令。

四、其他與營建工程相關之基本法令

(一) 技能標準：能熟悉其他與營建工程相關法令從事工地主任之工作。

(二) 相關知識：瞭解交通及消防法規、勞工安全衛生與環境保護及其他與工地主任執行業務相關法令之架構。

請說明營造業法立法之宗旨為何？

解 析

依營造業法第一條規定，營造業法立法之宗旨有四：

(1) 提高營造業技術水準。

(2) 確保營繕工程施工品質。

(3) 促進營造業健全發展。

(4) 增進公共福祉。

試說明下列營造業法相關用語：營繕工程、營造業、綜合營造業、專業營造業、土木包工業、統包、聯合承攬、負責人、專任工程人員、工地主任。

解 析

依營造業法第三條規定，本法用語定義如下：

(1) 營繕工程：係指土木、建築工程及其相關業務。

(2) 營造業：係指經向中央或直轄市、縣(市)主管機關辦理許可、登記，承攬營繕工程之廠商。

(3) 綜合營造業：係指經向中央主管機關辦理許可、登記，綜理營繕工程施工及管理等整體性工作之廠商。

(4) 專業營造業：係指經向中央主管機關辦理許可、登記，從事專業工程之廠商。

(5) 土木包工業：係指經向直轄市、縣(市)主管機關辦理許可、登記，在當地或毗鄰地區承攬小型綜合營繕工程之廠商。

(6) 統包：係指基於工程特性，將工程規劃、設計、施工及安裝等部分或全部合併辦理招標。

(7) 聯合承攬：係指二家以上之綜合營造業共同承攬同一工程之契約行爲。

(8) 負責人：在無限公司、兩合公司係指代表公司之股東；在有限公司、股份有限公司係指代表公司之董事；在獨資組織係指出資人或其法定代理人；在合夥組織係指執行業務之合夥人；公司或商之經理人，在執行職務範圍內，亦爲負責人。

(9) 專任工程人員：係指受聘於營造業之技師或建築師，擔任其所承攬工程之施工技術指導及施工安全之人員。

(10)工地主任：係指受聘於營造業，擔任其所承攬工程之工地事務及施工管理之人員。

(11)技術士：係指領有建築工程管理技術士證或其他土木、建築相關技術士證人員。

營造業法規定之營造業可分為？

解 析

依營造業法第六條規定，營造業分綜合營造業、專業營造業及土木包工業三種。

一般綜合營造業可分為甲、乙、丙三等，試問應具備哪些條件。

解 析

依營造業法第七條規定，說明如下：

(1) 置領有土木、水利、測量、環工、結構、大地或水土保持工程科技師證書或建築師證書，並於考試取得技師證書前修習土木建築相關課程一定學分以上，具二年以上土木建築工程經驗之專任工程人員一人以上。

(2) 資本額在一定金額以上。

(a) 前項第一款之專任工程人員為技師者，應加入各該營造業所在地之技師公會後，始得受聘於綜合營造業。

(b) 第一項第一款應修習之土木建築相關課程及學分數，及第二款之一定金額，由中央主管機關定之。

(c) 前項課程名稱及學分數修正變更時，已受聘於綜合營造業之專任工程人員，應於修正變更後二年內提出回訓補修學分證明。屆期未回訓補修學分者，主管機關應令其停止執行綜合營造業專任工程人員業務。

(d) 乙等綜合營造業必須由丙等綜合營造業有三年業績，五年內其承攬工程竣工累計達新臺幣二億元以上，並經評鑑二年列為第一級者。

(e) 甲等綜合營造業必須由乙等綜合營造業有三年業績，五年內其承攬工程竣工累計達新台幣三億元以上，並經評鑑三年列為第一級者。

專業營造業登記之專業工程項目，包含哪些？

解 析

依營造業法第八條規定，專業營造業登記之專業工程項目，包含：

(1) 鋼構工程。

(2) 擋土支撐及土方工程。

(3) 基礎工程。

(4) 施工塔架吊裝及模版工程。

(5) 預拌混凝土工程。

(6) 營建鑽探工程。

(7) 地下管線工程。

(8) 帷幕牆工程。

(9) 庭園、景觀工程。

(10)環境保護工程。

(11)防水工程。

其他經中央主管機關會同目的事業主管機關增訂或變更，並公告之項目。

依營造業法第十三條規定，營造業規定申請公司或商業登記前，應檢附哪些文件，向中央主管機關或直轄市、縣(市)主管機關申請營造業許可。

解析

(1) 申請書。

(2) 資本額證明文件。

(3) 發起人或合夥人姓名、住所或居所、履歷及認資證明文件。

(4) 營業計畫。

前項第一款申請書，應載明下列事項：

(1) 營造業名稱及營業地址。

(2) 負責人姓名、出生年月日、住所或居所及身分證明文件。

(3) 營造業類別及業務項目。

(4) 專任工程人員姓名、出生年月日、住所或居所及身分證明文件。

(5) 組織性質。

(6) 資本額。

(7) 土木包工業於前項申請書免記載第四款事項。

營造業應於辦妥公司或商業登記後六個月內，檢附哪些文件，向中央主管機關或直轄市、縣(市)主管機關申請營造業登記、領取營造業登記證書及承攬工程手冊，始得營業。

解析

依營造業法第十五條規定，營造業登記應檢附文件，包含：

(1) 申請書。

(2) 原許可證件。

(3) 公司或商業登記證明文件。

(4) 專任工程人員受聘同意書及其資格證明書。

前項第一款申請書，應載明下列事項：

(1) 營造業名稱及營業地址。

(2) 負責人姓名、出生年月日、住所或居所、身分證明文件及簽名、蓋章。

(3) 營造業類別及業務項目。

(4) 專任工程人員姓名、出生年月日、住所或居所、身分證明文件與其簽名及印鑑。

(5) 組織性質。

(6) 資本額。

土木包工業免檢附第一項第四款文件，其第一項第一款申請書，並免記載前項第四款事項。

營造業於申領營造業登記證書前，其第十三條第二項所定申請書應記載事項有變更時，應辦理變更許可後，始得申請。

承攬工程手冊應包含哪些事項？

解析

依營造業法第十九條規定，承攬工程手冊之內容，應包括下列事項：

(1) 營造業登記證書字號。

(2) 負責人簽名及蓋章。

(3) 專任工程人員簽名及加蓋印鑑。

(4) 獎懲事項。

(5) 工程記載事項。

(6) 異動事項。

(7) 其他經中央主管機關指定事項。

前項各款情形之一有變動時，應於一個月內檢附承攬工程手冊及有關證明文件，向中央主管機關或直轄市、縣(市)主管機關申請變更。但專業營造業及土木包工業承攬工程手冊之工程記載事項，經中央主管機關核定於一定金額或規模免予申請記載變更者，不在此限。

營繕工程之承攬契約，應記載事項有哪些？

解析

依營造業法第二十七條規定，承攬契約應記載事項，包含：

(1) 契約之當事人。

(2) 工程名稱、地點及內容。

(3) 承攬金額、付款日期及方式。

(4) 工程開工日期、完工日期及工期計算方式。

(5) 契約變更之處理。

(6) 依物價指數調整工程款之規定。

(7) 契約爭議之處理方式。

(8) 驗收及保固之規定。

(9) 工程品管之規定。

(10)違約之損害賠償。

(11)契約終止或解除之規定。

前項實施辦法，由中央主管機關另定之。

工地主任應符合哪些資格之一，並經中央主管機關會同中央勞工主管機關評定合格，領有中央主管機關核發之執業證者，始得擔任。

解析

依營造業法第三十一條規定，工地主任應符合下列資格之一：

(1) 專科以上學校土木、建築、營建、水利、環境或相關系、科畢業，並於畢業後有二年以上土木或建築工程經驗者。

(2) 職業學校土木、建築或相關類科畢業，並於畢業後有五年以上土木或建築工程經驗者。

(3) 高級中學或職業學校以上畢業，並於畢業後有十年以上土木或建築工程經驗者。

(4) 普通考試或相當於普通考試以上之特種考試土木、建築或相關類科考試及格，並於及格後有二年以上土木或建築工程經驗者。

(5) 領有建築工程管理甲級技術士證或建築工程管理乙級技術士證，並有三年以上土木或建築工程經驗者。

(6) 專業營造業，得以領有該項專業甲級技術士證或該項專業乙級技術士證，並有三年以上該項專業工程經驗者爲之。

取得工地主任執業證者，每逾四年，應再取得最近四年內回訓證明，始得擔任營造業之工地主任。

本法施行前領有內政部與受委託學校會銜核發之工地主任訓練結業證書者，應取得前項回訓證明，由中央主管機關發給執業證後，始得擔任營造業之工地主任。

第一項工地主任之評定程序、基準及第二項回訓期程、課程、時數、實施方式、管理及相關事項之辦法，由中央主管機關定之。

營造業工地主任應負責辦理之事項有哪些？

解析

依營造業法第三十二條規定，營造業工地主任應負責辦理之事項，包含：

(1) 依施工計畫書執行按圖施工。

(2) 按日填報施工日誌。

(3) 工地之人員、機具及材料等管理。
(4) 工地勞工安全衛生事項之督導、公共環境與安全之維護及其他工地行政事務。
(5) 工地遇緊急異常狀況之通報。
(6) 其他依法令規定應辦理之事項。

營造業承攬之工程，免依第三十條規定置工地主任者，前項工作，應由專任工程人員或指定專人爲之。

營造業之專任工程人員應負責辦理哪些工作？

解析

依營造業法第三十五條規定，營造業專任工程人員應負責下列工作：
(1) 查核施工計畫書，並於認可後簽名或蓋章。
(2) 於開工、竣工報告文件及工程查報表簽名或蓋章。
(3) 督察按圖施工、解決施工技術問題。
(4) 依工地主任之通報，處理工地緊急異常狀況。
(5) 查驗工程時到場說明，並於工程查驗文件簽名或蓋章。
(6) 營繕工程必須勘驗部分赴現場履勘，並於申報勘驗文件簽名或蓋章。
(7) 主管機關勘驗工程時，在場說明，並於相關文件簽名或蓋章。
(8) 其他依法令規定應辦理之事項。

依第四十三條規定評鑑為第一級之營造業，經主管機關或經中央主管機關認可之相關機關(構)辦理複評合格者，為優良營造業；並為促使其健全發展，以提升技術水準，加速產業升級，得依哪些規定獎勵之。

解析

依營造業法第五十一條規定，優良營造業之獎勵方式，包含：
(1) 頒發獎狀或獎牌，予以公開表揚。
(2) 承攬政府工程時，押標金、工程保證金或工程保留款，得降低百分之五十以下；申領工程預付款，增加百分之十。

前項辦理複評機關(構)之資格條件、認可程序、複評程序、複評基準及相關事項之辦法，由中央主管機關定之。

 試問綜合營造業及土木包工業資本額規定？

解析

依營造業法施行細則第四、六條規定，綜合營造業之資本額：

(1) 甲等綜合營造業：爲新臺幣二千二百五十萬元以上。

(2) 乙等綜合營造業：爲新臺幣一千萬元以上。

(3) 丙等綜合營造業：爲新臺幣三百萬元以上。

(4) 土木包工業：爲新臺幣八十萬元以上。

 營造業之資本額證明文件。

解析

依營造業法施行細則第八條規定，資本額證明文件，包含：

(1) 土地：最近一個月地政機關核發之土地登記謄本。

(2) 房屋：最近一個月建築改良物登記謄本及稅捐稽徵機關課稅現值之證明。

(3) 機具設備：具有動產、機具設備鑑定業務項目公證業或工商徵信服務業之鑑價證明文件及公證人產權證明公證書。但屬出廠三年內之新品者，其價值得以出售廠商開具之收據或統一發票認定之。

(4) 現金：最近一個月金融機構存款證明文件。

 營造業應設置工地主任之工程金額或規模規定？

解析

依營造業法施行細則第十八條規定，應設置工地主任之工程金額或規模如下：

(1) 承攬金額新臺幣五千萬元以上之工程。

(2) 建築物高度三十六公尺以上之工程。

(3) 建築物地下室開挖十公尺以上之工程。

(4) 橋樑柱跨距二十五公尺以上之工程。

政府採購法之採購招標方式。

解析

依政府採購法第十八條規定，採購招標方式，分為公開招標、選擇性招標及限制性招標。

(1) 公開招標：指以公告方式邀請不特定廠商投標。

(2) 選擇性招標：指以公告方式預先依一定資格條件辦理廠商資格審查後，再行邀請符合資格之廠商投標。

(3) 限制性招標：指不經公告程序，邀請二家以上廠商比價或僅邀請一家廠商議價。

採購法所稱之工程、財務及勞務三類採購之定義。

解析

依政府採購法第七條規定，相關定義說明如下：

(1) 工程：指在地面上下新建、增建、改建、修建、拆除構造物與其所屬設備及改變自然環境之行為，包括建築、土木、水利、環境、交通、機械、電氣、化工及其他經主管機關認定之工程。

(2) 財務：指各種物品(生鮮農漁產品除外)、材料、設備、機具與其他動產、不動產、權利及其他經主管機關認定之財物。

(3) 勞務：指專業服務、技術服務、資訊服務、研究發展、營運管理、維修、訓練、勞力及其他經主管機關認定之勞務。

機關辦理公告金額以上之採購，符合哪些規定，得採選擇性招標？

解析

依政府採購法第二十條規定，機關辦理公告金額以上之採購，符合下列情形之一者，得採選擇性招標：

(1) 經常性採購。

(2) 投標文件審查，須費時長久始能完成者。

(3) 廠商準備投標需高額費用者。

(4) 廠商資格條件複雜者。

(5) 研究發展事項。

 機關辦理公告金額以上之採購，符合哪些規定，得採限制性招標？

解析

依政府採購法第二十二條規定，機關辦理公告金額以上之採購，符合下列情形之一者，得採限制性招標：

(1) 以公開招標、選擇性招標或依第九款至第十一款公告程序辦理結果，無廠商投標或無合格標，且以原定招標內容及條件未經重大改變者。

(2) 屬專屬權利、獨家製造或供應、藝術品、秘密諮詢，無其他合適之替代標的者。

(3) 遇有不可預見之緊急事故，致無法以公開或選擇性招標程序適時辦理，且確有必要者。

(4) 原有採購之後續維修、零配件供應、更換或擴充，因相容或互通性之需要，必須向原供應廠商採購者。

(5) 屬原型或首次製造、供應之標的，以研究發展、實驗或開發性質辦理者。

(6) 在原招標目的範圍內，因未能預見之情形，必須追加契約以外之工程，如另行招標，確有產生重大不便及技術或經濟上困難之虞，非洽原訂約廠商辦理，不能達契約之目的，且未逾原主契約金額百分之五十者。

(7) 原有採購之後續擴充，且已於原招標公告及招標文件敘明擴充之期間、金額或數量者。

(8) 在集中交易或公開競價市場採購財物。

(9) 委託專業服務、技術服務或資訊服務，經公開客觀評選為優勝者。辦理設計競賽，經公開客觀評選為優勝者。

(10)因業務需要，指定地區採購房地產，經依所需條件公開徵求勘選認定適合需要者。

(11)購買身心障礙者、原住民或受刑人個人、身心障礙福利機構、政府立案之原住民團體、監獄工場、慈善機構所提供之非營利產品或勞務。

(12)委託在專業領域具領先地位之自然人或經公告審查優勝之學術或非營利機構進行科技、技術引進、行政或學術研究發展。

(13)邀請或委託具專業素養、特質或經公告審查優勝之文化、藝術專業人士、機構或團體表演或參與文藝活動。

(14)公營事業爲商業性轉售或用於製造產品、提供服務以供轉售目的所爲之採購，基於轉售對象、製程或供應源之特性或實際需要，不適宜以公開招標或選擇性招標方式辦理者。

(15)其他經主管機關認定者。

投標廠商發生哪些情形，經機關於開標前發現者，其所投之標應不予開標；於開標後發現者，應不決標予該廠商。

解析

依政府採購法第五十條規定，投標廠商有下列情形之一，經機關於開標前發現者，其所投之標應不予開標；於開標後發現者，應不決標予該廠商：

(1) 未依招標文件之規定投標。

(2) 投標文件內容不符合招標文件之規定。

(3) 借用或冒用他人名義或證件，或以僞造、變造之文件投標。

(4) 僞造或變造投標文件。

(5) 不同投標廠商間之投標文件內容有重大異常關聯者。

(6) 第一百零三條第一項不得參加投標或作爲決標對象之情形。

(7) 其他影響採購公正之違反法令行爲。

決標或簽約後發現得標廠商於決標前有前項情形者，應撤銷決標、終止契約或解除契約，並得追償損失。但撤銷決標、終止契約或解除契約反不符公共利益，並經上級機關核准者，不在此限。

第一項不予開標或不予決標，致採購程序無法繼續進行者，機關得宣布廢標。

請列表說明政府採購法查核金額與巨額採購各項目之額度規定。

解析

	查核金額	巨額採購
工程採購	5000 萬元	二億元
財物採購	5000 萬元	一億元
勞務採購	1000 萬元	2000 萬元

請分別說明機關辦理公開招標及選擇性招標時，其最少等標期期限之規定。

解析

依政府採購法之規定：

(1) 公開招標不得少於下列期限：

(a) 未達公告金額之採購：七日。

(b) 公告金額以上未達查核金額：十四日。

(c) 查核金額以上未達巨額之採購：二十一日。

(d) 巨額之採購：二十八日。

(2) 選擇性招標不得少於下列期限：

(a) 未達公告金額之採購：七日。

(b) 公告金額以上未達巨額之採購：十日。

(c) 巨額之採購：十四日。

機關與廠商因履約爭議未能達成協議者，得以哪些方式處理？

解析

依政府採購法第八十五之一條規定，機關與廠商因履約爭議未能達成協議者，得以下列方式之一處理：

(1) 向採購申訴審議委員會申請調解。

(2) 向仲裁機構提付仲裁。前項調解屬廠商申請者，機關不得拒絕。

採購申訴審議委員會辦理調解之程序及其效力，除本法有特別規定者外，準用民事訴訟法有關調解之規定。履約爭議調解規則，由主管機關擬訂，報請行政院核定後發布之。

機關辦理哪些採購，得不適用政府採購法之招標及決標規定?

解析

依政府採購法第一〇五條規定，機關辦理下列採購，得不適用本法招標、決標之規定。

(1) 國家遇有戰爭、天然災害、癘疫或財政經濟上有重大變故，需緊急處置之採購事項。

(2) 人民之生命、身體、健康、財產遭遇緊急危難，需緊急處置之採購事項。公務機關間財物或勞務之取得，經雙方直屬上級機關核准者。

(3) 依條約或協定向國際組織、外國政府或其授權機構辦理之採購，其招標、決標另有特別規定者。

(4) 前項之採購，有另定處理辦法予以規範之必要者，其辦法由主管機關定之。

建築法所稱之建造有哪些?

解析

依建築法第九條規定，建築法所稱之建造行爲，包含：

(1) 新建：爲新建造之建築物或將原建築物全部拆除而重行建築者。

(2) 增建：於原建築物增加其面積或高度者。但以過廊與原建築物連接者，應視爲新建。

(3) 改建：將建築物之一部分拆除，於原建築基地範圍內改造，而不增高或擴大面積者。

(4) 修建：建築物之基礎、樑柱、承重牆壁、樓地板、屋架或屋頂，其中任何一種有過半之修理或變更者。

建築法規定之建築執照有哪些？

解析

依建築法第二十八條規定，建築執照有：

(1) 建造執照：建築物之新建、增建、改建及修建，應請領建造執照。

(2) 雜項執照：雜項工作物之建築，應請領雜項執照。

(3) 使用執照：建築物建造完成後之使用或變更使用，應請領使用執照。

(4) 拆除執照：建築物之拆除，應請領拆除執照。

建造執照或雜項執照申請書，應載明事項為何？

解析

依建築法第三十一條規定，建造執照或雜項執照申請書，應載明：

(1) 起造人之姓名、年齡、住址。起造人爲法人者，其名稱及事務所。

(2) 設計人之姓名、住址、所領證書字號及簽章。

(3) 建築地址。

(4) 基地面積、建築面積、基地面積與建築面積之百分比。

(5) 建築物用途。

(6) 工程概算。

(7) 建築期限。

工程圖樣及說明書應包括哪些項目？

解析

依建築法第三十二條規定，工程圖樣及說明書應包含：

(1) 基地位置圖。

(2) 地盤圖，其比例尺不得小於一千二百分之一。

(3) 建築物之平面、立面、剖面圖，其比例尺不得小於二百分之一。

(4) 建築物各部之尺寸構造及材料，其比例尺不得小於三十分之一。

(5) 直轄市、縣(市)主管建築機關規定之必要結構計算書。

(6) 直轄市、縣(市)主管建築機關規定之必要建築物設備圖說及設備計算書。

(7) 新舊溝渠及出水方向。

(8) 施工說明書。

4

測量與放樣

測量與放樣應具備工作智能之技能種類、技能標準及相關知識範圍，內容說明如下。

一、高程測量

(一) 技能標準

1. 能督導工程人員使用水準儀作直接水準測量，且不逾規定誤差。
2. 能督導工程人員以經緯儀作三角高程測量，且在規定精度以內。
3. 能督導工程人員作高程測量之計算。

(二) 相關知識

1. 瞭解水準點之分佈要領及設置方法。
2. 瞭解高程控制測量所需之精度。
3. 瞭解各項誤差發生的原因及避免或消除誤差的方法。
4. 瞭解高程測量之計算。

二、地物點之平面位置及高程測量

(一) 技能標準

1. 能督導工程人員使用各類儀器，以適當之方法，依平面控制測量成果，測量地物點之平面位置及依據已知點，測點地物點之高程。
2. 能督導工程人員明確判讀地形圖的各種圖示及內容。

(二) 相關知識

1. 瞭解測量地物點位置及高程之各種方式。
2. 瞭解測量地物點位置及高程所需之精度。
3. 瞭解地形圖之繪製方法。

三、路線測量

(一) 技能標準

1. 能督導工程人員完成路線之中線測量，且不逾規定誤差。
2. 能督導工程人員作縱橫斷面測量，且不逾規定誤差。
3. 能督導工程人員配合地面情況，能以不同方法，佈設各種曲線，且不逾規定誤差。
4. 能督導工程人員佈設坡度樁及邊坡樁，且不逾規定誤差。

5. 能督導工程人員完成土方計算。

(二) 相關知識

1. 瞭解路線工程圖說。
2. 瞭解各種曲線佈設之計算方法。
3. 瞭解曲線佈設之測設方法。
4. 瞭解曲線佈設所需之精度。
5. 瞭解曲線測設發誤差之原因及其消除或避免之方法。
6. 瞭解土方之各種計算方法。

四、工程放樣

(一) 技能標準

1. 能督導工程人員以儀器按工程圖樣，正確釘出施工標的物位置及樁位，且達所需精度。
2. 能督導工程人員釘設板樁，確定施工標的物(房屋、橋樑、跑道、溝渠等)之位置及高度。

(二) 相關知識

1. 瞭解工程圖說。
2. 瞭解工程放樣方法。
3. 瞭解工程放樣所需之精度。
4. 瞭解相關法令。

五、施工中檢測

(一) 技能標準：能督導工程人員依工程圖說的已知數據使用適當儀器及正確測量方法，對施作中的標的物進行檢核測量，並能計算是否合於規定的精度。

(二) 相關知識

1. 瞭解工程圖說。
2. 瞭解工程檢測方法。
3. 瞭解工程測量所需之精度。
4. 瞭解相關法令。

試說明平面測量與大地測量之定義。

解析

(1) 平面測量：平面測量係指所要測量的面積甚小，可以忽略地球曲度的影響，把地球之平均表面，視爲一個平面者，稱爲平面測量。在平面測量中，水準線視爲直線，地面各點之鉛垂線視爲平行線，水平角視爲平面角。因範圍($<200km^2$)不必顧及地球曲率及折光等問題。(此係指測量各地物間之平面位置而言，惟於高程測量上，則仍須考慮地球之曲率及折光)。

(2) 大地測量：我們所住的地球，形狀像一個旋轉的橢圓體，極軸較赤道軸短一些。測量範圍廣潤，地球的曲度不可忽略，視地面爲橢圓面者，稱爲大地測量。大地測量主要爲精密測算地面點之位置及其高程，供大規模測製地圖或工程測量等精度較低之控制點測量之依據。大地測量大多爲政府機關舉辦，其重要的爲國家大地測量局辦理，雖然僅有少數的測量師爲國家大地測量局所雇用，可是他們的工作卻對其他的測量師有極端的重要性。他們在全國各地建立起一個由許多測點所構成的圖網，而爲任何位置或高程提供非常精確的資料，在這個圖網內，所有精度較低的各式各類的測量，均依此作爲準繩。一般言之，乃於地球中心角15’，測量時可不計其曲度，可直接看作平面，所以在地球中心角15’，所對地表面之距離約27.7公里及其面積605平方公里範圍內測量時，地球表面不考慮其彎曲，不必作爲球面，看作平面的測量，就是平面測量，否則就是大地測量。大地測量範圍廣闊($>200km^2$)，須顧及地球之曲率及折光，其作業之儀器及方法較嚴密，精度要求較高。

設比例尺為 1/1200，如實地長為 180 公尺，求圖上長？

解析

$d/D = 1/m$

得 $d = (180 \times 100)/1200 = 15cm$　故得圖上長爲 15 公分。

設比例尺為 1/3000，如圖上長為 5 公分，求實地距離多少？

解析

$D = d \times m = 5 \times 3000 = 15000cm = 150m$

故得實地距離爲 150 公尺。

試問測量基本原理，對於求得「點」位的方法有哪些？

解析

(1) 邊前方定位法：A、B二點已知，欲求C點，可量AC及BC而定之。

(2) 支距法：A、B二點已知，由C點或D點作CD⊥AB，並量CD，決定C點之置；此爲支距法，小面積之工程測量及地形測量中應用之。

(3) 交會法：若A、B、C、D四點已知，則可求AB、CD直線交點E。

(4) 導線法：由已知二點A、B量AC及<CAB，可定C點。

(5) 半導線法：已知A、B二點，惟A、C之距離無法量時，測量<CAB再量BC亦可得C點；但此法可能產生C及C’兩點，應參考現場實際情形，予以確定。使用此法時，若<BCA接近900，則誤差極大，應使用他法。

(6) 角前方交會法：已知A、B二點，若AC，BC之距離同爲不可測量時，測量<CAB及<CBA兩角度，可定得C。

(7) 後方交會法：若A、B、C三點已知，則測α、β二角即可定得D點。

(8) 側方交會法：若A、B已知，在A及B未知點C上觀測α、γ二角度，可定得C點。

(9) 雙點定位法：若A、B已知，在未知點上觀測α1、α2、β1、β2，可定得P1、P2二點。

試說明儀器使用維護注意事項。

解析

(1) 儀器向管理員借領時，應當面檢查有無缺損，繳還時亦同。

(2) 儀器自箱內取出前，應先察其相關位置，待重放回時，不致發生困難。

(3) 儀器裝於架首時，以一手持儀器，一手轉底盤螺旋至穩妥爲度。

(4) 要先瞭解各部分螺旋之作用後，方可操作，不可粗魯從事。

(5) 各螺絲不能旋得太緊，以免傷害螺紋。

(6) 凡儀器之鏡面如有灰塵，不可以用手指或粗布擦拭，應以附屬之毛刷或皮輕拂之。

(7) 在炎熱大太陽下，應張傘以防日曬，更應避免淋雨。

(8) 儀器置於測站，不可無人照顧。

(9) 磁針不用時或移動時，應旋緊固定螺絲，以免軸尖磨損。

(10)短距離之移動，可連三腳架收攏一起移動，一手夾腳架於腋下，一手托儀器使儀器在前，如遠距離或通過樹林等崎嶇之地，則須收好裝箱，背負徐行。

試說明測量誤差來源。

解析

(1) 儀器誤差：儀器製造欠精或校正不善所引起。

(2) 人爲誤差：由於觀測者之習慣，經驗及施測當時之注意力是否集中，常爲誤差之主要來源。例如以經緯儀施測角度，於對目標，及讀度數時是否精確，人爲因素占大部份。

(3) 自然誤差：自然環境影響所測量之結果。例如溫度改變影響尺長之伸縮，地球曲率及折光影響高程或方向等誤差，朦氣影響讀數等。有些需施測後加以改正，有些需於施測時採用適當方法以減少其影響。

錯誤、系統誤差與偶然誤差有哪些方法能消除？

解析

(1) 錯誤：由於疏忽，無經驗，不細心所引起，其誤差常甚大。增加測量次數，多加檢核，加強注意，多加練習，可免錯誤產生。

(2) 系統誤差：由於儀器本身或儀器改正久完善之小誤差。此爲常差，令經多次觀測後，累積成大誤差。應小心校正儀器或於施測後加以計算改正。

(3) 偶然誤差：由於自然環境變化，儀器不夠精細，觀測者之偏向等因素所引起，其值常甚小，無法立即察覺。其出現之情況有正有負，其正負出現之機會常相等，而較小之誤差測量方法，或增加測量次數來減小其影響。

何謂精確度(Accuracy)與精密度(Precision)。

解析

(1) 精確度：係指最後量測所得之成果與眞值間之差別。如稱量得精確之成果。一般以標準誤差爲所得成果精度衡量之標準。

(2) 精密度：一般指緻細及謹愼之量測工作而言，諸如操作者之技能及所使用之儀器能影響到量測工作之精密度，故常指所用方法爲精密方法或稱所用儀器爲精密儀器。

若某段距離 AB，甲量測 2 次，其平均值為 58.634m，乙量測 3 次，其平均值為 58.681m，丙量測 5 次，其平均值為 58.655m，求 AB 之長度為若干?

解析

最或是值

$$l=\frac{[pl]}{[p]}=\frac{2\times 58.634+3\times 58.681+5\times 58.655}{2+3+5}=58.659$$

$$v_1=58.634-58.659=-0.025$$

$$v_2=58.681-58.659=+0.022$$

$$v_3=58.655-58.659=-0.004$$

$$M=\pm\sqrt{\frac{[pVV]}{[p](n-1)}}=\pm\sqrt{\frac{2\times 0.025^2+3\times 0.022^2+5\times 0.004^2}{(2+3+5)(3-1)}}=\pm 0.012$$

$$\because \overline{AB}=58.659\pm 0.012$$

單位：m

設某量分別由 A、B 二人進行了五次等精度的觀測，該兩組觀測值之偶然誤差如下：

A：–2，+5，-3，+4，–2

B：–2，0，+10，–3，–1

試求甲、乙二者之平均誤差、標準誤差、或是誤差。

解析

(1) 平均誤差

$$t_A=\pm\frac{|-2|+|5|+|-3|+|4|+|-2|}{5}=\pm 3.2$$

$$t_B=\pm\frac{|-2|+|0|+|10|+|-3|+|-1|}{5}=\pm 3.2$$

(2) 標準誤差

$$m_A=\pm\sqrt{\frac{(-2)^2+(5)^2+(-3)^2+(4)^2+(-2)^2}{5}}=\pm\sqrt{\frac{58}{5}}=\pm 3.4$$

$$m_b=\pm\sqrt{\frac{(-2)^2+(0)^2+(10)^2+(-3)^2+(-1)^2}{5}}=\pm\sqrt{\frac{114}{5}}=\pm 4.8$$

(3) 或是誤差

$$r_A = \pm 3$$

$$r_B = \pm 2$$

$\overline{AC} = \overline{AB} + \overline{BC}$、測得 $\overline{AB}$ 、 $\overline{BC}$ 之最或是值及最或是值之中誤差分別為 100.97±0.02m、99.82±0.02m，求 $\overline{AC}$ 之最或是值及其中誤差。

解析

$$\overline{AB} = 100.97 \qquad m_{\overline{AB}} = \pm 0.02\text{m}$$

$$\overline{BC} = 99.82 \qquad m_{\overline{Bc}} = \pm 0.02\text{m}$$

$$\overline{AC} = \overline{AB} + \overline{BC} = 100.97 + 99.82 = 200.79$$

$$m_{AC}^2 = m_{AB}^2 + m_{BC}^2 = (0.02)^2 + (0.02)^2 = 0.0008$$

$$m_{AC} = \pm\sqrt{0.0008} = \pm 0.028$$

$$\therefore \overline{AC} = 200.79 \pm 0.028\text{m}$$

圓周長 $l = 2\pi r$ ，圓面積 $A = \pi r^2$ ，測得 r 之最或是值及最或是值的中誤差為 8.72±0.05m，求(1) l 之最或是值及其中誤差；(2) A 之最或是值及其中誤差。

解析

$r = 8.72\text{m}$ ， $m_r = 0.05\text{m}$

$$l = 2\pi r = 2\pi(8.72) = 54.79\text{m}$$

$$m_l^2 = (2\pi)^2 m_r^2 = 4\pi^2(0.05)^2 = 0.098696$$

$$m_l = \pm 0.31\text{m}$$

$$\therefore \quad l = 54.79 \pm 0.31\text{m}$$

$A = \pi r^2 = \pi(8.72)^2 = 238.88\text{m}^2$ 爲非線性函數

$$m_A^2 = \left(\frac{\partial A}{\partial r}\right)^2 m_r^2 = (2\pi r)^2 m_r^2$$

$$m_A = \pm\sqrt{(2\pi r)^2 m_r^2} = \pm(2\pi r)m_r = \pm 2.74$$

$$\therefore A = 238.88 \pm 2.74\text{m}^2$$

說明直接水準測量與間接水準測量之誤差來源及使用時機。

解析

(1) 直接高程測量誤差來源：又稱水準儀測量，爲使用水準儀(level)及水準尺，直接測定水平視準線在二水準尺上讀數，求得該二水準尺地面高程差之測量。一般水準儀之結構原則必須滿足下列之條件，視準軸ZZ平行於水準軸LL，而二者均垂直於垂直軸VV。即ZZ//LL⊥LL。校正的目的，在使其滿足上列之條件。此外視準軸與望遠鏡之迴轉軸一致及橫十字絲水平，亦爲應行滿足之條件。

(2) 間接高程測量誤差來源：間接高程測量因使用儀器及作業方法而異，可分爲：三角高程測量(Trigonometric leveling)、視距高程測量(Stadia leveling)及氣壓計高程測量(Barometric leveling)等三種。三角高程測量爲間接測定高程差之方法，乃根據測得之距離及縱角計算兩之高程差。若距離較長時，由於地球曲率及大氣折光之影響，則應加以改正，或採對向觀測取平均。

(3) 使用時機：點位之高程，在地勢平坦並需精度甚高之地區，須用直接水準測量之方法求得之。但在山區或高程不需甚高精度之點位，可用三角高程測量方法施測之。

何謂直接高程與間接高程測量。

解析

(1) 直接高程測量(Direct leveling)：又稱水準儀測量，爲使用水準儀(level)及水準尺(leveling rod)，直接測定水平視準線在二水準尺上讀數，求得該二水準尺地面高程差之測量。

(2) 間接高程測量(Indirect leveling)：間接高程測量因使用儀器及作業方法而異，可分爲：三角高程測量(Trigonometric leveling)、視距高程測量(Stadia leveling)及氣壓計高程測量(Barometric leveling)等三種。

試說明一般水準儀之結構原則必須滿足下列之條件。

解析

一般水準儀之結構原則必須滿足下列之條件：

(1) 視準軸ZZ平行於水準軸LL。

(2) 視準軸及水準軸均垂直於垂直軸VV，即ZZ//LL⊥LL。

試說明水準儀橫十字絲之水平校正。

解析

(1) 檢驗：先放平儀器，再以橫十字絲之一端視準一明顯固定點(如下圖a)，使望遠鏡繞直立軸微微旋轉，若該點未沿橫十字絲移動(如下圖b)，即橫十字絲未水平。

(2) 改正：微鬆校正螺絲，然後整個十字絲環即可微微旋轉至橫十字絲水平時(如下圖c)，再施緊螺絲。

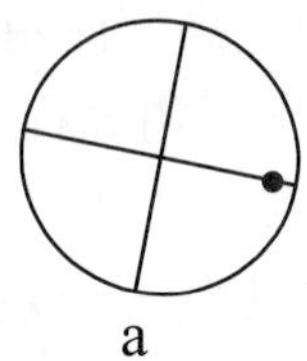

a

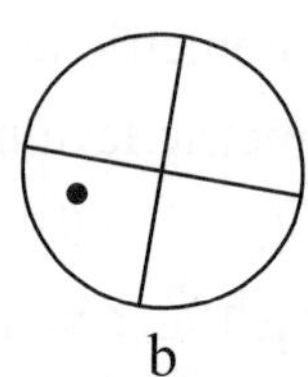

b

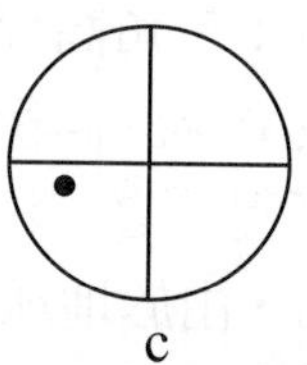

c

試說明水準儀水準軸垂直於垂直軸之校正。

解析

(1) 檢驗：令望遠鏡位於二對角腳螺旋之上方(如為三個定平螺旋者，則平行於其中之二螺旋)，使氣泡居中，然後旋轉180°，如氣泡不復居中，即表示水準管軸不垂直於直立軸。

(2) 改正：半半改正法(Half and Half Adjustment)。水準軸與垂直軸不成正交，致垂直軸與鉛垂不重合而有α角之誤差。旋轉180°後水準儀與水平線成2α之交角。故改正時旋轉水準管上之改正螺旋，以改正氣泡偏斜之半，其餘一半用腳螺旋改正之。此項改正須反覆施行至精確適合為止。因係使用水準管之改正螺旋及腳螺旋各改正氣泡偏差之一半，故稱半半改正。

試說明水準儀視準軸應平行於水準管軸之校正。

解析

(1) 檢驗：用木樁校正法(Peg Adjustment Method)行之。木樁校正法(或謂定樁法)係指在一較平坦之地，釘A、B二木樁，相距50m至100m，安置水準儀於二樁之中點，對二樁頂之水準尺讀數。如下圖，設A尺讀為b_1，B尺讀數為f_1，則二者之差b_1-f_1即為眞正的高程差$\Delta h = H_A - H_B = b_1 - f_1$。此因前後視距離相等，有相同之誤差，相減後即自行消去。次移水準儀接近A尺後緣，再觀測A、B二尺讀數，如 $b_2 - f_2 \neq \Delta h = b_1 - f_1$，即為視準軸不平行水準管軸。

(2) 改正：水準儀置於A尺之後，對準遠處B尺，視準軸水平時，調整十字絲校正螺旋，使橫十字絲對準遠方標尺讀數。

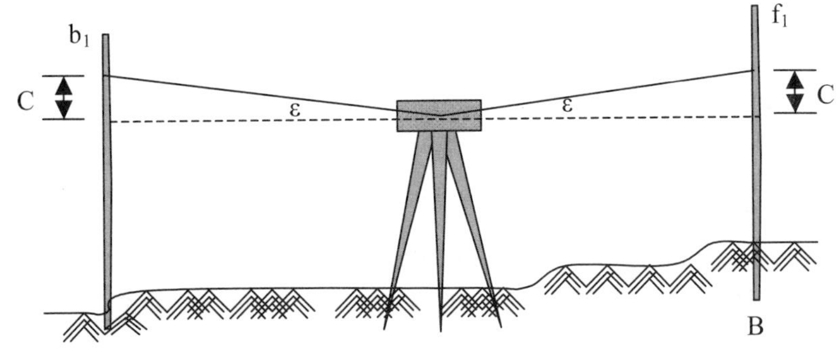

試說明水準儀光軸與視準軸相符之校正。

解析

望遠鏡如有目鏡管校正螺絲時，才有此校正。

(1) 檢驗：在牆壁約10公尺處設置水準儀，由助手置一白色卡片於牆壁上，在觀測者指揮下，在卡片上描出圓形視界及十字絲像，看十字絲中心交叉點是否與圓心相符。

(2) 校正：改正目鏡管校正螺絲至重合為止。

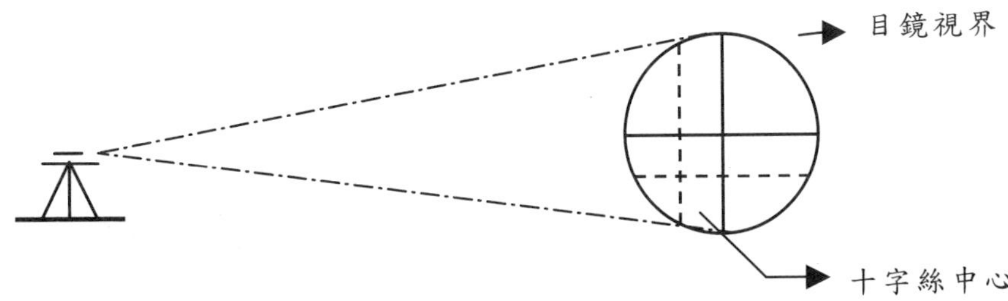

試說明水準測量誤差來源及對應方法。

解析

(1) 儀器誤差

(a) 視準軸不平行水準管軸：以定樁法校正視準軸，使它平行水準管軸一般水準測量中，儘量使前後視距離相等，即可抵消此項誤差。

(b) 尺長並非標準長：設水準尺刻劃均勻，以水準尺一段(設為2公尺)與標準尺比較，得實長為2.010公尺，則該尺所測得之讀數應乘以$\frac{2.010}{2.000}$，通常此項誤差甚小。

(c) 水準尺接縫處誤差及相連不成一直線之誤差：實際量出其誤差，並計算改正。最好採用固定式水準尺。

(d) 水準尺底端磨損：水準尺底端如有磨損，如該尺僅讀一次，則誤差無法抵消，可與正確水準尺比較，求出其差值，以計算法改正。目前水準尺底端多以金屬片包裹，可使此種誤差減至極小。

(2) 人為誤差

(a) 視差(Parallax)：當物像未能成像於十字絲面，或目鏡所見十字絲像不清晰，均會影響讀數，應取消視差(即轉動目鏡環使十字絲像清晰)並仔細聚像。

(b) 讀數誤差：不論儀器構造如何精密，讀數時仍有誤差，且隨觀測者判斷力而不同，減少讀數誤差之方法。改良儀器，如增加放大倍率使用平行玻璃，勿使距離太長，勿在中午或氣流不穩定觀測。

(c) 觀測瞬間水準氣泡不居中(即直立軸未與重力線相符)：應於讀數前檢查氣泡，若氣泡不居中，應重新調整，始可讀前後視讀數。

(d) 水準尺不垂直：在較精密之水準測量中，應使用水準尺水準器(Rod Level)，使水準尺垂直。

(e) 轉點不平或鬆軟：若將水準尺置於地面，則該尺當作前視水準尺後，再轉向當作後視水準尺時，每因地面凹凸不平或鬆軟下陷使水準尺改變其高度，以致影響水準測量的成果，應選擇穩固地面並使用鐵墊以保持水準尺之高度。

(f) 腳架下陷：在一般水準測量中，如為先讀後視，在尚未讀出前視之時間段內腳架下陷，則所得前視水準尺讀數較小，故高程差變大。如以同法施測，此種誤差必然累積成大數，應儘量縮短觀測時間，並插緊三腳架。

(g) 錯記：有誤記於錯誤欄內，漏記，位數顛倒等。應小心防範此項錯誤。

(3) 自然誤差

(a) 地球曲率引起之誤差：因視距短其影響雖小，應使前後視距離相等，使之相消。

(b) 大氣折光引起之誤差：應使前後視距離相等，使之相消。

(c) 地面水蒸氣之影響：中午前後11~14時觀測，則因地面水蒸氣之影響使所見尺上讀數搖擺不穩定。故一般於中午前後時間內避免觀測。

水準測量何以前後視距最好保持相等？

解析

保持前後視距相等，一般可消除下列誤差：

(1) 消除視準軸與水準軸不平行之誤差。

(2) 消除地球曲率差。

(3) 消除大氣折光差。

試說明水準測量誤差限度之規定。

解析

(1) 一般規定

(a) 一等水準測量之閉合差限度爲 $\pm 4\sqrt{K}$mm 。

(b) 二等水準測量之閉合差限度爲 $\pm 8\sqrt{K}$mm 。

(c) 三等水準測量之閉合差限度爲 $\pm 12\sqrt{K}$mm 。

(d) 支線往返測量之閉合差限度爲 $\pm 24\sqrt{K}$mm 。

(2) 應用規定

(a) 用於土木工程：$\pm 20\sqrt{K}$mm 。

(b) 用於水利工程：$\pm 7\sqrt{K}$mm 。

(c) 用於精密水準：$\pm 3\sqrt{K}$mm 。

註：K爲單程公里數。

已知 H_A=101.00m ，$\triangle H_{AB}$=1.02m ，$\triangle H_{BE}$=0.98m ，$\triangle H_{ED}$=-1.02m ，$\triangle H_{DF}$=-0.96m，試求 F 點高程？

解析

$$H_F = H_A + \Sigma\Delta H = 101.00 + (1.02 + 0.98 - 1.02 - 0.96) = 101.02 \text{ m}$$

試計算下列水準高程測量之標高，及平差(BM1 已知高程：20.000m)？

測點	後視	前視	高低差		標高		
			+	-	計算值	改正數	改正值
BM1	1.125						
R1	3.761	2.310					
R2	1.151	0.649					
R3	1.221	2.156					
R4	1.056	0.339					
BM1		2.869					
檢點	8.314	8.321					
結果							

解 析

測點	後視	前視	高低差		標高		
			+	−	計算值	改正數	改正值
BM1	1.125				20.000		20.000
R1	3.761	2.310		1.185	18.815	+0.001	18.816
R2	1.151	0.649	3.112		21.927	+0.003	21.930
R3	1.221	2.156		1.005	20.922	+0.004	20.926
R4	1.056	0.339	0.882		21.804	+0.005	21.809
BM1		2.869		1.811	19.993	+0.007	20.000
檢點	8.314	8.321	3.994	4.001			
結果	-0.007		-0.007				

註：若無距離參考以平均法為主。

已知ΔHac=49.02m、ΔHbc=48.03m、ΔHec=46.97m、ΔHdc=47.98m、ΔHfc=49.03m，Ha=101.00m、Hb=102.00m、He=103.00m、Hd=102.00m、Hf=101.00m，Lac=640m、Lbc=360M、Lec=320m、Ldc=420m、Lfc=360m，試求 C 點高程(中心型)？

解 析

各路線距離權值(a、b、e、d、f)=1/64、1/36、1/32、1/40、1/36。因權與誤差成反比，所以權與長度成反比，故 wa=2.00：1.125：1.00：1.25：1.125

Hc=((2.00)(150.02)+(1.125)(150.03)+(1.00)(149.97)+(1.250)(149.98)+(1.125)(150.03))/(2.00+1.125+1.00+1.25+1.125)=150.0080取150.008m。

某一峽谷之對向水準測量中，測得下列之標尺讀數：儀器靠近左岸 A 點，後視 A 為 1.873m、前視 B 點為 2.773m。儀器靠近右岸 B 點，後視 A 為 1.473m、前視 B 點為 2.360m。A 點高程為 80.700 公尺，試計算 B 點高程。

解析

$$\Delta H_1 = 1.873 - 2.773 = -0.900\text{m}$$

$$\Delta H_2 = 1.473 - 2.360 = -0.887\text{m}$$

$$\Delta H = \left(\Delta H_1 + \Delta H_2\right)/2 = -0.8935\text{m}$$

$$H_B = H_A + \Delta H = 80.700 - 0.8935 = 79.8065\text{m}$$

若在 A 點(高程=50.600m)設置經緯儀，儀器高 i=1.500m，於 B 點(高程未知)設置一垂直桿 BC，其長為 z=1.320m，若測得 AB 之水平距為 S=200m，縱角 α=1°0'0"(仰角為正，俯角為負)。則 B 點之高程計算為何？

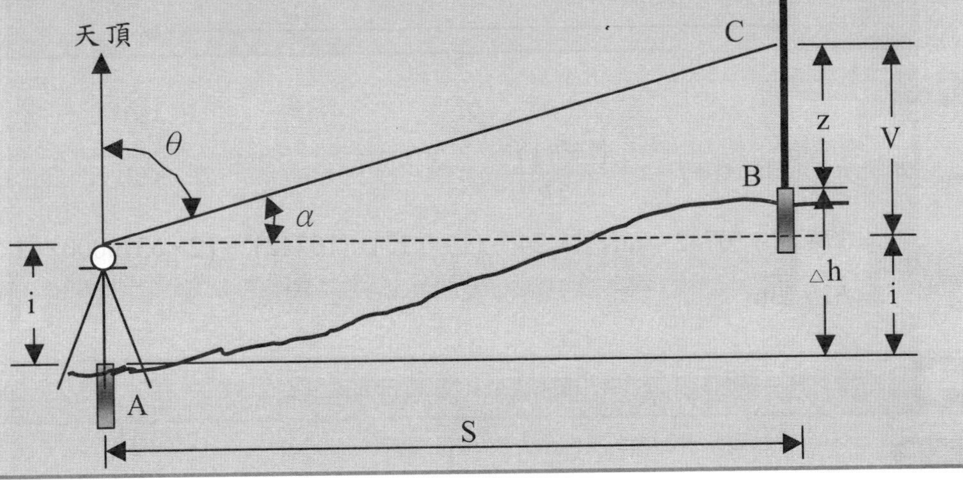

解析

$$\text{高程差 } \Delta h = V + i - z = S\tan\alpha + i - z$$

$$\therefore \quad h_B = h_A + \Delta h = h_A + S\tan\alpha + i - z$$

$$h_B = 50.600 + 200\tan 1°0'0" + 1.500 - 1.320 = 54.271\,\text{m}$$

假設 A 點高程為 374.28m，在 A 點設置經緯儀，i=1.55m，於 B 點(高程未知)垂直設置一覘標，覘標視準心至 B 點之距離為 3.50m，A、B 二點距離為 10742m，若自 A 點引測 B 點之縱角為 1°18'24"，K=0.13，求 h_B(若考慮地球曲率及大氣折光差)。

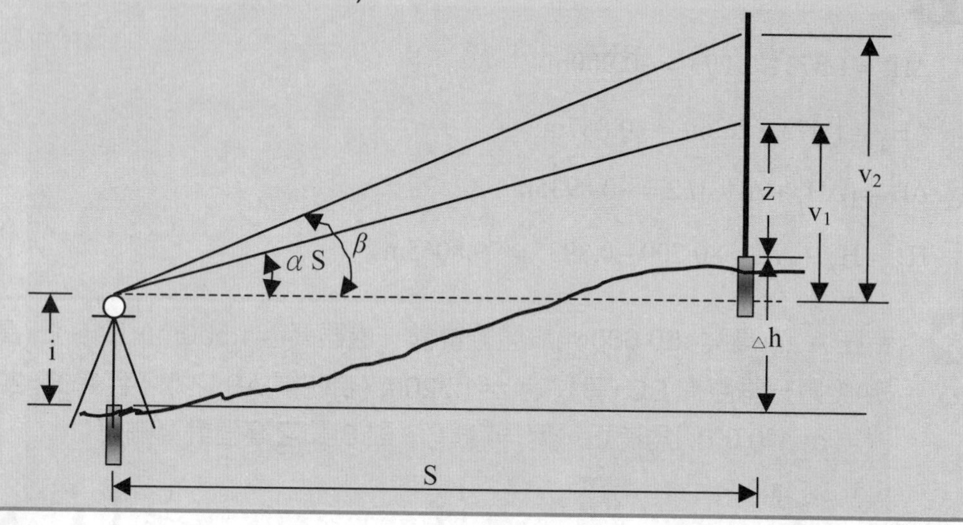

解析

$$h_B = h_A + S\tan\alpha + i - z + \frac{(1-k)S^2}{2R}$$

$$= 374.28 + 10742 \times \tan 1°18'24" + (1-0.13)\times(10742)^2 \div (2\times 6370000) + 1.55 - 3.50$$

$$= 625.23\text{m}$$

試說明一般經緯儀之結構原則，須滿足那些條件。

解析

經緯儀之結構，其各主軸之相互關係，係能滿足下列諸條件：

(1) 盤面水準管軸垂直於直立軸。(LL⊥VV)

(2) 橫軸垂直於直立軸(即橫軸水平)。(HH⊥VV)

(3) 視準軸垂直於橫軸。(SS⊥HH)

(4) 望遠鏡水準管軸平行於視準軸。(SS//LL)

(5) 直立軸通過視準軸與橫軸之交點。

說明水準儀、經緯儀測量的觀測步驟。

解析

(1) 水準儀觀測步驟

(a) 調目鏡焦距：旋轉目鏡調焦螺旋環，可自目鏡中清晰觀視十字絲。

(b) 概略對準水準尺：以望遠鏡上的瞄準器對準水準標尺。

(c) 調物鏡焦距：旋轉物鏡調焦螺旋，直到清晰見到橫絲可讀標尺分劃。

(d) 精確對準水準尺：以儀器之水平微動螺旋調整，使其精確對準。

(e) 讀數：讀標尺分劃時，水準器氣泡應居中央位置。

(2) 經緯儀觀測步驟

(a) 調目鏡焦距：旋轉目鏡調焦螺旋環，可自目鏡中清晰觀視十字絲。

(b) 概略對準目標：放鬆水平制動螺旋與垂直制動螺旋，旋轉望遠鏡，以準星對準目標，使目標在鏡頭視界內。

(c) 調物鏡焦距：旋轉物鏡調焦螺旋，直到清晰見到目標。

(d) 精確對準目標：鎖緊水平制動螺旋與垂直制動螺旋，並分別轉動水平微動螺旋及垂直微動螺旋，使十字絲中心對準目標。

(e) 讀數：讀標尺分劃時，水準器氣泡應居中央位置。

(f) 依角度觀測法進行下一目標之瞄準工作。

何謂測量儀器之定心、定平及定位(向)。

解析

(1) 定心：(水準儀或經緯儀)測量儀器之中心應與地上測點一致，使二者在同一垂直線上，稱之定心。一般定心可應用垂球或光學對點器爲之。

(2) 定平：(經緯儀)使水平度盤盤面水平，亦即使直立軸鉛垂，稱之。可應用以伸縮腳架及調整螺旋爲之。(平板儀)即使平板水平。定平時將水準管至於平板中央，在正交的二方向上，使氣泡居中。

(3) 定位：(平板儀)係使平板上各控制點之方位與實地上相應諸點之方位一致。可應用磁針定位或後視定位法處理。

經緯儀測量儀器誤差來源。

解析

(1) 視準軸誤差-視準軸不與橫軸垂直：設視準軸不與橫軸垂直，而視準軸之誤差c，照準縱角爲h之一點p時，其影響水平方向之誤差爲數(c)，(c)因倒鏡時c之符號與正鏡相反，故取正倒鏡之平均值可消除(c)。

(2) 橫軸誤差-橫軸未與直立軸垂直：設橫軸誤差為i，當照準縱角為h之一點p時，其影響水平方向之誤差為數(i)，(i)因倒鏡時i之符號與正鏡相反，故取正倒鏡之平均值可消除(i)。

(3) 直立軸誤差：直立軸未眞正垂直，其與垂直方向成偏角v，其影響於水平方向之誤差為數(v)。

(4) 上盤之偏心：上盤之直立軸因製造上不夠精密或日久磨損，而中心未與水平度盤之中心相符時，有偏心差讀數產生。

(5) 視準軸之偏心：視準軸不在直立軸之中心延長線上，視準軸乃有偏心差。

試說明導線形狀分類。

解析

(1) 閉合導線(Closed Traverse,or Loop Traverse)：導線之起終點合一，形成一閉合多邊形，如下圖1、2、3、4、5、6。其角度閉合差可以多邊形之幾何條件改正之，閉合導線適用於城市地區及施測範圍集中之處。

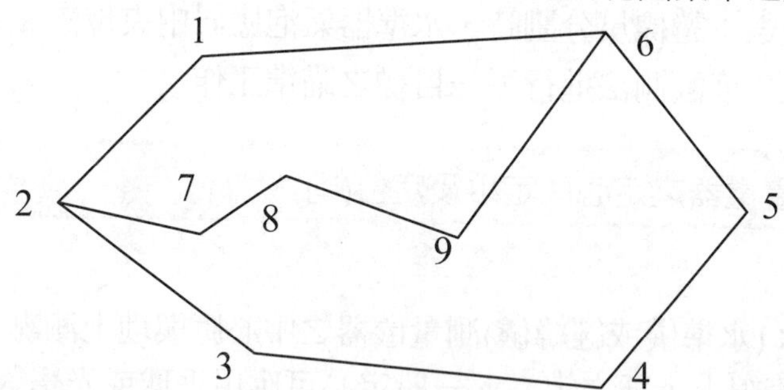

(2) 附合導線(Connecting Traverse)：起點與終點連接於已知點(三角點或導線點)者稱之，可直接附合於已知三角點，或閉合導線之輔助控制點。如上圖2、7、8、9、6附合於2、6，附合導線具有角度和水平位置之閉合條件。此等導線用於道路或狹長地形圖測圖或中心樁控制測量用。

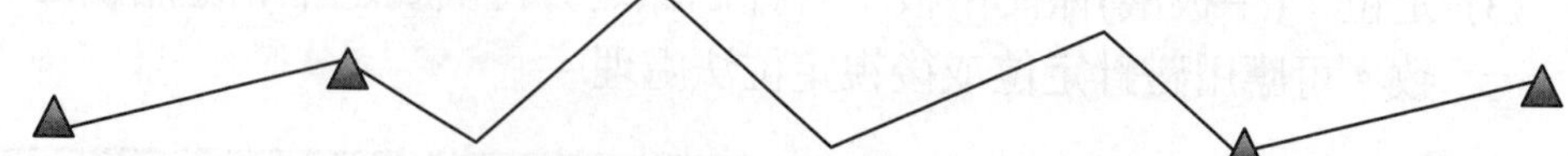

(3) 展開導線(Open Traverse)：由起點自由伸展之導線稱為展開導線，此等導線無閉合條件，無法得知成果之精度，一般僅適用於不講求精度之道路初測。

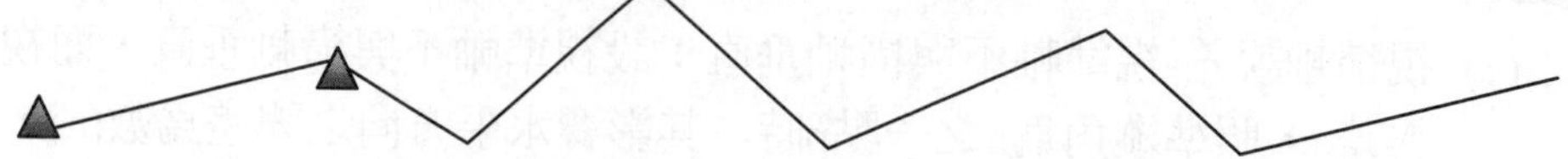

試說明導線精度之規定。

解析

(1) 一等導線：使用精密經緯儀及電子測距精密測定導線之角度及距離，導線附合於一等三角點之間，每隔10~15個導線點加測天文方位角，導線終點位置閉合差應小於$\frac{1}{25,000}$。

(2) 二等導線：測量方法及儀器與一等導線相同，導線附合於二等三角點之間，導線終點位置閉合差應小於$\frac{1}{10,000}$。

(3) 三等導線：測量方法及儀器，實施精密測角與測距，導線附合於二、三等三角點上，每隔20~25個導線點加測天文方位角，導線終點位，置閉合差應小於$\frac{1}{5,000}$。

(4) 四等導線：使用普通經緯儀及電子測距儀或鋼尺實施測角測距，導線終點位置閉合為$\frac{1}{1,000}\sim\frac{1}{5,000}$。

測設導線網應注意的原則。

解析

(1) 測區外圍應有足夠數量的已知控制點：無論地面控制網或航測空中三角測量，內插型的幾何強皆優於外延型。

(2) 依引用三角點的間距大小對導線適當分級分別施測：以現今電子測距應用遍，二等以下各級三角點以導線網方式加控制點均十分合宜，重要者應考慮三角點間距配合最下級控制點之圖根功能，將導線網分級以逐漸縮短邊長的加密方式測設所需設的控制點。

(3) 應選擇適當等級(間距)以上的導線埋設標石：標石的埋設與維護爲保持控制測量成果的唯一最佳方法，配合近年測量儀器、方法演進，應愼重考慮埋設永久標石的適當間距，日本地籍圖根點(150~300公尺)埋設標石的規定實例可以做參考。

(4) 應適當限制各級導線網結點間的站數：限制導線站數爲保證導線精度的必要措施。日本的作業要領規定：導線路線之測站數，一次路線者10點以內，二次路線或單純導線者7點以內，三次路線者5點以內，測站數不包括迄點及結點。

(5) 選擇適當方法解決導線網的平差計算問題：採用整體平差或分級平差？簡易平差或嚴密平差？這中間可以有很多選擇，重要者以使用方便，限制較少且不致嚴重損失成果精度者爲佳。以往計算以人工計算、導線計算是一複雜的工作，故以簡易平差方式進行，簡易平差對小地區且精度要求不高的導線尙可，然遇大地區或精度要求較高的導線，應進行以根據最小乘法與誤差傳播理論之座標嚴密平差，尤其當今利用電腦計算，已非常方便。以後的趨勢，傳統的簡易平差將會被嚴密平差所取代。

(6) 適當控制觀測精度及可靠度：今日測量儀器其量測精度可以很高，但如疏忽儀器的檢定校正施測時的每一步驟及其他有關因素未能充分掌握使其合乎規定，仍可能產生較大的誤差甚或錯誤(所謂「可靠度」乃量測發生錯誤時可以被發現的可能程度)。某些地區導線之精度也許很高，但亦也許整個導線平移了一個大的量而實際上每個導線都屬錯誤。因此要談論導線的品質，光是以精度論定還是不夠，應再注意其可靠度。控制靠度的方法就是增加多餘觀測數以增加檢核錯誤的條件。導線的可靠度可以多餘觀測數(u)與總觀測數(n)之比 $r=\frac{u}{n}$ 衡量，$r<0.2$ 爲不可靠之測量，$r\geq 0.2$ 方屬可靠，$r>0.5$ 屬可靠度很好之測量。一般閉合導線的多餘觀測數爲2，附合導線的多餘觀測數爲3，所以導線的站數最好控制在10站以下 $r>0.2$。

(7) 控制導線的均勻度：注意導線角、邊精度的一致(可利用公式 $\frac{\Delta D}{D}=\frac{\Delta\alpha}{\rho}$，以及導線網形的均勻，避免過多或過短的邊或太銳的角以免誤差傳播太大。

➡ 有一縱角測量之紀錄如下：

游標	I	II
A	+5°26’40”	+5°29’20”
B	+5°26’20”	+5°29’00”

試求(1)垂直角α、(2)指標差 i。

解析

$\text{I}=(5°26'40''+5°26'20'')/2=5°26'30''$

$\text{II}=(5°29'20''+5°29'00'')/2=5°29'10''$

(1) 垂直角 $\alpha=(\text{I}+\text{II})/2=5°27'50''$

(2) 指標差 $i=(\text{II}-\text{I})/2=0°01'20''$

若用 WILD T2 正倒鏡觀測同一目標共八次，其正鏡平均值為 92° 37'52"，倒鏡平均值為 267° 22'24"，試求(1)天頂距 Z、(2)指標差 i、(3)如何校正。

解析

(1) 天頂距 $Z=(\text{I-II})/2+180°=92°37'44''$

(2) 指標差 $i=(\text{I+II})/2-180°=0°0'8''$

(3) 校正方法：正鏡時，調指標對準 $92°37'44''$，在調指標水準管校正螺絲使氣泡居中。

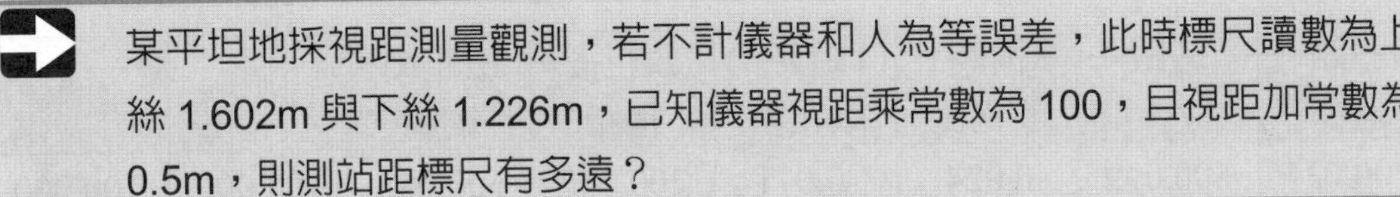

某平坦地採視距測量觀測，若不計儀器和人為等誤差，此時標尺讀數為上絲 1.602m 與下絲 1.226m，已知儀器視距乘常數為 100，且視距加常數為 0.5m，則測站距標尺有多遠？

解析

標尺距離 $S=a\times K+C=(1.602-1.226)\times 100+0.5=38.1\,\text{m}$

如圖所示，一閉合導線 AFDEBA，各條件如下：

∠A=57°31'43"，∠B=96°54'43"，∠E=135°47'4"，∠D=107°38'53"，∠F=142°7'20"，AB=824.72，BE=403.01，ED=320.26，DF=360.46，FA=632.56，AF 方位角=18°26'6"，A 點座標為(100.00,100.00)，試以偏角法計算該導線各點之座標。

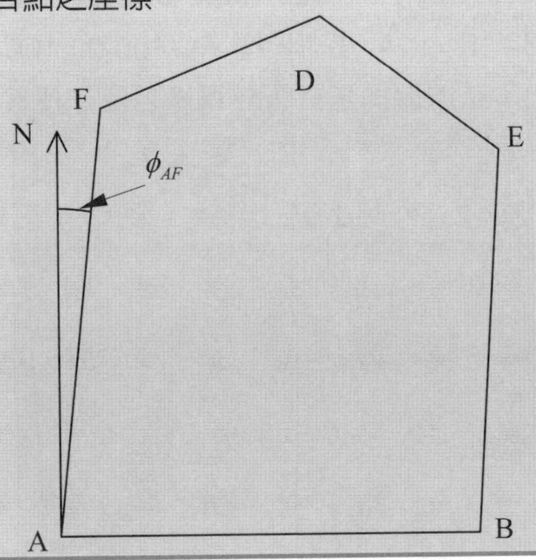

解 析

採用偏角法。

導線邊	偏角	改正值	改正後偏角	方位角 Φ	距離 L
AF	122.4714	-0.0010	122.4704	18.4350	632.560
FD	37.8778	-0.0010	37.8768	56.3118	360.460
DE	72.3519	-0.0010	72.3509	128.6627	320.260
EB	44.2156	-0.0009	44.2147	172.8774	403.010
BA	83.0881	-0.0009	83.0872	255.9646	824.720
總合	360.0048	-0.0048	360.0000		2541.010

橫距 △x	縱距 △y	橫距改正量	縱距改正量	改正後橫距	改正後縱距	橫座標	座縱標
200.034	600.099	0.024	-0.011	200.057	600.088	100.000	100.000
299.927	199.938	0.014	-0.006	299.940	199.932	300.057	700.088
250.071	-200.078	0.012	-0.006	250.083	-200.083	599.998	900.019
49.972	-399.900	0.015	-0.007	49.987	-399.907	850.081	699.936
-800.098	-200.014	0.031	-0.015	-800.067	-200.029	900.067	300.029
-0.096	0.045	0.096	-0.045	0.000	0.000		

如附合導線之略圖 PABEDFQ 所示，各條件如下：

∠A=85°25'34"，∠B=96°54'43"，∠E=135°47'4"，∠D=107°38'53"，∠F=270°0'0"，AB=824.72，BE=403.01，ED=320.26，DF=360.46，PA 方位角=170°32'15"，A 點座標為(100.00,100.00)，F 點座標為(300.00,700.00)，試以偏角法計算該導線各點之座標。

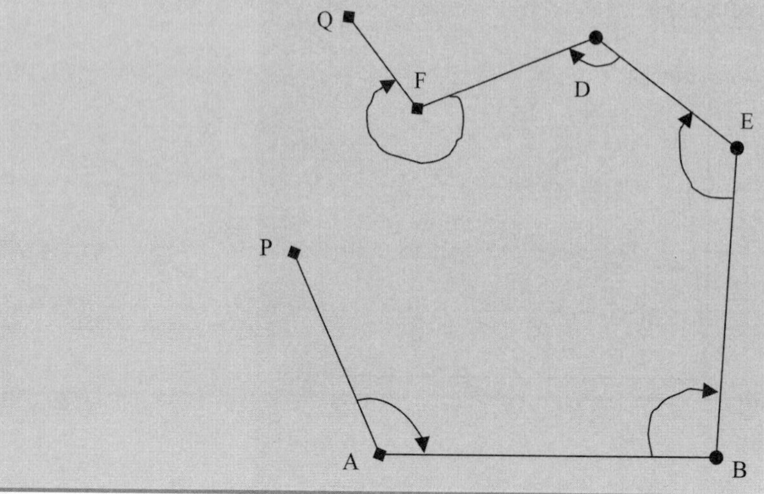

解析

採用偏角法。

導線邊	方位角 Φ	距離 L
AB	75.96389	824.62
BE	352.87610	403.01
ED	308.66080	320.26
DF	236.30920	360.46
總合		1908.35

橫距 △x	縱距 △y	橫距改正量	縱距改正量	改正後橫距	改正後縱距	橫座標	座縱標
799.999	199.998	-0.010	-0.006	799.989	199.991	899.99	299.99
-49.979	399.899	-0.005	-0.003	-49.984	399.896	850.00	699.89
-250.078	200.069	-0.004	-0.002	-250.082	200.067	599.92	899.95
-299.918	-199.951	-0.005	-0.003	-299.923	-199.954	300.00	700.00
200.024	600.015	-0.004	-0.015	200.000	600.000		

➡ 如展開導線之略圖 PABEDF 所示，各條件如下：

∠A=85°25'34"，∠B=96°54'43"，∠E=135°47'4"，∠D=107°38'53"，AB=824.72，BE=403.01，ED=320.26，DF=360.46，PA 方位角=170°32'15"，A 點座標為(100.00,100.00)，試以偏角法計算該導線各點之座標。

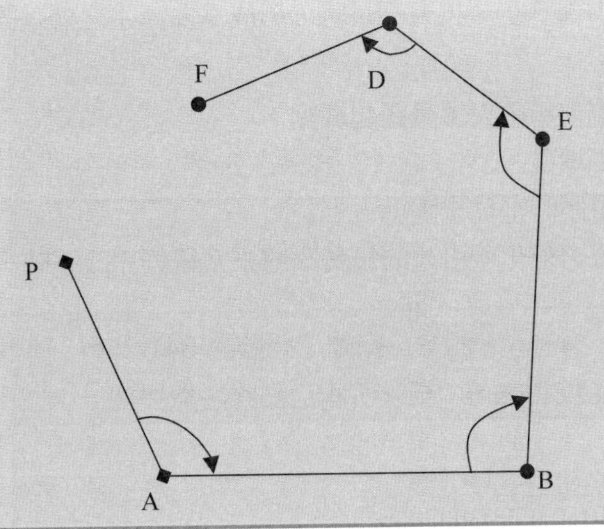

解析

採用偏角法。

導線邊	方位角 Φ	距離 L	橫距 △x	縱距 △y	橫座標	座縱標
AB	75°57’49”	824.72	800.095	200.026	900.095	300.026
BE	352°52’32”	403.01	-49.979	399.899	850.112	699.924
ED	308°39’36”	320.26	-250.078	200.069	600.032	899.990
DF	236°18’29”	360.46	-299.918	-199.951	300.117	700.033

直接距離測量之誤差來源。

解析

(1) 錯誤
  (a) 讀數(報數)錯誤。
  (b) 記錄錯誤。
  (c) 誤認量尺之起點。
  (d) 整尺段的次數記錯。

(2) 系統誤差
  (a) 量尺與標準尺在同一情況下長度不符。
  (b) 因溫度昇降之尺長改變。
  (c) 因拉力變化之尺長改變。
  (d) 量尺中部懸空，拉力不足時，形成垂曲產生之懸垂誤差。

(3) 偶然誤差
  (a) 尺之端末精確對準量距起終點。
  (b) 讀數不準確。
  (c) 斜坡量距時垂球未垂準。
  (d) 微小拉力變化所引起的尺長改變未系統誤差改正時，視爲偶然誤差。

用一長 30m 鋼卷尺，測得二點間之距離為 347.23m，事後鋼卷尺與準尺比較，知其過長 0.008m，試求所測二點間之真長。

解析

鋼卷尺實尺　30+0.008=30.008m

二點間眞尺　347.23×30.008/30=347.32m

鋼尺長 30m，重 1.5kg，面積 0.065cm^2，E=1,970,000kg/cm^2，原來拉力 10kg，試求拉力何值時，因懸垂和拉力影響之值互相抵銷。

解 析

拉力改正 $C_p = \dfrac{L(P-P_s)}{AE}$，懸垂改正 $C_s = \dfrac{W^2 L}{24P^2}$

令 $C_p = C_S$，$\dfrac{L(P-P_s)}{AE} = \dfrac{W^2 L}{24P^2}$

$$\frac{3000(P-10)}{0.065\times1970000} = \frac{(1.5)^2\times3000}{24P^2} = P^2(P-10) = 12005$$

解之得 P=27kg

用鋼鋼尺(全尺段刻劃為 30 公尺)量距，記錄如下：

尺段	有無中間樁	溫度(°C)	高程差(m)	拉力(kg)	平均讀數(m)
AB	無	26°	0.478	20	25.0245

該尺於標準狀況下(溫度 200˚C，拉力 15kg)，與標準尺比較得其長為 30.0127m，該尺之 E(彈性係數)=1,550,000kg/cm^2；A(截面積)=0.0312cm^2；W(鋼卷尺單位長之重量)=0.0435kg/m；α(線膨脹係數)=0.5×10^{-6}/°C 量距處之平均高程為 2000 公尺。試求 A，B 兩點歸化至海平面之水平距。

解 析

(1) 尺正改正：$C_c = L\times\dfrac{l_s - l}{l} = 25.0245\times\dfrac{30.0127-30}{30} = 0.0106\text{m}$

(2) 傾斜改正：$C_{\Delta h} = \sqrt{L^2-h^2} - L = -0.0047\text{m}$

(3) 溫度改正：$C_t = L\alpha(t-t_s) = 0.5\times10^{-6}\times25.0245\times(26-20) = 0.0001\text{m}$

(4) 拉力改正：$C_p = \dfrac{L(P-P_s)}{AE} = \dfrac{25.0245\times(20-15)}{0.0312\times1550000} = 0.0026\text{m}$

(5) 懸垂改正：$C_s = \dfrac{w^2L^3}{24P^2} = \dfrac{0.0435^2\times25.0245^3}{24\times20^2} = -0.0031\text{m}$

(6) 海平面歸改正：$C_e = -\dfrac{L_h\cdot h}{h+R} = -\dfrac{25.0245\times2000}{2000+6378000} = -0.0078\text{m}$

則 AB 歸化至海平面之水平距爲：25.0245+0.0106-0.0047+0.0001+0.0026-0.0031-0.0078=25.0222m

試說明直接量距距離之精度。

解析

方法	一般精度	使用儀器	用途
普通量距	1/500~1/1000	普通卷尺	普通導線及地形測量
精密量距	1/2500~1/5000	鋼卷尺	精密導線、地形及工程測量
基線量距	1/10000~1/30000	銦鋼尺	基線、隧道、橋樑測量

視距測量之誤差來源。

解析

(1) 儀器誤差

(a) 視距常數之誤差：視距常數K之值與實際不符而逕行採用，即造成視距誤差。

(b) 視距尺之誤差：視距尺尺長不準或刻劃不均匀，視距測量時均將發生誤差應以鋼尺檢核之。

(c) 指標差：指標差對高程影響甚大，故儀器若有指標差，應求出指標差以改正縱角，或取正倒鏡觀測縱角之平均值。

(2) 人爲誤差

(a) 視距尺未垂直之誤差：遠鏡水平時不論視距尺前傾或後傾，所得之視距間隔恒爲增大。遠鏡傾斜時，則視距尺之前傾、後傾可使視距間隔減小、增大，故爲使視距尺垂直，在尺側加圓盒水準器或吊以垂球比較即可。

(b) 讀數誤差：視線太遠、望遠鏡放大倍率較小、透鏡品質欠佳、視距絲太粗、視距尺扶持不穩、刻劃不清晰或折光而搖幌等均可造成讀數誤差。

(c) 讀數錯誤：讀視距尺，例如錯將中絲則視距間隔必相差一半。數字讀數錯誤利用(中視-下視) =視距間隔，可以檢查出錯誤。讀縱角，象限式縱角度盤應將仰角、俯角分別清楚，否則影響高程差甚大。

(d) 記錄錯誤：誤聽、誤報、誤記使記錄錯誤。

(3) 自然誤差：包括有大氣折光、地球曲率、風等自然環境之影響。

何謂自由測站。

解析

自由測站乃是一種較新穎的測量法，它的發展全賴電腦的發明，因為它需要大量的計算。自由測站乃是以一測站為一座標(稱“測站座標系”或“局部座標”)，不同的觀測站具有不同之測站座標系，最後將各測站座標系轉換至相同之座標系(稱“全區座標系”或“全域座標系”)，故施測時可以任意點為測站，任意方向為北方，觀測得測站附近各點之以測站座標系為基準之座標值。

試說明等高線的特性。

解析

(1) 同一條等高線上的各點，其標高一定相同。

(2) 一條等高線絕不會分歧成兩條。

(3) 每條等高線都必定是一個閉合的環形線。但不一定能閉合於局部的地形圖內，除非地形圖的範圍夠大。

(4) 除非是懸崖或峭壁的地形，等高線絕不相交或相切。

(5) 等高線的間隔越密，其坡度越陡；間隔越疏，其坡度越緩。

(6) 等高線橫過河流時，必成U或V字形，尖端向上游。

試說明等高線線條表現法。

解析

(1) 首曲線：從零或最低標高的等高線開始，以實線表示每一條等差高度的等高線者。在不同比例尺的地形圖中，首曲線之間的等差高度各有不同。例如：1/50000的地形圖上，每20公尺的等差高度才有一條首曲線，而1/200的地形圖上，每1公尺的等差高度就有一條首曲線。有時，由於地形的不同或測尺精密度的不同，等差高度的要求也有不同。

(2) 計曲線：從零或最低標高的等高線開始，每隔五條首曲線，改為一條粗黑穴線的等高線者。通常，計曲線都以五或十的倍數的標高值表示，以方便計算高度。

(3) 間曲線：在兩條首曲線或在首曲線與計曲線之間，以細長的點線，表示細部地形的等高線者。通常，使用於較平坦的局部地區的一小段而已。

(4) 助曲線：在間曲線與首曲線或在間曲線與計曲線之間，以細短的點線，表示細部地形的等高線者。通常，也僅用於較平坦的局部地區的一小段而已。

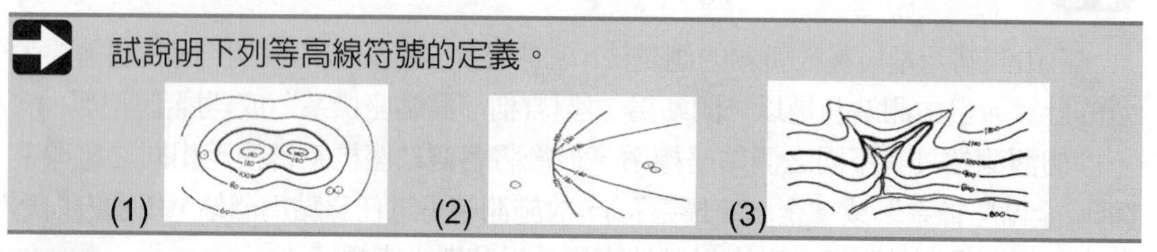

試說明下列等高線符號的定義。

(1) (2) (3)

解析

(1) 鞍部：山脊上，兩小山峰之間的低淺處。前後高突，中間凹下，如馬鞍。如果凹處夠深，可開路橫跨山脊兩側者，就叫作山隘。等高線呈兩個前後排開的環形線。

(2) 懸崖：一高峻而垂直的山崖面，由侵蝕或斷層作用形成。地形由數條等高線相交或相切而成，或以特殊符號表示之。

(3) 山峽：一條深窄而兩側有峭壁的河谷。等高線呈V字形，尖端指向較高的地方，間隔密集，尖端的連線就是山峽的急流。

說明道路縱、橫斷面測量的定義及用途？

解析

爲求公路、運河、渠道、捷運等施工地帶地勢起伏之形狀以便設計及施工之用，需於該地帶施行斷面水準測量。斷面測量又分縱斷面與橫斷面之測量。

(1) 縱斷面測量：係循公路、鐵路、渠道等路線工程之中心線前進，由水準儀測定各中間樁或中心樁之高程，稱之。其用途可供路面坡度設計，藉以決定施工基面高程，填方與挖方的高度。

(2) 橫斷面測量：係指垂直路線中心線左右兩側之測量，稱之。其用途在於瞭解路線中心左右之地貌與地物之情形，以便於擬定理想之路線高度、計算土方、設計邊坡防護工程及購地範圍之應用。

如圖所示，已知方格邊長 200m，設要挖到高程 100.00m 為止，試求方格範圍內之土方體積。

		102 (9)	102	
	101 (6)	120 (7)	120 (8)	100
	130 (3)	140 (4)	140 (5)	101
110 (1)	120 (2)	130	120	102
101	110	120		

解析

h_1=[(101-100)+(110-100)+(110-100)+(120-100)]/4=10.25，其餘依此類推得

h_2=20.0，h_3=30.0，h_4=32.5，h_5=15.75，h_6=22.75，h_7=30.0，h_8=15.25，h_9=11.0

$V=A\Sigma h1=200^2(10.25+20.0+30.0+32.5+15.75+22.75+30.0+15.25+11.0)$

$=7500000m^3$

試計算下列橫斷面圖之土方量。

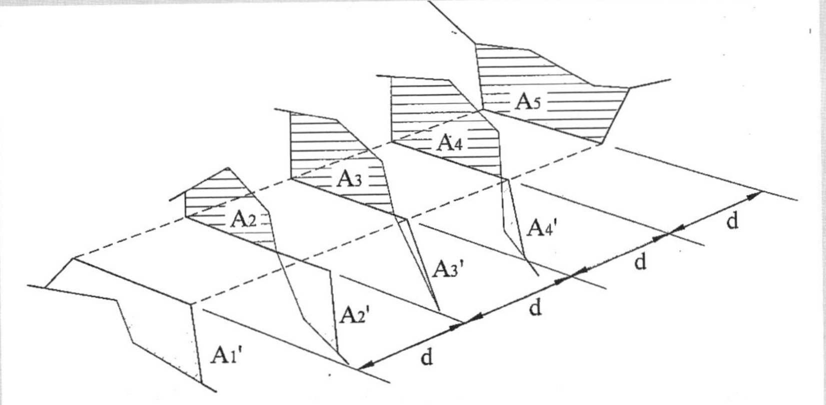

如上圖所示，己知橫斷面間隔距 20m，挖方 $A_1=0m^2$，$A_2=105m^2$，$A_3=187m^2$，$A_4=163m^2$，$A_5=238m^2$

試求其土方體積？

解析

(1) 梯形公式

$$V=(d/2)(A_1+2A_2+2A_3+2A_4+A_5)$$
$$=(20/2)[0+2\cdot 105+2\cdot 187+2\cdot 163+238]=11480\text{m}^3$$

(2) 辛普森法

$$V=(d/3)(A_1+4A_2+2A_3+4A_4+A_5)$$
$$=(20/3)[0+4\cdot 105+2\cdot 187+4\cdot 163+238]=11227\text{m}^3$$

如右圖所示，已知等高距 5m，$A_1=1755\text{m}^2$，$A_2=1190\text{m}^2$，$A_3=672\text{m}^2$，$A_4=320\text{m}^2$，試求其土方體積？

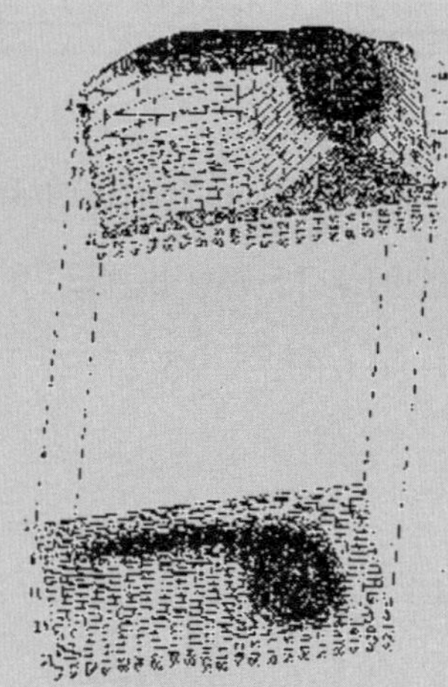

解析

1. 梯形公式

$$V=(d/2)(A_1+2A_2+2A_3+A_4)$$
$$=(5/2)[1755+2\cdot 1190+2\cdot 672+320]=14497.5\text{m}^3$$

2. 辛普森法

$$V=(d/3)(A_1+4A_2+2A_3)+(d/2)(A_3+A_4)$$
$$=(5/3)[1755+4\cdot 1190+672]+(5/2)\cdot(672+320)=14458.3\text{m}^3$$

試說明路線測量之線形種類。

解析

路線線形可分直線及曲線。其中曲線可分：

(1) 平曲線：可分圓曲線、緩和曲線及拋物線。其中，

(a) 圓曲線：可分單曲線、複曲線及反向曲線。

(b) 緩和曲線：可分雙扭曲線、螺旋曲線、三次拋物線及克羅梭曲線。

(2) 豎曲線：可分拋物線、雙曲線及圓曲線。

以圓曲線法求下列相關資料：

已知半徑 R=180m，外偏角 I=122°28'16"，P.I.樁樁號 10k+250，試求(1)切線長 T (2)曲線長 L (3)弦線長 C (4)矢距 E (5)中長M (6)B.C.樁樁號 (7)E.C.樁樁號 (8)M.C.樁樁號

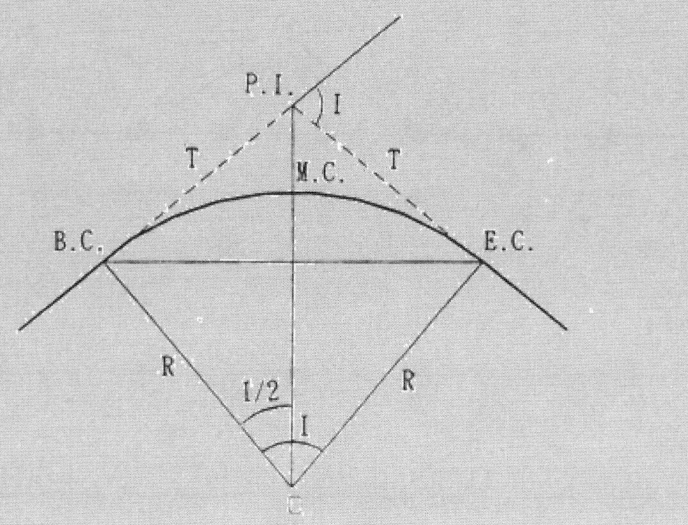

解析

T=R·tan(I/2)=327.90m

L=R·I=384.75m

C=2·R·sin(I/2)=315.58m

E=R·sec(I/2)-R=194.06m

M=R-R·cos(I/2)=93.38m

B.C.=P.I.-T=10k+250-327.90=9k+922.10

E.C.=B.C.+L=10k+306.85

M.C.=B.C.+L/2=10k+114.48

試說明建築物位置釘定之程序。

解析

(1) 尋覓街道中心樁或重釘街道中心樁。

(2) 定基線。

(3) 釘定房屋角隅。

依下列道路縱斷面高程之相關觀測數據計算各點之高程。

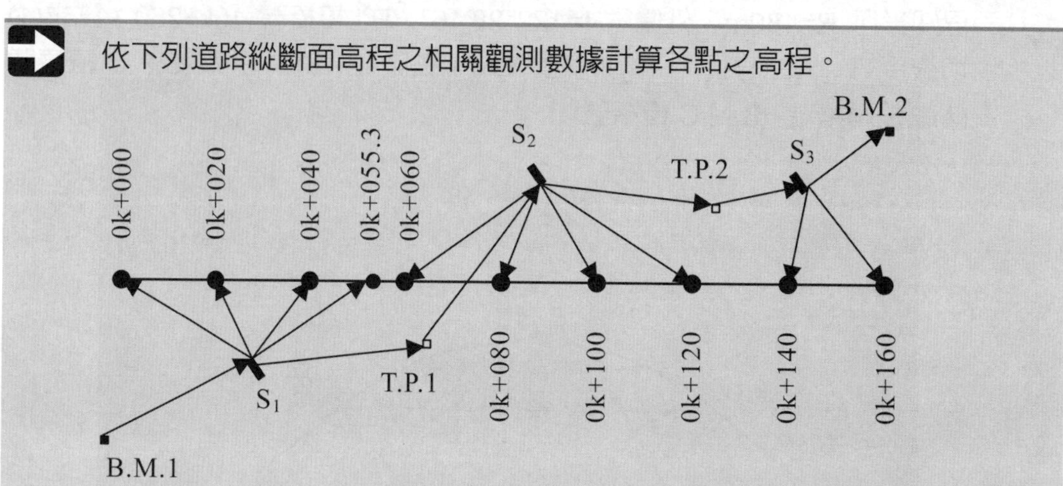

樁號	後視(+)	儀器高	前視(-)		高程	備註
			中間點	轉點		
B.M.1	0.651	351.920			351.269	B.M.1 在 0k+000 右 40.1m 牆腳石上。
0k+000			0.43			
+020			1.22			
+040			1.37			
+055.3			1.85			
T.P.1	1.457	351.446		1.931		
+060			2.23			
+080			2.19			
+100			1.47			
+120			1.31			
T.P.2	2.244	353.373		0.317		B.M.2 在 0k+160 左 33m 牌坊石頂。
+140			2.15			
+160			1.30			
B.M.2				1.114		

解析

樁號	後視(+)	儀器高	前視(-)		高程	備註
			中間點	轉點		
B.M.1	0.651	351.920			351.269	B.M.1 在 0k+000 右 40.1m 牆腳石上。
0k+000			0.43		351.49	
+020			1.22		350.70	
+040			1.37		350.55	
+055.3			1.85		350.07	
T.P.1	1.457	351.446		1.931	349.989	
+060			2.23		349.22	
+080			2.19		349.26	
+100			1.47		349.98	
+120			1.31		350.14	
T.P.2	2.244	353.373		0.317	351.129	B.M.2 在 0k+160 左 33m 牌坊石頂。
+140			2.15		351.22	
+160			1.30		352.07	
B.M.2				1.114	352.259	
	【4.352】			【3.362】		

計算檢核：B.M.2 高程=351.269+4.352-3.362=352.259m

5 假設工程與施工機具

假設工程與施工機具應具備工作智能之技能種類、技能標準及相關知識範圍，內容說明如下。

一、安全圍籬、安全走廊及安全護欄

(一) 技能標準：能依營建工程工地之需要設置各項安全圍籬、安全走廊及安全護欄及相關設施。

(二) 相關知識：瞭解營建工地之各項安全圍籬、安全走廊、安全護欄設施及配置。

二、臨時建築物及危險物儲藏所

(一) 技能標準：能依營建工程之屬性設置各項工程中所需之臨時性建築物(工務所、工寮)及營建材料儲藏空間。

(二) 相關知識：瞭解臨時性建物及各項儲藏室所需空間及設置標準。

三、臨時施工通路、便道、通道

(一) 技能標準：能規劃及督導設置工程施工所需之各項動線。

(二) 相關知識：瞭解工程施工之各項動線及機能。

四、緊急避難及墜落物之防護

(一) 技能標準：能配合工程之所需規劃及設置預防物體墜落及緊急避難設施。

(二) 相關知識：瞭解緊急避難及墜落物工程相關實務及法令之相關規定。

五、臨時水電及各項支援設備工程

(一) 技能標準：能依工地之條件及工程需要規劃配置各項臨時水電工程及相關支援設備。

(二) 相關知識：瞭解臨時性之水電及相關支援設備之作業規定。

六、公共設施遷移及鄰近構造物之保護措施

(一) 技能標準：能依相關規定及作業程序指導有關工程人員完成公共設施遷移及鄰近構造物之保護措施等工作。

(二) 相關知識：瞭解各項設施物遷移作業程序、規定、鄰近構造物鑑定及敦親睦鄰等工作。

七、公共衛生設施及清潔

(一) 技能標準：能依各工地位址法令之規定規劃完成及配置各項工地衛生清潔管理。

(二) 相關知識：瞭解營建工程衛生及清潔等事宜。

八、工作架(含鷹架及施工架)

(一) 技能標準：能配合工程施工及監造管理需要，設置各項施工架及工作台等。

(二) 相關知識：瞭解施工架、工作架等支撐之結構安全作業。

九、吊裝工程施工機具

(一) 技能標準：能適度安排各項營建工程所需吊裝(輪吊、塔吊、施工電梯)機具之操作管理及規定等作業安全。

(二) 相關知識：瞭解吊裝各項機具之性能、特殊條件、操作程序、檢查標準等規定。

試說明施工安全圍籬之設置。

解析

依建築技術規則建築設計施工編第一百五十二條規定，凡從事本編第一五○條規定之建築行為時，應於施工場所之周圍，利用鐵板木板等適當材料設置高度在一・八公尺以上之圍籬或有同等效力之其他防護設施，但其周圍環境無礙於公共安全及觀瞻者不在此限。

試說明施工圍籬設置應注意事項。

解析

(1) 工程開始作業之前，依照設計圖及業主之指示裝設圍籬。應確保公共車流與行人之安全與方便。施工圍籬之維護方式應能防止兒童、動物及非授權人員進入施工場所及材料儲存場。任何因損壞造成之圍籬缺口應即刻修復，不得延遲。設於街道交叉口及行人穿越處之圍籬，不得阻礙駕駛人與行人之視線。

(2) 依契約詳圖及規定位置設置不同型式之圍籬。

(3) 門之數量、型式、寬度和位置應依圖說或依業主指示。

(4) 洞孔應挖掘至所示之深度，以混凝土回填。

(5) 施作移動式圍籬附支撐系統，以防止因風吹或行人移動造成移位。

(6) 應嚴格施作圍籬及大門，且大門之打開方向應朝向工區。

(7) 外露於公眾視線之圍籬及大門應予油漆。必要時臨街之圖案予以美化。

(8) 臨時圍籬之拆除及清除

  (a) 工程完工後，依業主之指示，施工場地之全部圍籬系統應予拆除。

  (b) 不得遺留任何雜物於工作場地或鄰近之產業範圍內，所有大門及圍籬之混凝土基礎均應完全拆除。地面上所有之洞隙均應以土壤填平，夯壓至90%之壓實度。所有圍籬區域應加以耙平，包括鄰近之臨時附屬設施，使其不含凹窪及臨時障礙物。

  (c) 所有人行道應予以復舊。

試說明施工走道及階梯之規定。

解析

依建築技術規則建築設計施工編第一百五十七條規定，走道及階梯之架設應依下列規定：

(1) 坡度應為三十度以下，其為十五度以上者應加釘間距小於三十公分之止滑板條，並應裝設適當高度之扶手。

(2) 高度在八公尺以上之階梯，應每七公尺以下設置平台一處。

(3) 走道木板之寬度不得小於三十公分，其兼為運送物料者，不得小於六十公分。

試說明臨時建築、監工站、棚架、儲存場地及衛生設施之設置規定。

解析

(1) 承包商於工程施工期間，應提供、維護必要之臨時建築及監工站、浴室、廁所、棚架、倉庫與儲存場，並依業主指示於必要時配合遷移或拆除。臨時建築不得阻礙本工程設施、管線出入口等。應繪製一份平面圖，標示所有辦公室、浴室、廁所、棚架、倉庫、儲存場之範圍及位置，存於工務所內備查，並提送業主一份。臨時建築、浴室、廁所、棚架、倉庫、與儲存場應定期清理維護。材料、機具或廢雜物不可任意置放於路旁或工地外。

(2) 基地內得設置臨時宿舍，專供警衛及數目有限之緊急作業人員使用，並且僅限業主核准之人數可居住其內。宿舍應達業主滿意之程度，並應隨時保持整潔衛生。

(3) 設置功能良好且衛生之廁所，供本工程人員使用，並保持工地及廁所之清潔及衛生。

(4) 承包商應依契約規定設置工地會議室，業主有優先使用權。

(5) 承包商應負責防止蚊蟲滋生，必要時經業主同意可使用殺蟲劑。契約期間應於工地內設置一收集場，處置空罐、汽油桶、包裝箱、會積水的容器及工程進行中所產生之生活廢棄物，並安排適時且定期將該等廢棄物收集清運出工地。

(6) 工地內所有物品，包括可積水之施工機具，均應妥善儲存、覆蓋或處置，以防止積水。

(7) 於工地內所有設備、構造物及臨時輕便房舍處張貼明顯之中文宣導海報，提醒人員注意勞工安全衛生及有關設備之正確安全操作方式。海報應於本工程完工時清除。

試說明交通維持所用之施工交通管制與安全設施項目。

解析

(1) 標誌：包括警告、禁制、指示及施工標誌。

(2) 槽化導向設施：包括拒馬、交通錐、混凝土分隔石、施工護欄、警示桶及直立導標。

(3) 標線。

(4) 警告照明設施：包括警告燈號、閃光箭頭板及照射燈。

(5) 安全設施：包括安全圍籬、防撞墊、及安全防護網。

(6) 其他：包含工程指示車、旗幟、告示牌。

試說明營建物料儲存之一般通則。

解析

(1) 各類材料之儲存安全標準須符合行政院勞工委員會營造安全衛生設施標準之規定。

(2) 貨物於運交後，應即依製造廠商指示以原封容器、包裝連同原附標籤予以儲存，並保管至儲存場出貨、安裝爲止。檢驗合格之產品與待驗、不合格之產品應分開儲存並明顯識別之。不合格之產品應隔離並儘速運出工區外。

(3) 產品、材料、設備及零件之包裝，於外層須標示其尺度、製造年月、規格。

(4) 同類之產品應依其用途、等級分別儲放，不得混淆。並須依業主核可之方式排放，不得任意平放、堆疊或負重。

(5) 儲存空間之安排應留維護與檢驗用通路寬1m以上，堆疊方式須以方便取貨爲原則。

(6) 儲存區應裝置適當之照明設備。

(7) 金屬材料須視情況施以臨時防銹保護措施。易燃材料應儲存於安全處所，並備有完善消防設備。

(8) 儲存區、倉庫應嚴防盜竊。

(9) 儲存區應訂定颱風、地震等天然災害發生時之處理規定。

試說明營建物料戶外儲存之注意事項。

解析

(1) 巨大材料於儲存時所產生應力須低於設計之容許應力。

(2) 承包商應備有堅固平台、枕木以保護材料，堆放層數及堆疊高度須符合規定。

(3) 易因日光雨水而褪色或變質之材料，應覆以不透水膠布保護，鬆散顆粒狀材料應儲存在乾淨堅實地面、鋪面、硬板上，以防止與外來物混合。

(4) 提供地面排水，以防浸蝕及積水。

(5) 應於儲存區周圍裝置夜間照明設備。

試說明營建物料室內儲存之注意事項。

解析

(1) 損壞變質之材料，應儲存於堅固防風雨之屋內，且墊以墊板，離樓地板及牆面10cm以上。

(2) 依據製造廠規定之溫度與溼度儲存，且爲敏感器材提供溼度控制與通風。

(3) 未包裝與散裝材料應儲存於料架上、櫥櫃內或分類整齊堆放。

(4) 規劃倉位時，須考慮到面積配置、堆疊方式、料品標示、料位設定，以求倉庫功能之最大發揮。

(5) 倉庫內嚴禁煙火，應依消防法規定設置消防設備，以策安全。

(6) 爲避免材料變質，應以先進先出的原則發料。

試說明施工臨時設施及管制範圍，包含哪些？

解析

(1) 工地之使用、整備及排水。

(2) 棄土及雜物之處理以及環境清理。

(3) 衛生設施。

(4) 交通維持。

(5) 臨時房舍及監工站。

(6) 公共管線設施。

(7) 工地會議室。

(8) 工程告示牌及標誌牌。

(9) 出入工區管制。

(10)施工圍籬。

承包商應負責之工地施工臨時設施，應至少包含哪些項目？

解析

(1) 電力。

(2) 給水。

(3) 工地通訊設施。

(4) 臨時排水及污水處理。

(5) 防災之應變措施。

道路工程地質調查項目有哪些？

解析

(1) 現場踏勘：現場拍照測量、地形走向、裂縫大小之調查描繪，邊坡滑動資料的收集。

(2) 地表地質調查：岩層分佈、斷層、傾斜角、填充材料等。

(3) 鑽探：依據調查資料，決定孔位及深度。

(4) 指數性質試驗：含水量、單位重、比重、顆粒分析、阿太堡試驗。

(5) 工程性質：風化程度、滲透性、剪力強度…等。

(6) 現場觀測：地下水位變化、岩層滑動變位、岩層裂縫等之觀測。

試說明營建施工地點之地下管線調查項目包含那些？

解析

(1) 給排水管線。

(2) 電力管線。

(3) 瓦斯管線。

(4) 網路及電信管線。

(5) 污水下水道管線。

試說明施工過程為防止墜落物體傷害之防護措施。

解析

依建築技術規則建築設計施工編第一百五十三條規定，墜落物體之防護為防止高處墜落物體發生危害，應依下列規定設置適當防護措施：

(1) 自地面高度三公尺以上，投下垃圾或其他容易飛散之物體時，應用垃圾導管或其他防止飛散之有效設施。

(2) 本法第六十六條所稱之適當圍籬，應爲設在施工架周圍以鐵絲網或帆布或其他適當材料等設置覆蓋物，以防止墜落物體所造成之傷害。

試說明擋土設備之安全設施規定。

解析

依建築技術規則建築設計施工編第一百五十四條規定，凡進行挖土、鑽井及沉箱等工程時，應依下列規定，採取必要安全措施：

(1) 應設法防止損壞地下埋設物如瓦斯管、電纜，自來水管及下水道管渠等。

(2) 應依據地層分布及地下水位等資料所計算繪製之施工圖施工。

(3) 靠近鄰房挖土，深度超過其基礎時，應依建築構造編中有關規定辦理。

(4) 挖土深度在一・五公尺以上者，除地質良好，不致發生崩塌或其周圍狀況無安全之慮者外，應有適當之擋土設備，並符合本規則建築構造編中有關規定設置。

(5) 施工中應隨時檢查擋土設備，觀察周圍地盤之變化及時予以補強，並採取適當之排水方法，以保持穩定狀態。

(6) 拔取板樁時，應採取適當之措施以防止周圍地盤之沉陷。

試說明臨時照明及電力施工應注意事項為何？

解析

(1) 附屬裝置、變壓器、電線、導管及電流超載之保護設施應依法規安裝。導線之安裝不得有打結及不良之情況。

(2) 工地內之電力相關設施，應有明顯之警示標誌，如高壓危險。

試說明道路施工之假設工程設施應調查項目為何？

解析

依據公共工程施工綱要規範之規定，道路工程所需之各項工地設施，應遵守公共管線設施主管機關及相關政府機關之有關規定。承包商應負責各項工地設施及其相連設施、相關裝置之設置及維護作業，並應採行合理之防範措施，以保障人員之安全與衛生，及基地之安全。認爲有危及安全、衛生及保全之情形時，得立即要求切斷或變更上述裝置或其部分裝置。若有裝置不再爲工程所需時，應立即完全拆除。各類橫越道路、人行道之水管、電管、空調管、或電纜線均應架高或埋入地下。特殊設施應符合下列規定：

(1) 電源一般規定：除自備臨時發電外，電源應經台灣電力公司核准。

(2) 給水：工地內應供應充分之飲用水、施工與臨時消防用水，並保持給水設施的清潔及衛生，待工程完成後，應將上述設施清除。

(3) 工地通訊設施：承包商應採用有效之工地通訊方法，包括信差、傳眞、電話，如有需要，亦包括無線電等。

(4) 臨時排水及污水處理：工地排放或處置之各種廢水、剩餘液體、污水及廢棄物等，應妥爲處理，其處理方法應符合環保相關法規等之規定。工地內應保持良好排水且無積水之狀態。

(5) 受工程截斷之河流或排水設施，應先徵得河川主管機關之核准，並依指示設置並維護疏導、改道、或裝設導水管等臨時工程及水道。工程完成之後，應將上述設施恢復至原有之水道。

(6) 工程廢水排入之河流及下水道，應先徵得環保主管機關之核准，並隨時確保其不含本工程作業造成之沉積物、污染物或有害物質。

(7) 採取必要之防範措施，以防止水流侵入工程或相鄰之其他工程或財產。

(8) 承包商應於必要處設置臨時水道、抽水設備或使用其他方法以維護工程不致積水。

試說明公共管線設施有哪些？

解析

(1) 瓦斯。

(2) 給水及消防。

(3) 電力。

(4) 公共電訊及電話。

(5) 軍方及警方線路。

(6) 交通號誌及路燈線路。

(7) 燃油輸送主幹線及支線。

(8) 排水與污水管線。

(9) 有線電視。

試說明公共管線設施施工注意事項。

解析

(1) 工地內現有各項公共管線設施等資料，不論於契約圖說中是否有所標示，承包商應做必要之進一步對公共管線機關查詢及調查，或以人工試挖之方式，以查核及確定其資料是否正確。

(2) 工程施工期間，承包商應就所有現有管道資料詳加紀錄繪製圖說，詳細標示工地內或鄰近工地之所有公共管線設施之位置，並送業主核可。

(3) 承包商應與各公共管線設施機關就改線作業計畫進行協商，並對各項公共管線設施安排作業時程，提送業主審定。

(4) 承包商應隨時盡最大能力，避免損害或干擾各項公共管線設施，並應對任何因本身或其代理及分包商之行為或疏失所造成之直接或間接損害或干擾負責。

(5) 於靠近公共管線設施處使用機具進行開挖之前，應以人工試挖之方式，事先進行全面且充分之初步調查工作，以確認公共管線設施之位置。如此類公共管線設施具危險性，應以人工挖出，並在進行機械開挖之前，予以充分保護。

(6) 無論前述已有任何規定，承包商於任何連續壁施工、打樁及類似施工可能擾動地層表面處，應以人工開挖。因上述開挖作業而外露之公共管線設施應加以保護。

(7) 公共管線設施之遷移工作除另有規定外，由公共管線設施機關負責施工。

試說明施工過程之個人防護器具為何？

解析

(1) 安全帽。

(2) 安全眼鏡。

(3) 安全鞋。

(4) 安全帶。

(5) 安全索。

(6) 電銲口罩。

(7) 電銲面罩。

(8) 棉手套。

(9) 皮手套。

試說明建築物保護措施之施工計畫書內容。

解析

(1) 標示建築物及構造物周邊施工步驟、地盤處理及儀器監測相關資料之工作圖及簡圖，包括地下土質狀況之詳圖。

(2) 配合進度之監測計畫。

(3) 觀測發現建築物或構造物或道路有發生沉陷、位移或損害時或者地盤有沉陷等狀況，計畫採行之緊急應變與保護措施。

建築工程之室內配管、線作業之注意事項為何？

解析

依 IOSH 安全資料表之配管及配線作業規定，說明如下：

(1) 作業前準備，應注意事項：

(a) 建立緊急應變計畫、組織救難人員及建立附近醫療機構、救難單位資料。以備不時之需。

(b) 確認管線位置及作業環境，對施工環境進行評估，並將可能之危險因子排除或完成預防危險措施後再進行作業。

(c) 準備所需之防護器具及工具。

(d) 作業範圍設置警告標示及適當照明。

(e) 作業人員事先教育訓練。勞工應了解作業期間所有可能之危害及自我防護措施。

(2) 樓地板及牆面灌漿前埋設暗管或預留管作業時，應注意事項：

(a) 作業地點相關開孔設置警示及安全防護措施。

(b) 作業人員確實使用安全鞋、安全帶及安全帽等防護用具。

(c) 使用適當之搬運或吊運物料方式，物料應存放整齊並確實固定。

(d) 二公尺以上高處作業，勞工有墜落之虞，應使勞工確實使用安全帶、安全帽及其它必要之個人防護具。設置適當之施工架或提供安全上下設備。於工作台上設置護欄、安全母索、安全網及警告標誌，並定期實施檢查。

(e) 相關電器使用前確實檢查線路絕緣及保護裝置，並採取必要之安全措施。有感電之虞，人員應穿著絕緣護具及接地，以防感電災害。

(f) 作業完成後整理作業現場。

(3) 管道間或電梯間配管與配線時，應注意事項：

(a) 勞工作業應全程使用安全帽及個人防護。

(b) 清理管道間內雜物，以防跌倒、絆倒傷害。

(c) 電氣使用應確實安裝漏電斷路器，有感電之虞，人員應穿著絕緣護具及接地，以防感電災害。

(d) 將材料及人員吊入管道間內時應繫妥吊物，人員站在安全位置，以防物料掉落擊傷人員。

(e) 管道間入口應做好警示及安全防護措施。

(f) 管道間內應有足夠照明設備。

(g) 作業完成後整理作業現場。

(4) 明管配管及室內配線作業時，應注意事項：

(a) 勞工作業應全程使用安全帽及個人防護。

(b) 二公尺以上高處作業，勞工有墜落之虞，應使勞工確實使用安全帶、安全帽及其它必要之個人防護具。設置適當之施工架或提供安全上下設備。於工作台上設置護欄、安全母索、安全網及警告標誌，並定期實施檢查。

(c) 相關電器使用前確實檢查線路絕緣及保護裝置，並採取必要之安全措施。有感電之虞，人員應穿著絕緣護具及接地，以防感電災害。

(d) 吊運材料時應繫妥吊物，人員站在安全位置，以防物料掉落擊傷人員。

(e) 室內配線及結線前應確認電源是否已切離，需活線作業時人員應穿著絕緣護具及接地，以防感電災害。

(f) 室內應有足夠照明設備。

(g) 作業完成後整理作業現場。

(5) 電銲配管作業，應注意事項：

(a) 勞工作業應全程使用安全帽及安全防護(如使用絕緣型電焊握把、自動電擊防止裝置、適當且無損傷之電纜線、手套、對母材施以接地、設置接地及漏電遮斷裝置等)。

(b) 勞工電銲作業應使用眼睛防護鏡。

(c) 密閉空間或空氣流通不良之處所應加強通風。

一般營建工程臨時用電之需求，依其施工階段可分為哪四階段？

解析

依 IOSH 安全資料表之營建場所臨時配線規定，說明如下：

(1) 第一階段(假設工程)：為營建工地的準備工程，包括圍籬、工務所、宿舍、臨時用水電消防之引接等整備工程。此階段之臨時用電規劃應考慮爾後的擴充性及相容性。

(2) 第二階段(結構體施工)：為營建工程中用電量最高的階段。臨時用電規劃應以此階段用電量之擴充性為最大考慮。

(3) 第三階段(內部裝修)：為營建工地的善後工程。

(4) 第四階段(設備試車)：為營建工地的完工測試階段，所需電源種類最多，臨時用電規劃應以此階段之用電相容性為最大考慮。

目前營建工程臨時用電之供電方式，可分為哪幾種?

解析

依 IOSH 安全資料表之營建場所臨時配線規定，說明如下：

(1) 高壓供電之3 ψ 3W 11.4/22.8kV系統：契約容量最低100kW以上，最高無上限，其優點為可提供多種不同電壓供施工機具施工，而缺點為初設成本和維修費用高。此系統較適用於鋼骨大樓、大型工區，有較大用電設備及工期較長之營建工程。

(2) 低壓供電3ψ4W 380/220V系統：經電機技師簽證後，契約容量上限可達500kW，其優點為維修容易，而缺點為初設成本稍高且契約容量有上限。此系統較適用於樓地板面積稍大或工期中等之營建工程。

(3) 低壓供電之3ψ3W 220V系統：契約容量上限99kW，其優點為初設成本較低且維修容易，而缺點為契約容量有上限。此系統較適用於樓地板面積較小或工期較短之營建工程。

試說明臨時用電規劃設計應檢討事項。

解析

依 IOSH 安全資料表之營建場所臨時配線規定，說明如下：

(1) 繪製系統單線圖及配置圖：特別應注意依據屋內線路裝置規則第59條規定「建築或工程興建等臨時用電要在電路上或該等設備之供電線路上加裝漏電斷路器」。

(2) 負載分析檢討。

(3) 故障電流計算及斷路器啓斷容量之檢討。

(4) 保護協調檢討：保護協調計算及設定，並繪製保護協調圖。

(5) 電壓降計算及檢討：依據「屋內線路裝置規則」第9條規定「供應電力、電燈、電熱或該等混和負載之低壓分路，其電壓降不得超過該分路標稱電壓之3%。分路之前尚有幹線者，幹線電壓降不得超過2%」。

(6) 功率因數改善檢討：由於臨時用電工程中，其用電設備一般均為變壓器、電動機、電銲機及日光燈等，大多為落後之激磁電流，因此功率因數之改善為臨時用電工程之重要課題，通常將功率因數改善至95%以上，以節省電費，因為台電現行電價，用戶每月用電之平均功率因數不及80%時，每低80%，該月份電費應增加0.3%。超過80%時，每超過1%，該月份電費減少0.15%。

營建場所臨時配線之接戶線工程注意事項為何？

解析

(1) 低壓接戶線依據屋內線路裝置規則第445~471條規定，說明如下：

(a) 應採用5.5mm^{2}以上之玻璃風雨線、PVC電線、接戶電纜或其他合用之絕緣線。

(b) 接戶線與地上物之最小間隔如下：

(i) 不得跨越火車軌道及高壓配電線路。

(ii) 跨越主要道路應離路面5.5m以上。跨越非主要道路應離路面5m以上。

(iii) 接戶支持物離地高度應在2.5m以上。

(iv) 與附近之樹木及其他線路之電桿應距離0.3m以上。

(v) 接戶線跨越房屋者，導線與房屋之垂直間隔應保持2m以上。

(vi) 導線相互間距應保持在180mm以上，但使用接戶電纜者不受限制。

(2) 高壓接戶線：依據「屋內線路裝置規則」第408~409條規定，說明如下：

(a) 導線不得小於22mm^2，架空長度以30m爲限。

(b) 高壓電力電纜之最小線徑應配合絕緣等級，如表所示。

絕緣等級(V)	601~5,000	8,000	15,000	25,000	35,000
導線線徑(mm^2)	8	14	30	38	60

營建場所臨時配線之變電室(場)與配電盤工程注意事項為何？

解 析

依據屋內線路裝置規則第 400~407 條規定，說明如下：

(1) 高壓電氣設備如有活電部分露出者，應裝於加鎖之開關箱內爲原則，其屬開放式裝置者，應裝於變電室內，或藉高度達2.5m以上之圍牆(或籬笆)加以隔離，或藉裝置位置之高度防止非電氣工作人員之接近，並應有「高電壓危險」之警告標語。

(2) 高壓線路與低壓線路在屋內應隔離300mm以上，在屋外應隔離500mm以上。高壓線路距離電訊線路、水管、煤氣管等以500mm以上爲原則。

(3) 電氣設備前之最小工作空間，請參閱屋內線路裝置規則第403條，所謂前面之最小工作空間爲高低壓配電盤自其前端或箱門算起。另外，必須由背後始能從事停電部位設備維修工作者，至少應留800mm之水平工作空間。電氣室之高壓列盤，如屬面對面配置者，其維修通道至少應留2000mm之水平工作空間。低壓列盤如屬面對面配置者，其維修通道至少應留1500mm之水平工作空間。

(4) 配(分)電箱如裝置於潮濕處所或戶外，應屬防水型者。

(5) 避雷器依據屋內線路裝置規則第439~444條規定裝置，要點如下：

(a) 高壓變電室應裝置避雷器以保護其設備，電路之每一非接地架空線皆應裝置一具。

(b) 避雷器與電源線(或匯流排)間之導線及避雷器與大地間之接地導線應使用不小於14mm²之銅線，且避雷器之接地電阻應在10以下。

營建場所臨時配線之配線工程注意事項為何。

解析

(1) 低壓配線：依據「屋內線路裝置規則」第10~23條規定，要點如下：

(a) 絕緣導線之最小線徑不得小於下列各款規定：

(i) 電燈及電熱工程，除特別低壓另有規定外，不得小於1.6mm。

(ii) 電力工程，除應能承受電動機之額定電流之1.25倍外，不得小於1.6mm。

(iii) 線徑在3.2mm以上者應用絞線。

(iv) 線徑大於50mm²者得並聯使用，但並聯之導線，其規格及絕緣材質等均需相同，且使用相同之裝置法。

(b) 絕緣導線之安培容量參考屋內線路裝置規則第16~17條規定。

(2) 電纜配線：依據「屋內線路裝置規則」第249~259條規定，要點如下：

(a) 可能受重物壓力或顯著之機械衝擊場所，不得使用電纜，但其受力部分如依規定加適當保護者不在此限。

(b) 地板、壁、天花板、柱等不得直接埋設，但將電纜穿在足夠管徑之金屬管、PVC管等管內者不在此限。

(c) 電纜引入用戶之用電場所範圍內時，如不受重物壓力者，得在電纜上面覆蓋保護板，且無受損傷之慮者，得埋30cm以上厚度之土質。

(d) 利用吊線架設電纜，其支持點間距離限15m以下，且能承受該電纜重量。

(3) 高壓配線：依據「屋內線路裝置規則」第10~23條規定，要點如下：

(a) 高壓電力電纜之最小線徑，如表所示。

電纜額定電壓(kV)	5	8	15	25
最小線徑(mm²)	8	14	30	38

(b) 高壓配線之導線與大地間應能耐壓1.5倍最大使用電壓之試驗電壓10分鐘。交流電力電纜可採用兩倍試驗電壓之直流電壓加壓之試驗方式。

營建場所臨時配線之接地工程注意事項為何？

解析

依據屋內線路裝置規則第 24~29 條規定，說明如下：

(1) 接地之種類及導線之大小應符合下列規定之一：

(a) 特種接地：變壓器容量500kVA以下應使用22mm^{2}以上絕緣線，而容量500kVA以上應使用38mm^{2}以上絕緣線。

(b) 第一種接地：應使用5.5mm^{2}以上絕緣線。

(c) 第二種接地：變壓器容量20kVA以下應使用8mm^{2}以上絕緣線，而容量20kVA以上應使用22mm^{2}以上絕緣線。

(d) 第三種接地：其中對於用電設備單獨接地之接地線線徑摘要，如表所示。

過電流保護開關之額定上限 (A)	銅接地線線徑 (mm^2)	過電流保護開關之額定上限 (A)	銅接地線線徑 (mm^2)	過電流保護開關之額定上限 (A)	銅接地線線徑 (mm^2)
20	1.6	600	38	2500	175
30	2.0	800	50	3000	200
60	5.5	1000	60	4000	250
100	8	1200	80	5000	350
200	14	1600	100	6000	400
400	22	2000	125		

(2) 一般營建的低壓用電設備應實施第三種接地，其接地電阻要求爲：電源爲150V以下者接地電阻須小於100Ω，151V至300V接地電阻須小於50Ω，而301V以上接地電阻須小於10Ω。

(3) 移動設備之接地應採用接地型插座，且該插座之固定接地極應妥予接地。移動用電設備之引接線中多置一地線，其一端接於接地插頭之接地極，另一端接於用電設備之非帶電金屬部分。

營建場所臨時配線之漏電斷路器注意事項為何？

解析

依 IOSH 安全資料表之營建場所臨時配線規定，說明如下：

漏電斷路器近年來已普遍應用於保護人們免於遭受感電事故。國內勞工安全衛生設施規則第 243 條規定：「雇主對於使用對地電壓在 150V 以上之移動式或攜帶式電動機具，或於濕潤場所、鋼板上或鋼筋上等導電性良好場所，使用移動式或攜帶式電動機具及臨時用電設備，爲防止因漏電而生感電危害，應於各該電路設置適合其規格，具有高敏感度，能確實動作之感電防止用漏電斷路器。」；且在屋內線路裝置規則第 59~63 條亦有漏電斷路器設置規定，其中第 59 條規定：「下列各款用電設備遇有漏電易致人員感電傷亡或招致災害，除應按規定施行接地外，尚要在電路上或該等設備之供電線路上加裝漏電斷路器：一、建築或工程興建等臨時用電。」。使用漏電斷路器應注意以下事項：

(1) 裝置於低壓電路之漏電斷路器，應採用電流動作型，其額定電流容量，應不小於該電路之負載電流。

(2) 漏電斷路器之形式應配合供電方式，例如三相四線式供電迴路，不可裝三相三線式漏電斷路器，以免誤動作。

(3) 漏電斷路器依照額定動作電流分爲高感度及中感度型，高感度型爲30mA(含)以下，30mA以上爲中感度。0.1秒以內就能完成啓斷動作者稱爲高速型，0.1秒至2秒者稱爲延時型。圖2爲漏電保護專用之漏電斷路器，圖3爲漏電、過載與短路保護專用之漏電斷路器。爲保護人員之用，通常使用高感度高速型。

(4) 應採用經中央政府或其認可檢驗機構依有關標準試驗合格並貼有標誌者。

(5) 應定期用測試按鈕確認動作是否正常。

(6) 在水氣、濕氣過重之場所，漏電斷路器內部之絕緣可能會有問題。

(7) 如漏電斷路器爲半導體放大式，則較易受外界因素如突波、電壓變動、溫度影響而誤動作。

(8) 當暫態電流很大時，零相比流器之殘留電流會較大，亦有可能產生誤動作。

(9) 兩線對地充電電流之差異會增加零相比流器二次側之輸出。

試說明建築物施工保護之注意事項。

解析

(1) 承包商應製作一份所有可能受影響之建築物及構造物之清單，並提供保護每一座建築物及構造物之詳細步驟提送業主審核。

(2) 指定須予保護之建築物及構造物其保護方法之細節未經核可，且規定之監測系統尚未安裝完成，任何建築物及構造物之鄰近區域不得進行開挖。承包商應確保任何建築物或構造物之用途、功能與運作均不受施工之干擾。

(3) 若於開挖期間監測資料顯示建築物或構造物有遭受損害之虞，應立即停止進一步之開挖，俟採取足以確保受影響建築物及構造物安全之補救措施，且經業主核可後方可復工。

(4) 施工完成後，承包商應將受影響之建築物、構造物及道路，包括外觀及飾面恢復原來之狀態，並應確保其具有原來之運作功能。

試說明工地之清理及整理。

解析

(1) 承包商應維持工地之清潔、整齊與衛生。任何本工程暫時不需使用之臨時工程、施工機具、材料或其他物品應於工地內存放整齊。

(2) 工地內之建築物、構造物及障礙物等，應依契約圖說文件之規定予以拆除、鑿碎、清除，包括其他相關規定所標示或依業主指示辦理之阻礙本工程，或受本工程影響之基礎構造。工地內各部分之清理時間及範圍應依業主指定執行。拆除作業應採適當之預防措施，包括必要之臨時支撐，以免損及不在拆除範圍內之建築物、構造物。

(3) 進行拆除作業前，應確定所有與建築物及構造物相連之公共管線設施，並與公共管線機構會商安排管線之封閉、停供或遷移事宜。

(4) 工地進行任何開挖或清除營建剩餘土石方前，應依內政部頒「營建剩餘土石方處理方案」相關規定提出剩餘土石方處理計畫。計畫內容應包括由地方政府主管機關核准之收容處理場所相關證明文件、合法砂石專用車相關證明文件、防制超載之管制措施、運輸路線、日夜運輸時間及其他相關資料。建築工程部份應依地方政府相關規定，向主管機關申請核發營建剩餘土石方運送憑證，公共工程部分，由工程主辦機關依內政部頒相關規定，核發營建剩餘土石方運送憑證。清除及運輸作業須經業主審核所有資料並核准後，始得進行。因承包商未提送所需資料而導致之施工延誤，應由承包商負責。出土期間，承包商每月底前應上網，或向該管地方政府申報剩餘土石方流向、種類、數量，在業主於次月五日前上網勾稽或向主管機關查核符合規定後，該項目方得估驗。

若以施工架之目的與特性區分，施工架可分哪幾種？

解析

依 IOSH 安全資料表之施工架搭設及拆除作業規定，說明如下：

(1) 固定式施工架：施工架除地面外與其他構造物有固定之連接，稱之爲固定式施工架。此類施工架多用於結構工程的垂直方向，並藉主體結構工程施以固定。

(2) 活動式施工架：施工架除地面外，與其他構造物並未固定連接。

(3) 移動式施工架：施工架除地面外，與其他構造物並未連接，同時移動施工架時，該施工架不須拆解即可移動，無論其移動方式係屬自備動力或其他外力移動。一般下方多設有輪子以方便移動。

(4) 滿堂架：施工架組合整體規模較大，可能爲固定式與活動式之混合組合，其規模一般指高度三公尺以上，長寬高比例接近或寬度長度遠大於高度甚或充滿整個結構物的內部，故此稱爲滿堂架。此類施工架多用於大面積之作業：如禮堂內部裝修等。

(5) 懸吊式施工架：施工架之固定方式係以吊索方式自上方垂下，始可到達作業位置者。懸吊式施工架多用於垂直方向無上下設備可使用者：如洗窗機、吊籠等。

(6) 懸臂式施工架：懸臂式施工架係以懸臂方式自固定端延伸到作業位置者稱之。本類施工架多用於土木工程中，如：橋梁工程懸臂工法所使用之工作車等。

試說明施工架設置之相關規定。

解析

依建築技術規則建築設計施工編第一百五十五條規定，建築工程之施工架應依下列規定：

(1) 施工架、工作台、走道、梯子等，其所用材料品質應良好，不得有裂紋，腐蝕及其他可能影響其強度之缺點。

(2) 施工架等之容許載重量，應按所用材料分別核算，懸吊工作架(台)所使用鋼索、鋼線之安全係數不得小於十，其他吊鎖等附件不得小於五。

(3) 施工架等不得以油漆或作其他處理，致將其缺點隱蔽。

(4) 不得使用鑄鐵所製鐵件及曾和酸類或其他腐蝕性物質接觸之繩索。

(5) 施工架之立柱應使用墊板、鐵件或採用埋設等方法予以固定，以防止滑動或下陷。

(6) 施工架應以斜撐加強固定，其與建築物間應各在牆面垂直方向及水平方向適當距離內妥實連結固定。

(7) 施工架使用鋼管時，其接合處應以零件緊結固定；接近架空電線時，應將鋼管或電線覆以絕緣體等，並防止與架空電線接觸。

試說明工作台設置之規定。

解析

依建築技術規則建築設計施工編第一百五十六條規定，工作台之設置應依下列規定：

(1) 凡離地面或樓地板面二公尺以上之工作台應舖以密接之板料：固定式板料之寬度不得小於四十公分，板縫不得大於三公分，其支撐點至少應有二處以上。活動板之寬度不得小於二十公分，厚度不得小於三・六公分，長度不得小於三・五公尺，其支撐點至少有三處以上，板端突出支撐點之長度不得少於十公分，但不得大於板長十八分之一。二重板重疊之長度不得小於二十公分。

(2) 工作台至少應低於施工架立柱頂一公尺以上。

(3) 工作台上四周應設置扶手護欄，護欄下之垂直空間不得超過九十公分，扶手如非斜放，其斷面積不得小於三十平方公分。

施工架潛在危害，災害類型及災害防止對策為何？

解析

依 IOSH 安全資料表之施工架搭設及拆除作業規定，說明如下：

施工架之組立及拆除作業中主要之潛在危害不外乎施工架構件及作業人員之位能，以及作業場所鄰近架空高高壓電線之電能，因此而衍生的災害類型有：

(1) 倒塌：倒塌原因多為人為因素，如構作缺陷、構作間接合不良、荷重過大或偏心荷重、繫牆桿構件缺陷或安裝不當、切除無替代措施等；或因基礎變化或地層變動所引起。其防止對策：

(a) 作業過程中每一步驟應嚴格要求依正確步驟實施，作業主管應嚴格監視構作組合狀況及荷重狀況、繫牆桿固定情形等。

(b) 作業前依設計圖於施工架基腳舖設墊皮或作土壤改良防止基腳沈陷。

(c) 遇地震時應立即停止作業，人員退避至安全避難場所。

(d) 地震或地質變化後，應徹底檢查施工架再行作業。

(e) 施工架構件於施工前完成檢查方得使用。

(2) 墜落：墜落爲施工架搭設及拆除之最大危害，通常發生於安全設備及個人防護器具不足。其防止對策：

(a) 設置作業主管以監督從業人員確實配戴及使用防護器具。

(b) 做好人員教育訓練，使人員能確實配戴防護器具。

(c) 安全設備應確實完成。

(3) 飛落：施工架搭設及拆除造成飛落有構件(物料)飛落及工具飛落爲主要項目。其防止對策：

(a) 手持工具綁於工作腰帶上。

(b) 物料運送前應確實綁紮。

(c) 注意起重機、捲揚機本體及操作安全。

施工架搭設作業前應做好規劃及準備，該作業注意事項為何？

解析

依 IOSH 安全資料表之施工架搭設及拆除作業規定，說明如下：

(1) 施工架是否已由專業人員妥爲設計，安全無誤。

(2) 施工架之所有材料應確實檢查是否符合設計圖說或施工圖。

(3) 人員所使用之防護器具是否齊備、功能正常。

(4) 作業人員精神是否正常。

(5) 作業方法、程序等是否已完成規劃，防護設施、使用物料、機具設備、零配件數量是否充足，型式是否正確。

(6) 作業場所是否已完成應有之防護準備，如高壓電線包覆等。

(7) 作業場所是否已完成必須之管制，如地面管制、交通管制等。

(8) 吊運物料之設備是否完成檢查及檢點。

(9) 確定作業順序的安全性。

(10)有無其他防護措施需要特別加強或補足之處。

.(11)搭設時其他配合工種動線爲何？是否管制？

施工架組立作業之注意事項為何？

解析

依 IOSH 安全資料表之施工架搭設及拆除作業規定，說明如下：

(1) 作業前檢查安全防護器具是否功能正常。

(2) 隨時檢查每一作業人員精神狀態。

(3) 作業人員服裝是否符合規定。

(4) 作業主管必須在場監督每一作業人員確實使用安全防護器具。

(5) 作業主管必須監督作業人員依施工順序執行搭設作業。

(6) 遇有不合之材料應即另行堆置，不得使用。

(7) 依高架作業勞工保護措施標準實施休息及限制從事該作業之規定。

(8) 吊運設備應架設於堅實位置，並應予適當之錨定。

(9) 吊運設備應依相關規定辦理檢查、檢點、使用與管理。

(10)移動式施工架於架設作業中不得移動。

試說明施工架使用之注意事項。

解析

依 IOSH 安全資料表之施工架搭設及拆除作業規定，說明如下：

(1) 每週之定期檢查務必確實。

(2) 施工架遇地震(四級以上)及強風(風速每秒三十公尺以上)後應實施檢查。

(3) 檢查發現施工架材料有所缺損應立即停止作業，非俟修理完善，不得作業。

(4) 施工架之繫牆桿或其他作爲固定用之材料、構造，不得任意更動。

(5) 施工架任一部非經強度計算均不得自行移動或變更之。

試說明施工架拆除作業之注意事項為何。

解析

依 IOSH 安全資料表之施工架搭設及拆除作業規定，說明如下：

(1) 拆除前應對施工架全面檢查每一構件是否有缺損之狀況。

(2) 人員所使用之安全防護器具是否齊備。

(3) 作業人員精神是否正常。

(4) 作業方法、程序等是否已完成規劃，安全防護器具、使用物料、機具設備、及零配件數量是否充足、正確。

(5) 作業場所是否已完成應有之防護準備，如高壓電線包覆、護網等是否缺損。

(6) 作業場所是否已完成必須之管制，如地面管制、交通管制等。

(7) 吊運物料之設備是否完成檢查及檢點。

(8) 確定作業順序的安全性，任何施工架之拆除均有其一定之作業順序，非經正確之規劃，不得任意變更之。

(9) 切除繫牆桿時，確認施工架的穩定性，必要時應以臨時支撐固定，防止施工架倒塌。

(10)有無其他防護措施需要特別加強或補足之處。

(11)其他配合作業人(如：繫牆桿切除人員、補貼磁磚作業人員)應採安全設施、作業程序與方法等，應與施工架拆除作業事前完成協調，避免共同作業時下引致事故的發生。

 試說明施工機械選擇之原則。

解析

依起重升降機具安全規則規定，說明如下：

(1) 機種、容量對工程條作之適合性。

(2) 選擇濟性機械之各種條件。

(3) 機械之合理性組合。

 試說明起重升降機具的種類及用途。

解析

依起重升降機具安全規則規定，說明如下：

(1) 固定式起重機：係指在特定場所使用動力將貨物吊升並將其水平搬運爲目的之機械裝置。

(2) 移動式起重機：係指能自行移動於特定場所並具有起重動力之起重機。

(3) 人字臂起重桿：係指以動力吊升貨物爲目的，具有主柱、吊桿，另行裝置原動機，並以鋼索操作升降之機械裝置。

(4) 升降機：係指乘載人員及(或)貨物於搬器上，而該搬器順沿軌道鉛直升降，並以動力從事搬運之機械裝置。但營建用提升機、簡易提升機及吊籠，不在此限。

(5) 營建用提升機：係指於土木、建築等工程業中，僅以搬運貨物為目的之升降機。但導軌與水平之角度未滿八十度之吊斗捲揚機，不在此限。

(6) 吊籠：係指由懸吊式施工架、升降裝置、支撐裝置、工作台及其附屬裝置所構成，專供勞工升降施工之設備。

(7) 簡易提升機：係指僅以搬運貨物為目的之升降機，其搬器之底面積在一平方尺以下或頂高在一・二公尺以下者。但營建用升機，不在此限。

何謂中型起重升降機具。

解析

依起重升降機具安全規則規定，說明如下：

(1) 中型固定式起重機：係指吊升荷重在○・五公噸以上未滿三公噸之固定式起重機或未滿一公噸之斯達卡式起重機。

(2) 中型移動式起重機：係指吊升荷重在○・五公噸以上未滿三公噸之移動式起重機。

(3) 中型人字臂起重桿：係指吊升荷重在○・五公噸以上未滿三公噸之人字臂起重桿。

(4) 中型升降機：係指積載荷重在○・二五公噸以上未滿一公噸之升機。

(5) 中型營建用提升機：係指導軌或升路之高度在十公尺以上未滿二十公尺之營建用提升機。

何謂起重升降機具之吊升荷重、額定荷重及積載荷重。

解析

依起重升降機具安全規則規定，說明如下：

(1) 吊升荷重：係指依固定式起重機、移動式起重機、人字臂起重桿等之構造及材質，所能吊升之最大荷重。

(2) 額定荷重：在未具伸臂之固定式起重機或未具吊桿之人字臂起重桿，係指自吊升荷重扣除吊鉤、抓斗等吊具之重量所得之荷重。

(3) 積載荷重：在升降機、簡易提升機、營建用提升機或未具吊臂之吊籠，係指依其構造及材質，於搬器上乘載人員或荷物上升之最大荷重。

雇主對於固定式起重機設置之結構空間規定。

解析

依起重升降機具安全規則規定，說明如下：

(1) 除不具有起重機桁架及未於起重機桁架上設置人行道者外，凡設置於建築物內之走行固定式起重機，其最高部(集電裝置除外)與建築物之水平支撐、樑、橫樑、配管、其他起重機或其他設備之置於該走行起重機上方者，其間隔應在○・四公尺以上。其桁架之人行道與建築物之水平支撐、樑、橫樑、配管、其他起重機或其他設備之置於該人行道之上方者，其間隔應在一・八公尺以上。

(2) 走行固定式重機或旋轉固定式起重機與建築物間設置之人行道寬度，應在○・六公尺以上。但該人行道與建築物支柱接觸之部分寬度，應在○・四公尺以上。

(3) 固定式起重機之駕駛室(台)之端邊與通往該駕駛室(台)之人行道端邊，或起重機桁架之人行道端邊與通往該人行道端邊之間隔，應在○・三公尺以下。但勞工無墜落之虞者，不在此限。

雇主對於固定式起重機檢修、調整、操作、組配、拆卸等之規定為何？

解析

依起重升降機具安全規則規定，說明如下：

(1) 設置於屋外之走行起重機，應設有固定基礎與軌夾等防止逸走裝置，其原動機馬力應能在風速每秒十六公尺時，仍能安全駛至防止逸走裝置之處；如瞬間風速有超過每秒三十公尺之虞時，應採取使防止逸走裝置作用之措施。

(2) 從事檢修、調整作業時，應指定作業監督人員，從事監督指揮工作。但無虞危險或採其他安全措施，確無危險之虞者，不在此限。

(3) 操作人員於起重機吊有荷重時，不得擅離操作位置。

(4) 組配、拆卸時，應選用適當人員擔任，作業區內禁止無關人員進入，必要時並設置警告標示。

(5) 因強風、大雨、大雪等惡劣氣候下，致作業有危險之虞時，應禁止工作。

➡ 雇主對於吊升荷重在三公噸以上伸臂起重機，其水平伸臂以外之伸臂，應設攀登梯，其相關規定為何？

依起重升降機具安全規則規定，說明如下：

(1) 踏板應等距離設置，其間隔應在二十五公分以上三十五公分以下。
(2) 踏板與伸臂及其他最近物間之水平距離，應有十五公分以上。
(3) 踏板未設置側木者，應有防止足部橫滑之構造。
(4) 通往上方走道、檢點台之部分，應裝有高出該處地板面七十五公分以上之側木，且其前端應彎向各該處所地板面。
(5) 長度超過十五公尺者，應於每十公尺以內設一平台。

➡ 雇主對於固定式起重機設置階梯之相關規定。

依起重升降機具安全規則規定，說明如下：

(1) 對水平之傾斜度，應在七十五度以下。
(2) 每一階之高度應在三十公分以下，且各階梯間距離應相等。
(3) 階面之寬度應在十公分以上，且各階面應相等。
(4) 高度超過十公尺以上者，應於每七．五公尺以內設置平台。
(5) 應設置高度七十五公分以上之堅固扶手。

➡ 雇主對於伸臂起重機應設過負荷預防裝置。但哪些伸臂起重機已裝有其他預防裝置，能防止過負荷者，不在此限。

依起重升降機具安全規則規定，說明如下：

(1) 吊升荷重未滿三公噸者。
(2) 伸臂之傾斜角及長度保持一定者。
(3) 額定荷重保持一定者。

雇主對於操作人員於地面上操作並隨荷物移動之固定式起重機，其操作用開關器之相關規定。

依起重升降機具安全規則規定，說明如下：

(1) 應具有操作人員自操作部分放手時，能自動使動作停止之構造。

(2) 操作用開關器之操作部分為引索構造者，應有防止該引索扭結之措施。

(3) 應於操作人員易見處標示該操作用開關器所控制之動作種別及動作方向。

起重機銘牌應標示哪些項目？

依起重升降機具安全規則規定，說明如下：

(1) 製造者名稱。

(2) 製造年月。

(3) 吊升荷重。

雇主對於人字臂起重桿之檢修、調整、操作、組配、拆卸等之規定為何？

解析

依起重升降機具安全規則規定，說明如下：

(1) 設置於屋外之人字臂起重桿，如瞬間風速有超過每秒三十公尺之虞，為預防吊桿動搖引起人字臂起重桿之破損，應採取吊桿固定緊縛於主桿或地面之固定物等必要措施。

(2) 操作人員於起重桿吊有荷重時，不得擅離操作位置。

(3) 組配、拆卸時，應選用適當人員擔任，作業區內禁止無關人員進入，必要時並設置警告標示。

(4) 因強風、大雨、大雪等惡劣氣候下，致作業有危險之虞時，應禁止工作。

雇主對於升降機之升降路塔或導軌支持塔之相關規定為何？

依起重升降機具安全規則規定，說明如下：

(1) 自基礎至每十公尺以內高度(工程用升降機爲十二公尺以內)之處所及頂部，應固定於建築物或以拉條支持。但如頂部對其承載之全部負荷具有足夠強度時，該頂部得免設拉條或實施固定。
(2) 基礎不得發生有不同程度之沉降現象。
(3) 設置於地上之機坑以外之機坑，其周圍應設有堅固擋土。
(4) 攀登梯應設置至頂部。
(5) 支持塔周圍應設置圍柵或其他能防止無關人員接近之設施。

雇主對於營建用提升機之使用，應禁止勞工進入哪些工作場所？

解析

依起重升降機具安全規則規定，說明如下：
(1) 因營建用提升機搬器之升降而可能危及勞工之場所。
(2) 捲揚用鋼索之內角側及鋼索通過之槽輪而可能危及勞工之場所。
(3) 因安裝部分之破裂，致引起鋼索之震脫、槽輪或其他安裝部分之飛落，致可能危及勞工之場所。

雇主對於吊籠工作台之相關規定為何？

解析

依起重升降機具安全規則規定，說明如下：
(1) 底板材不得有間隙，且確實固定於框架。
(2) 椅式吊籠以外之吊籠，其周圍應依下列規定設置圍柵或扶手：
　(a) 堅固之構造，並確實與底框結合。
　(b) 所用材料不得有顯著之損傷、腐蝕等缺陷。
　(c) 高度在七十五公分以上。
(3) 設置扶手時，應於周圍置有中欄杆及高度在十公分以上之腳趾板。

有一部推土機購置費用為 4,00,000 元，投資時市場年利率為 9%，推土機使用壽命 8 年，殘值為 10%，試計算投資費利息年回收率。

解析

$$I = r \cdot \frac{n+1+s(n-1)}{2n} = 0.09 \cdot \frac{8+1+0.1(8-1)}{2\times 8} = 5.5\%$$

試說明折舊費計算方法。

解析

(1) 平均法：假設折舊費依固定之速率與時間成等比進行，即以其應折舊之總值扣除殘值外，按使用年限平均分攤。

$$每期折舊費=\frac{設備購置費-殘值}{使用年限}$$

(2) 定率遞減法：假設機具之作業效能隨時間之進行而遞減，故折舊費應按遞減值計算分攤。

$$每期折舊費=1-\sqrt[n]{\frac{殘值}{設備購置費}}$$

(3) 工作時間法：以機具之工作時間代替使用期限為計算之依據。

$$每期折舊費=\frac{設備購置費-殘值}{作業時間總數}\times 每期作業時間$$

欲澆注 RC 擋土牆，各項已知條件如下：

(1) RC 擋土牆需要混凝土 150m^3。

(2) 預拌混凝土車每車裝載 6m^3 混凝土，運輸循環時間為 60min。

(3) 泵浦車每分鐘輸送 0.5m^3 混凝土。

若使用一部泵浦車作業，試問需要配合幾部預拌混凝土車為最佳機具組合？且混凝土澆注作業共需多少時間？

解析

泵浦車輸送時間=150÷0.5=300min=5hr

5hr 內每一部預拌混凝土車運送混凝土=(300÷60) × 6=30m^3

需要預拌混凝土車=150÷30=5 部

今有土石搬運車，其裝載量為 2.4m^3，擬運送距離為 1km，每天工作時數為 8 公尺/分鐘，裝卸一次需時間 60 分鐘，工人數為 3 人，則每立方公尺土石搬運之工率為何？

解析

(1) 裝載土石一次之循環時間=(1000÷800) × 2+60=62.5min

(2) 每日搬運土方量=8×60÷62.5×2.4=18.43m^3

(3) 搬運土石工率=3÷18.43=0.16工/m^3

某建築工程之基礎大小為 50m×25m×6m(長×寬×深)。若欲回填 30cm 厚之土層(其鬆方比重為 1.2 噸/m^3，土壤膨脹率為 20%)。欲以$1\frac{3}{4}$噸卡車運送，則約需多少車次？

解 析

(1) 回填土方體積=50×25×0.3=375m^3

(2) 鬆方土方體積=375×1.2=450m^3

(3) 鬆方土方重量=450×1.2=540噸

(4) 需要運送車次=540÷$1\frac{3}{4}$=308.57次≒309次

某工程採用每小時作業量為 90m^3 之裝載機配合傾卸車作業，而現有 9m^3 和 3m^3 兩種形式之傾卸車可供選擇，若裝載機與大、小傾卸實之使用費用分別為 1600、1200 和 450 元/小時，設卸車之運土往返及等候定位共需時 9 分鐘，其餘條件自行做合理假設。試依上述，規劃該工程施工機械之最適組合。

解 析

(1) 裝載機每小時作業量爲90m^3。

(2) 大傾卸車每小時作業量60÷9×60m^3。

(3) 小傾卸車每小時作業量60÷9×60m^3。

(4) 最適組合

(a) 假設裝載機僅有一部，而大小傾卸車有數部，則可採一部裝載機、一部大傾卸車及兩部小傾卸車組合作業，而其每小時作業費用爲1600+1200+450×2=3700元。

(b) 假設裝載機有二部，而大小傾卸車有數部，則可採用二部裝載機、三部大傾卸車組合作業，而其每小時作業費用爲：(1600×2+1200×3)/2=3400元。

6

結構體工程

結構體工程應具備工作智能之技能種類、技能標準及相關知識範圍，內容說明如下。

一、木構造工程

(一) 技能標準：能依建築法規及施工規範之規定，督導工作人員完成各項木構造設施物材料結合及各項檢測等工作。

(二) 相關知識：瞭解木構造之結構要求，材料結合及木材之相關知識。

二、磚構造工程(含加強磚造、混凝土空心磚造)

(一) 技能標準：能依建築法規及施工規範之規定，督導工作人員完成各項磚構造設施物各項檢測等工作。

(二) 相關知識：瞭解磚構造、加強磚造及混凝土空心磚造等之結構要求，黏結材料及磚材之相關知識。

三、鋼結構工程材料

(一) 技能標準：能依建築法規及鋼結構工程施工規範之規定，督導工作人員依圖說材料之規定完成工作。

(二) 相關知識：瞭解鋼構造之規範、規格及各項作業標準。瞭解鋼構作業之各項材料切斷、鑽孔、接合等專業知識。

四、鋼結構工程製造、吊裝及組立

(一) 技能標準

1. 能依鋼構施工圖說進行查驗工程所需之鋼構材品質。
2. 能督導鋼構作業人員依圖總規定進行製造。
3. 能督導施工人員依設計圖說之規定進行各項按裝作業。
4. 能督導工程人員做好各項安全預防措施。

(二) 相關知識

1. 瞭解鋼構造之規範、規則及各項作業標準。
2. 瞭解鋼構作業之各項放樣、裁切、鑽孔及各式結合等專業知識。

五、鋼結構工程檢測

(一) 技能標準

1. 能依鋼構工程圖說安排工程所需之各項檢測。
2. 能督導鋼構工程人員依圖說規定進行各項檢測。

(二) 相關知識：瞭解鋼構造之規範、規則及各項作業標準。

六、混凝土工程材料及配比

(一) 技能標準

1. 能督導工程人員依圖說之規定從事混凝土各項材料(水泥、摻料、水、粒料)等之使用及儲存、檢驗。
2. 能督導工程人員依合約及圖說之規定配比製作符合規範之混凝土。

(二) 相關知識

1. 瞭解混凝土材料之一般規定及水泥、摻料、水、粒料等之管制、儲存。
2. 能督導工程人員依合約及圖說之規定配比製作符合規範規定之混凝土。

七、混凝土模板工程

(一) 技能標準

1. 能督導工程人員依施工圖說之規定完成模板材料之選用及模板組立。
2. 能督導工程人員完成檢驗、拆模，再撐等工作。

(二) 相關知識

1. 瞭解各種模板之強度使用時機、種類，拆模時機及相關工作。
2. 瞭解各種模板組立及檢核。

八、混凝土鋼筋工程

(一) 技能標準：能督導技術人員進行鋼筋、鋼線之加工、續接、組立、支墊等作業及檢核。

(二) 相關知識

1. 瞭解各種鋼筋工程材料特性。
2. 瞭解各項鋼筋續接器之特性及接續時機、作業安全等。

九、混凝土工程之接縫與埋設物

(一) 技能標準：能督導混凝土工程人員按圖做好各項工作接縫、埋設物之置放及檢核等作業。

(二) 相關知識：瞭解混凝土工程中各項接縫及埋設物等設置及作業方法。

十、混凝土工程之輸送與澆置

(一) 技能標準：能依工程需要督導工程人員選用適當之澆置機具、工具、方法及輸送機具，並做好相關安全設施。

(二) 相關知識：瞭解混凝土澆置、運輸機具、運用及相關安全作業。

十一、混凝土工程缺陷修補與修飾

(一) 技能標準：能按圖說之規定有效督導工程人員完成各項缺陷之補強及各項表面之修飾作業。

(二) 相關知識：瞭解混凝土各項缺陷之修補及檢驗方式。

十二、混凝土之養護及檢驗

(一) 技能標準：能依法規及規範之要求標準，督導混凝土工程人員完成各項混凝土養護及檢驗工作。

(二) 相關知識：瞭解各項混凝土之養護方式、期程及品質之檢驗。

十三、預力混凝土工程

(一) 技能標準：能督導及規劃完成預力混凝土工程各項施工及檢驗。

(二) 相關知識：瞭解預力混凝土之施工程序，步驟及各項工法之運用。

十四、特殊(其他)混凝土工程

(一) 技能標準：有效督導工程人員依規定完成各種特殊(巨積混凝、預鑄混凝土等)混凝土之施作及檢驗。

(二) 相關知識：瞭解特殊(其他)混凝土之施工程序、步驟及工法運用及品質檢驗。

試說明木構造構材之防腐要求規定。

解 析

依建築技術規則建築構造篇第一百七十五條規定，木構造各構材防腐要求，應符合下列規定：

(1) 木構造之主要構材柱、梁、牆版及木地檻等距地面一公尺以內之部分，應以有效之防腐措施，防止蟲、蟻類或菌類之侵害。

(2) 木構造建築物之外牆版，在容易腐蝕部分，應舖以防水紙或其他類似之材料，再以鐵絲網塗敷水泥砂漿或其他相等效能材料處理之。

(3) 木構造建築物之地基，須先清除花草樹根及表土深三十公分以上。

試說明木構造之構材品質及尺寸的相關規定。

解 析

依建築技術規則建築構造篇第一百八十一條規定，木構造各木構材之品質及尺寸，應符合下列規定：

(1) 木構造各木構材之品質，應依總則編第三條及第四條之規定。

(2) 設計構材計算強度之尺寸，應以刨光後之淨尺寸為準。

試說明木構造各木構材強度應符合哪些規定。

解 析

依建築技術規則建築構造篇第一百八十三條規定，木構造各木構材強度應符合下列規定：

(1) 一般建築物所用木構材之容許應力、斜向木理容許壓應力、應力調整、載重時間影響，應依規範之規定。

(2) 供公眾使用建築物其構造之主構材，應依中國國家標準選樣測定強度並規定其容許應力，其容許強度不得大於前款所規定之容許應力。

木柱構造之相關規定為何？

解析

依建築技術規則建築構造篇第一百九十七條規定，木柱之構造應符合下列規定：

(1) 平房或樓房之主構木材用上下貫通之整根木柱。但接合處之強度大於或等於整根木柱強度相同者，不在此限。

(2) 主構木柱之長細比應依規範之規定。

(3) 合木柱應依雙木組合柱或集成材木柱之規定設計，不得以單木柱設計。

試說明木屋架之設計規定。

解析

依建築技術規則建築構造篇第二百零三條規定，木屋架之設計應符合下列規定：

(1) 跨度五公尺以上之木屋架須爲桁架，使其各構材分別承受軸心拉力或壓力。

(2) 各構材之縱軸必須相交於節點，承載重量應作用在節點上。

(3) 壓力構材斷面須依其個別軸向支撐間之長細比設計。

試說明木構造各構材接合之防銹處理規定。

解析

依建築技術規則建築構造篇第二百零六條，木構造各構材之接合應經防銹處理，並符合下列規定：

(1) 木構材之接合，得以接合圈及螺栓、接合板及螺栓、螺絲釘或釘爲之。

(2) 木構材拼接時，應選擇應力較小及疵傷最少之部位，二側並以拼接板固定，並用以傳遞應力。

(3) 木柱與剛性較大之鋼骨受撓構材接合時，接合處之木柱應予補強。

試說明建築物牆壁所用磚及混凝土空心磚材料之規定。

解析

(1) 建築物牆壁所用磚：依建築技術規則建築構造篇第一百三十三條規定，(磚)建築物牆壁所用磚，須符合中國國家標準，CNS382.R2，承重牆必須用一等品，最小抗壓力每平方公分一百五十公斤，吸水率不得超過百分之十五，非承重牆得用二等品，吸水率不得超過百分之十九。

(2) 混凝土空心磚：依建築技術規則建築構造篇一百三十五條規定，建築物牆壁所用混凝土空心磚，須以機動設備拌合、澆模、震動堅實製成，並依中國國家標準CNS1178.A45檢驗之；承重牆用之耐壓強度每平方公分不得小於五十公斤；非承重牆用之耐壓強度每平方公分不得小於二十五公斤；吸水量每立方公尺均不得大於二百五十公斤。

試說明磚構造砌疊接縫之相關規定。

解析

依建築技術規則建築構造篇第一百四十條規定，磚之砌疊接縫，在垂直方向必須將接縫每層錯開，並隔層整齊一致保持美觀。砌造時應將順磚丁磚適當排列，宜用一層順磚一層丁磚辦法。或在一層中將順磚與丁磚逐次排列辦法，均須整齊美觀，接縫間錯始可。

試說明磚構造牆身厚度之規定。

解析

依建築技術規則建築構造篇第一百四十二條牆身最小厚度及牆身最大長度及高度，規定如下：

牆 壁 分 類		牆身最大長度或高度	牆身最小厚度公分
磚及砂灰磚	承重牆	二十倍牆厚	二三
	帷幕牆	二十倍牆厚	二三
	分間牆	三十倍牆厚	一一
混凝土空心磚	承重牆	十八倍牆厚	十九
	帷幕牆	十八倍牆厚	十九
	分間牆	三十倍牆厚	九
石	十倍牆厚	四十倍牆厚	

試說明磚造建築物之相關規定。

解析

(1) 平房建築：依建築技術規則建築構造篇第一百五十二條規定，平房建築物，簷高不超過四公尺，承重牆之牆身長度不超過四．六公尺時，承重牆厚度不得小於二十三公分。如牆頂有鋼筋混凝土過梁者，則牆身最大長度得依本編第一四二條之規定。厚十一公分(半磚)之分間分牆，不得作爲相交牆。如簷高超過四公尺而不超過七公尺時，承重牆厚度不得小於三十五公分。牆身長度不得超過七公尺，牆頂應依本編第一四三條加設鋼筋混凝土過梁。相交牆、撐牆、補強柱應符合本編第一四二條之規定。如於牆中加設鋼筋混凝土腰梁，牆頂設置鋼筋混凝土過梁，其兩端設置補強柱時，牆厚度得依其梁間之無支撐高或柱間之無支撐長，按本編第一四二條之規定計算，但不得小於其最小厚度，鋼筋混凝土過梁、鋼筋深凝土腰梁及鋼筋混凝土補強柱，均應按其所受橫力，依本編第六章之規定設計之。

(2) 兩層樓房建築：依建築技術規則建築構造篇第一百五十三條規定，兩層樓房建築，上層承重牆厚度不得小於二十三公分(一磚)，並應符合本編第一五二條之規定。下層承重牆厚度不得小於三十五公分(一磚半)，其牆身長度不得超過七公尺，但上下層之相交牆、撐牆或補強柱，均必須在同一地位，並樓上下貫通，上層牆頂如用鋼筋混凝土過梁，其牆身長度得依本編第一四二條規定，延伸至最大長度，使與樓下牆身長度配合。

試說明混凝土空心磚構造之相關要求規定。

解析

依建築技術規則建築構造篇第一百五十九條規定：

(1) 混凝土空心磚應俟乾縮後使用，存放與砌造時均應保持乾燥狀態，不使受潮，更不得澆濕。

(2) 砌造時磚外緣四周必須滿漿，使能循垂直方向隔磚對縫，砌造後，應以工具將接縫壓成弧形。以免濕氣浸入。

(3) 混凝土空心磚牆頂，須用鋼筋混凝土過梁，或砌過梁磚排紮鋼筋澆置混凝土如同過梁。

(4) 混凝土空心磚孔中，須用豎向鋼筋，並於孔中以水泥砂漿灌滿，豎向鋼筋間隔不得大於鋼筋直徑二百倍。

(5) 門窗及開口兩側，均須加用豎向鋼筋，並將孔中灌滿。所有牆相交處，牆端均須加用豎向鋼筋。並以鋼筋將其紮緊。

(6) 所有豎向鋼筋須能貫通上下由基腳底至過梁頂，並將孔中以水泥砂漿灌滿。

(7) 門窗及開口上下磚之接縫中。須用橫向鋼線網，其兩端應與豎向鋼筋接連。

 試說明水泥砂漿調配與施工。

解析

(1) 除另有規定外，均用(1份水泥、3分砂)(以容積比例計)之配比，加適量水拌和至適用稠度。1次拌和量以能於1小時用完爲止。

(2) 砂漿應於拌和後達初凝前(約1小時)舖置於砌築面上，其舖置應注意使所砌單元與下方之砌築面及與先前砌築之同一層鄰接單元能確實黏結。

(3) 有鋼筋於接縫處時，在單元砌築前將砂漿沿接合鋼筋之周邊及下方塡塞，其周圍接縫之砂漿應塗佈周密。

(4) 控制砂漿層之厚度，最少應有1.5cm。

 試說明砌紅磚的流程及注意事項。

解析

(1) 磚塊於砌築前應充分灑水，以使砌築時不吸收灰漿內水份爲度。

(2) 砌牆位置須按圖先畫線於地上，並將每皮磚牆逐皮繪於標尺上，然後據以施工。

(3) 清除施工面之污物、油脂及雜物。

(4) 確認所有管線開孔及埋設物的位置。

(5) 圖上如未特別註明，所用磚牆一概用英國式砌法，即一皮丁磚一皮順磚相間疊砌。

(6) 砌磚時各接觸面應塗滿水泥砂漿，每塊磚拍實擠緊。外牆在下雨時不得滲水致滲入屋內。磚縫不得超過(10mm)小於(8mm)，且應上下一致。且磚砌至頂層需預留2層磚厚，改砌成傾斜狀如此塡縫較易。磚縫塡滿灰漿後並於接解面加舖龜格網，減少裂隙。

(7) 砌磚時應四週同時並進，每日所砌高度不得超過(1m)，收工時須砌成階級形，其露出於接縫之灰漿應在未凝固前刮去，並用(草蓆、業主核可之覆蓋物)遮蓋妥善養護。

(8) 牆身及磚縫須力求平直，並隨時用線錘及水平尺校正，牆面發現不平直時，須拆除重做。

(9) 牆內應裝設之鐵件或木磚均須於砌磚時安置妥善，木磚應為楔形並須塗柏油兩度以防腐朽。

(10)新做牆身勒腳、門頭、窗盤、簷口、壓頂等突出部份應加以保護。清水磚牆如發現有損壞之處須拆除重砌，不得填補。

 試說明砌混凝土磚的流程及注意事項。

解析

(1) 施工圖上如未特別註明，所用磚牆概用英國式砌法，即一皮丁磚一皮順磚相間疊砌。

(2) 砌磚時各接觸面應塗滿水泥砂漿，每塊磚拍實擠緊。外牆在下雨時不得滲水致滲入屋內。磚縫不得超過(10mm)小於(8mm)，磚縫填滿灰漿後並於接觸面加舖(龜格網)，減少裂隙。

(3) 砌磚時應四週同時並進，每日所砌高度不得超過(1m)，收工時須砌成階梯形，其露出於接縫之灰漿應在未凝固前刮去，並用覆蓋物妥善養護。

(4) 牆身及磚縫須力求平直，並隨時用線錘及水平尺校正，牆面發現不平直時、須拆除重做。

(5) 牆內應裝設之鐵件或木磚均須於砌磚時安置妥善，木磚應為楔形並須塗(柏油兩度)以防腐朽。

(6) 新做牆身勒腳、門頭、窗盤、簷口、壓頂等突出部份應加以保護，清水磚牆如發現有損壞之處須拆除重砌，不得填補。

(7) 混凝土磚牆在水平及垂直方向均須加補強鋼筋，其數量及尺度應按設計圖說辦理，如圖上未予註明時，垂直方向以D=13mm鋼筋，間距80cm，上下兩端插入過梁或基礎內(20cm)。水平方向以D=6mm光面鋼筋做成網形補強，每隔3層補強之。插有鋼筋之孔洞內應灌入(175kgf/cm^2)之混凝土。粗粒料之最大粒徑視混凝土孔洞之大小由業主指示之。每日疊砌不超過(5)層，混凝土磚牆面須保持清潔，不得有砂漿污面。

試說明砌紅磚高度與長度限制之規定。

解析

(1) 1B磚牆：長度在(450cm)以上，高度超過(350cm)時，須加補強梁。高度在(360cm)以上，長度超過(450cm)時，須加補強柱。

(2) 1/2B磚牆：長度在300cm以上，高度超過(300cm)時，須加補強梁。高度在(300cm)以上，長度超過(300cm)時，須加補強柱。

試說明鋼結構之基本接合型式。

解析

依建築技術規則建築構造篇第二百三十六條規定，鋼結構之基本接合型式分爲下列二類：

(1) 完全束制接合型式：係假設梁與柱之接合爲完全剛性，構材間之交角在載重前後能維持不變。

(2) 部分束制接合型式：係假設梁與柱間，或小梁與大梁之端部接合無法達完全剛性，在載重前後構材間之交角會改變。

設計接合或分析整體結構之穩定性時，如需考慮接合處之束制狀況時，其接頭之轉動特性必須以分析方法或實驗決定之。部分束制接合結構須考慮接合處可容許非彈性但能自行限制之局部變形。

試說明鋼結構構材斷面種類。

解析

依建築技術規則建築構造篇第二百四十四條規定，鋼結構構材斷面分下列四類：

(1) 塑性設計斷面：指除彎矩強度可達塑性彎矩外，其肢材在受壓下可達應變硬化而不產生局部挫屈者。

(2) 結實斷面：指彎曲強度可達塑性彎矩，其變形能力約爲塑性設計斷面之二分之一者。

(3) 半結實斷面：指肢材可承壓至降伏應力而不產生局部挫屈，且無提供有效之韌性者。

(4) 細長肢材斷面：指爲肢材在受壓時將產生彈性挫屈者。

試說明鋼結構構架穩定系統構架種類。

解析

依建築技術規則建築構造篇第二百四十四條之一規定，鋼結構構架穩定應依下列規定：

(1) 含斜撐系統構架：構架以斜撐構材、剪力牆或其他等效方法提供足夠之側向勁度者，其受壓構材之有效長度係數k應採用一‧○。如採用小於一‧○之k係數，其值需以分析方法求得。多樓層含斜撐系統構架中之豎向斜撐系統，應以結構分析方法印證其具有足夠之勁度及強度，以維持構架在載重作用下之側向穩定，防止構架挫屈或傾倒，且分析時應考量水平位移之效應。

(2) 無斜撐系統構架：構架依靠剛接之梁柱系統保持側向穩定者，其受壓構材之有效長度係數k應以分析方法決定之，且其值不得小於一‧○。無斜撐系統構架承受載重之分析應考量構架穩定及柱軸向變形之效應。

試說明鋼結構工程構件製作放樣程序。

解析

(1) 承包商應指派經驗豐富之鋼結構放樣工程師，全程指導及監督放樣工作。

(2) 放樣工程師應先將全部圖樣閱讀了解施工製造圖(大樣圖)，再將各部結構在放樣場地畫線翻製足尺實樣，校對每一詳細尺度妥當後，用白鐵皮製成正確樣尺，以憑裁切鋼料。

(3) 放樣工程師於實樣畫線時，如發現與原圖不符或有施工不便之處，應即時報告業主核對處理。否則事後發現有錯誤以致不能接合或架設時，一切損失由承包商負責。

(4) 整體長度：所有構材，必須依照設計圖上所明示之尺度，使用該整體長度尺度之鋼料施工。除圖上另有規定或經業主書面許可外，不得續接。

(5) 畫線：落樣時依據施工製造圖、樣板或樣尺，在鋼料上畫線做記號時，不得在鋼料上遺留有任何永久性之畫線痕跡傷及鋼料。

(6) 加工／製作使用之鋼製捲尺應符合(CNS 3860 Z7048)一級品標準之規定，鋼製捲尺之檢驗應依據(CNS 3861 Z8013)標準辦理。

(7) 使用前必須與放樣之標準鋼製捲尺比對校正。

(8) 放樣亦可以數值控制法直接畫線於鋼板者。

試說明鋼結構工程構件製作切割程序。

解析

(1) 鋼材之切割或以機械切割、瓦斯切割或電氣切割等方法爲之。除設計圖說另有規定者外，端緣可不須加以鉋銑(Finish)。

(2) 厚度13mm以下之鋼板得以剪床切割。

(3) 內角隅之切割面應保持圓滑，其圓弧半徑不得小於(25mm)。

(4) 切割表面粗造度之容許標準如下：

(a) 鋼板板厚≦100mm，粗造度(≦25 μm)。

(b) 100mm<鋼板板厚≦200mm，粗造度(≦25 μm)。

(c) 鋼板不受力端面，粗造度(≦50 μm)。

(5) 切割面上偶發之獨立凹陷，若深度小於(5mm)必須以機械方法磨除。若深度大於(5mm)必須研磨整修使凹陷坡度小於1：10，但其橫斷面之減少量不得超過(2%)，否則必須以低氫系銲材修補。

(6) 切割面之垂直度許可差，不得大於鋼材厚度之(10%)且不得大於(2mm)。

(7) 切割面表層狀間斷之容許及修改標準如下：

(a) 長度(≦25mm)之層狀間斷，可不必整修。

(b) 長度(＞25mm)而目視深度(≦3mm)之層狀間斷，可不必整修，但必須以研磨方式抽驗此等間斷數之10%，當發現有任何間斷之深度超過(3mm)時，則所有其他間斷(長度＞25mm)必須100%檢驗。

(c) (長度＞25mm而3mm＜深度≦6mm)之層狀間斷，必須磨除，但不必補銲。

(d) (長度＞25mm而6mm＜深度≦25mm)之層狀間斷，必須完全去除並予補銲，但補銲補修之長度不得超過板邊總長度之(20%)。

(e) 長度及深度超過(25mm)之層狀間斷，必須依3.4.7款規定處理。

(8) 切割面上長度及深度均超過(25mm)之層狀間斷必須依下列規定處理。

(9) 填板、型鋼及(9mm)厚以下之連接板與加勁條等，亦以使用氧切機切斷爲原則。

(10)若在特別情形下，經業主同意時，亦可使用機械剪切，惟切斷面須用砂輪磨平，至少須符合表所列之標準。

(11)表中表面粗糙度係依照JIS B0601之規定爲準，如50S表示切斷面之表面粗糙度爲50/1,000mm之凹凸。

(12)表中凹陷深度係指自缺口上緣至孔底之深度。

桿件種類切斷面情況品質要求	主要桿件	次要桿件
表面粗糙度	50S 以下	100S 以下
凹陷深度	不得有缺口凹陷	在 1mm 以下
熔渣(Slug)	可有塊狀熔渣散佈，但不得留有痕跡或容易剝離	
上緣之熔化	略成圓形，但須平滑	

 試說明鋼結構工程構件製作鑽孔程序。

解析

(1) 高強度螺栓孔，應以適當之鑽床鑽孔，孔中心軸應垂直鋼板面。

(2) 普通螺栓孔，基礎錨碇螺栓孔、鋼筋之穿孔、及其他設備配管穿孔或配合混凝土施工鐵件之開孔，若鋼板厚度不超過(16mm)時，得以沖孔方法施工，惟開孔斷面如有毛邊必須與已研磨整修。上述孔徑若大於(30mm)時，得使用瓦斯火焰切割施工，惟開孔斷面之粗糙度不得大於(25 μ m)，孔徑之許可差為(±2mm)。

(3) 螺栓孔徑大小與螺栓標稱直徑之關係，應以設計圖說為準，若設計圖說未註明，則依照表施工。

螺栓種類	標稱直徑 d(mm)	孔徑 D(mm)	孔徑許可差(mm)
抗滑型高強度螺栓	—	d+ 1.5	+0.5
承壓型高強度螺栓	—	d+ 1.5	±0.3
普通螺栓	—	d+ 1.5	±0.3
基礎錨碇螺栓	d≦25 25＜d＜50 50＜d	d+ 5.0 d+10.0 d+25.0	±2.0

(4) 鋼筋之穿孔孔徑大小與鋼筋標稱直徑之關係，若設計圖說未註明，則依照表施工。

鋼筋標稱直徑	D10	D13	D16	D19	D22	D25	D29	D32	D＞32
穿孔孔徑(mm)	21	24	28	31	35	38	43	46	D+14
穿孔孔徑許可差(mm)	±2.0								

(5) 高強度螺栓孔貫穿率與阻塞率之關係，若設計圖說未註明，則依照表施工。

螺栓(標稱直徑 d)	貫通標準規直徑(mm)	貫通率%	阻塞標準規直徑(mm)	阻塞率%
抗滑型	d+1.0	100	d+3.0	80
承壓型	d+0.7	100	d+1.8	100

(6) 除基礎板中之螺栓孔徑應較預埋螺栓直徑大6mm外，其餘鋼構件中之螺栓孔徑須較螺栓之直徑大1.6mm。孔壁須垂直平整，並保持內部清潔，孔眼兩端因鑽孔時所殘餘之雜物應予以清除。

(7) A-36鋼材厚度≦16mm時可用沖孔法(Punch)。若鋼材厚度大於上述，所有孔眼皆須用鑽孔法(Drilled)製造或預鑽(Sub-Drill)，但孔眼較規定尺度小5mm，待全部鋼板連結後，再修鑽(Reaming)至設計之尺度。

(8) 工廠連接螺栓孔：次要構材其連結處之鋼板不超過(5層)，或主要構材其連結處之鋼板不超過(3層)時，可一次預鑽或預軋，再修鑽(Reaming)擴大至設計直徑，或一次鑽至所需孔徑。

(9) 軋壓法鑽孔(Punched Hole)：用預軋壓法鑽孔(Sub-Punching)時，其軋孔應較所需孔徑小(5mm)，加大軋壓孔眼時應用適當方法擴大並修鑽(Reaming)。

(10)修鑽(Reaming)：應以螺栓將鋼板栓緊，並使鋼板間已互相密接後才能使用修鑽。若為預軋壓孔(Sub-Punched)其修鑽後之直徑應較螺栓之直徑大(1.6mm)。

(11)鑽孔法(Drilling Hole)：此法使用Twist Drills所鑽之孔應較螺栓之直徑大(1.6mm)。並應將數塊鋼板妥為固定後，1次鑽孔完成。

(12)軋壓法及鑽孔之精確度：

(a) 不論用預軋壓、軋壓法、或鑽孔法所完成之孔眼，必須能使標準圓柱棒(Cylindrical Pin)其直徑小於鑽孔直徑(3.2mm)，能垂直通過同一平面連結鋼板之(75%)孔眼。

(b) 若不能符合此要求，則應將其中不佳者予以剔除或改善。

(c) 任何連結板孔眼若不能容直徑小於孔徑(5mm)之圓柱棒垂直穿過者，皆需廢除不得使用。

(13)製造及安裝時，構材之吊運必須小心處理，勿使構材受額外之應力、裝配時應避免使用錘擊。

試說明鋼結構工程構件銲接檢測程序。

解析

承包商應檢測下列各項，並作成紀錄存查。

(1) 施銲前，每一接頭均需就下列項目逐項檢測：

(a) 材料之材質。

(b) 背墊板與原鋼板之密接度及端接板(起弧導板)之固定。
(c) 開槽之角度及間隔。
(d) 銲接面之清掃。
(e) 預熱溫度。
(f) 點銲之品質。

(2) 施銲中應就下列項目時常管理檢測：
(a) 電銲工之資格。
(b) 銲接順序。
(c) 銲接程序。

(3) 施銲後之目視檢測法：所有電銲應做100%之目視檢測，並應依(CNS 13201 Z8115鋼結構銲道目視檢測法、AWS D1第8.15.1款)之規定辦理。

試說明鋼結構工程非破壞性檢測有哪些方法。

解 析

非破壞性檢測分類如下：
(1) 滲透液檢測法(PT)：依照(AWS D1.1)辦理。
(2) 粒檢測法(MT)：依照(CNS 13341 Z8125鋼結構銲道磁粒檢測法之規定)。
(3) 超音波檢測法(UT)：依照(CNS 12618 Z8075鋼結構銲道超音波檢測法)之規定。
(4) 放射性檢測法(RT)：依照(CNS 13020 Z8114鋼結構銲道放射線檢測法)之規定。

試說明鋼結構工程施工流程。

解 析

(1) 鋼結構構件應依據核可之施工計畫書內，有關現場安裝計畫之規定，在工地安裝施工前，承包商應詳細勘察工地，並確認安裝程序、方法、機具設備及工地安全注意事項。
(2) 鋼料應按其編號依序安裝，吊裝時須謹慎，不得碰撞已裝配之構件或中途掉落，鋼材吊至安裝位置後，隨即以設計螺栓數(1/3以上)之臨時安裝螺栓裝合，且不得少於(2支)。

(3) 鋼材接觸面在安裝前須加清理，如無特別規定，用臨時螺栓鎖緊後，接觸面應完全緊貼，螺栓孔須正確重合，不合之孔以鉸刀鉸正之。

(4) 螺栓頭及螺帽與鋼材之接觸面，對與螺栓軸線垂直面之傾斜度不得大於(1：20)，否則須使用斜墊圈。

(5) 安裝螺栓前應將構件表面之鐵銹、鱗皮、污泥及油垢等徹底清除，使構件接合面具有適宜之摩擦係數。

(6) 構件安裝時應先以普通螺栓接合，使相接之鋼料緊貼，相應之螺栓孔完全重合，臨時安裝使用之螺栓或沖梢之數目應妥為設計，且不得少於該接合螺栓數之(1/3)，且不得少於(2支)。

(7) 螺栓應小心保護，不得損傷螺牙，以使用過或帶有傷痕銹蝕者，不得再用，其有污泥、油垢者，使用前須清除乾淨。

(8) 高強度螺栓須使用旋緊器鎖緊之，如受場地限制無法工作時，得以手動螺栓板手鎖緊之，並達規定之預拉力。

(9) 螺栓鎖緊之程序以上下、左右、交叉進行為原則，勿使相對之螺栓受影響而鬆動。

(10)螺栓安裝如不能用手將螺栓插入孔內，該孔即須先用沖梢穿過校正，但不得使用(2kg)以上之鐵鎚，如仍無效，得以鉸刀絞擴之。螺栓孔鉸大後應換較大之螺栓，但孔徑不得較栓徑大(3mm)，如螺栓孔偏差過大，應補銲後再以鉸刀改正之。

(11)螺栓不得以鐵鎚強敲入孔。

(12)柱底板、支承板與混凝土基座間之間隙於鋼結構安裝完成後，應按設計圖說之規定確實灌漿。

(13)高拉力螺栓與鋼材間不得夾有墊料或其他壓縮性材料。鋼料在接合處包括墊圈附近必須清除所有污物、油垢，鱗皮以及其他鬆動附著物，俾使鋼材能緊密結合。

(14)高拉力螺栓之安裝方式，可使用有量度之螺栓板鉗或用旋緊螺帽法或依照高拉力螺栓供應商之安裝規定旋緊高拉力螺栓，使其達到最低拉力。如承包商使用特殊方法旋緊高拉力螺栓，必須先徵得業主書面之同意方得使用。

(15)基礎螺栓埋設除另有規定外，必須垂直於承板，螺栓支架應獨立固定以模板、鋼筋固定以免混凝土澆置時發生偏移。基礎螺栓埋設之固定方法，承包商應事先檢具埋設方法徵得業主書面同意。

(16)基礎螺栓埋設後，若其偏差超過許可差致使桿件無法安裝亦無法用業主核可之方法矯正時，應由承包商負責鑿除混凝土並重新埋設之，其所發生之一切工料費用均由承包商自行負擔。

(17)工地安裝精度應符合本章第3.5項「施工許可差(安裝精度)」之規定。

鋼結構工程施工中及銲接完成後檢驗之構件檢驗項目及程序。

解析

(1) 在每次開始正式施工前，至少應先試銲2只剪力釘，以檢視電銲機具及銲槍之操作與調整是否適當。

(2) 並將試銲完成之2只剪力釘彎成30°後檢查有無銲接缺陷，待該2只剪力釘試驗合格並經業主核可後，方得繼續進行施工。

(3) 所有剪力釘於施工後，均應經目視檢查。如目視檢查發現有銲接缺陷之剪力釘時，應將該剪力釘向與缺陷相反之方向錘打或用其他工具彎成15°。

(4) 若該剪力釘檢驗合格時，即將其留於彎後現狀，不合格之剪力釘則應除去重換。

(5) 除上述目視檢查有缺陷者外，應另外每100只取1只之比例，做錘擊彎曲試驗，方式同上述。

試說明鋼結構工程施工安裝精度許可差之相關規定。

解析

(1) 有關安裝精度要求除須滿足下列之規定外，並應符合表之規定。

施工許可差(安裝精度)標準

項目	許可差
建築物之彎曲水平距許可差 e	e≦L/2,500 但不得超過 25mm
上下樓層之高程許可差△H	-5mm≦△H≦+5mm
柱節之傾斜許可差 e	e≦H/1,000 但不得超過 10mm
梁之水平度許可差 e	e≦L/2,500 但不得超過 25mm
柱之許可差 e	與鄰柱之許可差：±5mm 以下
柱之基板面高程及錨碇螺栓位置之許可差 e	基板面高程：±3mm 以下 -3mm≦e1≦+3mm -3mm≦e2≦+3mm

(2) 錨栓

(a) 各錨栓中心位置之許可差最大不得超過(3mm)。

(b) 1組錨碇錨栓群內各螺栓中心距之許可差最大不得超過(3mm)。

(c) 相鄰兩組錨栓群中心距之許可差最大不得超過(3mm)。

(d) 每組錨栓群之中心與柱之建築基準中心線之許可差最大不得超過(6mm)。

(e) 錨栓伸出基礎基準面之長度應符合施工圖之規定。

(3) 柱

(a) 鋼柱底板基準面高程之許可差最大不得超過(3mm)。

(b) 單節鋼柱之允許傾斜值許可差最大不得超過柱長之(1/1,000)。

(c) 多節柱之累積傾斜值許可差，內柱在20層以下，不得超過(25mm)，每加一層增加0.8mm，最大不得超過(50mm)。外柱在20層以下，傾向建築線偏移量之許可差則不得超過(50mm)，每加一層增加1.6mm，向建築線方向之最大累積位移量許可差不得超過(50mm)，遠離建築線之許可差不得超過(75mm)。

(d) 每節鋼柱頂端中心對柱之建築基準中心線在同一水平高度上之之許可差，在100m長以內最大不得超過(38mm)，每增加1m長，增加0.4mm，但最多不得超過(75mm)。

(e) 相鄰柱頂端高度之許可差不得超過(3mm)。

(f) 相鄰四支鋼柱頂中心對角線之許可差，內柱不得超過(3mm)，外柱不得超過(6mm)。

(4) 梁：梁中心點之撓度不得超過梁長之(1/1,000)。

(5) 鋼柱長度在13.7m以下之允許垂直偏心爲：3.175mm×柱長(m) ÷3.05，但不能超過(9.5mm)。

(6) 鋼柱長超過13.7m時其允許垂直偏心爲9.525mm+3.175mm×(柱長(m))-13.7÷3.05。

(7) 鋼梁若不計預拱(Camber)時，允許偏心(對中心線而言)爲：3.175mm×梁長(m) ÷3.05

(8) 鋼梁若計算預拱時，允許偏心(對中心線而言)：

(a)–0+6.35mm。

(b)+6.35×梁長(m) ÷3.05，但不超過(19.05mm)。

(c)+3.17×偏心處至最近一端÷3.05。

(d)三者之最大值爲允許偏心。

(9) 但若梁之Flange埋在混凝土樓地板內者其允許偏心則規定爲梁之全長(m)÷4.48或6.35mm之較大值。

(10)若爲Ｉ型或H形之組合梁，則腹板中心線與翼板中心線之許可差爲(6.35 mm)。

(11)梁高之許可差：梁高在0.9m以下者(±3mm)。梁高在0.9m至1.8m間者(±4.8mm)。梁高在1.8m以上者(+8mm~-4.8mm)。

試說明鋼骨鋼筋混凝土柱，斷面型式種類。

解析

依建築技術規則建築構造篇第五百零七條規定，鋼骨鋼筋混凝土柱依其斷面型式分爲下列二類：

(1) 包覆型鋼骨鋼筋混凝土柱：指鋼筋混凝土包覆鋼骨之柱。

(2) 鋼管混凝土柱：指鋼管內部塡充混凝土之柱。

試說明鋼骨鋼筋混凝土構造配筋，應考慮那些因素。

解析

(1) 力學上之特性。

(2) 混凝土之塡充性。

(3) 鋼骨及鋼筋之接合及配筋之順序。

(4) 結構體之耐久性及耐火性。

試說明鋼骨鋼筋混凝土箍筋之間距規定。

解析

(1)於圍束區之圍束箍筋間距不得超過柱短邊的1/4或15公分。

(2)於非圍束區之箍筋間距不得大於柱主筋直徑之六倍或20公分。

(3)於第一個箍筋距接頭面之距離不得大於圍束箍筋間距之一半。

試說明混凝土之基本要求。

解析

(1) 足夠強度。

(2) 工作度良好。

(3) 耐久性強。

(4) 體積穩定。

(5) 經濟。

(6) 其他特需之性質如水密性、防水性等。

試說明鋼筋與混凝土能結合成良好複合結構材料的原因。

解析

(1) 混凝土與鋼筋膠結硬化後，鋼筋能與混凝土結合為一體，如此可防止鋼筋與混凝土產生相對位移。

(2) 鋼筋與混凝土兩種材料的線膨脹係數接近，因此溫度發生變化時，鋼筋與混凝土所產生的變化很小，可忽略不計；同時混凝土為不良導體，可防止鋼筋受到劇烈的變化。

(3) 混凝土包裹鋼筋，可防止鋼筋的銹蝕。

影響混凝土強度之因素。

解析

(1) 材料之品質(水泥、骨材、水及混合材料)。

(2) 配比(水灰比、骨材粒徑、水泥與骨材之配合比)。

(3) 施工方法(拌合、輸送、澆置、搗實及養護)。

(4) 混凝土之材齡。

(5) 試驗條件(試體之形狀、大小及試驗之方法)。

試說明如何提高混凝土之水密性。

解析

(1) 充份拌合，澆置搗實：可避免材料分離，排除氣泡增加混凝土之密度而提高水密性。

(2) 養護充分：可減少龜裂，充分水化減少混凝土中空隙。

依中國國家標準規定，說明水泥種類及用途。

解析

依 CNS61 的規定，水泥種類及用途，說明如下。

種類		用途
卜特蘭水泥	第Ⅰ型：普通水泥	一般構造物
	第Ⅱ型：中度抗硫酸鹽水泥	抗鹽蝕、海灣、臨海、海中構造物、需要中度水合熱者如水壩等巨積混凝土工程
	第Ⅲ型：早強水泥	緊急工程，需縮短工期之工程
	第Ⅳ型：低熱水泥	水壩等巨積混凝土工程
	第Ⅴ型：高度抗硫酸鹽水泥	抗酸蝕、下水道、地下室、溫泉區等特殊環境之工程
輸氣卜特蘭水泥	輸氣第ⅠA 型	一般構造物需要輸氣者
	輸氣第ⅡA 型	抗鹽蝕構造物需要輸氣者
	輸氣第ⅢA 型	緊急工程需要輸氣者

混凝土配比設計所提送資料中至少須包含哪些資料。

解析

(1) 水泥及添加物之相關規定文件。

(2) 粒料物理性質試驗結果。

(3) 粗、細粒料之級配及混合後之級配資料，列成表格及線圖。

(4) 粒料與水泥之重量比。

(5) 水與水泥，或水與膠結料之重量比。

(6) 坍度。

試說明混凝土粒料之儲存規定。

解析

(1) 粒料不得直接存放在土質地表上，應儲存於可防止水淹及避免混入表土與雜物之適當基座上，每種尺度之粒料須分開儲存。

(2) 露天儲存之粒料難免會受到日曬雨淋之影響，使粒料之含水量產生變化，粒料取用拌和前應進行含水量檢測，必要時應做適當之處理，以符合配比設計之要求。

試說明混凝土用化學摻料總類。

解析

化學摻料應符合 CNS 12283 A2219 之規定，包含下列七種：

(1) A型：減水劑。

(2) B型：緩凝劑。

(3) C型：早強劑。

(4) D型：減水緩凝劑。

(5) E型：減水早強劑。

(6) F型：高性能減水劑。

(7) G型：高性能減水緩凝劑。

試說明混凝土使用之化學摻料儲存規定。

解析

(1) 化學摻料應儲存於可防止材料變質之容器、包裝或適當場所，容器或包裝上應清楚標示其用途、出廠時間及製造廠商名稱等資料。

(2) 儲存期間應防止發生滲漏、溢散及揮發等情事，並須有污染防治措施，並應依照製造廠商建議之方式及相關工業安全法令規定儲存。

(3) 化學摻料之成份若有發生沉澱之虞，若為不穩定之溶液，使用前應依照製造廠商之建議方式處理或予以適當攪拌。

試說明飛灰及水淬高爐爐渣粉應用於混凝土的特性。

解析

(1) 飛灰：係指粉煤或碎煤燃燒後所產生之微細煙灰，其色澤為黑褐色。一般分為F類C類及N類三種，以F類最為常用，應用上須符合CNS 3036之規定。其使用的特點包含減用水量、改善工作度、增加水密性、提高晚期強度、減少體積變化、增加耐久性、降低早期強度及延緩凝結時間等。其用於水泥取代量約為15~25%，以取代量5~10%為最常見。

(2) 水淬高爐爐渣粉：爐石為高爐煉鋼的副產物，若高爐爐渣產出隨即以噴水方式急速冷卻，便會形成具有膠結性的水淬高爐爐渣，經研磨便可成為混凝土添加物，其色澤為白色。一般選擇爐石粉品質以細度及活性指數為主，目前台灣的細度分為4000、6000及8000級(cm^2/g)三種，活性指數分為80、100及120級三種，目前以細度4000級及活性指數80~100級為最常見，若細度達8000~10000級則可用於高強度混凝土製造，應用上須符合CNS12549之規定。其特點包含改善工作度、提高晚期強度、增加耐久性、降低早期強度及乾縮量增加等。其用於水泥取代量約為25~65%，以取代量45%為最常見。

試說明混凝土拌合方式及其相關規定。

解析

(1) 混凝土之拌合方法，除另有規定外，應採用機械拌合。

(2) 混凝土之機械拌合，拌合機之每鼓拌合量、拌合時間及拌合鼓之轉動速度，應遵照監工人員之指示為之，務必足以徹底拌合混凝土，並使其具良好之塑性。

(3) 拌合鼓之轉動速度，以拌合鼓之圓周速度每秒一公尺為準，一般每分鐘不得少於十四轉，亦不得多於二十轉。其拌合時間應依試驗調整之，若無試驗，應依下列規定：

混合鼓容量	最少混合時間		備註
	天然骨材	製造骨材	
2.25 立方公尺 1.50 立方公尺 0.75 立方公尺	2.0 分鐘 1.5 分鐘 1.2 分鐘	2.5 分鐘 2.0 分鐘 1.2 分鐘	混合時間不得超過最少混合時間三倍，若超過此項時間應暫停拌合機之運轉。

(4) 人工拌合以鐵盤為之，其拌合之順序如下：由四人執鏟(或二人執鏟，二人執把)，分為二對，同對立於右方。首對將每盤所需之水泥及細骨材自右方翻拌至左方，次對跟其後，自右方翻拌至左方是為一次。然後以次對為先，首對隨後，再將此混合物自左至右依前法翻拌，是為第二次，如此共翻拌三次。其次將所需粗骨材放入，並依前法翻拌三次，是為乾拌。然後將所需水量，平均灑佈於上項乾拌混合物，同時依前法翻拌四次，是為濕拌。惟灑水時應將所需水量於前三次平均灑畢，並應注意所灑佈之水能隨即被完成翻拌混入，不得稍任流失。

(5) 預拌混凝土

(a) 品質要求極高，不僅強度要求高，每鼓之拌料尤應具相同之坍度、相同之配合比，組成均勻劃一為最大原則。

(b) 以拌合運送車運送之混凝土，其在工廠之拌合時間，應較規定減少30秒。其自工廠裝入運送車至澆灌完成之時間不得超過一小時三十分。

(c) 預拌混凝土傾卸後，應立即澆灌入模，不得停頓。每次澆灌之間隔時間，不得超過廿分鐘，如已有初凝之現象，不得重新攪拌再用。

試說明預拌混凝土出貨單應註明之事項。

解析

每一車預拌混凝土送達工地卸料前，應提送一份混凝土供應商之證明文件或出貨單，資料包含：

(1) 供應商名稱。

(2) 預拌混凝土廠名稱及地址。

(3) 交貨單編號。

(4) 日期。

(5) 貨車編號。

(6) 工作名稱：契約編號及位置。

(7) 混凝土數量：以立方公尺計。

(8) 混凝土之等級及型式。

(9) 坍度。

(10)混凝土裝運時間。

(11)水泥之型式及廠牌。

(12)若使用飛灰，說明其型式及來源。

(13)水泥之重量。

(14)粒料之最大粒徑。

(15)粗、細粒料之重量。

(16)水灰比及每公升含水量。

(17)摻料之種類及數量。

試說明混凝土泵送機之相關規定。

解析

(1) 應視混凝土之規格及泵送高度等施工條件，使用不致造成泵送中混凝土之粒料產生分離之泵送機。

(2) 泵送機應妥爲操作，使混凝土得以連續流動。輸送管之出口端應儘可能置於澆置點附近，其間之距離以不超過150cm爲原則。

(3) 泵送機移位至下一構造物之澆置時，或澆置作業中有泵送機待機時間過長之情況，應立即清洗殘留於輸送管線及泵送機中之混凝土。

試說明混凝土施工縫設置原則。

解析

(1) 除經業主認可外，混凝土施工縫僅設於設計圖說或混凝土澆置計畫所標示之位置。

(2) 澆置混凝土於緊急情況下需設置緊急施工縫時，應使用至少30公分長之鋼筋橫穿施工縫，或參照施工縫設計圖裝置伸縮縫填縫板，或由現場業主依構造物之情形，指示連接鋼筋之尺寸及置放間距。

(3) 施工縫設置處應於混凝土初凝前鏝成稍粗糙面。惟再次澆置混凝土前，施工縫表面上之水泥乳膜、養護劑、雜物、鬆動之混凝土屑及粒料等應徹底清除。

(4) 水平及傾斜之施工縫，應先將表面清理溼潤後覆以水泥砂漿或環氧樹脂砂漿。水泥砂漿應與混凝土之水灰比相同，在澆置水泥砂漿或混凝土前應保持澆置面濕潤。舖設環氧樹脂砂漿前，應以樹脂原液爲底液均勻塗刷於乾燥之施工縫混凝土表面。

(5) 沿預力鋼材方向，應避免設置施工縫。

試說明混凝土澆置取樣數量之規定。

解析

(1) 混凝土試體於同一攪拌車取樣2個爲1組，該兩個試體之平均抗壓強度即爲該組之抗壓強度。

(2) 每批混凝土之抗壓強度，依下表方式所取得樣品之組數的平均抗壓強度，即爲該批混凝土之抗壓強度。取樣試驗頻率規定如下：

混凝土每批量試體取樣組數(28 天抗壓強度)		
一般混凝土	50m³ 以下	2 組(4 個)
	50m³＜混凝土≦100m³	3 組(6 個)
	100m³＜混凝土≦200m³	4 組(8 個)
	以下類推，每增加 100m³ 加取 1 組(2 個)	
預力混凝土	預鑄預力混凝土梁 預力混凝土箱型梁	每支 3 組(6 個) 最少 3 組(6 個)
	100m³＜混凝土≦150m³	4 組(8 個)
	150m³＜混凝土≦200m³	5 組(10 個)
	以下類推，每增加 50m³ 加取 1 組(2 個)	

註：上述試體取樣組數(個數)，未包括為試驗7天抗壓強度及為控制施預力時間(工地養護)所需增加之試體數量。

(3) 圓柱試體應依照CNS 1232 A3045抗壓強度試驗規定之齡期試驗。

(4) 無特別規定時，混凝土抗壓強度fc'為混凝土28日齡期之抗壓試驗強度，此項抗壓強度之試驗應符合CNS 1232 A3045有關規定。

(5) 如構造物在混凝土澆置後未達規定齡期而容許承受載重時，則應以該承受載重時之齡期之試驗極限強度為規定之抗壓強度。

(6) 混凝土抗壓強度之判定接受程度，依相關規定辦理。

試說明混凝工工作度定義及其相關規定。

解析

(1) 混凝土之工作性，係指混凝土操作時之難易及抵抗材料之程度，上述操作主要係指澆置與搗實工作。操作不易之混凝土品質易受影響，反之易操作之混凝土有時可能犧牲品質，或增加費用。混凝土之稠度或流動性為構成工作度良窳之重要因素。計測混凝土稠度之表示方法最常用者仍為坍度試驗。

(2) 坍度試驗係將新拌之混凝土分3次等量澆置於頂徑10cm、底徑20cm及高30cm之截頭圓錘筒，筒底置於水密性平板上，並以搗棒將每層加以搗實，然後保持垂直之方向輕輕將截頭筒提起，混凝土隨而下塌，試筒高度與塌陷後混凝土高度之差謂之坍度，坍度值一般以cm計。依美國混凝土協會(ACI)規定各種構造物之坍度要求。

構造物種類	坍度(cm)	
	最大值	最小值
鋼筋混凝土基腳、基牆	7.6	2.5
純混凝土基腳、沈箱下部結構之牆	7.6	2.5
版、樑、鋼、筋混凝土牆	10.0	2.5
房屋之柱	10.0	2.5
路面	7.6	2.0
巨積構造物	7.6	2.5

試說明混凝土澆置之注意事項。

解析

(1) 混凝土澆置前，承包商應提出構造物之混凝土澆置順序送請業主認可，原則上，混凝土應由低處向高處澆置，類似樓板之構造物，爲避免澆置時載重不平均，應儘量分層平均澆置於其平面上。

(2) 鋼筋混凝土之鋼筋於澆置混凝土前，應按設計圖紮放並以適當材料或方法固定妥善，以確保澆置時不致發生鋼筋位移，並預留規定之保護層、預埋管線或材料，清除澆置範圍內之異物，經業主檢查合格後方得封合模板及澆置混凝土。

(3) 應避免在水流中澆置混凝土。在水面下澆置混凝土時，爲免於受水流之影響，應設置圍堰、澆置管或沉箱等之水密性設施，必要時應於澆置區設置供抽水機排水之導溝及集流坑。

(4) 用滑槽輸送混凝土方式之澆置，滑槽之襯裡應爲光滑表面，斜度須能適合該稠度混凝土之流動，不可於滑槽上加水促使混凝土流動。滑槽之坡度較大時，出口處應有擋板或反向裝置(reversed section)，以防混凝土粒料分離。滑槽長度超過(600cm)者，其出口應設置承接落下混凝土之漏斗裝置。

(5) 同一構造物單元之混凝土盡可能一次澆置完成，如因施工條件或澆置時間限制而須分段澆置，致產生混凝土施工縫，須於混凝土施工計畫中事先設定。其施工方式應照設計圖所示。

(6) 混凝土在澆置後，表面若微現游離水泥漿(free mortar)，爲混凝土內部孔隙已被填滿之指標，此時不得使用振動器對混凝土作大幅度之移動。

(7) 以振動搗實方式澆置混凝土時，承包商至少應備有二部高頻率內部振動器。振動器之頻率一般每分鐘約5,000次，棒形振動器應符合CNS 5646 A2079之規定，並依CNS 5647 A3096混凝土內棒形振動器檢驗法檢驗。

(8) 振動時盡量勿觸及模板及鋼筋，尤應小心避免使鋼筋、管道及預力鋼材發生位移。

(9) 振動器之功用主要爲搗實混凝土而非用以推動混凝土之流動，振動時應使混凝土得到最大密度，但亦而不致使水泥漿及粒料產生離析及引起表面有浮水(bleeding)現象。

(10)於既有混凝土上再澆置新拌混凝土時，須除去原有混凝土面之乳膜及其他雜物，並使表面粗糙以確保新混凝土與舊混凝土有妥善之接合。

(11)如使用外部振動器應先經業主同意後方可使用。外部振動器應符合CNS 5648 A2080之規定，並依CNS 5649 A3097混凝土模板振動器檢驗法檢驗。

(12)使用外部振動器搗實時，架設外部振動器之模板須有堅固之加強支撐，以免模板因外部振動器之運轉產生位移或鬆動。

試說明混凝土澆置之一般規定。

解析

(1) 澆置混凝土前，應先清除模板面及接觸面之雜物，如經業主判斷，其接觸面有必要增加其黏結性時，則應使用業主認可之接著劑。

(2) 水平或垂直構材混凝土之澆置，必需待其下側新澆置支承構材之混凝土，已達到要求強度後方可澆置。

(3) 混凝土應連續澆置，且應於混凝土拌和後於規定時間內儘速澆置。

(4) 混凝土應以適當之厚度分層澆置，並應於下層混凝土凝結前澆置上層混凝土，般上下層間之澆置間隔時間不超過45分鐘，以免形成冷縫或脆弱面。

試說明水中混凝土澆置之相關規定。

解析

(1) 使用之模板須緊密不漏漿。

(2) 水中混凝土澆置後至少48小時之內，該地區不得進行抽水。

(3) 特密管

(a) 特密管直徑爲(20~25cm)，上端裝有漏斗之不透水管，漏斗頂端應加設(50mm×50mm)之鋼網，以防堵塞。

(b) 特密管應妥爲支撐，使其出口得在整個工作面上方自由移動，並得以在必須減緩或中斷混凝土流出時迅速將管降下。

(c) 澆置時應維持混凝土之連續流動，並使澆置之混凝土均勻分佈。特密管之移動及昇降應妥爲控制。

(d) 各特密管應有適當之間距，以免造成粒料分離。

(e) 澆置混凝土時，特密管下端應伸入已澆置混凝土表面下至少(2m)。

(f) 特密管不得水平移動，當特密管中混凝土不易自由卸出時，可將特密管上、下垂直移動，惟落差不得超過(30cm)。

(4) 用特密管或設有底門之吊斗，於水中澆置混凝土時，應維持適量連續施工，澆置位置應儘量維持靜水狀態，至少亦須使水之流速控制在(3m/min)以下，水中澆置之混凝土面應大致保持水平面。

(5) 水中吊斗

(a) 使用無頂之水中用吊斗，其底門於吊斗卸料時應可自由向外打開。

(b) 將吊斗裝滿混凝土後緩慢降至待澆置混凝土之表面上，吊放混凝土之高度與速率應避免過度擾動水面。

 試說明混凝土搗實之相關規定。

解析

(1) 混凝土澆置時即應予以徹底搗實。鋼筋、預埋件周圍及模板角落處之混凝土應確實搗實。

(2) 使用內部振動器及外部振動器須符合相關規定。

(3) 結構梁體或樓地板混凝土搗實時，應確實將振動器插至先澆置之支撐結構體混凝土內。插入深度應約爲10cm，間距約45 cm，時間5-15秒，以免過度振動。

(4) 若模板內振動之方式可能造成預埋件之損壞，則不宜使用內部振動機。

 試說明低溫狀態下混凝土澆置作業規定。

解析

工地周圍氣溫爲(5℃)且繼續下降時，應採取下列任一種措施，保護已澆置之混凝土：

(1) 加溫

(a) 將模板或構造物包圍加溫，使其內之混凝土及氣溫保持在(13℃)以上。完成澆置之混凝土應維持該溫度7天。

(b) 於混凝土養護期間加溫時，其周圍之相對溼度應維持不低於(40%)。

(c) 於7天之養護期過後，若外界之溫度仍偏低時，以每天最多約降低7℃之速率，逐漸降低混凝土周圍之溫度，直到與外界之氣溫相同為止。

(d) 於實施加溫作業期間，應派人看守並應有防範火災之措施。

(2) 模板之隔熱：將模板以適當之阻隔材料覆蓋與外界溫度隔離，使混凝土維持至少(13℃)以上之溫度7天。

試說明高溫狀態下混凝土澆置作業規定。

解析

(1) 工地周圍溫度超過(32℃)以上時，應於澆置混凝土前，將模板及鋼筋等以水或其他方式加以冷卻，降溫至(32℃)以下，方可開始澆置混凝土。

(2) 為避免澆置後混凝土之溫度過高，應採取下列措施以保護完成澆置之混凝土：

(a) 於混凝土上方置遮蔽物以防止混凝土直接受到日曬。

(b) 採用冷水噴灑或以溼潤之粗麻布或粗棉墊覆蓋，使模板保持潮溼。

混凝土抗壓強度試驗之合格標準為何？

解析

(1) 每種混凝土澆置之取樣組數，依相關規定辦理。

(2) 每組圓柱試體應於七天取一個試體做抗壓試驗，供作預測28天抗壓強度之參考。

(3) 合格標準：除非契約另有規定，圓柱試體於28天齡期試驗之抗壓強度(fc')合格率，若符合下列規定，則其所代表已澆置之混凝土即為合格：

(a) 現場拌和混凝土(一)：任一個試體均不得低於0.85fc'。

(b) 現場拌和混凝土(二)：百分之五十以上的試體數，其每個試體之抗壓強度均等於或超過fc'，且75%以上的試體數(不為整數者均進位為1，例如4.5個即為5個)之平均等於或超過fc'。

(c) 預力梁混凝土(一)：任一個試體均不得低於0.85fc'。

(d) 預力梁混凝土(二)：三分之二之試體數(不為整數者均進位為1，例如5.3個即為6個)其每個試體之抗壓強度均等於或超過fc'，且(5個)六分之五的試體數(不為整數者均進位為1)之平均值等於或超過fc'。

試說明混凝土體積變化的類型。

(1) 未凝結之混凝土體積變化

(a) 浮水與凝結收縮：防止對策包含採用飽和之骨材、降低拌和水用量、材料配比得宜、模板緊密而不吸水、每層澆置厚度勿太大。

(b) 塑性收縮：混凝土在塑性狀態所發生之收縮，易使表面發生裂縫(塑性破裂)。防止對策為澆置後立即加以適當養護以降低混凝土表面之水份蒸發。

(2) 混凝土硬化時之體積變化

(a) 水泥之水化作用：防止對策為採用細度低之水泥與較低之水泥量。

(b) 溫度變化：混凝土水化時產生熱量，使體積不斷膨脹，而表面混凝土之水化熱易發散，俟溫度下降體積收縮，而內部混凝土仍在膨脹，使表面混凝土受拉力而產生龜裂。防止對策包含內部留隧道、分層施工，第一層75cm，其他150cm、使用低熱水泥、於混凝土內埋設管線，實行管冷卻或預冷。

(3) 乾縮。

(4) 碳化作用。

試說明混凝土養護之一般規定。

(1) 除非採用加速養護或另有規定外，混凝土的養護時間應視水泥的水化作用及達成適當強度之需求儘可能延長，且不得少於7天。

(2) 養護期間應保持模板潮溼。若於養護期間拆除模板，則拆模後應符合下列條件繼續養護：

(a) 養護期間其周圍溫度應維持(13℃)以上。

(b) 混凝土暴露面周圍應儘量避免空氣之流動。

(c) 採用液膜養護時，所使用材料應與預備施作於混凝土表面之防水材料或其他材料相容。

試說明混凝土養護水分保持的方法。

解析

混凝土澆置完成後，其表面游離水已散失或無游離水，硬度已足夠不致因使用養護劑而發生損傷時，應即開始養護，使混凝土中水份消失最少。炎熱或強風天氣應特別注意，因水份蒸極快，混凝土澆置後表面已乾時，須立即開始養護。並維持適當之溫度，以利水泥水化作用之進行。新澆置之混凝土，24 小時內不得步行其上，不得於其上放置物料。

(1) 浸水或連續灑水。

(2) 覆以濕蓆或濕布並保持潮濕，或以PVC類布蓋覆，使保持混凝土濕度及防止其水份迅速散發。

(3) 覆以細砂並保持潮濕。

(4) 連續施以蒸氣(不超過65℃)或噴霧。

(5) 使用防水覆蓋材料應符合美國材料試驗學會ASTM C171(養護混凝土防水覆蓋材料之規範)之規定。

(6) 使用液膜養護劑須符合中國國家標準CNS2178-A2032(混凝土用液膜養護劑)之規定，並應按產品說明書於修飾混凝土表面所生之水澤消失時立即施用之。若混凝土表面將另加混凝土或與其他材料黏結時均不得使用養護劑，惟經證實該養護劑不妨礙黏結作用或能採用有效措施將之從黏結面上完全除去之者，不在此限。

試說明液膜養護劑的養護方法。

解析

(1) 液膜養護劑應在不影響混凝土表面外觀及不適用溼治法之情況下經許可後方得使用。

(2) 混凝土表面若須接合新澆置之混凝土或塗裝其他面層，如油漆、瓷磚、防潮層、不透水層或屋頂隔熱層者，不得使用蠟、脂類或其他有害混凝土表面及強度之養護劑。預定使用化學封面劑之地板，不得使用養護劑。施工縫處亦不得使用養護劑。

(3) 必要時養護劑可依製造廠商之建議加熱使用。

(4) 如在養護期結束前養護膜發生破損，應立即以養護劑修補。

(5) 塗敷厚度應依照製造廠商之產品說明書規定施作。

(6) 養護劑使用前應徹底攪拌，並於混合後1小時內塗敷使用。

(7) 使用養護劑前混凝土表面應先修飾。

(8) 養護劑應塗敷兩層。模板拆除及混凝土修飾工作經認可時立即塗敷第一層。

(9) 若混凝土面乾燥，應先以水予以全面溼潤，並於水漬剛消失時立即塗敷養護劑。第一層養護劑凝固後即塗敷第二層。

(10)養護劑塗敷完成後，應保護其不致受損至少10天。若有受損則應補行塗敷養護劑。

(11)若因使用養護劑而造成混凝土表面斑紋或斑點之現象，即應停止使用並改採其他養護方法，直到造成瑕疵之原因消失為止。

試說明加速養護的方法。

解析

(1) 由承包商提出經業主核可後可使用高壓蒸氣、常壓蒸氣、加熱與濕治及其他加速達到至強度之養護方法。

(2) 若採用連續或分段加熱法進行養護，應俟混凝土澆置完成初凝後方得開始加熱。採用連續加熱法時，溫度升高速率不得超過(20℃/小時)，採用分段加熱法時，連續兩段間之溫度差不得超過(20℃)且每段之加熱時間不得少於一小時，且最高溫度不得大於(70℃)。加熱養護完成後混凝土之冷卻速率不得超過其加熱速率。

試說明混凝土構造物修飾的方法。

解析

混凝土構造物修飾包含普通模板之修飾、清水模板之修飾、清水模板之磨飾等，相關規定說明如下：

(1) 普通模板之修飾：普通模板拆除後，所有表面之孔穴、蜂窩，均應徹底清除，以水浸潤至少經(3小時)後，用水泥砂漿嵌平，其所用水泥砂漿配合比例，應與原來混凝土中之砂漿比例相同。凡水泥砂漿拌和後超過(1小時)即不准使用，其養護法應照規定辦理。

(2) 清水模板之修飾：清水模板拆除後，所有外露及應加防水表面之不平整部份，應立即予以修飾。所有表面上之孔穴、蜂窩、破損之角或邊等處，均應徹底清除，以水浸潤至少經(3小時)後，用水泥砂漿嵌平，其所用水泥砂漿配合比例，應與原來混凝土中之砂漿比例相同。凡水泥砂漿拌和後超過1小時即不准使用，其養護法應照規定辦理。已完工之施工縫及伸縮縫中之水泥漿及混凝土等塞入物，應仔細清除。填縫物之外露全長應整潔，且有平直之縫線，修飾後之表面須平整色澤均勻。

(3) 清水模板之磨飾：設計圖所示之暴露面之清水模板拆除後應再加磨飾，磨飾應俟普通表面修飾所嵌補之水泥砂漿徹底凝固後行之，如模板拆除後表面已甚平整，則磨飾工作即可開始，在未開磨前應將混凝土用水浸透至少經(3小時)以上。修飾之表面須用中等粗之金鋼石沾砂漿少許磨擦，所用水泥砂漿中水泥與砂比例應與原混凝土中者同。磨飾工作應持續進行，直至所有模板之痕路、高低不平之處皆已消失，所有孔隙填平，使表面均勻爲止。此時因磨飾產生之水漿應暫使之保留於該處。俟所有磨飾面以上之混凝土均灌注完畢後，再用細金鋼石醮水磨之，直至整個表面平整色澤均勻爲止。最後磨飾工作完畢而表面乾燥後，即用麻袋將面上之浮粉擦拭乾淨，使無修飾不良、水漿、粉沫及其他劣點痕跡存在。

(4) 修飾前修飾部分及其周圍向外至少(15cm)圍內之面積須予潤濕，以防止其吸取填補砂漿內之水份。

(5) 修飾後7日內修飾面應保持濕潤。

(6) 若混凝土鑿除修補之深處超過(30mm)，則應改用原配比之混凝土取代水泥砂漿修補。

 試說明模板拆除再支撐應注意事項。

解析

(1) 若允許或需要再撐時，其施行程序須事先計畫，並報請監造認可。

(2) 再撐應局部逐次拆換，工作進行時，拆換上部不得承受活載重，再撐時須撐緊以承擔其所需之載重，惟不得過緊導致構造物發生過量之應力。於再撐期間樑、板、柱或其他結構構件承受靜載重與施工載重之和，不得超過監造認可之混凝土當時強度之安全載重。

(3) 再撐應於拆模後儘速進行，並不得超過拆模當日。

(4) 樓版上架設承受新澆置混凝土之支撐者，其下須予再撐或保留原支撐。

(5) 再撐支撐須能承受預期載重，且不少於上層支撐承載能力之半；除經許可外，須對準上層支撐。

(6) 再撐之支撐應待混凝土達規定之抗壓強度後，方可拆除。

(7) 模板拆模時間相關規定。

試說明模板施工之相關規定。

解析

(1) 安裝模板時，應使板面平整，所有水平及垂直接縫應支撐牢固並保持平直，且應緊密接合，以防水泥砂漿漏失。模板之位置、形狀、高程、坡度及尺度等必須正確，必要時應以適當之斜撐或拉桿加固之。模板應使用螺栓或模板箍固定其位置，以免移動或變形，不得使用鐵絲扭絞之方法安裝。螺栓之位置應事先畫定，並力求整齊。

(2) 除另有規定者外，所有暴露之稜角應以大於(2cm×2cm)之三角形塡角削角，以保持光滑平直之線條。三角形塡角應以(無節瘤之直紋木料)製作，並將其各面鉋光。

(3) 模板應按契約設計圖說所示，或依業主之指示適量加拱，以抵消因混凝土之重量所產生之預期撓度。

(4) 柱及牆壁等模板之下部應預留清掃孔，以供於澆置混凝土之前清除模板內雜物之用，並經業主同意後封閉之。

(5) 支撐或拱架應垂直固立於堅實之基腳上，並應防止基腳之鬆軟及下陷。如支撐或拱架係以(木樁)支承時，(木樁)之容許承載力應大於施工時，其所承受之總荷重。

(6) 運送材料及工作人員來往之通路應獨立支撐，不得直接放置於鋼筋或未達設計強度之混凝土構件上。

(7) 模板及支撐之製作、安裝及豎立，應以完成後之構造物能具有設計圖說所示之尺度及高程等為準。承包商應使用適當之千斤頂、木楔或拱勢板條，將模板正確裝設於所需之高程或拱勢，並藉以調整澆置混凝土前或澆置中支撐之任何沉陷。

(8) 除另有規定或經業主認可者外，不得以開挖土面代替構造物直立面之模板。

試說明模板木料之相關規定。

解析

除設計圖說或內另有規定外，模板材料一般以使用木料、鋼料、或其他經核准之材料。木製模板所用木料應乾燥平直，無節瘤、無裂縫及其他缺點，且不因木料之吸水而膨脹變形，或因乾縮而發生裂縫者。以下分別說明普通及清水模板。

(1) 普通模板

(a) 普通模板與混凝土之接觸面應予鉋光，其厚度應均一。
(b) 如用舊料，應經業主之核可，使用時應徹底清除板面雜物後，加釘一層3mm厚之防水合板。
(c) 模板應做砌口接縫及單面刨光。並以暗釘裝釘爲原則。

(2) 清水模板

(a) 清水模板可採用(木模加釘防水合板、合板、金屬模板、鋼模、玻璃纖維加強塑膠成型模)。
(b) 若使用木模時，應加釘防水合板。除經業主認可者外，合板應使用整料，並釘牢於模板上。釘合板時，應由合板中間開始向兩邊釘牢，以免中間翹起，其接縫應密合，並與模板之接縫錯開。
(c) 如使用合板做模板時，得免釘防水合板，合板應符合CNS 8057 O1022混凝土模板用合板之規定。
(d) 鐵釘概不得露出釘頭爲原則，如情形特殊無法掩蔽釘頭時，應打線畫定鐵釘位置，並應力求整齊。

試說明建築物模板及支撐安裝之規定。

解析

(1) 安裝模板時，應使板面平整，所有水平及垂直接縫應支撐牢固並保持平直，且應緊密接合，以防水泥砂漿漏失。模板之位置、形狀、高程、坡度及尺度等必須正確，必要時應以適當之斜撐或拉桿加固之。模板應使用螺栓或模板箍固定其位置，以免移動或變形，不得使用鐵絲扭絞之方法安裝。螺栓之位置應事先畫定，並力求整齊。

(2) 除另有規定者外，所有暴露之稜角應以大於(2cm×2cm)之三角形塡角削角，以保持光滑平直之線條。三角形塡角應以(無節瘤之直紋木料)製作，並將其各面鉋光。

(3) 模板應按契約設計圖說所示，或依業主之指示適量加拱，以抵消因混凝土之重量所產生之預期撓度。

(4) 柱及牆壁等模板之下部應預留清掃孔，以供於澆置混凝土之前清除模板內雜物之用，並經業主同意後封閉之。

(5) 支撐或拱架應垂直固立於堅實之基腳上，並應防止基腳之鬆軟及下陷。如支撐或拱架係以(木樁)支承時，(木樁)之容許承載力應大於施工時其所承受之總荷重。

(6) 運送材料及工作人員來往之通路應獨立支撐，不得直接放置於鋼筋或未達設計強度之混凝土構件上。

(7) 模板及支撐之製作、安裝及豎立，應以完成後之構造物能具有設計圖說所示之尺度及高程等為準。承包商應使用適當之千斤頂、木楔或拱勢板條，將模板正確裝設於所需之高程或拱勢，並藉以調整澆置混凝土前或澆置中支撐之任何沉陷。

(8) 除另有規定或經業主認可者外，不得以開挖土面代替構造物直立面之模板。

 試說明模板拆模時機之規定。

解析

(1) 模板之拆除時間，以混凝土達到足夠強度，不致因拆模而造成損傷為準。且以儘早拆模以利養護及修補工作之進行為佳，拆模時應謹慎從事，不得振動或衝擊已成之混凝土。使用第I型水泥及不摻任何摻料之混凝土，於澆置完畢後至拆除模板之時間，依下表，惟應先經業主同意。採用其它類型水泥或有任何其它摻料則依契約圖說之規定辦理。

位置	拆除模板之時間
版(淨跨 6m 以下)	10 天*
版(淨跨 6m 以上)	14 天*
梁(淨跨 6m 以下)	14 天*
梁(淨跨 6m 以上)	21 天*
受外力之柱、牆、墩之側模	7 天*
不受外力之柱、牆、墩之側模	3 天
巨積混凝土側面	1 天
隧道襯砌(鋼模)	1/2 天
明渠	3 天
註： (1) 上列數字未考慮工作載重。 (2) 巨積混凝土側模應儘早拆除，氣溫較高時，得早於所列時間。 (3) 牆壁開孔之內模板應儘早拆除，以免因模板膨脹致周邊混凝土發生過量應力。 (4) 有*記號者，如設計活載重大於靜載重時，拆模時間得酌減。 (5) 以上拆模時間係以養護期間氣溫在 15℃以上為準，冬季應酌予延長。	

(2) 支撐應於其所支承之混凝土之強度達到足以承受其自重及所載荷重後，始可拆除。

(3) 場鑄之預力混凝土構件，其支撐應俟施預力後方可拆除，並應依設計圖說或業主所指示之方法拆除之。

(4) 拱架應由拱頂分向起拱線漸次拆除，以使拱形結構緩慢而均勻地承受荷重，鄰孔拱跨間之拱架，應同時依此順序拆除。

(5) 拆除模板時金屬件亦應一併予取除，並以相當於混凝土配比之水泥砂漿妥爲填補，並修飾成與混凝土模鑄面相似之紋理。

(6) 拆除後之模板及支撐應回收或再利用。

試說明混凝土構造物之未修飾前，各部份之許可差之相關規定

解 析

垂直度		投影許可差
牆及柱、墩	每層樓高	±13mm
牆及柱、墩	高 15m 以上	±25mm
房屋邊柱外緣	每層樓高	± 6mm
房屋邊柱外緣	高 15m 以上	±13mm
水平或設計圖說之坡度		**偏離高差許可**
樓板、平頂、梁底	長 3m 以內	± 6mm
樓板、平頂、梁底	長 3m 至 1m 之間	±12mm
外牆、門窗檻、楣長	12m 以上	±25mm
		依上列數值減半
平面佈置		**長度許可差**
牆、柱、墩之相對位置	小於 6m	±13mm
牆、柱、墩之相對位置	6m 以上	±25mm
		位置尺度許可差
窗、門及樓板開口		±13mm
柱、梁之斷面，板及牆之厚度		+13mm
柱、梁之斷面，板及牆之厚度		- 6mm
基腳		**許可差**
尺度		+50mm -13mm
位置		平面偏離在基腳寬度之 2%以內(但不大於 5 cm)
厚度		設計厚度-5%
樓梯		**許可差**
踢高		±6mm
踏面		±13mm

試說明結構用鋼筋種類。

解析

(1) 竹節鋼筋：須符合CNS 560 A2006鋼筋混凝土用鋼筋之規定。銲接用鋼筋應採用SD420W或SD280W。

(2) 光面鋼筋：須符合CNS 8279 G1019熱軋直棒鋼與捲狀棒鋼之形狀、尺度、重量及其許可差之規定。

試列舉 CNS 560 之竹節鋼筋標示代號、單位質量、標稱尺度規定。

解析

竹節鋼筋標號	標示代號	單位質量 (W) (kg/m)	標稱直徑 (d) (mm)	標稱剖面積 (S) (cm^2)	標稱周長 (cm)
D10	3	0.560	9.53	0.7133	3.0
D13	4	0.994	12.7	1.267	4.0
D16	5	1.56	15.9	1.986	5.0
D19	6	2.25	19.1	2.865	6.0
D22	7	3.04	22.2	3.871	7.0
D25	8	3.98	25.4	5.067	8.0
D29	9	5.08	28.7	6.469	9.0
D32	10	6.39	32.2	8.143	10.1
D36	11	7.90	35.8	10.07	11.3
D39	12	9.57	39.4	12.19	12.4
D43	14	11.4	43.0	14.52	13.5
D50	16	15.5	50.2	19.79	15.8
D57	18	20.2	57.3	25.79	18.0

試說明鋼筋接合之相關規定。

解析

(1) 搭接

(a) 除設計圖說上註明或經業主核可者外，鋼筋不得任意搭接。

(b) 鋼筋之搭接長度應依鋼筋直徑，混凝土之品質及鋼筋應力之種類而定，除設計圖明示者外，均應以土木401及402規定爲準。

(c) 如因搭接將使鋼筋淨距不能符合規定時，經徵得業主之同意後，得使用銲接或鋼筋續接器，使鋼筋在同軸方向對接。

(2) 銲接

(a) 銲接應符合(美國銲接工程協會AWS D1.4)之規定。承包商應於施工前，由進場之鋼筋中截取樣品，在與施工時相同之條件下銲接作成實樣，應送至符合公共工程施工品質管理作業要點第12點規定之試驗機構做抗拉強度及彎曲試驗。試驗結果其拉力至少應達到鋼筋規定降伏強度之(1.25倍)，彎曲後樣品應無斷裂現象。

(b) 業主得要求承包商將施工完成之銲接部位截取試樣做上述試驗。

(c) 從事銲接工作(包括點銲)之銲接工應具有合格執照。

(3) 續接

(a) 所有接合鋼筋應配合續接器之使用，其長度應先考慮接頭各部尺度後始可切斷，務使兩者能密接。

(b) 續接器與鋼筋車牙，車牙長度不得小於(40mm)。

(c) 續接器之套筒或筋牙均需有一套牙規，用以檢核錐形角度、牙距、牙長、牙深，若外觀經業主用目視確認不合格，均不得使用，應予更換。

(d) 續接器應使用車牙專用機器，螺紋之切削需使用水溶性切削劑不得使用油性切削劑加工或乾式切削。

(e) 車牙其續接端需切平整且無彎曲現象，端面以砂輪機磨平，避免使溶劑黏著於鋼筋車牙以外之竹節鋼筋面上，降低混凝土之裹握力。鋼筋車製完成後一端需立刻與續接器密接，另一端螺紋部份應以保護套保護之，以防碰損及銹蝕。

(f) 續接器於加工完成後需以保護蓋及止水封環密封，以防止灰塵、油污、混凝土或漿液之滲入。

(g) 每一接合處必須淨潔、乾燥，排列於正確位置，接合處之緊密度均應予檢視，檢查不合格時應予更換。

(h) 相鄰鋼筋之續接至少須互相錯開60cm。

(i) 鋼筋之加工不得採用剪斷或熔斷法，須以鋸床或砂輪切割以保持最終之平整。

(j) 續接器應予鎖緊。

試說明鋼筋保護層厚度之規定。

解析

(1) 鋼筋保護層厚度，即最外層鋼筋外面與混凝土表面間之淨距離，應按設計圖說之規定辦理，如設計圖說未規定時，可參照下表辦理。

說明		板		牆	梁	柱	基腳	橋墩	隧道
		厚度225 mm以下	厚度大於225mm	mm	(頂底及兩側)mm	mm	mm	mm	mm
不接觸雨水之構造物	鋼筋D19以下	15	18	15	*40	40	40		
	鋼筋D22以上	20	20	20	*40	40	40		
受有風雨侵蝕之構造物	鋼筋D16以下	40	40	40	40	40	40	40	40
	鋼筋D19以上	45	50	50	50	50	50	50	50
經常與水或土壤接觸之構造物			65	65	65	75	65	75	75
混凝土直接澆置於土壤或岩層或表面受有腐蝕性液體		50	75	75	75	75	75	75	75
與海水接觸之構造物		75	100	100	100	100	100	100	100
受有水流沖刷之構造物			150	150	150	150	150	150	150

註：

1. *混凝土格柵鋼筋保護層之最小厚度爲15mm。
2. 若鋼筋防火保護層厚度之規定則須採用較大之值。
3. 廠製預鑄混凝土及預力混凝土之鋼筋鋼材保護層另詳建築技術規則(CBC)或有關之設計圖。

(2) 爲正確保持鋼筋保護層厚度，應以業主核可之水泥砂漿、金屬製品、塑膠製品或其他經核可之材料將鋼筋墊隔或固定於正確之位置。若構造物完成後混凝土將暴露於室外，則上述支墊距混凝土表面(15mm)範圍內必須爲抗腐蝕或經防腐處理之材料。墊隔水泥砂漿塊之強度至少須等於所澆置混凝土之強度。

(3) 構造物爲將來擴建而延伸在外之鋼筋，應以混凝土或其他適當之覆蓋物保護，以防銹蝕，其保護方法應事先徵得業主之同意。

 試說明鋼筋加工之相關規定。

解析

(1) 加工前應將鋼筋表面之浮銹、油脂、污泥、油漆及其他有害物質完全清除乾淨。

(2) 接頭之位置應依設計圖說或業主之指示設於應力較小之處，並應錯開，不得集中在同一斷面上，原則上，鋼筋接頭(搭接)相鄰兩根不得在同一斷面上，應相距(25D以上或依設計圖說規定)。

(3) 鋼筋如有必要以不同尺度者替換時，承包商應提計畫並事先取得業主之核可。替換時，其總斷面積應等於或大於原設計總斷面積，並應具有足夠之伸展長度。

(4) 所有鋼筋應在常溫下彎曲，非經業主准許不得加熱爲之。如需採熱彎曲，應提出作業計畫經業主核可後辦理。如經業主准許使用熱彎時，應加熱適宜，不得損及材質及強度，加熱後之鋼筋應在常溫狀態下自然冷卻，不得使用冷水驟冷。

(5) 鋼筋有一部分已埋入混凝土中者，其外露部分除經業主准許者外，不得再行彎曲，如准再行彎曲時，應以不損傷混凝土之方法施工。

 鋼筋加工及排置之許可差規定。

解析

(1) 鋼筋加工之許可差如下：

(a) 剪切長度：±25mm。

(b) 梁內彎起鋼筋高度：+0，-12mm。

(c) 肋筋、橫箍、螺旋筋之總尺度：±12mm。

(d) 其他彎轉：±25mm。

(2) 鋼筋排置之許可差如下：

(a) 混凝土保護層：±6mm。

(b) 鋼筋最小間距：-6mm。

(c) 板或梁之頂層鋼筋：

(i) 構材深度等於或小於20cm者：±6mm。

(ii) 構材深度大於20cm而不超過60cm者：±12mm。

(iii) 構材深度大於60cm者：±25mm。

(iv) 梁、柱內鋼筋之橫向位置：±6mm。

(v) 構材內鋼筋之縱向位置：±50mm。

(3) 爲避免與其他鋼筋、導管或埋設物之互相干擾，鋼筋在必要時可予移動，若鋼筋移動位置超過其直徑或上述許可差時，則鋼筋之變更排置應報請業主認可。

 試說明鋼筋排紮及組立之規定。

解析

(1) 鋼筋於排紮及組立之前，應將其表面附著之灰塵、污泥、浮銹、油脂、油漆及其他有害物質去除乾淨，然後應照設計圖說及施工製造圖所示位置正確排紮及組立，務使鋼筋排列整齊並固定不動。所有鋼筋交叉點及相疊處應以(黑鐵絲)結紮牢固，以免澆置混凝土時移動變位。(註：黑鐵絲爲鍍鋅低碳鋼線之俗稱，通常使用18至20號線)。

(2) 除場樁或地下連續壁之鋼筋籠及其他經業主准許之處外，鋼筋結紮不得以銲接爲之。如鋼筋交叉點之間距小於(20cm)，且確能保證鋼筋無移動變位之虞時，經徵得業主之同意後，可間隔結紮。

 試說明鋼筋施工之相關注意事項。

解析

(1) 鋼筋應按圖示尺寸、形狀，以適當方法正確加工，務使與圖示一致而無害於鋼筋之品質。除圖上註明或經監工人員之許可外，鋼筋應採用冷彎，所有彎鉤、接頭及鉤結長度須照設計圖及規定辦理。

(2) 鋼筋應於架設前，將浮銹、油脂、塗料及其他凡可減低混凝土附著力之雜物清除之。

(3) 鋼筋紮架時、得使用補助鋼筋固定之。鋼筋應按圖示大小、間距，正確而牢固架設之。交叉點應用#20鐵絲結紮牢固，若交叉點間距小於20公分者，得間隔綁紮。每層鋼筋間及鋼筋與模板之距離，應用預鑄混凝土塊隔墊之，不得使用卵石、磚塊、鐵管、木塊等物。

(4) 鋼筋之銜接，除圖上註明外，不得任意設置。鋼筋銜接位置應避開受最大應力之處，且應予錯開。接頭重疊長度除另有規定外，應爲鋼筋直徑之30倍以上，並應緊密相貼，且用#20以上之鐵絲分數處紮緊。相接鋼筋間之最小淨間及鋼筋之保護層，仍應符合設計標準。

(5) 預力混凝土用之鋼線(絲)規範，另定之。

何謂自充填混凝土。

解 析

自充填混凝土(Self-Compacting Concrete 或 Self-Consolidating Concrete，以下簡稱 SCC)係指具有澆置過程不需施加任何振動搗實，藉由自身之自充填性能，能完全充填至鋼筋間隙及模板各角落特性之混凝土。SCC 使用之組成材料包含：水、水泥、粗細粒料、礦物摻料(含具膠結性之卜作嵐礦物摻料、不具膠結性或半惰性之其他礦物摻料)與化學摻料等種類。

何謂預鑄工法？

解 析

即針對建築物的結構體，透過設計標準化、模矩化與簡單化後，在工廠進行組件生產，並運至工地，再利用大型機具吊運組裝，藉以節省人力、縮短工期及增進生產力之工法，稱之預鑄工法。

試說明預鑄混凝土設計與製造之相關規定。

解 析

(1) 預鑄構件於工廠之製造方法，應先取得業主之同意後方得進行，經核准之製造方法，未經業主許可不得變更。

(2) 不便使用內部振動器搗實之薄斷面，應使用經業主核可之外部振動方法搗實。

(3) 承包商應提供出入之便利及必要之設施，供業主於製造過程中隨時前往檢驗。

(4) 所有之預鑄構件應有永久性之標示，註明製造廠商名稱、規格及製造日期等資料；若構件之斷面形狀對稱，則應標出構件安裝完成時應朝上之一面。記號應標示於安裝完成後看不見之部位。

試說明預鑄混凝土構件製作程序。

解析

(1) 鋼筋加工：鋼筋進廠須堆置於加蓋之儲存場，若有浮鏽之鋼筋須先行除鏽後才使用，鋼筋裁切及彎折以機械完成，再經由搬運吊放至鋼模底床上配置。

(2) 混凝土澆置：構件製造過程特別重視混凝土澆置前之檢查，以避免施工上的誤差，造成日後版片須進行二次施工，浪費時間及成本，其檢查重點項目，如表所示。

項目	試驗方法	時機、次數	評定標準
模板	目視	構材全數	螺栓、繫件需栓緊，模板需牢固 模板表面需清潔，脫模劑塗佈需均勻
配筋	對照配筋圖		鋼筋直徑、支數、間距需與配筋圖相符 保護層厚度確保
預埋組件	對照構件製造圖		預埋組件之種類、數量需與構材製造圖相符 預埋組件需牢固

(3) 加熱養護：一般預鑄混凝土構件，必須置於模台上進行約8小時的蒸汽養護。過程分五個階段進行，第一階段爲前養護期，待初凝約3小時後，表面水份逐漸蒸發。再進行加熱，以避免因熱變形，而造成混凝土組織鬆弛；第二階段爲昇溫期，蒸汽開始送入模具內，爲避免急速升溫造成混凝土內部與表面溫差太大，故採每小時約升溫20℃爲標準；第三階段爲高溫期，爲避免溫度太高使長期強度降低，且耗損燃油不符經濟效益，一般會保持60℃溫度一段時間；第四階段爲降溫期，停止蒸汽輸入，模具內的溫度以一定速率緩慢下降，至構材取出前；第五階段爲後養護期，介於脫模後，儲存場至出貨前的養護期間，此階段應灑水養護，可避免水份蒸發導致溫濕度不足。

(4) 脫模：構材脫模前爲確保混凝土強度，可以使用試鎚進行測試。

(5) 製品檢查：構材製品之檢查，應設置專用檢查區來檢查。一般檢查的項目，如表所示。

項目	試驗方法	時機次數	評定標準
外觀尺寸	以鋼捲尺或水線實測	全數試驗	邊長、構材厚度、面反翹及扭轉、邊彎曲、對角線長差
裂縫	目視		必要時輔以裂縫比例尺依標準評定
破損			不得有嚴重損害
預埋組件			種類、數量、須與構材製造圖相符安裝位置須正確
構材表面修飾之狀態			先行作樣板來進行比對
保護層厚度			必要時以非破壞檢查，以確保耐久性

(6) 儲存及出貨：製品檢查合格者，須移至貯存場分類儲存及養護，並配合需求進行出貨事宜。

混凝土之傳統與預鑄生產差異性比較。

解析

對於傳統與預鑄生產的差異性比較，一般可依工程需求特性、工程項目、工程生產力及工程成本等方向作比較，說明如下。

(1) 依工程需求特性：傳統與預鑄生產兩者間的差異，若以工程需求特性進行比較，可由表發現，除施工成本較高外，其餘工程需求特性均顯示預鑄工法優於傳統工法。

	品質	施工成本	工期	安全	勞力需求	環境衝擊
傳統工法	差	經濟	長	普通	大	大
預鑄工法	佳	高	短	佳	小	小

(2) 依工程項目：傳統與預鑄生產兩者間的差異，若依工程項目作比較，由表得到在涉及施工機具的部份，預鑄工法均較傳統工法所需花費的成本高，原因在於預鑄工法於工程初期，機具購置成本相對較高所致，所以採用預鑄生產時，必須要達到量產規模才有被提倡的必要。而預鑄工法採用的時機，大多是經濟景氣較佳時；若遇到景氣不佳時，採用預鑄工法面臨的風險，會明顯高於傳統工法。

工程分類	工程造價比較項目	傳統工法	預鑄工法
假設工程	揚重設備	小型，便宜	大型，貴
	運輸費用	零散建材，易運輸	高，運輸限制多
結構體工程	組件生產	造價高	具量產造價低 無量產造價高
	施工人力	技術人力需求高，貴	技術人力需求少，便宜
外牆工程	材料	複雜且貴	便宜
	構材尺寸	非規格化，貴	標準化、大量生產，便宜
	材料損耗	多	少
	防水費用	低	高
內裝工程	內牆	濕式施工，貴	乾式施工，便宜
	衛浴廚房	工程繁複、施工不易，貴	整體衛浴及廚房，便宜
	防水費用	一體成型，便宜	不易施工，貴
品質管理	材料品質	品質參差，不易管理	品質均一，易管理
	精度要求	不易控制，貴	易控制，便宜
	完工品管	不易控制，貴	易控制，便宜
人力調配	技術人力	需求高，貴	需求低，便宜
	資源計畫	工程多，整合困難	易執行，易整合
進度	製造/生產	工地製作受天候影響，貴	工廠製造不受天候影響，便宜
	施工速度	工程管理費高，慢	建築提升使用，快
	現場作業控制	一般管理技術即可控管	專責人員管制，貴
設備與管線	安裝作業	不易控制，貴	易控制，便宜
	品管費用	貴	便宜
整體比較		一般中低層且變化大者，造價較低，高層建築則不敵預鑄	國內產製規模小，重複性高，造價高
		效率低，工期長	效益高，工期短
		濕式施工，速度慢	乾式施工，速度快
		污染高，環保差	污染低，環保條件優越

(3) 依工程生產力：傳統與預鑄生產兩者間的差異，若以國內住宅、商場及工廠等類別建築之工程生產力作比較，可以發現預鑄工法效益，高於傳統工法，如表所示。例如大型量販商場建築與建案規模越大，總樓地板面積也

呈現快速成長的趨勢，此時若能適時採用預鑄工法，除能有效提生生產力外，亦能大量縮短工期，使其佔有競爭優勢及擁有資金週轉運用，這些無形附加價值的創造是值得重視的。

單位：平方公尺/人-日

	住宅	商場	工廠
傳統工法	1.87	1.58	2.82
預鑄工法	2.05~2.65	5.25	3.50

(4) 依工程成本：傳統與預鑄生產兩者間的差異，若將營建工程分爲八大施工項目，進行傳統與預鑄工成本比較，如表資料顯示，預鑄工法總成本高於傳統工法約10%左右；其中，以結構體的差距最大。表面上預鑄工法尚未普及，不符合經濟生產規模，然預鑄工法卻可大幅縮短工期，利於工程現金流量的進出。在工程配合部份，因人力及物力的使用率降低，工地安全及施工品質相對可以提高，所以在綜合效益發揮下，有大量降低成本的效果，所以預鑄工法仍大有可爲。

項次	1	2	3	4	5	6	7	8	合計
工程項目	共同假設工程	基礎工程	結構體工程	粉刷裝修工程	門窗工程	電梯工程	工設/庭園	機電工程	
傳統工法	2.8%	10.2%	29.7%	24.0%	5.0%	3.5%	4.5%	20.2%	100%
預鑄工法	4.2%	10.2%	40.1%	22.1%	5.0%	3.5%	4.5%	20.4%	110.1%

試說明巨積混凝土施工程序及其注意事項。

解析

(1) 準備工作：所有澆置設備及方法均應經業主認可。所有與該次澆置有關之模型、鋼筋、埋設物之安裝(不論由承包商或其他承包商提供及安裝者)、岩盤基礎及硬化混凝土表面之準備等，未經業主檢驗及認可，不得開始澆置混凝土。上述檢驗及認可，以業主規定格式之檢驗表爲之。

(2) 當擬澆置混凝土之表面已準備妥當，所有以低壓水氣沖洗之混凝土施工縫及岩盤基礎之表面，應以一層(3cm)厚之細料混凝土覆蓋之。此細料混凝土強度應與將澆置之混凝土強度相同，但其粒料最大粒徑爲(19mm)，其配比應事先送審。此細料混凝土應均勻地舖佈並塡入表面不平之處，緊接著澆置正規混凝土於其上。

(3) 由於設備故障或其他任何原因，致使連續澆置中斷時，承包商應於混凝土仍爲塑性時予以徹底搗固，並使此冷接縫具有適宜地均勻且穩定之坡度，或依業主之指示處理之。此冷接縫表面之混凝土，應依規定之施工縫所需要求，予以清理及潤濕。

(4) 於開孔上端之混凝土或混凝土板，需與其支承之牆或柱作整體澆置時，該支承結構之頂部混凝土應儘可能以最小坍度之混凝土澆置並徹底搗實之。在板及塡角澆置前，此支承結構之混凝土應令其凝固約(1小時左右)；但在任何情況下，其延緩時間以不超過振動機能藉其自重輕易插入牆柱混凝土爲限。於振搗頂部塡角及板之混凝土時，振動機應插入支承結構之頂部混凝土中，再予振搗之。如粒料有分離之趨勢時，則應以鏟起粗粒料投入水泥砂漿中之方法調整，而非將水泥砂漿灌入粗粒料中。坍度過量、粒料分離、局部硬化或工作性不良之混凝土不得澆置；如已澆置，應依業主之指示予以移除並廢棄，其費用由承包商負擔。

(5) 混凝土應儘可能卸置於其最終位置，其澆置方式應使粒料分離減至最小程度，且澆置時不得猛烈衝擊構造物之鋼筋、埋設物或模型。混凝土之自由落下高度不得超過(1.5m)，否則，應採用經業主認可之漏斗及(或)落管以避免澆置過程中發生粒料分離現象。除梯階式澆置法外，所有混凝土均應以水平層次澆置。於新層次混凝土澆置時，其下層次不得有初凝現象。除另有規定外，每一層次之厚度應爲0.5至0.7m。

(6) 壩之混凝土須以近於水平之層次澆置，每一層次之厚度約爲0.5至0.7m。除業主另有規定外，每一分塊之最大升層高不得超過2m。分塊澆置時，新鮮混凝土之暴露面須減至最少。澆置應由每一分塊下游面開始，逐步以水平層次澆置混凝土，於上一層次混凝土振搗時，緊接於其下之層次混凝土不得初凝致使振動機不能插入，因此，於分塊之局限範圍澆置後，其上一層次須即開始澆置，如此反復以梯階方式進行，以迄完成。各層次上游坡面之佈置須能避免骨料分離。每一層次之表面須向上游成一俯角，其坡度約爲百分之一。同一分塊下一升層混凝土澆置完成後(72小時)以內不得澆置其上一升層混凝土。在任何情況下，壩各相鄰分塊(整體)間之高度差不得超過(12m)。壩體混凝土澆置前，承包商應將混凝土升層計畫提請業主認可。

(7) 所有混凝土均應用機械振動設備搗實，輔以手工鏟搗、棒搗並搗實至最大可行之密度，使無氣泡及蜂巢存在且與模型、鋼筋及其他埋設物完全密接。每次澆置使用之振動機型式、尺度及數量，依澆置之速率及情況決定，應足以使混凝土完全搗實，並應事先獲得業主認可。振搗應使用電動或氣動之插入式、高頻率振動機或發動機帶動之振動機施行之。隧道襯砌中，插入式振動機確不適用處，其混凝土之振搗應依業主之指示，採用模型振動機，裝牢於外模上。直徑小於10cm之插入式振動機，其最小振動頻率應爲7,000次/分鐘；直徑大於10cm者，其最小振動頻率應爲6,000次/分鐘。所規定之頻率係指振動機插入混凝土中時而言。模型振動機之振動頻率不得小於8,000次/分鐘。於振搗新鮮混凝土層次時，振動機應保持於垂直位置。振動機應插入足夠深度以振搗新層次之全深，且應插入底下層次之頂部約數cm，以確保層次間能完全結合。

(8) 在底下層次混凝土未徹底振搗完成以前，不得澆置新層次混凝土。使用振動機應作有系統且間距適當之振搗，使振動影響範圍互相重疊。振動機應小心操作，避免與模板面或埋設物接觸，並避免在局部地點作過度之振動致導致粒料分離、乳膜及表面浮水現象。振動機不得用於使混凝土流動。

(9) 施工縫：任何混凝土面由於澆置中斷時間過久，致發生凝固不能插入振動機時，應施作施工縫。若工程任何部份澆置工作中斷超過1小時以上時，其混凝土面應予處理及清洗，其方式與施工縫相同。當每一混凝土升層完成後，其頂部面應立即妥爲防護，以免混凝土之凝固受任何不良影響。所有施工縫之形狀及位置應依圖示或經業主認可。於混凝土初凝但尚未終凝之前，接縫面應以(7kgf/cm^2)低壓力水氣沖洗，以除去表面之乳膜及移除半脫落部份，並使大粒粒料裸現但以不致移動或鬆動爲度。如升層表面鋼筋密佈或較難進入，或任何其他原因認爲不宜擾及尚未凝固之升層表面時，不得使用水氣噴洗方法處理，須改用濕式噴砂處理。採用濕式噴砂處理施工縫時，應於次一升層混凝土即將開始澆置前施行之。上述濕式噴砂處理得以(420kgf/cm^2)高壓水擊法替代之。此項作業應繼續進行，直至所有不適宜混凝土及所有乳膜、結膜、污點、碎片及其他雜物均已移除爲止。

混凝土即將澆置前，應再以低壓水氣噴洗，直至清洗水變清爲止。承包商應將清洗之水小心排除，不得流入澆置區域，噴洗之表面應呈潤濕狀態且無污水坑。噴洗所用之空氣壓力不得低於(7kg/cm^2)，水壓力應恰足使水流進入空氣壓力之有效範圍內。除非業主核准外，施工縫不得用模板形成之。必要時，施工縫應作成齒形。澆置混凝土時，所有接縫不得有積水。施工縫於形成後15天以內仍未以混凝土覆蓋時，承包商應於澆置工作開始前，以氣鎚鑿除所有混凝土表面；其鑿除厚度應依業主指示。上述處理應於施工縫以水濕治超過五天後方得施行之。模成施工縫應依圖示或業主指示之位置設置。將與混凝土黏結之模成施工縫之表面，在新鮮混凝土澆置前，應以濕式噴砂或以(420kgf/cm^2)高壓水處理、清洗、並使表面無游離水份。於接近接縫處應特別注意藉充分之振動以確保混凝土之密接和填滿所有不規則處。應小心以新澆混凝土相同配比之細料混凝土或水泥砂漿作爲黏結層，徹底塗刷於舊混凝土之表面。

(10)伸縮縫或收縮縫：因伸長、收縮或個別基礎之不同沉陷等原因，可能引起混凝土構造物與相鄰者間發生相對變位而預留之接縫，均視爲伸縮縫或收縮縫。接縫應依圖示或業主指示之位置設置，並應符合所示之細部。除另有規定或圖示或業主指示外，不論任何情況下，混凝土中之任何固定金屬不得穿過伸縮縫或收縮縫連續埋設。除圖示或業主指示外，伸縮縫或收縮縫可做成光滑、平整、鍵槽或齒狀之型式，以確保構造物間接觸良好。形成接縫之兩面應完全分離。在前一分塊未完全凝固之前，不得澆置其相鄰之後一分塊。若圖示或業主指示時，在後一分塊澆置時得於接縫處裝置填縫料或其他經認可之材料以形成伸縮縫。除非已設有提供與安裝接縫料(計價項目)外，伸縮縫及收縮縫施工有關之一切費用均已包括在需要設置接縫之混凝土單價中。

鋼骨鋼筋混凝土之結構設計圖繪製，應包含哪些項目。

解析

(1) 建築物全部構造設計之平面圖、立面圖及必要之詳圖。平面圖應註明方位及與建築線之位置，圖上應註明使用之尺寸單位。

(2) 構材之尺寸及鋼骨與鋼筋之配置詳圖。

(3) 構材中之鋼骨斷面尺寸、主筋與箍筋之尺寸、數目、間距、錨定、彎鉤之詳圖與鋼筋續接之規定。

(4) 接合部詳圖，包括梁柱接頭、構材續接處、基腳及斷面轉換處。

(5) 一般規定事項：

(a) 設計所採用之設計規範、版本與設計載重。

(b) 鋼骨、鋼筋、混凝土、銲材、螺栓等之規格及強度。

(c) 以高強度螺栓接合之接頭應註明摩阻型接合或承壓型接合。

(d) 直接承壓之柱與底板及加勁板之承壓面，必要時應加註需要加工之程度。

(e) 加勁材或斜撐應註明繪製施工圖所需之資料。

常見鋼結構接合銲道非破壞之檢測方法有哪幾種？

解析

(1) 目視檢測(VT)。

(2) 射線檢測(RT)。

(3) 超音波檢測(UT)。

(4) 磁粒檢測(MT)。

(5) 液滲檢測(PT)。

試說明鋼骨構件之工程特性，在哪些因素考量下，會排定假安裝作業。

解析

(1) 接頭調整困難之大型構件：構件重量、體積龐大，無法利用一般性調整工具如鏈條式牽引器、引導插銷進行微調就位，須於工廠階段確認組裝精度者。

(2) 複雜之接頭型式：接頭構件幾何形狀複雜，如空間桁架、立體構件等變化複雜之構件組合，須進行組裝精度確認者。

(3) 組立時程要求一定時間完成：構件因組裝時程限制須於一定時間內完成，爲確認施工程序無誤得進行預組精度確認。

(4) 構件施工環境嚴苛：構件組裝環境不利運輸、組裝或修改作業進行，如海上吊裝、高山施工等不利進行構件接頭調整、修改之施工環境。

(5) 構件精密度確認：精密機械設備、動態設備。綜觀上述考量因素，假安裝(預組)作業之進行，主要目的爲進行接頭精度之確認，利用假安裝事前重現構件接合條件，配合檢驗標準進一步確認，將不符接合標準部分於工廠製造階段即予以修正，避去現場之修改作業。

鋼骨構件進行假安裝作業確認，其內容應包含哪些細節。

解析

(1) 構件全長、全寬、高程等幾何條件。

(2) 構件接頭情況：接頭密合情況、螺栓貫通率、阻塞率、銲接接頭組立精度。

(3) 接頭施工條件：確認螺栓接合之締結槍施工空間、人員進出空間、組裝動線、構件組立空間、施工機具運搬。

(4) 構件型態：構件如屬連續樑型態，假安裝時需將下一跨度之第一單元一併組裝；拆除已完成假安裝之跨度所有構件時，前所併組之單元應依現況保留，以便配合下一跨度構件進行假安裝。

(5) 假安裝之構件檢驗。

7

工程管理

工程管理應具備工作智能之技能種類、技能標準及相關知識範圍，內容說明如下。

一、進度管理

(一) 技能標準

能有效督導工程人員瞭解作業定義、作業排序、作業期間估算、專案時程擬定及專案時程控制。

(二) 相關知識

1. 瞭解土木建築工程作業定義。
2. 瞭解土木建築工程各項作業排序及作業期間估算。
3. 瞭解土木建築工程時程擬定以及時程控制之程序。

二、成本管理

(一) 技能標準

能有效督導工程人員瞭解資源規劃、成本估算並完成預算編列及做好成本控制。

(二) 相關知識

1. 瞭解土木建築工程各項資源編碼。
2. 瞭解及分析土木建築工程各項成本。
3. 瞭解及編列各項土木建築工程之預算。
4. 瞭解及掌握土木建築工程各項工程之成本。

三、採購管理

(一) 技能標準

能有效督導工程人員瞭解採購規劃、邀商規劃、邀商作業並做好供應商選舉、履約保證及合約稽查。

(二) 相關知識

1. 瞭解供應商採購制之建立。
2. 瞭解供應商選擇及滿意度評鑑機制。
3. 瞭解採購契約內容，做好履約管理。
4. 瞭解及掌控工程進料之品質。

四、品質管理

(一) 技能標準

能有效督導工程人員做好品質規劃、品質保證及品質控制。

(二) 相關知識

1. 瞭解土木建築工程之品質管理系統。
2. 瞭解土木建築工程之品質保證機制。
3. 瞭解土木建築工程之品質管制原理。

五、人力資源管理

(一) 技能標準

能有效督導工程人員做好工程組織及職掌、作業績效、工程介面管理及人力調配。

(二) 相關知識

1. 瞭解土木建築工程之組織結構及職掌功能。
2. 瞭解溝通及統御領導能力提昇工作績效。
3. 瞭解施工協調會之重要性進行工程界面管理。
4. 瞭解緊急應變措施掌握人力資源調配。

六、工程風險管理及爭議處理

(一) 技能標準

能有效督導工程人員做風險分析及工程保險。

(二) 相關知識

1. 瞭解土木建築工程之風險進行危機處理。
2. 瞭解辦理工程保險及工程保證相關事宜。

七、營建倫理

(一) 技能標準

1. 能愛物惜物，忠於工作，以最安全、負責、有效的方法完成工作。
2. 能具職業神聖的理念及重視團隊精神的發展，以最和諧的氣氛進行工作。

3. 能充分有效地與有關人員協助溝通並能適時圓滿地配合相關工程施工。

(二) 相關知識

1. 瞭解敬業精神的意義及重要性。
2. 瞭解職業素養的意義及其重要性。
3. 能瞭解團隊精神及人際關係的重要性。
4. 能瞭解與工作有關之溝通協調要領。

試說明管理進度之循環步驟。

解析

工程進度如一般的管理控制，係按照計畫(Plan)，實施(Do)，調查(Check)，處理(Action)之循環步驟而進行，說明如下：

(1) 計畫(Plan)階段：施工計畫(施工順序、施工方法等基本方針之決定)、進度計畫(安排日程計畫、工程計畫之進度等)、使用計畫(材料、勞務、機械設備、資金和所需時間、項目、數量以及輸送等計畫)。

(2) 實施(Do)階段：工程作業之指示與監督。

(3) 調查(Check)階段：進度管理(工程進行狀況之計畫與實際之比較、進度狀況報告等)、作業量管理控制(作業量、使用量等實際資料之整理與查核)資源管理控制(材料、勞力、機械、資金等各種資源之配合)。

(4) 處理(Action)階段：修正處理(作業改善、進度催促、再造計畫等)。

試說明工程進度控制之重要性。

解析

(1) 良好的進度控制，可使資金靈活週轉，減少借貸壓力。

(2) 工期縮短能減少投資的風險。

(3) 減少管理費用的支出，降低工程成本。

(4) 避免物價波動，造成預算的追加。

(5) 工程及早使用可增加營運效益。

(6) 工程如期完工不僅可確保聲譽，創造商機。

試說明進度管理之工期調整(縮短)方法。

解析

(1) 改變施工方法，採用施工速率較快的施工方法。

(2) 增加施工資源數量，加大工作編組，也就是使用更多人員、裝備或設備，以縮短作業的時間。

(3) 要求分包商縮短作業時間。

(4) 使可平行施工之作業盡量重疊施工，可有效縮短工期。

(5) 提出趕工計畫在做了縮短工期後，應再反覆進行修改施工網圖，並做時程分析計算，直到工期符合理想為止。

試說明控制進度的技巧。

解析

(1) 利用工程進度圖表查核進度。

(2) 召開工程會議做進度管理。

(3) 進度控制表安排。

(4) 控制好每個單元之細部進度。

試說明如何預防工程延誤。

解析

(1) 劃分工作階段，排定各項工作次序、起訖日期。

(2) 預估各項工作所需之工作天、預算及工作量。

(3) 根據各階段及各階段中各分項工作所需之工作天、預算及工作量等因素，擇其一項或數項，計算其權數。

(4) 算出各階段中各項工作有關計算進度之因素所佔百分比。

(5) 以各階段中各分項工作計算因素百分數乘以分項權數，即是項工作之進度指數。

(6) 依各階段中各分項工作進度指數百分數與其工作天之比，換算求得每月之進度。

試說明進度控制之原則。

解析

(1) 以專案的方式做集中化的處理。

(2) 按管理需要區分摘要性和細部性之階層。

(3) 應用時程之量測，以作為控制之衡量。

(4) 組織方式須有彈性，以適應特定的專案或業主之需求。

(5) 針對工程之需要，訂定報告的頻率及責任的劃分。

(6) 按工程管理控制上之需要，決定資訊處理方式手算或電腦化。

(7) 快速及有效的資訊流程，以及時反映工程實際狀況

(8) 做適時而有決定性的評估，以便及早採取必要行動，有效的控制技術將以工程進行中指出執行績效的趨勢，因此矯正行動能及早開始，在工程完成後的報告及會計行為並不是控制技術。

試說明進度落後的補救措施。

解析

(1) 召開檢討會議，並檢討進度落後原因。

(2) 進度落後嚴重者，應提出趕工計畫。

(3) 可依工期落後情況與預定工期來比較以決定縮短多少工期。

(4) 作業人力的調配。

試說明公共工程綱要編碼架構。

解析

依據 CSI Master Format 之編碼架構，以阿拉伯數字自 00 篇至 16 篇分為共 17 專篇，分別按先後順序排列，並依工程慣例及工程師之經驗，編排其從屬關係，以 WBS(Work Breakdown Structure)加以歸類成五碼四層之架構。形成公共工程綱要規範之章碼，亦即公共工程綱要編碼，綱要規範之章名即為綱要編碼對應之施工規範項目統一名稱。每一章公共工程施工綱要規範編碼均由 5 位數阿拉伯數字組成，歸類成五碼四層之架構。

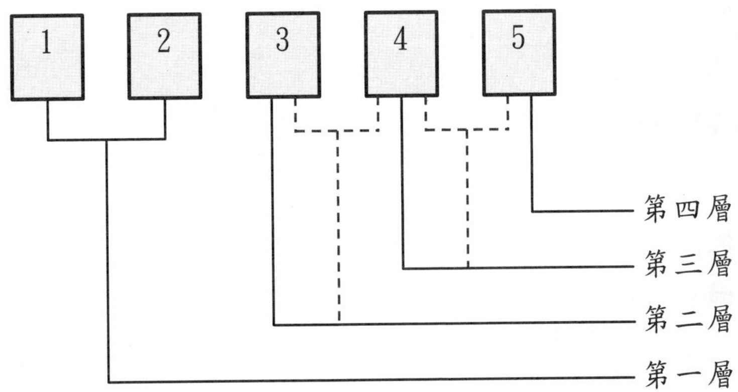

第一層(LEVEL ONE)：通常為編碼之第1碼及第2碼，為各專篇之代碼。

第二層(LEVEL TWO)：通常為編碼第3碼，為各專篇內之分類大項。

第三層(LEVEL THREE)：通常為編碼之第4碼，為各專篇分類大項下之細分類碼。

第四層(LEVEL FOUR)：為歸屬第三層之相關工程項目，使用者可自行編碼選用，但為求全國編碼統一，應由工程會整合中心控管認定。

 試說明公共工程綱要編碼內容。

解析

從 00 篇至 16 篇共計有 17 篇：

(1) 00篇-招標文件及契約要項。

(2) 01篇-一般要求。

(3) 02篇-現場工作。

(4) 03篇-混凝土。

(5) 04篇-圬工。

(6) 05篇-金屬。

(7) 06篇-木作及塑膠。

(8) 07篇-防潮及隔熱。

(9) 08篇-門窗。

(10)09篇-裝修。

(11)10篇-設施。

(12)11篇-設備。

(13)12篇-裝潢。

(14)13篇-特殊構造物。

(15)14篇-輸送系統。

(16)15篇-機械。

(17)16篇-電機。

試說明成本控制的主要工作。

解析

(1) 確定目標成本或標準成本。

(2) 將實際績效與設定之標準成本相比較。

(3) 分析兩者間差異，並確定差異發生之原因。

(4) 採取糾正行動。

試舉例說明直接成本與間接成本的定義。

解析

(1) 直接工程成本：為建造工程目的物所需之成本，包含直接工程費、承包商管理費及利潤、營業稅在內，並包含依據「公共工程施工品質管理作業要點」編列之品管費用。除主體工程外，施工中環境保護費及工地安全衛生費亦為直接工程成本之項目。

(2) 間接工程成本：間接工程成本係業主為監造管理工程目的物所需支出之成本，包含工程管理費、工程監造費、階段性專案管理及顧問費、環境監測費、空氣污染防制費及初期運轉費。

試說明工程趕工可能採用的方法。

解析

(1) 增加工作組：若施工空間足夠，則可另外增加工作組，則必可有效增加每日之工作率而縮短工期，此方式最佳，但最不易採用。

(2) 加大工作組人數：在原工作組增加工作人數，也可有效增加每日工作率，而縮短工期，但工作組有最大限制，且也會降低工作效率而增加工作人工。

(3) 實施工作組加班：增加同一工作組之工作時間，加班之費用應較正常工作為高。

(4) 採購高價材料：有些材料可以縮短使用或等待之時間，亦可縮短工期。

(5) 使用高效率機器：使用高效率之機器，效率增加必可縮短施工時間，而縮短工期，但高效率之機器之費用必然較為昂貴。

(6) 採用特殊施工法：有些施工若採用特殊施工方法，可獲得特殊效益並有效縮短施工時間，但必然較為昂貴。

試說明編製工程財務計畫之程序步驟。

解析

(1) 列出各作業項目之成本單價，由成本預算書中採用。
(2) 列出各作業項目之契約單價，由契約標單中採用。
(3) 依據進度網圖計算各施工期間(約30天爲一期間)成本支出金額。
(4) 依據進度網圖計算各施工期間之契約收入金額。
(5) 計算工程施工期間，單月份之成本支出、契約收入及週轉金額。
(6) 即爲財務計畫報表。

試說明預算控制計畫的目標。

解析

(1) 利潤可如數收回。
(2) 品質可達到預期標準。
(3) 進度可如期。

何謂執行預算及成本預算?

解析

(1) 執行預算：依預算編擬時的市價、行情，完全不可考慮日後可能的波動，在此條件下所編擬出來的預算稱之，作爲實際執行者的依據。
(2) 成本預算：依執行時間的物價、工資漲幅而調整執行預算後得之，作爲經營者預估盈餘與經營時調整之用。

為促進良好的人群關係，推行成本控制時，應注意哪些事項。

解析

(1) 注意意見交流，辦好連續和報告工作。
(2) 盡可能施行激勵辦法。
(3) 成本控制報告形式和項目，力求簡單通俗。
(4) 預算或標準成本應使它成爲各級人員掌握在手上的工具。
(5) 高級主管必須支持並參與成本控制計畫。
(6) 各級主管人員在執行監督時，必須使用教導的方式。

 試說明成本預算控制準備作業內容。

解析

(1) 編列成本控制預算書。

(2) 擬定成本控制之流程。

(3) 編定成本預算收支表。

(4) 預算審核會議：根據之前所製作之成本預算書，經過相關人員招開會議，審核預算是否超過原先預估，加以討論修改。

(5) 總預算定案：經過算審核會議後，總預算便可定案。

 試說明工程施工時，承包商所發生現金支出情況有哪幾種。

解析

(1) 工程開始發生之開辦費：包含施工前，各種支付款，如工程保證金、保險費等，稱為前端成本。

(2) 直接施工費(工人、物料)。

(3) 工地雜費(稅金)。

 試說明因工程成本預測而產生誤差的因素有哪些。

解析

(1) 設計或規範變更。

(2) 材料數量改變。

(3) 材料價格變動。

(4) 工率變動。

(5) 工資變動。

(6) 工人效率變動。

(7) 進度更改。

 試說明成本控制之相關報表有哪些。

解析

(1) 日報表及週期報表。

(2) 工程單價分析表。

(3) 成本偏差記錄。

(4) 成本偏差報告表。

(5) 預算控制變更表。

(6) 預算控制表。

(7) 財務收入及支出計畫計算表

(8) 成本預算書。

試說明發包採購作業要領。

解 析

(1) 工務所依發包採購計畫表追蹤發包單位作業時限，每週查詢。

(2) 工務所通知工務部列印請購項目的電腦比價單，無預算項目者，應先通知建檔輸入預算書，並註明原因。

(3) 大宗磁磚請購須以最新資料重新計算數量-由工務所負責。

(4) 其他數量與預算有差異時，應附計算式及圖面並說明。

(5) 必要者請購單位需附圖(如鋁門窗、鐵捲門)。

(6) 發包單位製作估價須知：詳列施工要求，規格、付款方法，特別要求及擬邀廠商先會施工單位，修改後送核定再招商估價。

(7) 依發包採購計畫表規定方式議價或比價-預算完成時發包採購計畫表會財務單位。

(8) 議、比價或招標皆應在同一標準條件下爲之。

(9) 原則上各項單價取低者，總價取最低價；但應注意合理性，故單價分析特別重要。

(10)廠商背景需加調查，信用不好、配合不良、生活不正常、財務不佳者，價格在低也不用。

(11)比價作業前先與相關單位溝通，再招商議價。

(12)議價中遇到困難，應隨時向上級主管報告，設法解決。

(13)應與工務所再確認施工或交貨期限，特別注意進口材料、電梯、發電機及磁磚等的工廠製造排程、海陸空運輸、通關、艙儲等所需時間。

(14)議價完成與原報價不同時，要求廠商在請購比價單右下方親筆簽認，或重開估價單。

(15)在簽約欄挑明應簽約形式之發包採購計畫表，免簽者已核准之請購比價單影本會財務部。

(16)依決行權責呈核，核定後先退一聯給工地，以憑執行，後續進行合約作業。

(17)簽妥承攬書或合約書送財務部、工務所、乙方及工務部各一份。

(18)決行單位之上級保留有對請購比價單內容表示意見的權利。

(19)決行單位應再核示欄簽名，並由發包單位定期呈決行的上一級核閱。(分層負責制度實行時適用)

試說明營建工程發包作業應注意事項。

解析

(1) 須詳細注意調查發包廠商之信用、財務狀況。

(2) 承包者本身若不實際施工，取得承包權又轉包，再剝削一層，發包前須注意。

(3) 議價修正時未能明告承懶人，細節也為應充分說明。

(4) 原定施工規範不能符合實際需要，造成施工者做不到的困擾，不僅報價時虛增成本，報價過高，執行時又傷感情，品質無法達到預期要求，進度又受阻。

(5) 工料發包未能作單價分析，致發包單價脫節，施工後發現不敷支出，又在回頭要求提高單價，尤以總建坪發包支弊端為甚。

(6) 對於配合作業較慢、較大廠商需改變為主動前去洽辦公事，否則坐等廠商配合，時效太慢，特別是加工製造的工種。

(7) 臨時水電配合在水電工程內一併發包，(應附簡圖及用具清單)，可免議價增加支出。

(8) 稅金問題影響包商成本，可酌加營業稅，因係公司先行付稅，於報繳時可予以扣抵，不增加公司負擔；為估價時應說明以含稅報價；預算應以含稅價格編製。

試說明營建材料之採購業務，應注意哪些事項。

解析

(1) 材料之採購以品質符合要求爲基本原則，以供應無虞爲要求，以物美價廉爲目標。

(2) 材料採購之方式應依材料之所需數量及工程性質而採用不同之採購方式。

(3) 採購程序：先對材料市場作調查，應綜合調查資料加以整理、分析、比較與彙整獲得具體結果，以做爲材料採購規劃之依據，然後考慮各項材料品質條件對施工品質，工期及成本之各項影響因素，擬定材料之採購計畫。材料採購之目標以最符合五適爲原則。在時間上，要適時供應必須及時完成採購手續，要適質、適價及適地。

試說明營建物料採購之市場調查重要項目。

解析

(1) 產地分佈。

(2) 材料產能。

(3) 材料存量。

(4) 品質特性。

(5) 材料價格。

(6) 取樣試驗。

試說明營建材料採購進料儲存之管理要點為何？

解析

(1) 物料之分類編碼。

(2) 儲存場所空間使用之規劃。

(3) 儲存之方式。

(4) 儲存紀錄。

(5) 物料盤點。

營建施工剩餘材料有些尚有良好之使用條件，廢棄可惜，其再利用的模式有哪些？

解析

(1) 集中處理再利用：收繳庫房經適當加工處理，供適用工作使用，以提升其使用價值。

(2) 調撥：某工地所產生的剩餘材料，可以調撥運用到其他工地使用。

(3) 交換：與其他工作單位以物易物相互交換剩餘材料，換成有用之材料。

(4) 出售：將無法再利用的剩餘材料，以較低價格出售。

(5) 贈與：贈與非營利之教育、研究或公益機構。

(6) 銷毀：當作事業廢棄物銷毀，以免環保單位罰款。

三級品管制度中，施工承包商負責之品質管制系統，應執行事項為何？

解析

依公共工程施工品質管理制度規定，爲達成工程品質目標，應由承包商建立施工品質管制系統。於工程開工前承包商應依工程之特性與合約要求擬定施工計畫，製作施工圖，訂定施工作業要領，提出品管計畫，設立品管組織，訂定各項工程品質管理標準、材料及施工檢驗程序、自主檢查表，以及建立文件紀錄管理系統等，俾使各級施工人員熟習圖說規範與各項品管作業規定，以落實品質管制。

(1) 成立品管組織：承包商應設立專責之品管組織，選派適當之人員負責執行品管計畫，準備各種品管手冊，推動各項品管工作，以確保施工作業品質符合規範要求。

(2) 訂定施工要領：承包商應視工程需要於施工前對模板、鋼筋、混凝土、鋼骨、基礎、砌造、塗裝等各項作業分別訂定其施工要領，說明工程概要、品質要求、施工進度、材料機具之使用、施工步驟及安全措施等，使施工人員充分瞭解各項作業之品質需求與施工方法，並能掌握工作重點。

(3) 訂定施工品質管理標準：承包商應建立模板、鋼筋、鋼骨、混凝土、基樁、連續壁、防水等各項工程之品質管理標準，說明工程各階段中應納入管理之項目與管理之標準，檢查之時期、方法及頻率，不合標準時之處置等，作爲執行品管工作時之準據，使工程能確實依照規範要求施作。

(4) 訂定檢驗程序：承包商應依據合約對工程使用之鋼材、五金、門窗等各種材料及混凝土等各項作業，訂定檢驗程序表，對其檢驗適用範圍、檢驗方法、設備、時機與檢驗紀錄等加以規定，並由品管人員負責各項檢驗程序的執行，以確保使用之材料及各個作業項目均能符合品質要求。

(5) 訂定自主施工檢查表：承包商應就鋼筋紮配、模板組立、鋼骨焊接、混凝土澆置、玻璃按裝等各項作業，訂定自主檢查表，標明工程作業過程的重點及最可能產生問題的地方，由施工之作業領班或監工人員按表逐項進行檢查，俾能及早發覺施工之缺失並予矯正，而不致有所遺漏。

(6) 建立文件、紀錄管理系統：承包商應對工程合約規範、施工圖說、材料和設備檢驗、工程查驗紀錄等品質相關文件妥為保存，建立制度化管理系統，以作為評估品管績效之準據。

 三級品管制度中，主辦單位負責之品質保證系統，應執行事項為何？

解析

依公共工程施工品質管理制度規定，為確保工程的施工成果能符合設計及規範之品質目標，主辦工程單位應建立施工品質保證系統，成立品質管理組織，訂定品質管理計畫，執行監督施工及材料設備之檢驗作業，並對檢驗結果留存紀錄，檢討成效與缺失，經由不斷的修正改善，達成全面提昇工程品質之目標。

(1) 建立品管組織：主辦工程單位應於現有之監造體系內，建立品管組織，訂定品質管理手冊，規定品質管理工作的基本準則。並制訂施工作業查核、材料設備檢驗、成效查證及品質缺失處理等作業之工作流程及作業表格，以利施工品質管理工作之推展。

(2) 訂定品質管理計畫：主辦工程單位應視工程特性訂定品質管理計畫，並於工程發包文件內明訂承包商應採行之品質管制配合措施，除查核承包商提出之施工計畫、施工圖說及品質控制計畫外，並依工程性質類別訂定材料設備之檢驗計畫、施工作業之查核計畫，及確認執行成效之品質抽驗作業程序，作為品質管理工作之準則，以確保施工品質。

(3) 查證材料設備：主辦工程單位應依據材料設備檢驗程序規定，對承包商提出之出廠證明、檢驗文件、試驗報告等之內容、規格及有效日期予以查證，並進行現場之比對抽驗確認，期使進場之材料設備能符合合約規定，查證之結果應填具品質查證紀錄表，如有缺失，應即通知承包商負責改善。

(4) 查核施工作業：主辦工程單位應根據施工作業檢查程序之規定對鋼筋組立、鋼骨焊接、混凝土澆置等施工作業，按施工查核表之內容，藉目視檢查、量測等方式實施查核簽認之工作，以確認施工作業品質符合規定，其查核結果應填具施工品質查核紀錄表，並通知承包商改善缺失。對於已施工完成之項目得視需要實施重點抽驗，查閱施工記錄及評核其施工成效，其評核之結果應填具施工成效評核表並通知承包商改善缺失評核表，對於抽驗之品質缺失應責成承包商或設計單位改善修正。

(5) 紀錄建檔保存。

三級品管制度中，工程施工品質評鑑，應執行事項為何？

解析

依公共工程施工品質管理制度規定，爲確認工程品質管理工作執行之成效，工程主管機關可採行工程施工品質評鑑，以客觀超然的方式，依適當之品質評鑑標準，評定品質優劣等級。評鑑結果可供作爲主辦工程單位考評之依據，並可作爲改進承包商品管作業及評選優良廠商之參考，藉以督促主辦工程單位及承包商落實品質管理，達成提升工程品質的目標。施工品質評鑑之作業方式重點說明如下：

(1) 辦理公共工程品質評鑑，宜以任務編組方式設立評鑑小組，選擇適當之評鑑對象，依訂定之評鑑參考標準與作業程序實施評鑑。

(2) 施工品質評鑑之內容以主體工程之品質爲主，並包含安全衛生及環境之管理績效。由評鑑人員依據評鑑參考標準，以客觀之方式對工程品質與管理績效予以評分。

(3) 評鑑作業係由評鑑人員自公共工程中選擇適當工程項目進行評鑑，並以隨機抽樣方式選取檢查點，以目視檢查或簡易工具量測方式進行評鑑，並查核品管紀錄資料，藉資評定工程品質之優劣及品管作業之嚴謹性。

(4) 依據施工品質評鑑成果，對負責承辦之工程單位及承包商予以適當獎懲，以督促主辦工程單位及承包商加強施工品質管理，落實品管作業。

試說明品質管制之重要性。

解析

(1) 最經濟的方式達成施工品質的要求，以降低工程成本。

(2) 確保施工品質，以免品質不符合要求之鑑定與補強，亦即爲降低失敗成本與鑑定成本。

(3) 使品質穩定均勻，以降低品質變動所需之安全率，且品質控制紀錄能記取施工經驗，避免下次有同樣問題發生。

(4) 能有效運用材料，減少材料之損耗量及品質不良，在工期與成本上之損失。

(5) 增加業者對品質方面的信心。

 試說明品質控制之要素。

解析

(1) 施工規範：採用最佳之施工方式與品質管制，使施工品質不合格機率降低，減少施工品質不良，在工期與成本上之損失。(爲工程品質控制中之技術要件)

(2) 品管程序：配合材料、人力及機具之良好管制，充分運用材料、機具及人力，可達省料、省工、省時及省事之益處。(爲工程品質管制中之制度要件)

(3) 品管人員：訓練有術的品管人員，能隨時掌握工程品質變因及工程材料的變動，適價取得適質之材料，物美價廉節省費用，並可免除因施工材料品質不良帶來之困擾與損失。(爲工程品質管制中之人員要件)

 試說明品管(QC)七大手法有哪些？

解析

(1) 柏拉圖。

(2) 特性要因圖。

(3) 直方圖。

(4) 管制圖。

(5) 散佈圖。

(6) 查核表(或稱查檢表)。

(7) 層別法。

試說明品管手法之柏拉圖應用程序。

解析

(1) 定義：柏拉圖原來是一個人名，在西元1897年，義大利有一個經濟學家，名字叫柏拉圖，他研究義大利的經濟現象，發現全義大利的財富集中在少數人的手中，這個現象後來被美國品管大師裘蘭博士，用圖形來顯示，就成了大家耳熟能詳的柏拉圖了，如圖所示。

(2) 圖形結構：圖爲柏拉圖的標準結構。在座標軸的縱軸有兩種衡量尺度，左邊是品質特性(用來衡量特性的計算單位)，右邊是百分比。橫軸是分析的項目，項目排列的順序是從大到小，其他在最後。

○年○月～○年○月漏水補修金額分析表

單位：萬元

棟別／項目	A 棟	B 棟	C 棟	補修金額	累計補修金額	百分率%	累計百分率
防水處理	7.0	3.0	4.3	14.3	14.3	47	47
龜裂	3.0	2.4	1.9	7.3	21.6	24	71
接合部	0.7	1.0	1.4	3.1	24.7	10	81
設備配管	1.0	1.5	0.3	2.8	27.5	9	90
其他	0.8	1.0	1.3	3.1	30.6	10	100
合計	12.5	8.9	9.2	30.6		100	

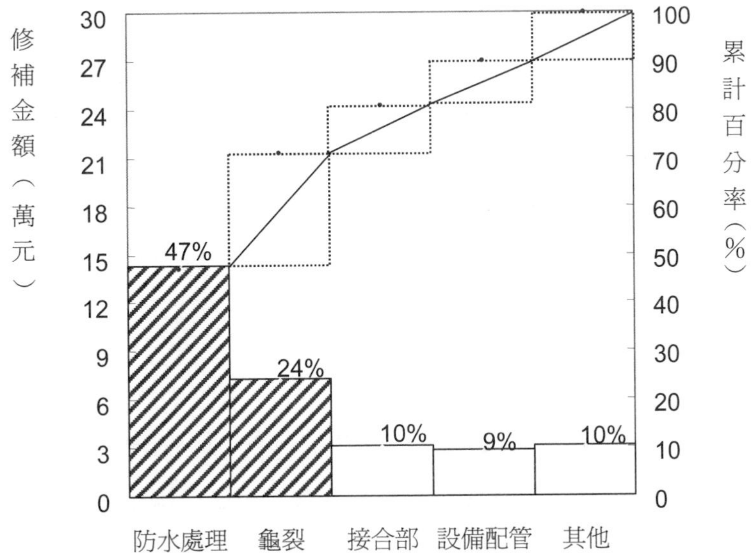

(3) 繪製步驟

(a) 決定分析項目，蒐集數據。

(b) 依分析項目整理數據。

(c) 製作查檢表，求出累積數、百分比、累計百分比。

(d) 繪製縱軸、橫軸，記入必要事項。

(e) 畫柱狀圖及累積曲線。

(f) 在柱狀圖上標示重點項目。

(4) 使用要領

(a) 柏拉圖是用來做重點管理的工具，重點通常只佔全體的一小部份，只要掌握重要的少數，就能夠控制全體。通常重點只佔全體的百分之二十，但影響度卻能佔百分之八十，這就是一般所說的「80－20原理」。

(b) 柏拉圖可以配合層別法一起運用，繪製層別柏拉圖。對柏拉圖上的重點項目，進行更深入的探討。

(c) 柏拉圖可用做問題改善前、中、後的比較分析，確認改善對策的效果。

試說明品管手法之特性要因圖應用程序。

解 析

(1) 定義：將一個問題的特性(結果)，與造成該特性之重要原因(要因)歸納整理而成之圖形。由於其外型類似魚骨，因此一般俗稱爲魚骨圖，如圖所示。該圖形是由日本品管大師石川馨先生所發展出來的，故又名石川圖。

(2) 圖形結構：由大小箭頭組合而成，外型類似魚骨，魚頭向右者爲原因追求型，而魚頭向左者爲對策擬定型。以原因追求型之特性要因圖爲例，魚頭右側代表問題之特性。魚骨側代表造成該特性之重要原因，包含背骨(脊椎骨)、大骨、中骨、小骨，分別代表製程、大要因、中要因、小要因，而成爲完整之魚骨圖。

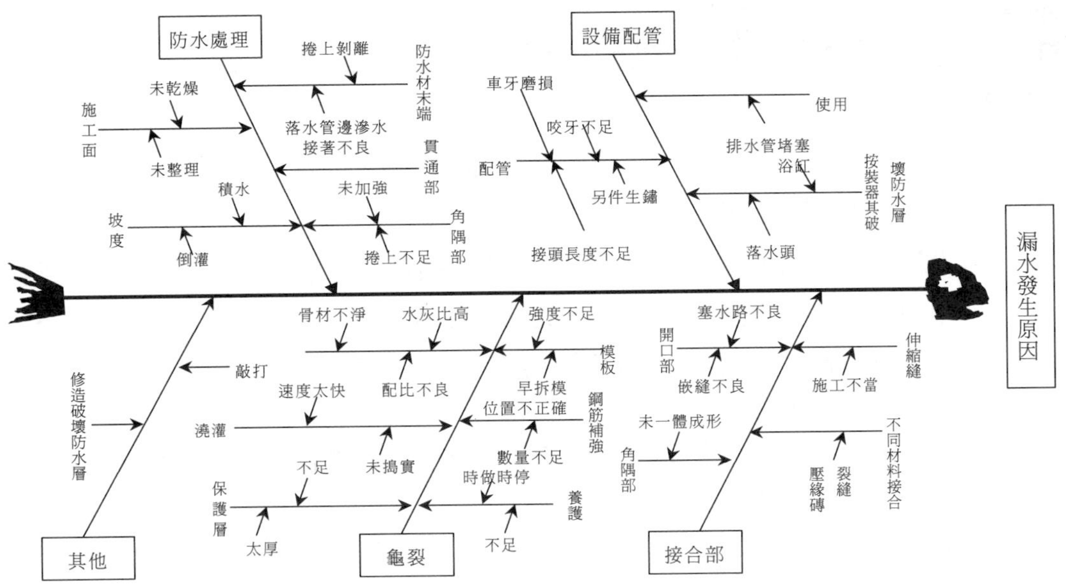

(3) 繪製步驟

(a) 決定問題特性。

(b) 在背骨(製程)右端記入特性。

(c) 在背骨上下兩側記入大骨之大要因。

(d) 在大骨之左右兩側記入中骨之中要因。

(e) 在中骨兩側記入小骨之小要因，以此類推繼續分析。

(f) 圈選重要要因(原則上四到六個)。

(g) 評估重要要因之影響度(要因評價)。

(4) 使用要領

(a) 分析要因時，應採用腦力激盪術，並配合專業知識和經驗進行。

(b) 魚骨圖可以配合層別法一起運用，繪製層別魚骨圖。對魚骨圖上的重要要因，進行更深入的探討。

(c) 魚骨圖除了用作結果和原因間的分析外，還可用作目的和手段間的分析，以及全體和要素間的分析。

(d) 分析要因時，若發現不同要因間彼此互相關聯(有因果關係)，要改用關連圖(新QC七大手法之一)分析。

試說明品管手法之直方圖應用程序。

解析

(1) 定義：將一組數據之分佈情形繪製成柱狀圖，以調查其平均值(集中趨勢)與分佈(離散趨勢)之範圍，如圖所示。

(2) 圖形結構：直方圖常用於初步分析或簡報資料之用，由直方圖可以快速看出數據分配狀況，如圖所示。其初步辨識如下：

(a) 直方圖呈現左右約略對稱的山形，近似常態分配之鐘形，可判定此批材料屬正常變化。

(b) 由面積之左右對稱中心橫座標(約255)，可估計此批混凝土之平均抗壓強度約為255kgf/cm^2。

(c) 由小於210之面積(斜線部分)約佔總面積的七分之一，估計抗壓強度小於210kgf/cm^{2}之百分比約為15%。

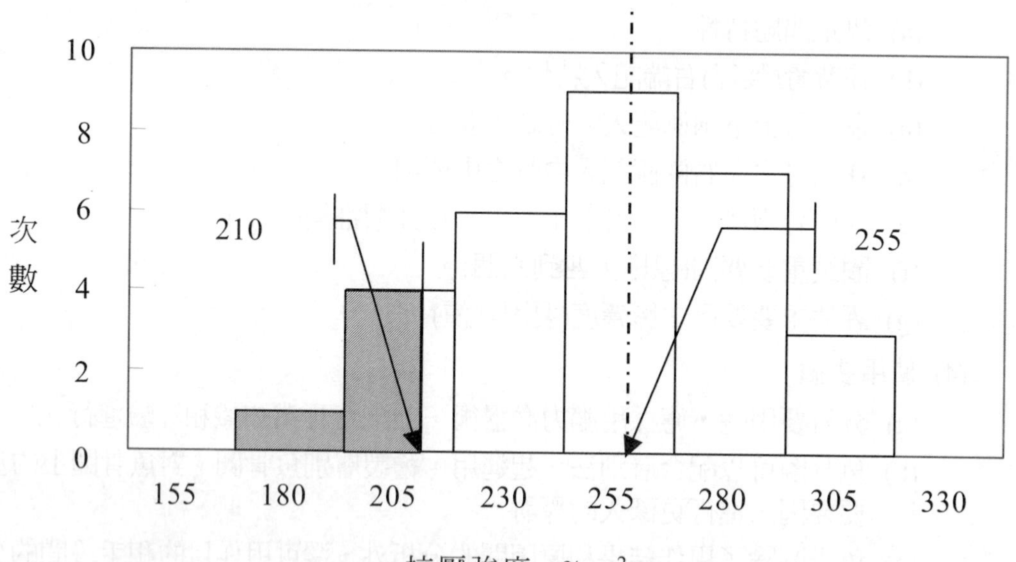

(3) 使用要領：判讀直方圖時，常見下列數種分布。常態型(正常分佈情形)，鋸齒型(由於分組及組距測定有誤差所造成)，右高或絕壁型(由於某種規格限制所造成)，雙峰型(兩個不同群體混合所造成)，高原型(數個平均值差異不大的群體混合所造成)，離島型(不同群體混入造成之異常現象)。各種分布都代表有特殊的意義。

形狀名稱	形式說明	核對重點
常態型	次數在中心附近出現最多，離開中心逐漸減少，左右對稱。	一般常態出現的形狀。
缺齒型	每隔 1 區次度數減少，正如缺齒狀。	區隔幅度是否訂在測定範圍的整數倍，並檢討測定者對刻度讀法有沒有偏差。
左(右)拉長型	直方圖之平均值對分佈中心偏左(右)，次數在左(右)側較陡，右(左)側較緩，左右不對稱。	理論上被限在規格值下限，對某一數值以下不採取時會出現，不純物之成分近 0%時，或不良品數，缺點數近 0 時會出現。
左(右)絕壁型	直方圖之平均值由分佈中心極端偏左(右)，次數在左(右)側很陡而右(左)側緩和，左右不對稱。	將規格以下者全部剔除時會出現。核對測定有無作弊，有無檢查失誤，有無測定誤差等。
高原型	各區域之出現次數沒什麼變化，而在中央部分呈現平坦的高原形狀。	平均值多少有差異之分佈混合在一起時出現的形狀。畫出層別的直方圖比較。
雙峰型	在中心附近之分佈次數少而在左右呈現兩高峰。	平均值混合二種分佈時出現。例如 2 台機械之間，2 種原料之間有差異時，可畫出層別直方圖就可看出差異。
離島型	在普通的柱形圖右邊或左邊出現離島。	由不同分佈之數據混入時會出現，調查數據的覆歷，核對工程有無異常，測定有無誤差，有無其他數據混入。

試說明品管手法之管制圖應用程序。

(1) 定義：以統計方法計算中心值及管制界線，並據此區分異常變異與正常變異之圖形，如圖所示。

(2) 管制圖之判讀係採用統計檢定原理，以機率推算當製程爲正常時，某現象之出現機會很低(通常設定爲小於1%)，如果出現該現象，我們就判定製程異常了。一般當有下列三種現象之一時，可判定有異常原因存在，應追究改正

(a) 有任何一點落在管制界限以外(採用CL±3σ爲管制界限，製程正常時，其出現機率小於1%)。

(b) 連續七點出現在中心線之上邊或下邊。

(c) 連續七點出現持續上升或持續下降。

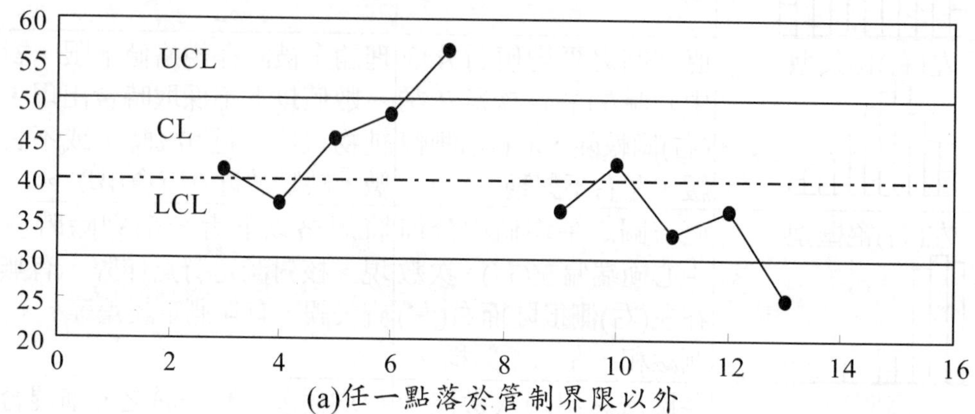

(a)任一點落於管制界限以外

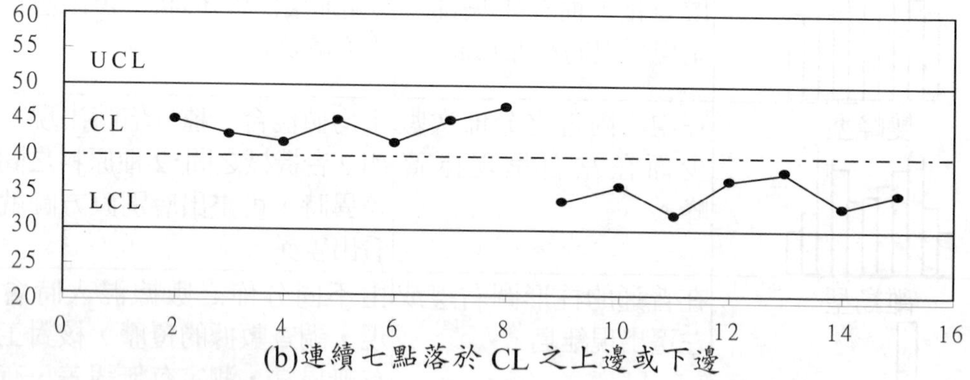

(b)連續七點落於 CL 之上邊或下邊

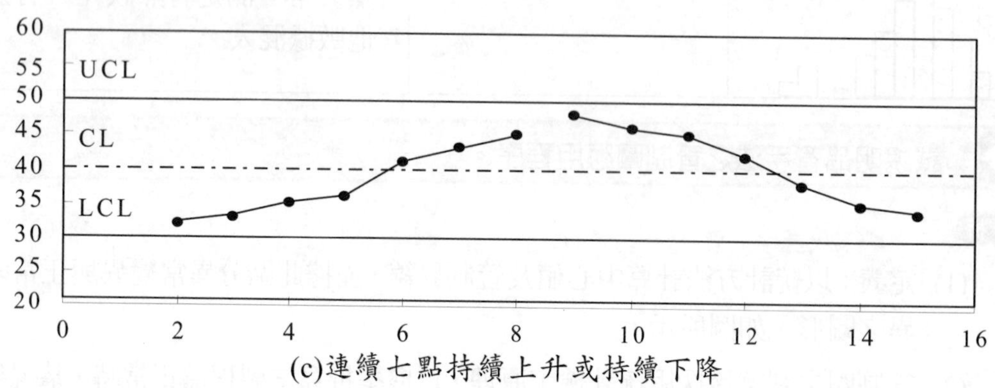

(c)連續七點持續上升或持續下降

試說明品管手法之散佈圖應用程序。

解析

(1) 定義：將對應的兩種品質特性數據資料，分別點入XY座標圖中，以觀測兩種品質特性是否相關及其相關程度，如圖所示。

(2) 圖形結構：座標圖中，X軸和Y軸分別代表不同的品質特性。其對應關係的數據點分布在圖形中。

(3) 繪製步驟

(a) 蒐集兩個不同品質特性間的關係數據資料，最好超過50組以上。最少不得少於30組。

(b) 使用方格紙或白報紙，將分析項目的品質特性列於座標圖的橫軸和縱軸上，並標明各軸的刻度和計算單位。

(c) 將數據資料之座標點標示在座標圖上。

(d) 將重要事項列述於散佈圖旁。如數據資料之蒐集時間、蒐集方式、蒐集人，製圖的目的等。

(4) 使用要領：可由數據點的分佈情形，判斷兩種品質特性之間的相關程度。如正相關強(兩種品質特性同向變化)，負相關強(兩種品質特性反向變化)，無關(一團圓形)，以及曲線關係。若有特異點，須探究其造成原因，散佈圖之應用亦可配合層別法做進一步分析研判，如層別散佈圖。

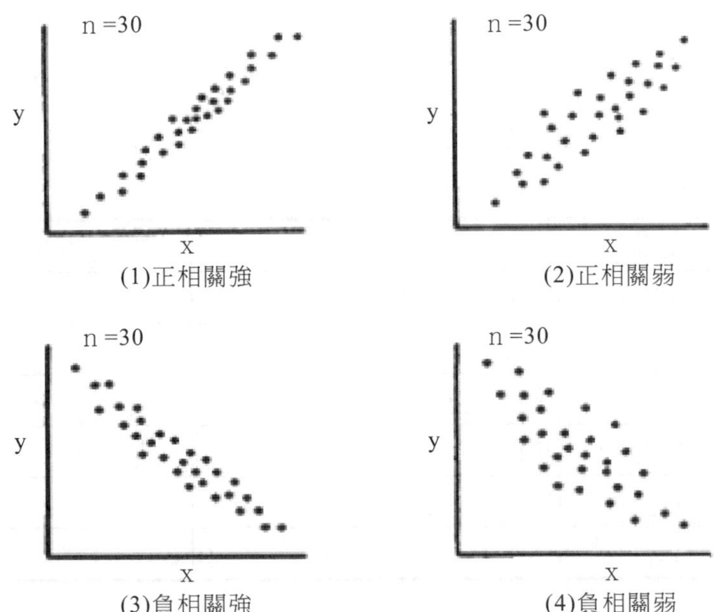

(1)正相關強 (2)正相關弱 (3)負相關強 (4)負相關弱

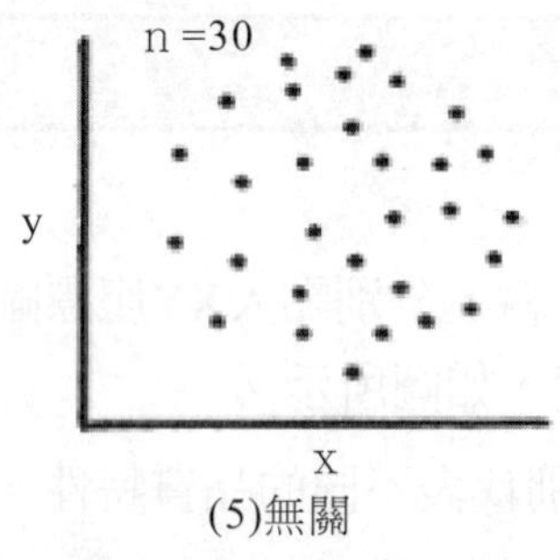

(5)無關

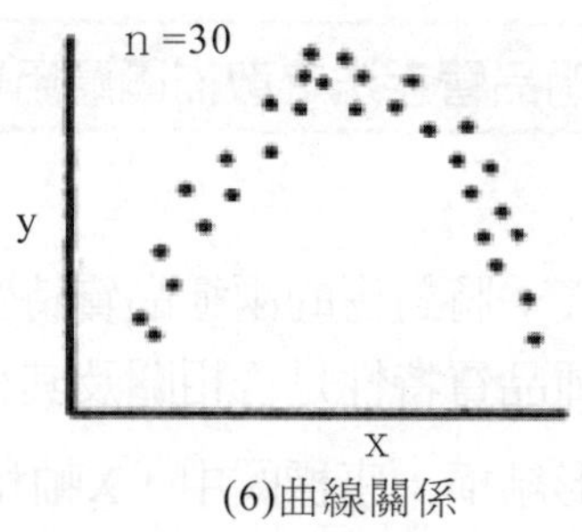

(6)曲線關係

試說明品管手法之查檢表應用程序。

解析

(1) 定義：用來記錄事實和分析事實的統計表。亦名查核表或檢查表，如圖所示。

(2) 圖形結構：包含縱軸項目和橫軸項目的對應式表格。

(3) 繪製步驟

(a) 決定查檢表之目的及蒐集最適當的數據。

(b) 決定分類項目。

(c) 決定查檢表的格式。

(d) 決定記錄數據的記號。

(e) 記入必要事項(包含數據蒐集者、數據蒐集期間及蒐集方式等)。

(4) 使用要領：使用查檢表的目的，主要有分析事實和確認事實兩種。因其目的不同，故紀錄的方式也不同。一般常用的自主檢查表，即屬於確認事實的目的。

品　　名：壁磚　　　　年月日：1996.10.23

檢查總數：2420　　　　檢查員：張三

種類	查對紀錄	小計
表面傷痕	正正正正正正	30
裂痕	正正正正	20
加工不良	正正正正正正正	35
形狀不良	正正	10
其他	正正	10
合計		105

試說明品管手法之層別法應用程序。

解析

(1) 定義：將群體資料(或稱母集團)分層，將品質特性均一的資料放在一起成爲一層，使層內的差異小，而各層間的差異大，以便進行分析，如圖所示。

(2) 圖形結構：本法須與其他手法結合使用，如層別魚骨圖、層別柏拉圖等。

(3) 繪製步驟：

  (a) 層別目的明確化。

  (b) 決定層別項目。

  (c) 取得層別項目數據。

  (d) 與其他手法結合使用，解析數據。

(4) 使用要領：許多模糊不清，數據混亂，或是原因複雜的品管問題，經過分門別類的層別之後，通常可以迅速分析其現象或原因。常用之層別包含：作業條件、材料、機械設備、人員、時間、環境天候、地區、產品等。如下圖，某公司使用甲、乙兩部機械分別加工A、B兩種不同來源的材料，產品品質特性分配如圖9，機械乙使用B材料之產品顯著偏低，但不知此偏低是由於機械或材料所造成；於是將A、B兩種材料均由甲、乙兩部機械加工，分別畫出直方圖，結果判明偏低係因機械乙之影響，與材料無關。

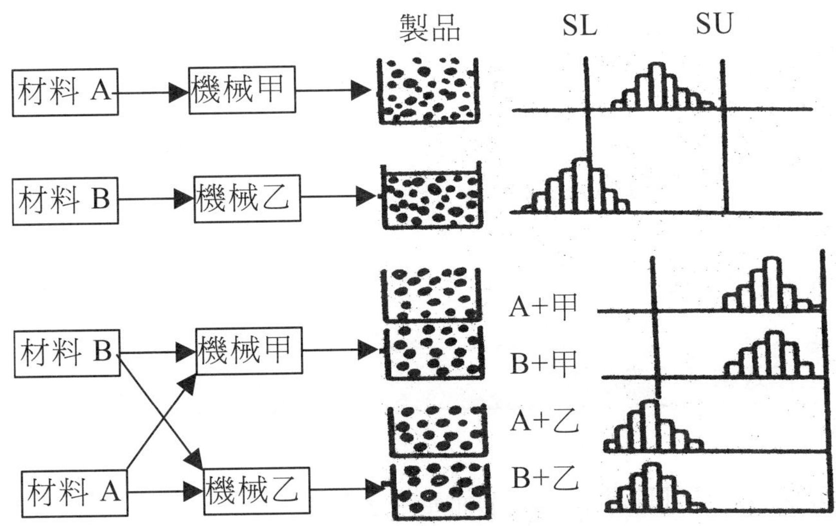

試說明工地管理組織建立之基本原則。

解析

(1) 工作明確化。

(2) 目標一致。

(3) 職務和權責分明化。

(4) 組織成員各司其職，能勝任工程事務共同推動管理工作。

試列舉說明營建工地主任工作之職掌。

解析

(1) 工地現場指揮監及與總公司、分包商間聯繫協調事宜。

(2) 工地工程人員與顧寮人員在工地之行動。

(3) 協助建築師或參觀人員在工地之行動。

(4) 監督要求分包商施工符合規範與圖說，及要求工人技術品質。

(5) 評估分包商優劣，以供發包時之參考。

(6) 工地土地之會勘、測量、交接、及管理事宜。

(7) 工程預算、工期、開工、與完工檢討等會議之安排與召集事宜。

(8) 處理工地突發事故與糾紛事宜。

(9) 地主、鄰房、客戶、管區等，人際關係之建立與協調。

(10)辦理工地工程估驗、完工驗收、峻工申報、房屋驗收及點交。

(11)追蹤、考核工地勞務與事務性工作。

(12)工作日誌之審核。

(13)其他臨時交辦事宜。

試述工作效率降低的原因。

解析

(1) 因變更設計及其他業主之指示而產生之等待。

(2) 天災及不良天氣、不良地質等不可抗拒之原因。

(3) 作業之準備等待。

(4) 材料之供給等待。

(5) 災害事故。

(6) 勞務者之生病。

(7) 機械之故障。

(8) 作業及工資不滿所產生之停工。

(9) 勞資糾紛。

(10)其他。

試說明生產力之定義。

解析

生產力＝產生之價值/投入之成本。

試說明調查生產力之用途。

解析

(1) 估價。

(2) 進度估算及排程。

(3) 比較不同工地之間之生產力。

(4) 比較不同年份之間之生產力。

(5) 瞭解評估工程管理效率，用以改進生產力，以技術層面或管理層面加以改善。

試說明提高生產力的方法有哪些？

解析

(1) 學習取線之改進。

(2) 教育訓練計畫。

(3) 安全計畫。

(4) 材料革新、設備革新。

(5) 組件製造。

(6) 要徑時程控制。

(7) 價值工程。

(8) 預鑄或頂力混凝土。
(9) 電腦化。
(10)工人激勵計畫。
(11)設計可行性評估。
(12)標準化。
(13)前置作業。
(14)短期加班。
(15)購買特殊設備。
(16)設計模式之應用。
(17)兩組工人比賽。
(18)合約誘因。
(19)包商間之有效利用。
(20)時程或搬運研究以增進效率。
(21)優良監工。
(22)曠時錄影分析。
(23)足夠工具。
(24)工業工程之應用。
(25)成本報表。
(26)工作抽樣法。
(27)工地佈置最佳化。

試說明生產力管理的步驟。

(1) 對生產力高增的期望。
(2) 理只改善生產力的決心。
(3) 經由生產力的度量以設立生產力比較的的基礎。

試述影響工地生產力的因素及量度工地工人生產力的方法兩種。

(1) 影響工地生產力的因素

(a) 工人素質。
(b) 人力多寡。
(c) 天氣狀況。
(d) 材料品質。
(e) 施工設備。
(f) 施工方法。
(g) 工作之安全性。
(h) 施工技術。
(i) 施工環境。

(2) 量度工地工人生產力的方法
(a) 攝影機。
(b) 馬錶。

目前較具使用價值的生產力評估方法有哪些？

解析

(1) 工地效率評估法(Field Rating)。
(2) 短時效率評估法(Five-Minute Rating)。
(3) 工作抽樣評估法(Work Sampling)。
(4) 後勤效率評估法(Foremen Delay Survey)。
(5) 問卷調查法(Questionnaires)。
(6) 面談調查法(Interviews)。
(7) 經驗觀察法(Visual Observation)。

員工激勵需要注意哪些事項？

解析

(1) 有適度的意見參與制度。
(2) 適當的褒賞。
(3) 員工願意與管理階層交換意見。
(4) 注入誘因於工作之中。
(5) 員工的訓練。
(6) 員工的褒賞。

何謂工作平衡圖及工作流程圖？

解析

(1) 工作平衡圖：工人平衡圖用於分析在同一時間，同一地點之各種作業，並將機械操作與人員作業之互相關係，正確而清楚的描述出來；經由這些資料可使分析人員進一步的將機具與人員的能量充分地加以利用，減少其閒置時間(Idle)，使作業有更適當的配置(Allocation)，因而提高生產力而降低成本。

(2) 工作流程圖：爲一種圖示方法，由圖中可清楚地標出所有的操作；搬運、檢驗、儲存及延遲等事項，故可據知加以研究分析並設法減少各種作業之次數及所需之時間與距離如此降低隱藏成本之情況將可顯示出來。

風險影響因素大致可分為哪幾類？

解析

(1) 實質風險因素：此類因素是有形且可測出其風險因素之大小的，如人身風險、財產風險及責任風險等。

(2) 道德風險因素：此類因素是屬於人爲或故意的風險，包含人員之品德操守不良，財務管理維護不當或疏忽等。

(3) 心理風險因素：此類因素是屬於疏忽防範風險產生之情況，包含人員過於樂觀或悲觀、或對財產疏於維護保養或是粗心大意不知等。

試說明工程風險類型。

解析

(1) 純風險：純風險係指可預測的、可能性極高的風險、諸如重大工程必會有施工人員傷亡、施工機具損毀、施工中之工程受損、或因施工危及鄰近建築、或因施工對附近地區造成污染等，這些都是可以經由經驗、分析、統計而算出其發生之可能率，業者通常可以向保險公司投保，以減少其財務上的損失。

(2) 業務風險：業務風險是一種因職業性所含之風險，在本質上是無法預知的或帶有投機性的，此種風險是在有意或無意中所牽涉到的業務冒險，不論其經過或未經過投機性分析，均視其爲資金和財產的一項賭博。該業務風險常可經由工程師的預先判斷及業主的認知而事先加以改變工法，以達保障施工人員安全之目的；或投保營造業綜合保險，由保險公司擔待風險，而保險公司則可經由再保及(或)大量的投保市場而達其分攤風險之目的。

(3) 除外風險：所謂除外風險係一綜合名詞，爲承包商無須負責，保險公司亦不作擔保之危險事項，包含有：
   (a) 戰爭敵對狀態或外敵之入侵。
   (b) 國內之紛爭、動亂、秩序混亂、暴動、判亂及造反等。
   (c) 軍事或政爭之內亂。
   (d) 純因工程師對工程設計錯誤而引起者。
   (e) 未經驗收而被業主佔用或使用。
   (f) 因使用不當而引起者。
   (g) 因天然力量所引起，即使有經驗之承包商具有合理之預見能力亦無法預測或謹慎預防者，如：地震、火山爆發等。
   (h) 承包商已盡最大努力預防，雖已減低災害程度但仍不能徹底預防者，如：颱風、豪雨、山洪爆發等。
   (i) 核子裝置之放射性污染、超音速航空器引起之壓力坡等。

工程遭遇風險所產生之損失，一般可分為哪幾種？

解 析

(1) 財產的損失：此種損失包含動產及不動產之損失等。
(2) 淨利的損失：此種損失包含營業收入減少及營業支出費用增加等。
(3) 責任賠賞的損失：此種損失包含對所屬員工或其他第三人財產或人身傷害賠償。
(4) 人身的損失：此種損失包含員工之傷殘、疾病、死亡帶給公司之損失。

8

施工計畫與管理

施工計畫與管理應具備工作智能之技能種類、技能標準及相關知識範圍，內容說明如下。

一、施工計畫擬定及執行

(一) 技能標準

1. 能編寫土木、建築工程施工計畫及執行。
2. 能依各縣市建築管理自治條例編寫有關施工計畫及執行。

(二) 相關知識：瞭解土木、建築工程施工技術、施工方法及施工程序並能加以整合。

二、時程網狀圖

(一) 技能標準：能編製土木、建築工程網狀圖之繪製及分析，有效地管理工程。

(二) 相關知識：瞭解工作網狀圖之製作法及應用。

三、工程報表

(一) 技能標準：能編寫各類工程報表並督導各類工程人員填記，以便有效控制工程進度情形。

(二) 相關知識：瞭解各項工程報表編寫方式及其功能。

四、估驗與計價

(一) 技能標準：能編寫各類工程估驗計價單，依合約書規定做爲工程每期計價款領放之依據。

(二) 相關知識：瞭解估驗計價單之編寫之方法。

五、品質計畫

(一) 技能標準：能製定品管組織、品質控管、材料及設備檢驗、施工自主檢查、不合格品之管制、矯正與預防措施等項目。

(二) 相關知識：瞭解工程品質控管流程等相關作業程序。

六、環境保護及執行計畫

(一) 技能標準：能督導工程人員依環境保護等相關規定完程作業及檢核。

(二) 相關知識：瞭解環境保護及執行計畫等相關作業程序。

七、防災計畫

(一) 技能標準：能製定緊急及災害搶救、災害預防等措施。

(二) 相關知識：瞭解各地防災單位及建立工地組織及任務編組。

 試說明施工規劃的意義與目的。

解析

施工規劃之意義係研究並決定出如何將設計圖樣所表示之構造物，依據工程契約條件，按施工說明書規定之品質，在約定工期內，並在確保工作安全之條件下，以最低成本施工完成之程序。

施工規劃之目的，乃是在尋求約定工程期限內，以合乎預算之最小費用，構築出合乎設計圖與施工規範所定品質之工程目的物之施工條件與方法。亦即工程在品質好、工期快、造價便宜、安全無慮下完工，乃是施工規劃之目的。

 試說明監造與施工者對施工品質應有的觀念。

解析

(1) 施工應以品質符合規範要求爲基準，施工者應以良好之品質管制使施工品質穩定。
(2) 施工品質符合施工規範之要求爲施工之基本要求。
(3) 當工地安全與環保不良時，品質確實會受到安全與環保之影響，應特別注意。
(4) 購用品質較要求爲佳之材料，但不一定提高整體工程之品質。
(5) 營建工程施工者不得以工期太短或成本太低爲藉口，而要求降低品質。

 試以品質、工期、成本的角度，說明施工過程排序之重要性。

解析

(1) 品質與安全：品質與安全爲首要施工目標，在施工階段應以品質符合要求與確保施工安全爲基本要求，再求其他兩目標。
(2) 工期：工程合約對工期必有要求，如果不能如期完工訂有罰責，因此工期也是施工者所應注意的。
(3) 成本：以最低成本完工是以達成品質與工期的目標爲條件，絕不能犧牲品質換取節省成本，工期與成本可以取得最佳平衡點。

 試說明營建施工規劃可用之施工資源及應達成之目標。

解 析

(1) 五種運用資源
 (a) 施工方法(Method)。
 (b) 施工人力(Men)。
 (c) 施工機械(Machine)。
 (d) 施工材料(Material)。
 (e) 施工資金(Money)。
(2) 五種達成目標
 (a) 適當的品質(Right Quality)。
 (b) 適當的時程(Right Schedule)。
 (c) 適當的資源(Right Resorce)。
 (d) 適當的工期(Right Duration)。
 (e) 適當的成本(Right Cost)。

 試說明施工規劃之基本原則。

解 析

(1) 充分了解工程之特性及內容，所作之施工計畫應絕對可行。
(2) 充分了解工程合約、工程圖說、施工規範，作爲規劃之依據，並符合期要求。
(3) 對可能採用之施工方法或程序均應加以考慮，並均作爲施工方案，以供比較選用最有利方案。
(4) 無論如何，施工規劃應以施工品質符合規範要求爲首要考量，不可考慮因考慮工期與成本而忽略品質。
(5) 若合約對工期有特殊要求時，應先考慮工期符合要求，但應採用最經濟之施工方案。
(6) 若合約對工期無特殊要求時，應在達成品質與工期符合要求條件下，權衡工期與成本關係，採用最有利之施丌方案。必要時可利用作業研究之「目標規劃」的技術，已決定如何使施工目標最符合需求。
(7) 施工規劃之擬定除對工程品質、工期及成本之考慮外，同時考慮施工安全與環保的問題。

施工規劃過程，應考慮哪些可能對施工產生影響的因素。

解析

(1) 工候狀況。

(2) 工地附近交通狀況。

(3) 地域之特性。

(4) 季節之變化。

(5) 法令之規定。

(6) 社會之變動。

(7) 政治及經濟因素等等。

試說明工地配置的原則。

解析

(1) 應從整體考慮。

(2) 所有設施應有最短的移動距離。

(3) 應使具有最佳流程。

(4) 應有最佳之立體配置，如修理廠，調配廠，木工廠，鐵工廠等等之置。

(5) 具有安全及滿足怠，即使工作員工有安全感及有良好的工作環境，則可增進工作士氣及效率。

(6) 具有彈性。

試說明施工規劃前之事前調查項目。

解析

(1) 基地座落、建物配置、使用分區。

(2) 建地面積、建物面積、總樓地板面積、地上地下層數、層高、簷高。

(3) 構造類別：竹、木磚造、加強磚造、輕鋼骨造鋼筋混凝土、鋼骨造、鋼骨鋼筋混凝土造、預鑄、預力構造。

(4) 內外裝工程用料。

(5) 各種場所使用防水、隔熱工程。

(6) 基礎及地業工程施工方式。

(7) 主要建材種類、數量、供應地、季節、運輸限制。

(8) 施工範圍、合約外工程、業主自辦工程項目、景觀植栽程度。

 試說明基地調查的項目。

解析

(1) 地上物探查：地上物、架空纜線、鄰房突出物。

(2) 地下物探查：舊基地、地下室、化糞池、水井、瓦斯、電力、電信、輸油、自來水管。

(3) 地質調查：地質鑽探、地下水文調查、土質特性試驗等。

 試說明調查基地之地下埋設物項目有哪些？

解析

(1) 地下水管查詢：電話、電力、自來水、瓦斯、石油、有線電視電纜。

(2) 架空線路查詢：電話、電力、警、軍用通信、有線電視電纜等。

(3) 行道樹、路燈、垃圾桶。

(4) 下水道：兩水、污水系統－流水方向。

(5) 公車站牌、候車亭、售票亭、電話亭。

(6) 捷運系統及週邊設施－捷運主管單位。

 試說明工程分包的優缺點。

解析

(1) 優點

(a) 增加外界資源之運用，減少本身資源購置之資金與管理費用。

(b) 可利用之資源擴充，易於有效掌握工期，減輕工期之壓力。

(c) 增加工作負荷分擔，分散工程保險。

(d) 特殊工作頁目可借助專業技術經驗之施工，提高施工品質、減少施工品質不良、降低品管成本，並可有效掌握工期。

(e) 施工管理簡化，易於有效掌握品質、工期與成本。

(2) 缺點

(a) 總包商分包商之勞工約束力降低，執行上常有無力感，管理較不易。

對品質與工期之無法確實符合要求目標。

(b) 若無預先防範，各分包商工種間常協調不易形成介面，甚至造成紛爭，影響工程進行。

(c) 營建施工係屬整體性施工，分包商太多時，若有任一分包商無法配合，整體施工受影響之風險很大。

試說明工程分工的方式。

解析

(1) 按工作任務(承包商)分工。

(2) 按工程項目分工。

(3) 按工作地點分工。

(4) 按工程施工順序之步驟分工。

(5) 按施工結構單元(或步位)分工。

(6) 按施工所需之工作性質或行業分工。

(7) 依業主要求分工。

(8) 按其他因素分工。

試說明施工作業程序規劃之步驟。

解析

(1) 將整體工程進行工作細分,並檢討所有工作項目施工順序間可能存在之相互影響關係。

(2) 規劃並決定各工作項目之施工順序。

(3) 進行施工程序之分析。

(4) 確立施工作業之先後順序與相互配合關係。

(5) 對工地現場各項配合工作做適當之安排。

試說明施工計畫書內容項目。

解析

(1) 工作概要。

(2) 數量表。

(3) 使用工法。

(4) 材料及來源。

(5) 工地安排。

(6) 時程表。

(7) 人員配置及負責人。

(8) 機具設備及拌和廠。

(9) 生產、存放與運輸。

(10)品管及試驗(含製程品管)。

(11)產品型錄、規格及說明書。

(12)工作順序。

(13)施工圖、施工製造圖或配置圖。

試說明進度管制計畫的內容，應包含哪些項目。

解析

(1) 工程進度管制圖表。

(2) 進度管理控制書面表格。

(3) 進度管理控制技巧與規劃。

(4) 進度落後原因探討與補救計畫。

試說明進度排程甘特圖(Gautt Chart)的優缺點。

解析

(1)優點

(a) 進行狀況清楚。

(b) 圖形製作容易，初學者較易接受。

(2)缺點

(a) 工期無法明確表示。

(b) 僅知各項作業完成百分比。

(c) 重點管理作業，無法明確表示。

(d) 各項作業之先行與後續之關係，無法在甘特圖上明示。

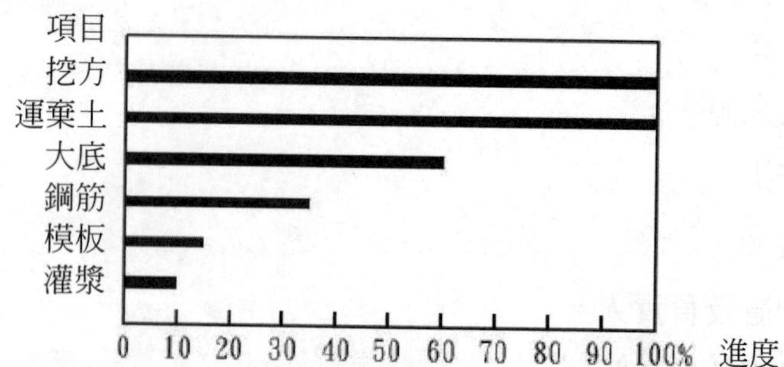

試說明桿狀圖(Bar Chart)之優缺點。

解析

(1) 優點

(a) 各項作業之工期明白表示。

(b) 圖形製作容易，初學者容易學習較易接受。

(c) 複雜性不高之工程，可藉桿狀圖作進度之管控及有效利用。

(2) 缺點

(a) 無法標示要徑故無法對重點作業加強管理。

(b) 此種進度表無法演算縮短工期，做爲趕工之用。

(c) 作業相互間關係表示不明顯。

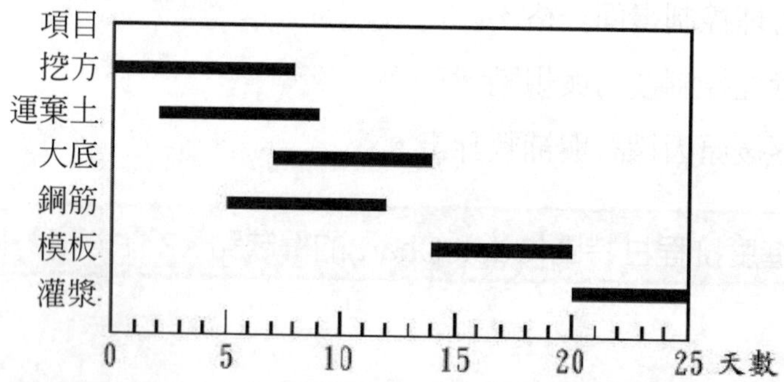

試繪圖舉例說明箭線式網狀圖(A.O.A)及結點式網狀圖(A.O.D)之表示法。

(1) 箭線式網狀圖(A.O.A)：

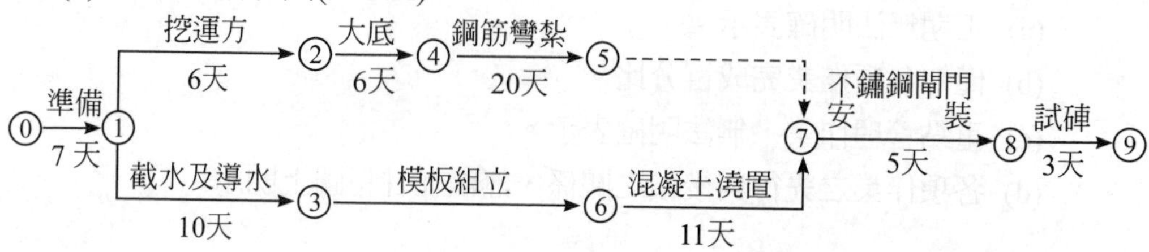

(2) 結點式網狀圖(A.O.D)：

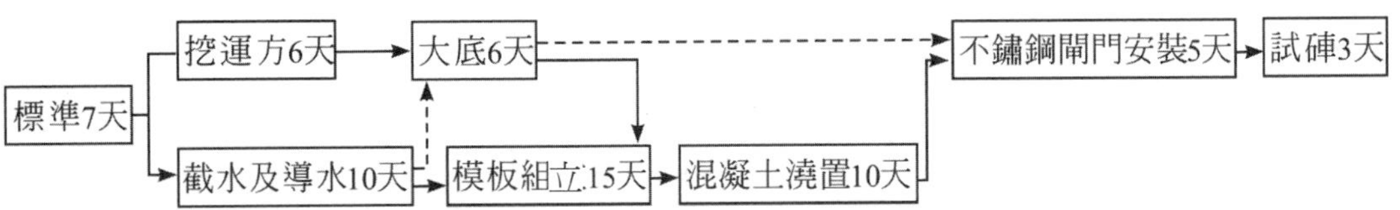

試說明箭線法與結點法網圖優缺點之比較。

解 析

(1) 結點圖具有易於表示營建施工作業之各種先後關係，可在圖上清楚表達作業間之關係。而箭線圖僅有一種而無法表示其他關係。

(2) 箭線圖雖可利用虛作業，但因規定虛作業工期爲零，故無法用以表示施工常遇之等候時間，反而增加一些無謂的麻煩。

(3) 箭線圖最嚴重之缺點爲在電腦上之使用，每個作業需由兩個結點之編號才能加以確定，無論在資料輸入或在網圖辨識上均有相當不便之處。

何謂 S-Curve(芭蕉形曲線)？

解 析

S-Curve(芭蕉形曲線)是美國加州公路局部(CaliforniaDivision Of Highways)就其代表性的 45 個道路工程，研究調查時間之經過與完成數量之進度間之關係，求得道路工程上之工程進度管理曲線。此種 S-Curve(芭蕉形曲線)在縱座標(進度)與橫座標(時間)分別以 10%爲單位而分割，調查各工程之工期與進度之關係，而除去極端快速完成之 10%，及極端落後之 10%者，其餘所剩 80%則均位於進度管理曲線之上，下曲線之內，而呈現之圖形稱爲芭蕉形曲線，若實際工程之進行率落在 Ls Plan(最晚開工)之 Curve 之下，表進度呈現落後之狀況，必須儘快採取適當的趕工補救措施。另外網狀圖時間分析可以界定 S-Curve 合理的規劃時程，故知 Es Plan 及 Ls Plan 是經由網狀圖之作業的起始時間和作業所須之工作天數，所訂出之兩臨界狀態。所以工程實務上一般皆以 S-Curve 做爲管理與績效評估的準則。下圖爲網狀圖依時間分析與 S-Curve(芭蕉形曲線)之關聯性。

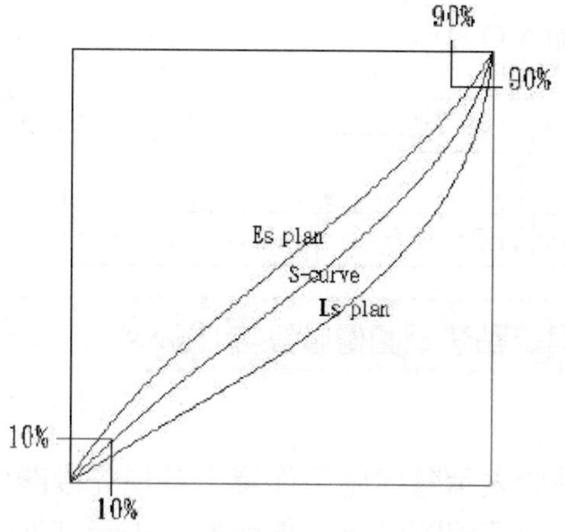

 試說明計畫評核術與要徑法相同及相異處之比較。

解析

(1) 相同處：
 (a) 以網路圖爲分析基礎。
 (b) 適用於大型專案的規則、協調、執行與控制。
 (c) 應用範圍：建築專案、電腦程式寫作、準備提報計畫、及電影製作等等。

(2) 相異處：
 (a) 計畫評核術爲美國海軍發展北極星飛彈計畫時所創用之規劃與控制技術。要徑法爲杜邦化學公司在因應營建工程上之需要而發展出來的控制技術。
 (b) 計畫評核術之時間模型爲機率性(三時估計法)。要徑法之時間模型爲確定性(單時估計法)。
 (c) 計畫評核術適用於作業時間爲不確定狀況下。要徑法適用於作業時間及成本皆爲確定之狀況下。
 (d) 計畫評核術著重時間之分析，如專案完工時間、完工機率之預估等。要徑法除了時間之分析外，並考慮成本因素，同時考量時間與成本之抵換關係，如趕工問題。

 試說明 CPM(要徑法)和 PERT(計畫評核法)之時間計算觀念。

解析

(1) 要徑法(Critical Path Method, CPM)：爲單時估計法，係指估計每一作業在正常狀態下完成所須知時間，CPM在工程管理上可用來趕工縮短工期。

(2) 計畫評核技術(Program Evaluation and Review Technique, PERT)：三時估計法包含以下三種狀態：
   (a) 樂觀時間(Optimistic Time)：理想狀態下，每一作業皆順利進行之所需時間。
   (b) 最可能時間(Most Likely Time)：相同狀態下，同一作業反覆施作，期間發生次數最多的作業時間，該時間必介於樂觀時間與悲觀時間之間。
   (c) 悲觀時間(Presimistic Time)：惡劣狀態下，每一作業皆無法照正常狀態下進行，其所需之時間。

試說明要徑法之優點。

解析

(1) 易於顯示作業間相互關係。
(2) 作更有效之規劃，因要徑中，其規劃階段要求規劃者對每一細節均作周密之考慮。
(3) 容易發現問題之所在，當要徑法應用時，可找出其障礙所在與潛在問題。
(4) 資源分配合理化；要徑方法之採用，可使有限人力、財力、設備等資源做有效地運用，而使不必浪費的資源減至最小。
(5) 替代方案之提出，要徑方法論使用作業研究所帶來的後果，即爲其他代替方案之產生。
(6) 可發揮特殊管理之功效，一但要徑找出後，即要徑上之人力、財力、機具等，使成爲計畫管制之重要所在。

試說明網狀圖繪製要點。

解析

(1) 首先依各項作業之內容繪出工程箭線圖，其次再以整體工程作業之順序，將各項工程箭線圖全體整合，並加以修正不合理之處。
(2) 按照工程不同類別之重要性，畫出基準箭線圖，再視實際需要加以細分。
(3) 細分作業時須先行統合資訊、經驗及專業的知識及重點，才能避免疏漏之處。
(4) 箭線上應標明作業名稱，作業時間，結合點之圓圈編號，相鄰之結合點常以較大之數目字編寫，以免在插入細分項目時無號數字可用之窘境。

(5) 如採用時間比例表爲橫座標參考值時，則箭線之長短應依比例或間隔規格化，並可採虛作業表示作業之前後性。

(6) 如列印時使用彩色印表機，則可以不同顏色來標示不同種類之工作。

(7) 網狀圖上之要徑因總浮時及自由浮兩者皆爲零，其線條常著紅色或以較粗之線條明顯表示之。

(8) 要徑絕非僅有一條，如經縮短工期之作業，則其它作業路徑亦可因浮時的縮減而形成要逕。

(9) 雖非要徑，但浮時少，亦可視爲要徑而加以重點管理。

試說明繪製施工進度網圖時應注意事項。

解析

(1) 不論工程規模之大小，首先均應由作業負責人繪出其負責工程之網圖，其次再以整個工程之作業順序安排各箭線圖之關係，或加以修正。依照工程內容之重要程度，先以大的基準編繪箭線圖，再視必要以細分。

(2) 細分作業時，應注意過分細密反而會不見效，須抓住計畫的重點，決定適當的細分程度。

(3) 整理箭線圖時，應檢討是以施工區分或工作項目爲中心來整理。

(4) 用符號代替作業名稱是不實際的。原則上每個作業明顯標示在圖上，其更易讓人了解與使用。

(5) 繪製時，應注意箭線之比例與間隔。

(6) 工作用之副本可以著色，以不同顏色標示不同類型之作。

(7) 作業若要趕工，其限度可以最遲完成時間爲指標，做適當的趕工計畫。

(8) 各施工作業之總寬裕時間。

(9) 各施工作業之自由寬裕時間。

試說明進度排程之時程分析，主要是要得到哪些進度資訊。

解析

(1) 初步規劃之工程總工期及要徑。

(2) 最早開始時間：代表作業開始進行之最早時間。

(3) 最早完成時間：代表作業可以完成之最早時間。

(4) 最遲開始時間：代表作業施工之最遲開始時間。

(5) 最遲完成時間：不論該作業於何時開始，其完成若超過最遲完成時間，必影響總工期。

工程進度圖表繪製，必須包含哪些內容？

解析

(1) 時程刻度。

(2) 金額、進度百分比。

(3) 施工資訊備註。

若 A 作業是開始作業，B、C、D 作業需在 A 作業完成後才開始，E 作業是在 B 作業完成後開始著手，F 作業是在 D 作業完成後才能開始，E、C、F 作業完成後，G 作業才可開始，G 作業為最後作業。試繪出工程之箭線圖及結點圖。

作業名稱	先行作業
A	-
B	A
C	A
D	A
E	B
F	D
G	E、C、F

解析

(1) AOA網狀圖之繪製

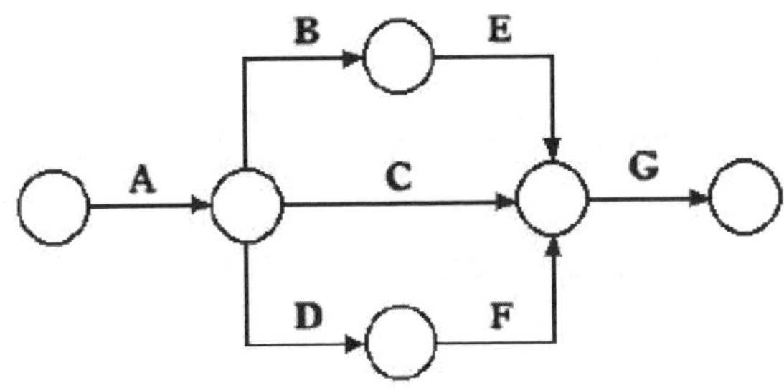

(2) AOD網狀圖之繪製

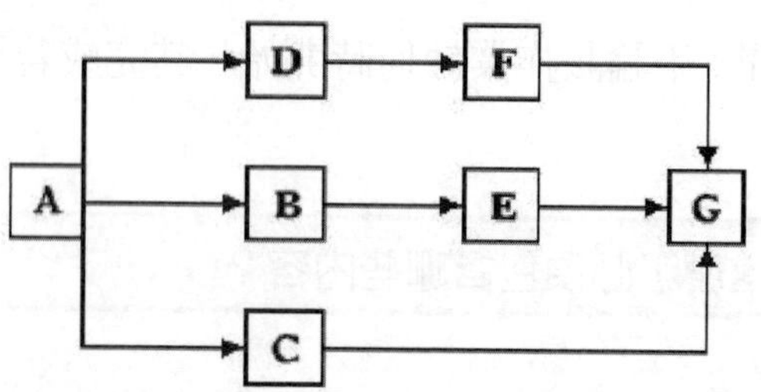

若A、B、C作業是開始作業，D、E作業需在A作業完成後才開始，G、H、K作業是在B作業完成後開始著手，F作業是在C作業完成後才能開始，D作業完成後，L作業才可開始，E作業完成後，G、H作業才可開始、F作業完成後，K作業才可開始，G作業完成後，L、M作業才可開始，H作業完成後，L、M作業才可開始，N作業為最後作業。試繪出該工程之箭線圖及結點圖。

作業名稱	先行作業	後續作業
A	-	D、E
B	-	G、H、K
C	-	F
D	A	L
E	A	G、H
F	C	K
G	B、E	L、M
H	B、E	L、M
K	B、F	N
L	D、G、H	N
M	G	N

解析

(1) AOA網狀圖之繪製

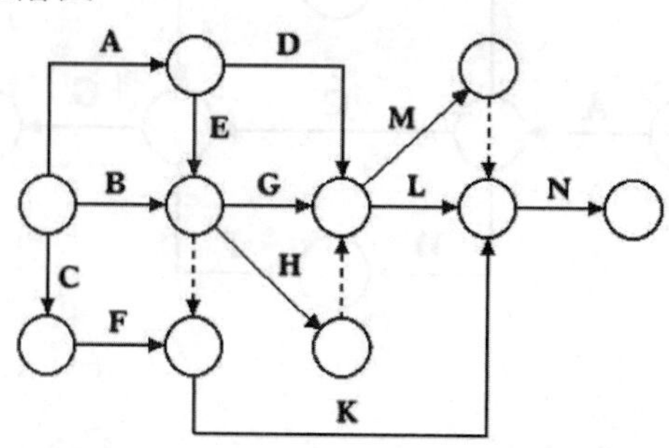

(2) AOD網狀圖之繪製

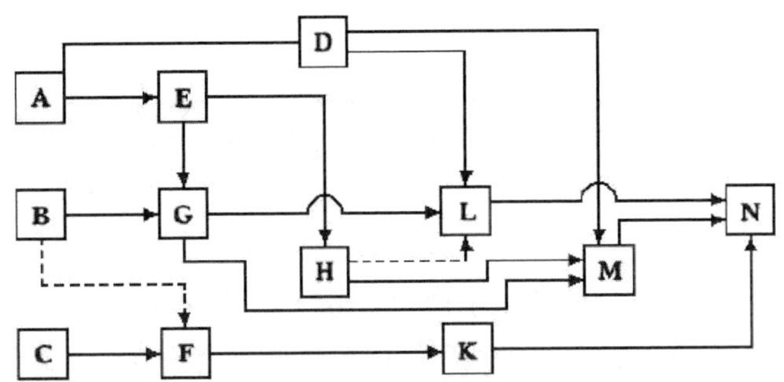

下圖代表由 A、B、C 作業同時開工，一直到 M 作業完成時，每一項作業所須要之天數標示其上，其中 2-4 及 6-7 為虛作業，作業天數為 0，試尋求下圖之要徑。

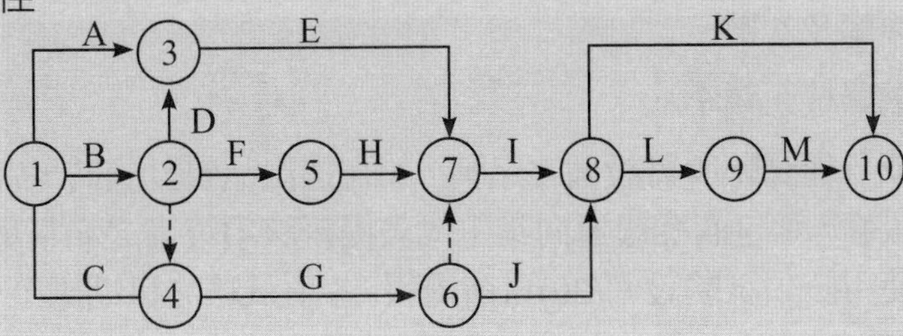

解析

作業項目	結點	期間	ES	EF	LS	LF	總寬裕時間	自由寬裕時間	要徑
B	1-2	15	0	15	0	15	0	0	★
A	1-3	4	0	4	20	24	20	16	
C	1-4	6	0	6	15	24	18	9	
虛	2-4	0	15	15	24	24	9	0	
D	2-3	5	15	20	19	24	4	0	
F	2-5	10	15	25	15	25	0	0	★
G	4-6	6	15	21	24	30	9	0	
E	3-7	9	20	29	24	33	4	4	
H	5-7	8	25	33	25	33	0	0	★
虛	6-7	0	21	21	33	33	12	12	
J	6-8	10	21	31	30	40	9	9	
I	7-8	7	33	40	33	40	0	0	★
L	8-9	4	40	44	40	44	0	0	★
K	8-10	3	40	43	43	46	3	3	
M	9-10	2	44	46	44	46	0	0	★

註：★表示要徑。ES：最早開工時間，EF：最早完工時間，LS：最遲開工時間，LF：最遲完工時間。

承包商提出之營建材料檢試驗申請書必須包含的內容項目。

解析

承包商應依契約規定及業主指示辦理試驗，以確保全部工作符合本契約之規定及要求。必要時承包商得經業主同意後，委託依標準法授權之實驗室認證機構辦理。承包商應向業主提出辦理試驗之清單，該清單應含下列資料：

(1) 試驗名稱及適用標準。
(2) 指明與該項試驗規定有關之契約規範之章節、條款與段句。
(3) 試驗頻率及次數。
(4) 定期儀器校正頻率。
(5) 各項或各種試驗所需設備之名稱，如在提出品質計畫時，尚未了解所需之試驗設備，承包商應儘速向業主代表提報該項設備之名稱與規格。承包商應於使用該項試驗設備(30)日前提報。各項試驗之日期應至少於試驗之(七(7))日前(或業主代表之指定日數)通知業主代表。業主有權使用其自有或獨立試驗機構之試驗設備，以辦理簽證試驗及核對試驗程序、試驗技術與試驗結果，並在承包商自行或委託他人辦理所有試驗時，至現場監督。

試說明營建工作紀錄的內容事項。

解析

承包商在工作過程中，應保留完整之工作紀錄及電腦磁檔以備業主隨時核查，並應於竣工時裝訂成冊，與磁檔一併移交予主辦機關。工作紀錄應包含：

(1) 月報及晴雨表。
(2) 進度月報、估驗申請表。
(3) 材試報告及紀錄、測試紀錄。
(4) 製程品管報告及紀錄。
(5) 施工圖及施工製造圖。
(6) 施工申請及現場檢查紀錄。
(7) 開工、竣工及缺失改善紀錄。

(8) 開會紀錄、協調紀錄及來往函件。

(9) 分包紀錄、採購紀錄、安裝紀錄。

(10)施工紀錄、施預力紀錄、灌漿紀錄。

(11)安全、衛生、環保紀錄及事故、災害紀錄。

(12)保險、保証、理賠及索賠紀錄。

(13)民眾阻撓、抗爭及損鄰紀錄。

(14)契約變更紀錄。

(15)測量紀錄、路權樁及控制樁紀錄。

(16)工程或工作暫停、復工、停工紀錄。

(17)人員與機具設備異動紀錄。

試說明估驗計價之範圍。

解析

承包商估驗計價申請，應包含下列項目：

(1) 按契約條件完成且經查驗合格之工程或工作。

(2) 契約變更之工程或工作按契約要求條件完成，且經查驗合格者。

(3) 除契約另有規定外，運貯於工地或業主指定之國內其他處所且經點收之永久性設備，業主得按承包商提供之相關資料，或單價分析表內之相關價格估定其到場價格，並暫按估定到場價格之(75%)予以估驗計價。辦理每期估驗時，於相關工作項目中扣減。

(4) 按契約規定以按日計酬方式完成且經查驗合格之工程或工作。

(5) 如因契約變更而有新增工作項目時，在新增工作項目之單價議定前，得經業主同意後暫予估驗計價，俟單價依「變更價款之決定」議定後再行調整。

(6) 相鄰工作項目間，或與其他工作類別間之分隔界限，如契約及圖說未明確指定時，應由業主決定。

試說明估驗款申請處理流程。

解析

(1) 按契約條件完成且經檢驗合格之工程，其估驗之契約工款，可結算至編製付款申請書前一適當之日期爲止，並依詳細價目表之順序及格式填寫。

(2) 每一次(期)估驗款申請書，應填送經簽署之正本(二份)及副本(五份)，其格式由業主提供。

(3) 估驗款申請以按月辦理爲原則，並可依實際需要於每月提出(一次或兩次)申請。

(4) 每次(期)估驗付款時，應保留該估驗款額之(5%)，迄累積至契約總價(5%)。

試說明保留款申請處理流程。

解析

(1) 除契約另有規定外，承包商於每期估驗付款時，應保留該期估驗款之(5%)，迄累積至契約總價(5%)爲止，作爲保留款，承包商亦得以同額之保留款保證金保證書做爲擔保。

(2) 保留款於全部工程驗收合格承包商繳納保固保證金後無息發還，或至主辦機關通知解除保證責任止(所指保固保證金之金額爲結算總價之(5%)或依契約規定辦理)。

(3) 初驗合格且無逾期情形者，退還已扣留保留款總額之百分之五十。

驗收結果如與規定不符，於何種情況下，必要時得減價收受？

解析

驗收結果與規定不符，而不妨礙安全及使用需求，亦無減少通常效用或契約預定效用，經機關檢討不必拆換或拆換確有困難者，得於必要時減價收受。

機關辦理查核金額以上之工程，應於工程招標文件規定哪些品管有關事項？

解析

依公共工程施工品質管理作業要點規定，說明如下。

(1) 品質管理人員(以下簡稱品管人員)之資格、人數及其更換規定；每一標案最低品管人員人數規定如下：查核金額以上，未達巨額採購之工程，至少一人。巨額採購之工程，至少二人。

(2) 品管人員應專任，不得跨越其他標案，且施工時應在工地執行職務。

(3) 廠商應於開工前，將品管人員之登錄表報監造單位審查，並於經機關核定後，由機關填報於工程會資訊網路系統備查；品管人員異動或工程竣工時，亦同。

試說明品管人員之工作重點。

解析

依公共工程施工品質管理作業要點規定，說明如下。

(1) 依據工程契約、設計圖說、規範、相關技術法規及參考品質計畫製作綱要等，訂定品質計畫，據以推動實施。

(2) 執行內部品質稽核，如稽核自主檢查表之檢查項目、檢查結果是否詳實記錄等。

(3) 品管統計分析、矯正與預防措施之提出及追蹤改善。

(4) 品質文件、紀錄之管理。

(5) 其他提升工程品質事宜。

機關辦理公告金額以上工程，應於招標文件內訂定營造廠商專任工程人員應執行哪些事項？

解析

依公共工程施工品質管理作業要點規定，說明如下。

(1) 督導品管人員及現場施工人員，落實執行品質計畫，並填具督導紀錄表。

(2) 依據營造業法第三十五條規定，辦理相關工作，如督導按圖施工、解決施工技術問題；查驗工程時到場說明，並於工程查驗文件簽名或蓋章等。

(3) 依據工程施工查核小組作業辦法規定於工程查核時，到場說明。

(4) 未依上開各款規定辦理之處理規定。

試說明監造單位及監工人員之工作重點。

解析

依公共工程施工品質管理作業要點規定，說明如下。

(1) 應負責審查廠商所提施工計畫及品質計畫，並監督其執行。

(2) 對廠商提出之材料設備之出廠證明、檢驗文件、試驗報告等之內容、規格及有效日期應依工程契約及監造計畫予以比對抽驗，並於檢驗停留點(限止點)時就適當檢驗項目會同廠商取樣送驗。抽驗結果應填具材料設備品質抽驗紀錄表。

(3) 對各施工作業應依工程契約及監造計畫實施抽查，並填具施工品質抽查紀錄表。

(4) 發現缺失時，應即通知廠商限期改善並採取矯正措施。

(5) 依規定填報監工日報表。

(6) 其他工程事宜。

試說明品質計畫書製作內容項目。

解析

依公共工程品質計畫書製作綱要規定，說明如下。

(1) 第一章 計畫範圍：依據、工程概要、工程主要施工項目及數量、適用對象。

(2) 第二章 管理責任：品管組織、工作職掌、管理審查。

(3) 第三章 施工要領：施工要領訂定。

(4) 第四章 品質管理標準：品質管理標準訂定。

(5) 第五章 材料及施工檢驗程序：材料設備檢驗程序、施工檢驗程序。

(6) 第六章 設備功能運轉檢測程序及標準：設備功能運轉檢測程序、設備功能運轉檢測標準。

(7) 第七章 自主檢查表：自主檢查表之訂定、自主檢查表之執行。

(8) 第八章 不合格品之管制：不合格材料及設備之管制、施工不合格品之管制。

(9) 第九章 矯正與預防措施：矯正措施、預防措施。

(10) 第十章 內部品質稽核：品質稽核權責、品質稽核範圍、品質稽核頻率、品質稽核流程。

(11) 第十一章 文件紀錄管理系統：文件管理系統、紀錄管理作業程序、紀錄移轉及存檔。

對於一千萬元以上未達查核金額之工程，機關得依工程規模及性質縮減品質計畫內容。但新臺幣一千萬元以上未達查核金額之工程，其品質計畫內容至少應包含哪些項目？

解析

(1) 品質管理標準。
(2) 自主檢查表。
(3) 材料及施工檢驗程序。
(4) 文件紀錄管理系統。

試說明品質計畫書之工程概要內容項目。

解析

(1) 工程名稱。
(2) 工程主辦機關。
(3) 設計單位及設計人。
(4) 監造單位及監造人。
(5) 廠商及專任工程人員。
(6) 工程地點。
(7) 契約工期。
(8) 工程規模概述(以建築工程為例，如：基地面積、建築面積、地上層數、地下層數、結構型態等)。
(9) 契約金額。

試說明品質計畫書之施工要領應包含的內容。

解析

(1) 施工機具：施工機具應考慮施工條件，規劃合適施工機具及數量，如混凝土施工作業所需之泵浦車、震動器(內模或外模)等。
(2) 使用材料：施作時所需之材料，如混凝土施工作業之預拌混凝土。
(3) 施工方法、步驟(順序)與流程圖：施作順序應考慮與其他工種之配合。
(4) 施工注意事項：施作時應考慮或執行之事項、施工經驗或慣例所需施作事項，及疏忽或未考慮時將影響施工安全、品質或施工效率之工作事項等。

(5) 施工安全衛生與環保規定。

(6) 附圖與應用表單。

試說明品質計畫書之品質管理標準訂定項目。

解析

對於分項之工程品質管理標準項目，其內容至少包含：

(1) 作業流程：列出分項工程之施工順序。

(2) 管理要項：針對各施工階段，列出管理項目、管理標準、檢查時機、檢查方法、檢查頻率與不符合之處理方式。

(3) 管理紀錄。

(4) 備考：相關法規與標準。

試說明品質計畫書之材料設備檢驗程序。

解析

(1) 材料設備選定前之送審流程。

(2) 材料設備進料前之管制程序。

(3) 材料設備檢試驗單位之核備程序。

(4) 材料設備於進場後之管理(已檢驗與未檢驗之區隔)。

(5) 材料設備檢驗流程。

(6) 對材料設備檢、試驗結果之管制方法。

(7) 應用表單及使用說明。

試說明品質計畫書之施工檢驗程序。

解析

(1) 訂定限止點。

(2) 施工檢驗流程(包含自主檢查及向主辦機關申請檢驗程序)。

(3) 對檢驗結果之管制。

(4) 應用表單及使用方法。

試說明品質計畫書之設備功能運轉檢測程序。

解析

(1) 機電系統架構：繪製系統架構圖，說明零組件、次系統、整體系統間之關聯性。

(2) 單機設備檢測：確認單機設備於裝置後，能符合契約要求，依設備性質規劃訂定測試計畫，包含測試項目、時機、程序、方法及使用表單等。

(3) 系統運轉檢測：確認機電設備其相關之管路、電氣、儀控、監測等全套系統設備裝配完成後，能符合契約要求，依設備之性質，檢討訂定相關測試計畫。

(4) 整體功能試運轉檢測：確認各機電設備系統裝置完成後，對整體內各系統之相互連結、啓動、運轉與操控能正常運作，依設備之性質，檢討訂定相關測試計畫及所應提交監造單位之測試紀錄、報告。

試說明自主檢查表的內容及注意事項，應包含哪些？

解析

(1) 自主檢查表內容，至少應包含：
 (a) 檢查項目。
 (b) 檢查標準(含標準值及檢測(查)值)。
 (c) 檢查結果之記錄等欄位。

(2) 自主檢查表應說明下列事項：
 (a) 執行人員及時機。
 (b) 不符合情形(可即時改正或屬重大異常)處置及管制方式。

試說明品質計畫書之不合格材料及設備、施工之管制程序。

解析

(1) 不合格材料及設備之管制程序
 (a) 配合材料設備檢驗程序規定，檢討經現場檢驗不合格或抽樣試驗結果不合格情形之處理方式，及儲存方式(合格、不合格品應於現場區隔儲存)。
 (b) 對不合格品後續處置之追蹤管制。
 (c) 對材料及設備不合格率異常時之管制方式，及如何與矯正與預防措施連結。

(d) 相關應用表單及使用說明。

(2) 施工不合格品之管制程序

(a) 配合材料及施工檢驗程序規定，經檢驗不合格之處理方式。對於可即時改正缺失部分或重大缺失，應訂定有不同之管制方法。

(b) 對不合格施工之後續處理追蹤機制及管制表格，並訂定核定權責。

(c) 對於施工缺失頻率高之項目，如何與矯正與預防措施作連結。

(d) 相關應用表單及使用說明。

試說明品質計畫書不合格材料之矯正措施及預防措施程序。

解析

(1) 矯正措施

(a) 矯正作業辦理時機之訂定(依缺失發生之頻率、缺失之嚴重性等)。

(b) 矯正措施執行之流程。

(c) 矯正結果之紀錄。

(d) 矯正措施成效之評估方法。

(e) 相關應用表單及使用說明。

(2) 預防措施

(a) 採行預防措施之時機。

(b) 預防措施之執行流程。

(c) 所採行措施之結果紀錄。

(d) 預防措施成效之評估方法。

試說明品質計畫書之品質稽核範圍。

解析

品質稽核範圍(事項)至少應包含下列各項：

(1) 施工人員應具備執行工作的基本知能，及確實了解自身所肩負的任務與品質責任。

(2) 施工人員確實了解執行工作的標準(施工要領、品質管理標準)。

(3) 對於工地之各項計畫、施工要領、施工圖表、品質管理標準、自主檢查等，是否落實執行。

(4) 由文件及紀錄查證執行工作者確實依據作業流程執行。

(5) 查證執行工作成果符合作業紀錄且品質無虞。

(6) 回饋機制之有效性。

鋼構造之品質管理計畫書，至少應包含工廠製作品質管理計畫書及現場安裝品質管理計畫，其內容應包含哪些。

解析

(1) 工廠製造之品質管理計畫書
  (a) 擬定製造作業計畫書。
  (b) 擬定工廠製作品質管理流程。
  (c) 建立工廠製作品質管理組織。
  (d) 設計圖說之確認。
  (e) 品質檢驗之標準、檢驗方法與頻率。
  (f) 品質不良之處理。
  (g) 品管紀錄之統計分析及檔案之管理。
  (h) 檢驗結果與改善。

(2) 現場安裝之品質管理計畫書
  (a) 擬定構件吊運及安裝作業計畫書。
  (b) 擬定現場安裝品質管理流程。
  (c) 建立現場安裝品質管理組織。
  (d) 設計圖說之確認。
  (e) 品管標準及查核管制點之擬定。
  (f) 檢查計畫之擬定及實施。
  (g) 檢驗結果與改善。

試說明鋼構造施工計畫書之內容。

解析

承包商所提送之鋼構造施工計畫書，應包含以下各項：

(1) 總則。

(2) 工程概要。

(3) 施工組織。

(4) 臨時支撐計畫。

(5) 工廠製作作業計畫。

(6) 現場安裝作業計畫。

(7) 接合作業計畫。

(8) 品質管理、檢查。

(9) 其他工作配合事項。

(10)勞工安全衛生管理措施。

某工程之磚造牆 10.0m×6.0m，磚縫(垂直、水平)各為 1cm，若依 CNS 規定，請問 1B 磚數量(不包含損耗)？

解析

現有磚造牆面積爲 10.0m×6.0m=60 m^2。根據 CNS 382 規定建築用普通磚尺寸爲 230mm(長)×110mm(寬)×60mm(厚)。計算時，先計算 1/2B 磚。

每塊磚的面積爲 0.24m×0.07m=0.0168m^2(已包含磚縫)。故 1/2B 紅磚數量爲 60/0.0168=3571.4 塊。由於 1B 磚爲 1/2B 磚數量 2 倍，所以 1B 紅磚數量爲 3571.4×2=7,142.8 塊，直接進位取整數爲 7,143 塊。

試說明環境影響評估的定義。

解析

環境影響評估係指開發行爲或政府政策對環境包含生活環境、自然環境、社會環境及經濟、文化、生態等可能影響之程度及範圍，事前以科學、客觀、綜合之調查、預測、分析及評定，提出環境管理計畫，並公開說明及審查。

哪些項目之開發行為對環境有不良影響之虞者，應實施環境影響評估？

解析

依環境影響評估法第五條規定，具下列開發行爲對環境有不良影響之虞者，應實施環境影響評估：

(1) 工廠之設立及工業區之開發。

(2) 道路、鐵路、大眾捷運系統、港灣及機場之開發。

(3) 土石採取及探礦、採礦。

(4) 蓄水、供水、防洪排水工程之開發。

(5) 農、林、漁、牧地之開發利用。

(6) 遊樂、風景區、高爾夫球場及運動場地之開發。

(7) 文教、醫療建設之開發。

(8) 新市區建設及高樓建築或舊市區更新。

(9) 環境保護工程之興建。

(10)核能及其他能源之開發及放射性核廢料儲存或處理場所之興建。

(11)其他經中央主管機關公告者。

環境影響說明書應記載哪些項目？

解析

(1) 開發單位之名稱及其營業所或事務所。

(2) 負責人之姓名、住、居所及身分證統一編號。

(3) 環境影響說明書綜合評估者及影響項目撰寫者之簽名。

(4) 開發行爲之名稱及開發場所。

(5) 開發行爲之目的及其內容。

(6) 開發行爲可能影響範圍之各種相關計畫及環境現況。

(7) 預測開發行爲可能引起之環境影響。

(8) 環境保護對策、替代方案。

(9) 執行環境保護工作所需經費。

(10)預防及減輕開發行爲對環境不良影響對策摘要表。

試說明營建施工空氣污染之環保法規規定。

解析

自民國八十四年七月一日起，固定污染源(工廠)及移動污染源(車輛)均需繳納空氣污染防制費(隨油徵收)。然而空氣污染之來源並不僅限於上述兩類污染源，以營建工程所造成的懸浮微粒(PM10)與逸散性粉塵(TSP)等對台灣地區空氣污染的影響最大，也最爲民眾所詬病，因此社會各界質疑營建工程未納入徵收對象有失公平，故政府乃依據「空氣污染防制費收費辦法」，自八十六年七月一日起向各營建工地徵收空氣污染防制費，以落實「污染者付費」之原則。徵收營建工地空氣污染防制費之目的乃將營建工程所造成空氣污染之社會成本反映在此費用上，並將所徵收之費用專款專用於空氣污染防制工作上。本辦法自中華民國九十三年七月一日施行。營建工程空氣污染防制費計算：

(1) 公式一：徵收額度=費率×工期×工程規模。

(2) 公式二：徵收額度=費率×工程合約經費。

試說明災害防救組織體系、權限及其運作模式。

解析

國內災害防救組織依法分為中央、縣(市)及鄉(鎮、市、區)等，如圖所示，在不同組織層級上，其組織體系、權限及運作模式亦不相同，以下將分別簡述我國中央政府及地方政府之組織體系、權限及運作模式。

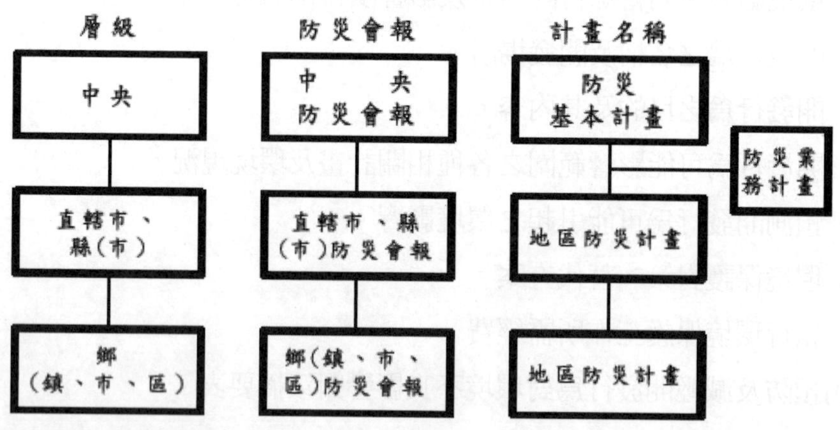

試說明國內救災應變運作機制之組織架構。

解析

國內緊急應變體系依行政體系依序分為中央、直轄市縣市及鄉鎮市三個層級，如圖所示，說明如下：

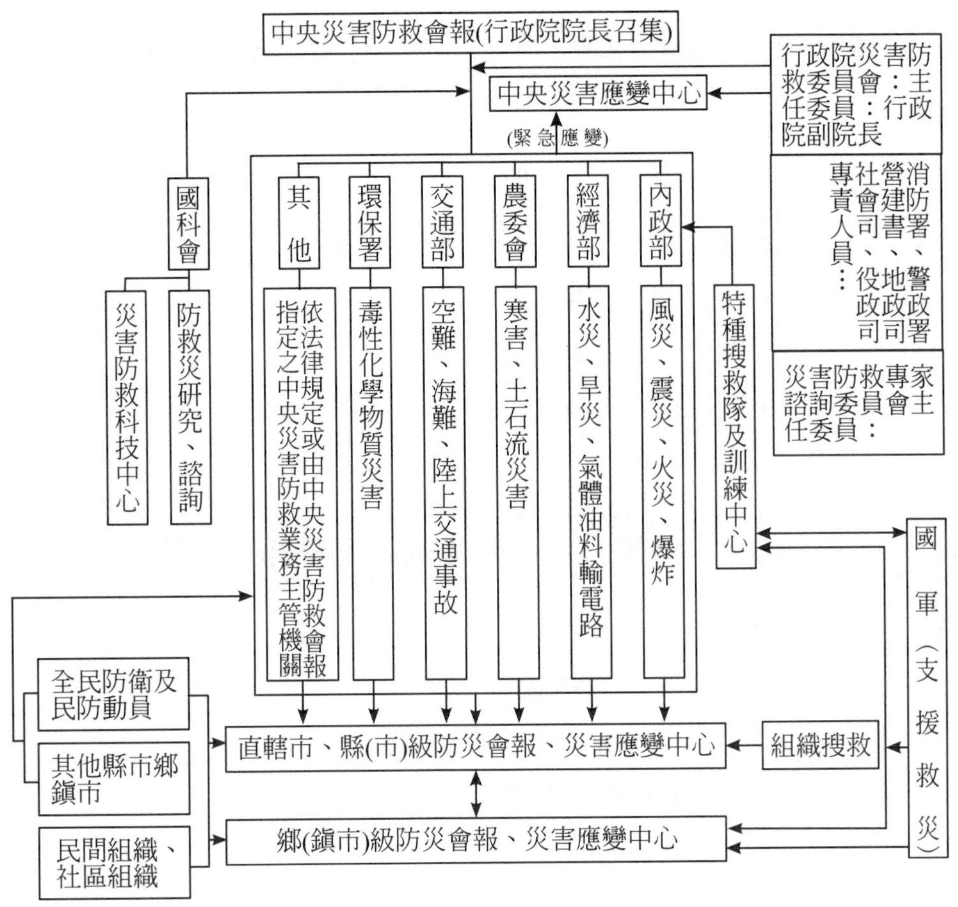

 行政院設中央災害防救會報，其任務包含哪些？

解析

依災害防救法第六條規定，說明如下：

(1) 決定災害防救之基本方針。

(2) 核定災害防救基本計畫及中央災害防救業務主管機關之災害防救業務計畫。

(3) 核定重要災害防救政策與措施。

(4) 核定全國緊急災害之應變措施。

(5) 督導、考核中央及直轄市、縣(市)災害防救相關事項。

(6) 其他依法令所規定事項。

直轄市、縣(市)政府設直轄市、縣(市)災害防救會報，其任務包含哪些？

解 析

依災害防救法第八條規定，說明如下：

(1) 核定各該直轄市、縣(市)地區災害防救計畫。

(2) 核定重要災害防救措施及對策。

(3) 核定轄區內災害之緊急應變措施。

(4) 督導、考核轄區內災害防救相關事項。

(5) 其他依法令規定事項。

鄉(鎮、市)公所設鄉(鎮、市)災害防救會報，其任務包含哪些？

解 析

依災害防救法第十條規定，說明如下：

(1) 核定各該鄉(鎮、市)地區災害防救計畫。

(2) 核定重要災害防救措施及對策。

(3) 推動災害緊急應變措施。

(4) 推動社區災害防救事宜。

(5) 其他依法令規定事項。

試說明災害防救基本計畫內容之規定。

解 析

依災害防救法第十八條規定，說明如下：

(1) 整體性之長期災害防救計畫。

(2) 災害防救業務計畫及地區災害防救計畫之重點事項。

(3) 其他中央災害防救會報認爲有必要之事項。

(4) 前項各款之災害防救計畫、災害防救業務計畫、地區災害防救計畫內容之規定如下：

(a) 災害預防相關事項。

(b) 災害緊急應變對策相關事項。

(c) 災後復原重建相關事項。

(d) 其他行政機關、公共事業、直轄市、縣(市)、鄉(鎮、市)災害防救會報認為必要之事項。

(e) 行政機關依其他法律作成之災害防救計畫及災害防救相關規定，不得牴觸本法。

 各級政府及相關公共事業應實施災害應變措施，其實施項目包含哪些？

解析

依災害防救法第二十七條規定，說明如下：

(1) 警報之發布、傳遞、應變戒備、災民疏散、搶救與避難之勸告及災情蒐集與損失查報等。

(2) 消防、防汛及其他應變措施。

(3) 受災民眾臨時收容、社會救助及弱勢族群特殊保護措施。

(4) 受災兒童、學生之應急照顧事項。

(5) 危險物品設施及設備之應變處理。

(6) 消毒防疫、食品衛生檢驗及其他衛生事項。

(7) 警戒區域劃設、交通管制、秩序維持及犯罪防治。

(8) 搜救、緊急醫療救護及運送。

(9) 罹難者屍體及遺物之相驗及處理。

(10)民生物資及飲用水之供應與分配。

(11)水利、農業等災害防備、搶修。

(12)鐵路、公路、捷運、航空站、港埠、公用氣體與油料管線、輸電線路、電信、自來水等公共設施之搶修。

(13)危險建物之緊急鑑定。

(14)漂流物、沈沒品及其他救出物品之保管、處理。

(15)災害應變過程之完整記錄。

(16)其他災害應變及防止擴大之措施。

災害防救物資、器材，其項目包含哪些？

解析

依災害防救法施行細則第十條規定，說明如下：

(1) 飲用水、糧食及其他民生必需品。

(2) 急救用醫療器材及藥品。

(3) 人命救助器材及裝備。

(4) 營建機具、建材及其他緊急應變措施之必需品。

(5) 其他必要之物資及器材。

災害防救設施、設備，其項目包含哪些？

解析

依災害防救法施行細則第十條規定，說明如下：

(1) 人員、物資疏散運送工具。

(2) 傳染病防治、廢棄物處理、環境消毒及衛生改善等設備。

(3) 救災用準備水源及災害搶救裝備。

(4) 各種維生管線材料及搶修用器材、設備。

(5) 資訊、通信等器材、設備。

(6) 其他必要之設施及設備。

試繪圖說明施工廠商緊急通報及作業流程。

解析

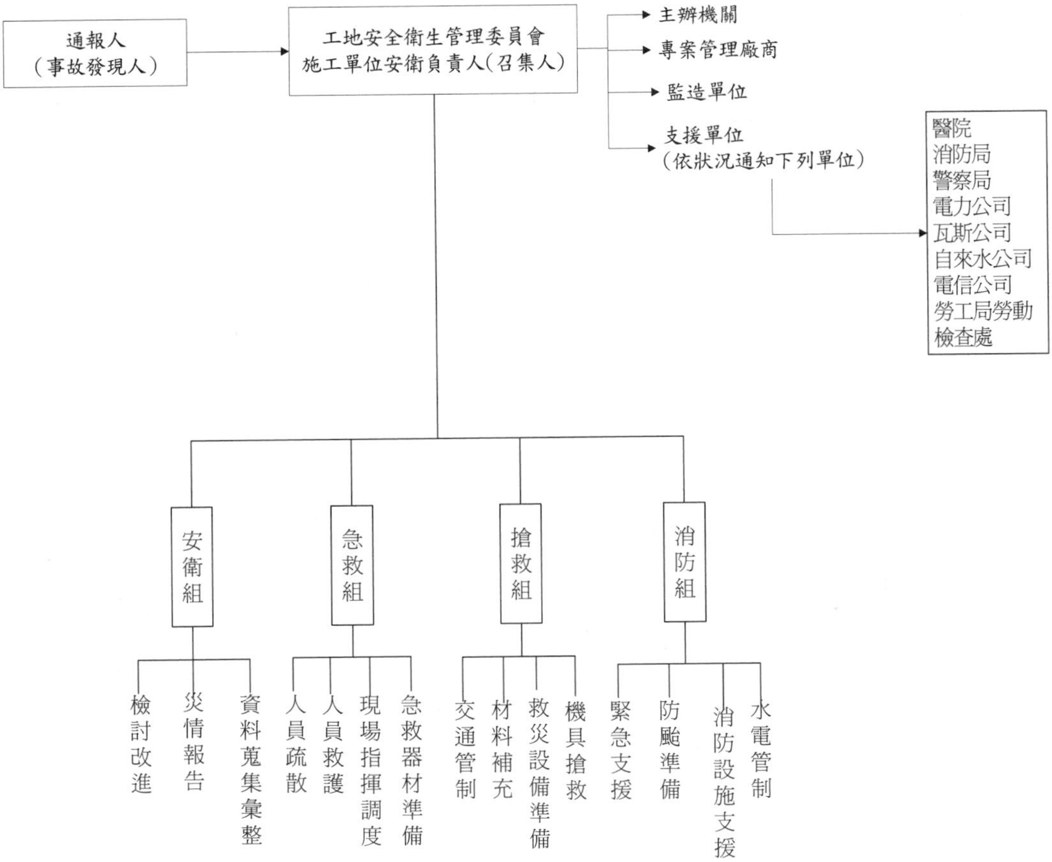

通報人（事故發現人） → 工地安全衛生管理委員會 施工單位安衛負責人（召集人）

工地安全衛生管理委員會 施工單位安衛負責人（召集人） →
- 主辦機關
- 專案管理廠商
- 監造單位
- 支援單位（依狀況通知下列單位） → 醫院、消防局、警察局、電力公司、瓦斯公司、自來水公司、電信公司、勞工局勞動檢查處

工地安全衛生管理委員會 施工單位安衛負責人（召集人）下設：
- 安衛組：檢討改進、災情報告、資料蒐集彙整
- 急救組：人員疏散、人員救護、現場指揮調度、急救器材準備
- 搶救組：交通管制、材料補充、救災設備準備、機具搶救
- 消防組：緊急支援、防颱準備、消防設施支援、水電管制

試依下圖及表計算下列 10m 長度之排水溝鋼筋數量。

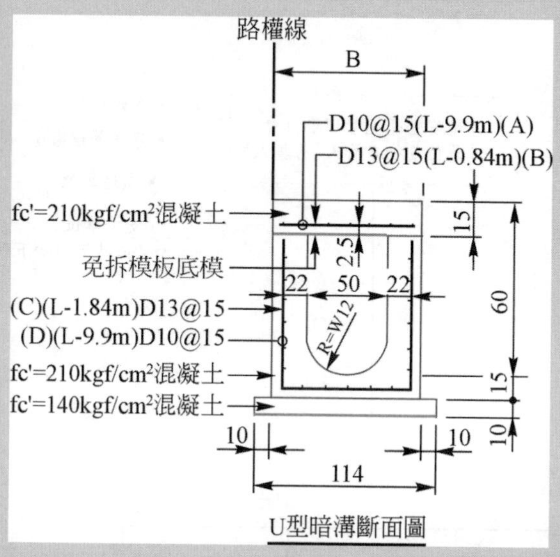

編號	號數 (#)	單位重 (kg/m)	長度 (m)	數量 (根)	總重 (kg)
A					
B					
C					
D					
				總計：	
#3 鋼筋總計：		kg			
#4 鋼筋總計：		kg			

解析

編號	號數 (#)	單位重 (kg/m)	長度 (m)	數量 (根)	總重 (kg)
A	3	0.560	9.90	7	38.8
B	4	0.994	0.84	67	55.9
C	4	0.994	1.84	67	122.5
D	3	0.560	9.90	14	77.6
				總計：	294.9
#3 鋼筋總計：		116.4	kg		
#4 鋼筋總計：		178.5	kg		

試依下圖計算下列 10m 長度之排水溝混凝土數量。

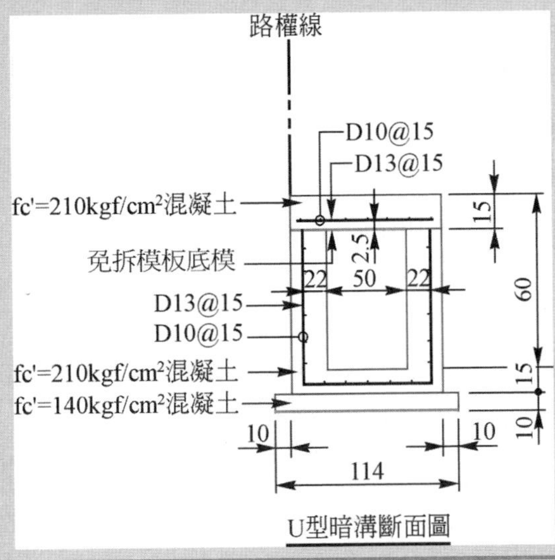

U型暗溝斷面圖

解 析

混凝土抗壓強度 (kg/cm^2)	計算式	體積 (m^3)
140	1.14×0.1×10.0	1.14
210	(0.75×0.94-0.50×0.45) ×10.0	4.80
	總計：	5.94

試依下圖計算下列 10m 長度之排水溝木模板數量。

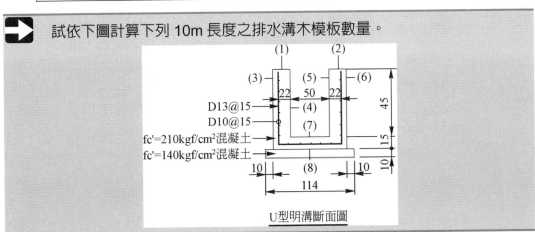

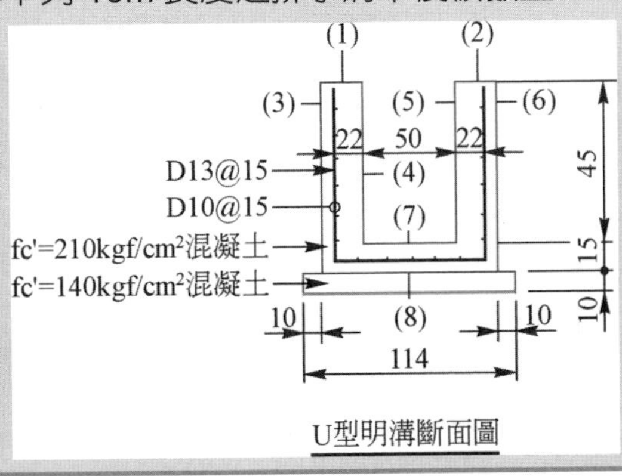

U型明溝斷面圖

解 析

(1) 部位(1)：0.0m^2。

(2) 部位(2)：0.0m^2。

(3) 部位(3)：0.6×10.0=6.0m^2。

(4) 部位(4)：0.45×10.0=4.5m^2。

(5) 部位(5)：0.45×10.0=4.5m^2。

(6) 部位(6)：0.6×10.0=6.0m^2。

(7) 部位(7)：0.0m^2。

(8) 部位(8)：0.0m^2。

(9) 總計：6.0+4.5+4.5+6.0=21.0 m^2。

某工程作業資料如下，

(1) 關係及延時(lag)皆為 FS，0，畫出網圖，計算總浮時，找出要徑。

(2) 畫出最早、最晚時間之成本曲線圖。

作業	工期	成本	後續作業
A	2	1,400	C
B	2	1,000	E、F
C	1	0	D
D	4	6,400	-
E	5	2,500	D
F	8	8,000	D

解析

(1) 關係及延時(lag)皆爲FS 0，畫出網圖，計算總浮時，找出要徑。

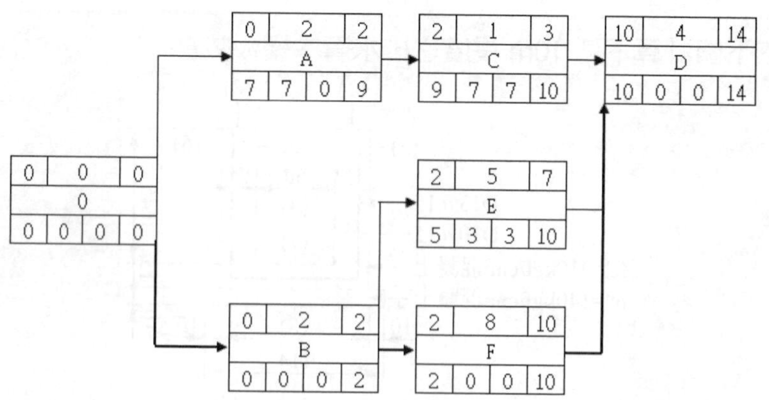

要徑：B->F->D

(2) 畫出最早、最晚時間之成本曲線圖。

最早開始時間

作業	工期	成本	每日工程費	1	2	3	4	5	6	7	8	9	10	11	12	13	14
A	2	1,400	700	700	700												
B	2	1,000	500	500	500												
C	1	0	0			0											
D	4	6,400	1,600											1,600	1,600	1,600	1,600
E	5	2,500	500			500	500	500	500	500							
F	8	8,000	1,000			1,000	1,000	1,000	1,000	1,000	1,000	1,000	1,000				
			每日工程費	1,200	1,200	1,500	1,500	1,500	1,500	1,500	1,000	1,000	1,000	1,600	1,600	1,600	1,600
			累計工程費	1,200	2,400	3,900	5,400	6,900	8,400	9,900	10,900	11,900	12,900	14,500	16,100	17,700	19,300

最遲開始時間

作業	工期	成本	每日工程費	1	2	3	4	5	6	7	8	9	10	11	12	13	14
A	2	1,400	700								700	700					
B	2	1,000	500	500	500												
C	1	0	0										0				
D	4	6,400	1,600											1,600	1,600	1,600	1,600
E	5	2,500	500						500	500	500	500	500				
F	8	8,000	1,000			1,000	1,000	1,000	1,000	1,000	1,000	1,000	1,000				
			每日工程費	500	500	1,000	1,000	1,000	1,500	1,500	2,200	2,200	1,500	1,600	1,600	1,600	1,600
			累計工程費	500	1,000	2,000	3,000	4,000	5,500	7,000	9,200	11,400	12,900	14,500	16,100	17,700	19,300

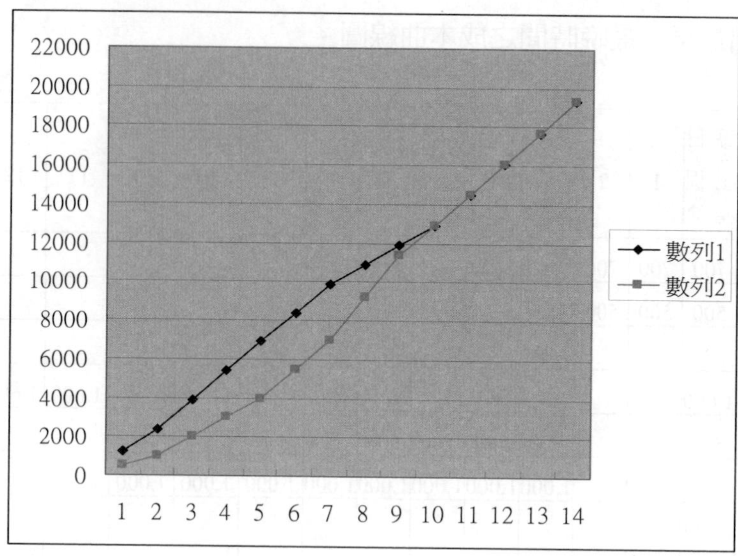
22000
20000
18000
16000
14000
12000
10000
8000
6000
4000
2000
0
1 2 3 4 5 6 7 8 9 10 11 12 13 14
數列1
數列2

9

契約與規範

契約與規範應具備工作智能之技能種類、技能標準及相關知識範圍，內容說明如下。

一、合約之編寫

(一) 技能標準：能依投標須知、工程圖說、估價單，以及有關法令之規定編寫合約書。

(二) 相關知識：瞭解編寫合約書各種法令之規定及法律上注意事項。

二、合約之執行

(一) 技能標準：能依合約書中之規定辦理工程開工、計價、驗收等工作。

(二) 相關知識：瞭解合約中之規定做為工程執行之依據。

三、各類小包之契約

(一) 技能標準：能參予工程各類小包訂立合情合理之工程契約做爲工程管制之依據。

(二) 相關知識：瞭解一般工程習慣與各類小包訂立契約之方法。

四、爭議處理與仲裁

(一) 技能標準：能瞭解工程糾紛可以調解、和解、仲裁或訴訟方式來處理。

(二) 相關知識：瞭解仲裁條款或爭議處理之擬訂方法及注意事項。

五、工程保證款及工程保險

(一) 技能標準：能瞭解各種工程保證款及工程保險所代表的意義。

(二) 相關知識：瞭解辦理工程保證款及工程保險之相關事宜。

六、施工規範

(一) 技能標準：能瞭解合約書中施工規範之規定，並安排施工程序及材料檢驗。

(二) 相關知識：瞭解合約中相關規範之規定。

工程契約合法性有哪些要項？

解析

(1) 雙方同意。

(2) 雙方均具有法定資格。

(3) 合法。

(4) 遵照法律條文履行並按照規定格式立約。

工程契約結構可分為哪五大部份？

解析

(1) 契約名稱。

(2) 契約內容與事實。

(3) 保證及約束。

(4) 署名及日期，以及補充或變更之聲明。

(5) 刪改及增補。

試說明契約文件內容應包含哪些項目？

解析

(1) 契約主文。

(2) 投標須知。

(3) 履約條款：定義及解釋、權責及契約文件、契約變更、法令及保險、工期、展延及延誤、品質、材料、機具、人力及管理、計量計價及估驗、違約、契約終止、解除及接管、竣工、驗收及保固、爭議處理。

(4) 表格及附件：招標公告、授權書、投標廠商聲明書、投標廠商印模單、押標金連帶保證書、差額保證金連帶保證書、預付款還款保證連帶保證書、履約保證金連帶保證書、保固保證金連帶保證書、詳細價目表(標單)、投標書、投標書(封面)及目錄、投標廠商參與開標(議價)簽到表、工程開標/議價/決標/流標/廢標紀錄表、投標廠商資格審查表、進度曲線表、決標通知書、工程契約(封面)及目錄、投標封套(封面)、標封(封面)、證件封(封面)、標單封(封面)、業主指派通知書、承包商工地負責人授權書、承包商專任工程人員通知書、承包商品管負責人授權書、開工通知書、工程開工報告表、契約變更書、工程竣工報告表、工程竣工查驗紀錄、初驗紀錄、驗收紀錄、工程結算驗收證明書。

 何謂「合約文件一致性」？

解析

契約文件眾多，難免有彼此不符的情形發生，為了杜絕爭議，故在合約中常列有『合約文件一致性』的規定，如明訂合約表格、設計圖、各種規範等，均為構成合約之必要部分。其中任一文件中之任一要求，即係全般之要求。

 試說明契約文件及其優先順序。

解析

契約文件間，若有相互衝突或不一致之情形時，除另有規定外，應依照下列順位決定其適用之優先順序：

(1) 契約主文。
(2) 開標(議價)紀錄及決標紀錄。
(3) 投標書及其附件。
(4) 補充說明。
(5) 特訂條款。
(6) 圖說。
(7) 一般條款。
(8) 技術規範。
(9) 投標須知。
(10)其他契約文件。

 試說明工程承攬契約種類。

解析

(1) 定額承包契約
(a) 總價承包契約(Lump Sum Contract)：就是甲乙雙方約定完成圖說、規範所訂定的一切工程所需的總價款的一種契約。即承包商完成契約所約定的全部工作，業主給付簽訂契約時的總價款。若有加減金額時。必須依契約中的約定行之;例如工程變更、設計變更等的金額協議。簽訂本契約之設計及施工規範或說明書應極詳細。

(b) 單價承包契約(Unit Price Contract，Schedule of RatesContract)：就是預先估算工程項目中各工種之單價，再乘以概算之數量而得契約總金額的一種契約方法。付款方式爲業主依照完工之工程數量及簽訂之單價，核算付予承包者。因當初的工程數量爲概算，故契約總金額可能變動；也因此其總價常與原契約總價不同。單價承包契約適用於工程需緊急實施而細部設計及正確數量尙未完成時，以及非工程費用分散於多數工種之複雜工程時。

(c) 數量精算式總價承包契約(Measure and Value Contracts)乃是總價承包與單價承包之混合式承包契約方法。本契約方式係以數量明細表(Bill of Quantity)、圖說及規範爲基礎求出單價，塡入數量明細表所列項目中並計算出契約總價。在契約中附有總價與單價計價付款時又依實際完工數量及合約單價計算金額支付。換言之，承包商依照業主提供之圖說與規範完成建築物，俟工程完工後，再統計實際使用之工料，計算出工程總價。

(2) 成本報酬契約(cost-plus contract)

成本報酬契約係定作人付給承攬人的總額，係以材料、勞務費用，及雙方合意以該材料及勞務費用之一定比率爲承攬人之利益的一種方式。爲緊急需要而實施之新工法，或預測工程極具危險之情況下所採用的契約方法。成本報酬契約大致有下列三種型態：

(a) 成本加算百分率計價契約(Cost Plus Percentage Contract)。

(b) 成本加算固定費用計價契約(Cost Plus Fixed Free Contract)。

(c) 目標估價制成本加算顧訂費用計價契約(Target Cost Plus Fee Contracts)。

(d) 成本加最高限額保証報酬契約(Cost Plus Guarantee Maximum Contracts)。

試說明下列工程契約的適用性。

(1) 管理契約(Management Contracts)。

(2) 統包契約(Turnkey Contracts)。

(3) 轉換契約。

(4) 建設/營運/轉讓契約(Build-Operate-Transfer；BOT)。

解析

(1) 管理契約：適用於無法正確估算工程成本的工程及)擬降低本的工程。

(2) 統包契約：適用於工程規模龐大，須有高度施工技術之工程。

(3) 轉換契約：適用於所有的工程。尤其是大而複雜的工程。

(4) 建設/營運/轉讓契約：指民間機構參與基礎設施和公共工程的開發和營運在工種竣工後的特許的時間期限內進行營運。向用戶收取費用。以回收投資、償還債務、賺取利潤，到達許可年限後，再將該工程交給政府營運。

試說明 BOT 執行之生命週期。

解析

BOT 意指「民間機構之興建」、「民間機構之營運」以及「民間機構之移轉」。BOT 生命週期分爲以下八個階段，各階段及其主要工作，如下表所示：

工作階段	主要工作內容
可行性評估及先期規劃	研提政策需求分析、進行其可行性評估；並提列構想、經費與期程以進行工程初步的執行對策分析與評估。
公告及申請	招商作業之準備、甄審條件之告示，提供參加廠商對於專案特性之瞭解。
甄審及評決	經由合格申請人之選定確認最優申請人作爲 BOT 契約民間機構之最優先對象以進行後續工作。
議約及簽約	按主辦機關及最優申請人同意之事項，於各項文件完備後予以簽訂，俾作爲執行之依據。
設計作業	本階段工作內容包含以基本設計及細部設計爲主，並涵蓋如：水土保持計畫、都市計畫或環境影響評估等事項。
施工	依細部設計的成果進行 BOT 專案工程構造物與設備之施工與建設作業
營運	依契約與規範之要求，民間機構對 BOT 專案之構造物或經核准之相關事業進行經營，並維持其允諾的服務水準，確保公共利益。
移轉	興建營運屆滿時，民間機構依 BOT 契約的規定，將相關資產移轉主辦機關。

試說明設計與監造契約的項目有哪些？

解析

(1) 工程名稱、規模、投資額及施工地點。

(2) 受任人的義務。

(3) 委任人之義務。

(4) 設計的修改及停用。

(5) 設計、監造酬金支給付標準。

(6) 設計完成之期限、設計進度、建照取得之時間及罰則。

(7) 糾紛的處理。

(8) 其他。

試問合約簽訂方式一般有總價承包、單價承包及成本加報酬合約，其相關意義及適用時機為何？

解析

(1) 總價合約

當承包商依業主所定之設計圖說、規範，完成約定之構造物後，業主付給承包商所簽訂之總價款，稱之。

適用時機：

(a) 投標時，業主必須提供正確的工程數量，且設計圖說、施工規範或說明書應極爲詳細。

(b) 工程性質較爲單純，不應具有嚴重或預測困難之危險。

(c) 業主應能充分給予合約上容許範圍之一切方便。

(2) 單價合約

由承包商估算工程項目之單價，將單價乘以概估數量而得合約金額之合約，稱之。

適用時機：

(a) 工程需緊急實施，但細部設計及工程數量尚未完成。

(b) 當工程項目之實際數量與可能與原估計數量相差很大時，而造成爭執時。

(3) 成本加報酬合約

工程成本一實報實銷計算，待工程結束後，由業主給付一定比例之報酬給予承包商，做爲利潤報酬。此報酬一般可固定百分率或固定費用給付。適用時機：

(a) 可用於專業工程監造。

(b) 工程特殊很難掌控執行過程可能會出現的成本。

何謂統包？綜合營造業欲以統包的方式承攬工程有何規定？

解析

(1) 統包係指基於工程特性，將工程規劃、設計、施工及安裝等部份或全部合併辦理招標。

(2) 綜合營造業應結合依法具有規劃、設計資格者，使得以統包方式承攬。

統包契約可分為哪些類型？

解析

一般可分爲下述兩種主要類型：

(1) 設計建造(Design & Build, D&B)統包契約：此種類型之統包契約，承包商通常依據主辦機關需求，辦理設計及施工建造工廠廠房等土建工程。主辦機關需審查承包商之圖說並監督施工。

(2) 設計建造與供應安裝(Engineering, Procurement and Construction, EPC/Turnkey)統包契約：主要用於供應製程工廠或基礎建設，其最後完成價格及竣工時程於工程契約簽訂時即需確定者。在此種統包契約下，承包商依據主辦機關需求，承擔設計、施工、供應及安裝等之全責，將整體工程全部完成至移交後即可營運之程度。雖然主辦機關幾乎不涉入其過程，但仍應衡量個案特性及需要，依法督導工程品質。

試說明統包契約執行過程可能遭遇之問題。

解析

因統包契約賦予承包商有權在不影響原定品質與功能原則下，對設計作「適度調整」。此一履約的彈性空間，可能會產生許多問題，主辦機關在採用統包契約招標方式時，必須謹慎考量下述情形：

(1) 承包商可能基於成本考量，採用最低設計標準。

(2) 當主辦機關質疑設計成果之安全性及耐久性時，承包商常以責任施工抗辨，引起爭議。

(3) 承包商可能基於成本考量，選用較低標準之材料及設備同等品。

(4) 承包商可能選用低成本之舊式設備而不採用自動化之新式設備。

(5) 對附屬設備或設施儘量省略，增加主辦機關營運不便或成本。

(6) 如有終止契約的情形出現時，因廠商擁有各自之技術與智慧財產權，且設備規格亦不同，更換承包商不易，接續施工產生問題。

(7) 初期運轉如不順利或未達規定或保證功能，主辦機關要求承包商負瑕疵改善責任，而承包商卻希望主辦機關能減價收受，常為爭議所在。

試說明辦理統包契約工程應注意事項有哪些？

解析

(1) 雖然統包契約雖有減少界面、節省工期等優點，但必須基於主辦機關發包文件及契約條款之完備、雙方之誠信合作、承包商之專業能力等因素，才能順利推動計畫，如期完成。

(2) 故主辦機關在決標前對承包商之慎審選定，非常重要，應以最有利標決標爲唯一考量。選定專業、誠信、盡職可靠之承包商，已是計畫成功之一半。否則計畫執行中可能遭遇困難，糾紛不斷，進度、品質、經費均將受到影響。

(3) 除了慎選承包商之外，辦理統包契約之主辦機關，更應有寬闊之心胸，不要過分干預承包商工作，使其能在較少束縛及管控下，發揮其專業能力。主辦機關更應注重完成成果之品質、功能及進度，而少干涉其過程。承包商亦應著重其專業技術及名譽，一切依據契約條款及工程慣例進行，契約未明定事項亦應依據國家標準或公認標準規定從事，如此對承包商及主辦機關雙方及計畫本身均有莫大之助益。

現行工程契約之缺失有哪些？

解析

(1) 契約不公平

(a) 總價承包有漏列或數量不足，概由乙方負責。

(b) 變更設計或終止合約，乙方不得求償。

(c) 提前完工無獎勵，工程逾期要罰款。
(d) 工程災害損失由乙方負責。
(e) 契約有任何疑問，以甲方解釋爲準。
(f) 乙方無終止契約得權力。

(2) 條款不明確
(a) 工期方面。
(b) 價款方面。
(c) 品質方面。
(d) 工程變更。

(3) 規定不完整
(a) 糾紛處理方式爲規定。
(b) 業主違約時處理方式爲規定。
(c) 選定分包方式爲規定。
(d) 工程圖說文件之優先順序。

何謂圍標？何謂綁標？

解析

(1) 圍標：係指投標廠商以聯合方式來控制投標資格，使某一特定廠商能夠依事先約定之價格得標，其餘廠商則分享該得標廠商所出之圍標金，通常圍標行爲是不肖廠商爭取工程假借黑道勢力及不當手段來排除競爭，而圍標時機爲工程準備發包之階段始起意計劃圍標，並可能與主辦單位有利益輸送或施迫害之情形。

(2) 綁標：係指工程主辦採購招標單位或設計規劃單位或專業營建管理單位，以限制特殊投標資格或限定特定技術、工報、材料、設備之規格，以期刻意圖利特定廠商進而從中謀利之不法行爲。

防止圍標的具體做法有哪些？

解析

(1) 資訊公開化、透明化，可透由網路辦理投標步驟。

(2) 預算結構、單價分析電腦化、反應工程成本。

(3) 加強廠商資格審查。

(4) 實施廠商評鑑，建立資料庫管理系統。

(5) 檢警單位加強監控取締。

(6) 健全營建相關法規，加強營建業管理。

試說明最低標與有利標之間的關係。

解析

(1) 法令依據爲政府採購法。

(2) 最低標依據政府採購法第52條第一項第一款。

(3) 最有利標依據政府採購法第52條第一項第三款。

(4) 兩者之間最大差別爲，最低標爲採取競價(廠商報價)方式，以報價最低者的投標廠商爲簽約廠商。最有利標則會成立一個評選委員會，不以價格爲全部考量，會綜合考量廠商公司組織結構，財務狀況，技術層面及履約實績等等，再依此做爲評分依據，並將所有委員評分後總平均，找出最高分投標廠商，再辦理議價及簽約。

試說明承包商與分包商的定義。

解析

(1) 承包商(Contractor)：係指個人、行號或公司，爲履行契約工程或工作之承包廠商，其投標已被接受並經雙方簽字者，承包商包含其代表人。

(2) 分包商(Subcontractor)：係指契約中所列，由承包商提出經業主備查，分包或辦理部份工程之分包廠商。

試說明規範與圖說的定義。

解析

(1) 規範(Specifications)：係指列入本契約之工程規範及規定，含施工規範、系統規範、一般條款、施工安全、衛生、環保、交通維持手冊及技術規範等、特定條款以及任何本契約文件中所包含工程施工期間按契約規定所提出之其他規範與書面規定。

(2) 圖說(Drawings)：係指業主依本契約提供承包商之全部圖樣及資料。另由承包商提出經業主認可之全部圖樣及資料，包含必要之樣品及模型。圖說包含設計圖、施工圖、構造圖、工廠施工製造圖及大樣圖等。

 何謂同等品？承包廠商遇有那些情形之一時，可申請採用同等品？

解析

(1) 同等品：係指經機關審查認定，其功能、效益、標準或特性不低於招標文件所要求或提及者。

(2) 同等品之使用時機達工程之簽約後一個月內提出申請為原則，承包商遇有下列情形之一時，可申請採用同等品：

  (a) 指定之建材市場缺貨，經公會證實者。

  (b) 指定之建材受廠商壟斷，其價格高於設計單位為，顯有抬高價款形成壟斷之情形。

  (c) 指定之建材廠商無法於工程所需時間內供貨者。

 試說明保證金的類別。

解析

(1) 保證金類別

  (a) 差額保證金：保證承包商標價偏低不致降低工程品質及誠信履約。

  (b) 履約保證金：保證承包商依契約規定履約完成本工程。

  (c) 預付款還款保證：保證承包商返還預先支領而尚未扣抵之預付款。

  (d) 保固保證金：保證承包商履行保固責任。

(2) 保證金說明

  (a) 履約保證金保證期間自提供保證時起，迄契約工程完工驗收合格，由承包商提出保固保證金之日止，或至主辦機關通知解除保證責任止。

  (b) 承包商應保證預付款適當使用於本契約工程，如主辦機關確定承包商未將預付款使用於本契約工程時，主辦機關可由承包商提供之預付款還款保證金項下，收回該不當開支之全部金額(含利息)。

  (c) 預付款還款保證之期限自提供保證起，迄預付款全部扣回結清時止，或至主辦機關通知解除保證責任時止。

  (d) 保固保證金期間為自工程驗收合格之次日起，迄工程契約規定保固期滿，業主簽發保固合格通知日止，或至主辦機關通知解除本保證責任時止。

何謂差額保證金？廠商如得標之總價偏低時，請說明其應提繳之差額保證金之額度與繳納期限之規定？

解析

(1) 差額保證金：保證廠商標價偏低不會有降低品質，不能誠信履約或其他特殊情形之用。

(2) 總標價偏低時，差額保證金爲總標價與底價之百分之八十之差額。繳納期限，應訂定五日以上之合理期限。

試說明工程預付款執行之處理流程。

解析

工程契約若已明訂工程預付款之項目，則依下列方式辦理：

(1) 預付款於工程開工並提送整體工程施工計畫後，業主將給付承包商決標價一定百分比(10%)之預付款，並分數期(一期)辦理。

(2) 預付款應於工程估驗款累計達決標價一定百分比(10%)時，開始自每期估驗款內扣還，其扣還金額爲當期估驗金額之一定百分比(20%)。

(3) 承包商須至金融機構設立專戶，並指定專款專用，保證預付款將適當使用於本工程。

試說明工程保證金擔保方式。

解析

各項保證金由承包商按下列擇一或併用作爲擔保：

(1) 現金。

(2) 銀行本行本票：由銀行簽發一定之金額，於指定到期日由本行或分支機構無條件支付與受款人或執票人之票據。

(3) 銀行支票：由金融機構簽發一定之金額，委託其他銀行於見票時無條件支付予受款人或執票人之票據。

(4) 銀行保付支票：由銀行於支票上記載照付或保付或其他同義字樣並簽署者。

(5) 無記名政府公債：由我國政府機關或公營事業所發行之無記名債票。

(6) 設定質權之銀行定期存單：設定質權予主辦機關之銀行定期存款單或無記

名可轉讓銀行定期存款單。

(7) 銀行保兌之不可撤銷擔保信用狀：經我國政府認可並在我國境內登記營業之外國銀行，所開具之不可撤銷擔保信用狀經我國銀行保兌者。

(8) 銀行書面連帶保證。

(9) 保險公司之連帶保證保險。

試說明保證金之種類及額度。

解析

(1) 差額保證金：工程決標金額如低於底價(80%)時，廠商應自主辦機關通知之日起(5)日內提出差額保證金，未提出者不決標予該廠廠。差額保證金之額度為總標價與底價之百分之八十之差額或為總標價與評審委員會建議金額之百分之八十之差額。

(2) 履約保證金：得標廠商應於接獲主辦機關決標通知之次日起(30)日內，按招標文件之規定額度，提送保證金交主辦機關收執做為履約保證，以保證切實履行並完成契約、附約、條款、條件及同意之諸事項，與配合契約變更之一切工程。

(3) 預付款還款保證：如按契約有關規定，本工程得支付預付款時，預付款以本契約之規定額度為限，除本契約另有規定外，主辦機關支付之預付款分兩次辦理，即簽約並經承包商提交施工計畫後支付本契約規定額度之百分之(50%)，簽發開工通知及施工計畫經業主審查合格後，再支付本契約規定額度之(50%)。若承包商申請預付款未提出同額預付款還款保證交予主辦機關，則上開預付款均不予支付。

(4) 保固保證金：除招標文件另有規定外，承包商應於工程驗收合格後，向主辦機關提出結算總價(5%)之保固保證金，作為承包商對本工程保固之保證，保證承包商於保固期間能按主辦機關之要求辦理其應負責修復之缺點改正及其他相關工作。

試說明工程履約保證金連帶保證保險單之條款規定。

解析

(1) 第一條：承保範圍：得標人於保險期間內，不履行本保險單所載之採購契約，其履約保證金係以本保險單為之者，被保險人認定受有損失依採購契約規定，有不發還履約保證金之情形時，本公司依本保險單之約定對被保險人負給付保險金額之責。

(2) 第二條：不保事項：

(a) 得標人因下列事項未能履行採購契約時，本公司就因此不能履約部分不負賠償責任：

① 戰爭(不論宣戰與否)、類似戰爭行爲、叛亂或強力霸佔。

② 依政府命令所爲之徵用、充公或破壞。

③ 罷工、暴動或民眾騷擾。但得標人或其代理人或與本採購有關廠商及其受僱人所爲者，不在此限。

④ 核子反應、核子輻射或放射性污染。

⑤ 可歸責於被保險人之事由。

(b) 本公司對得標人不償還預付款所致之損失不負賠償責任。

(3) 第三條：保險期間：本保險單之承保期間爲自本保險單簽發之日起，至完成履約驗收且經被保險人書面通知解除保證責任之日止。前項保證責任之解除得爲部分或全部。於保險期間內，非經被保險人同意本公司不得終止本保險單。

(4) 第四條：採購契約之變更：採購契約如有變更時，本公司之保證責任以變更後之契約爲準。但得標人不履行契約應由本公司負給付責任，而由被保險人依照原決標或採購契約條件就未完成部分重新採購時所爲之變更不在此限。但重新採購所爲之變更係屬本採購未依契約履約所致者，仍由本公司負給付責任。

(5) 第五條：給付之請求：於保險期間內，被保險人有依採購契約規定不發還得標人履約保證金之情形時，被保險人應立即以書面通知本公司，載明依採購契約規定不發還履約保證金之情形，並檢具給付請求書向本公司請求給付。本公司應於收到請求給付通知後15日內給付。但由本公司代洽經被保險人審核符合原招標文件所訂資格之其他廠商，就未完成部分完成履約者，不在此限。

(6) 第六條：協助追償：本公司於履行給付責任後，向得標人追償時，被保險人對本公司爲行使該項權利之必要行爲，應予協助，其所需費用由本公司負擔。

(7) 第七條：放棄先行就得標人財產強制執行之主張：本公司不得以被保險人未就得標人財產強制執行爲由，拒絕履行被保險人之給付責任。

(8) 第八條：第1審管轄法院：倘因本保險而涉訟時，本公司同意以本保險單所載被保險人住所所在地之地方法院爲第1審管轄法院。

(9) 第九條：其他事項：

(a) 本保險單之批單、批註均爲本保險契約之一部分。

(b) 本保險單之任何變更，需經本公司簽批始生效力。但採購契約之變更，不在此限。

(c) 本保險單未規定事項，悉依照保險法及其他有關法令辦理。

試說明工程押標金連帶保證保險單之條款規定。

解析

(1) 第一條：承保範圍：投標人於保險期間內，參加本保險單所載採購之投標，其押標金係以本保險單爲之者，被保險人依招標文件之規定，有不發還押標金之情形時，本公司依本保險單之約定對被保險人負給付保險金額之責。

(2) 第二條：不保事項：投標人因下列事項未能簽訂採購契約時，本公司不負給付責任：

(a) 戰爭(不論宣戰與否)、類似戰爭行爲、叛亂。

(b) 核子反應、核子輻射或放射性污染。

(c) 可歸責於被保險人之事由。

(d) 本公司對下列損失及費用不負賠償責任：投標人不簽訂採購契約所致利息、租金或預期利潤之損失，及重新招標、催告履行或訴訟之有關費用。

(3) 第三條：保險期間：保險單之保險期間爲自本保險單簽發之日起至投標人得標後依規定繳妥履約保證金之日或被保險人書面通知解除保證責任之日止。以兩日中先屆期者爲準。於保險期間內，非經被保險人同意本公司不得逕行終止本保險單。

(4) 第四條：給付事項：被保險人於有依招標文件規定不發還投標人押標金之情形時，被保險人應立即以書面通知本公司，載明依招標文件規定不發還押標金之情形，並檢具給付請求書向本公司請求給付。本公司應於收到請求給付通知15日內依本保險單所載保險金額給付。

(5) 第五條：協助追償：本公司於履行給付責任後，向投標人追償時，被保險人對本公司爲行使該項權利之必要行爲，應予協助，其所需費用由本公司負擔。

(6) 第六條：第1審管轄法院：倘因本保險而涉訟時，本公司同意以本保險單所載被保險人住所所在地之地方法院爲第1審管轄法院。

(7) 第七條：招標文件之變更：招標文件如有變更時，本公司之保證責任以變更後者爲準。

(8) 第八條：其他事項：

(a) 本保險單之批單、批註暨招標文件之規定均爲本保險契約之一部分。

(b) 本保險單之任何變更，需經本公司簽批始生效力。但招標文件之變更，不在此限。

(c) 本保險單未規定事項，悉依照保險法及其他有關法令辦理。

 試說明工程保固保證金連帶保證保險單條款。

解析

(1) 第一條：承保範圍：得標人於保險期間內，不履行本保險單所載採購契約之保固或養護責任，其保固保證金係以本保險單爲之者，被保險人認定受有損失依採購契約規定，有不發還保固保證金之情形時，本公司依本保險單之約定對被保險人負給付保險金額之責。

(2) 第二條：不保事項：得標人因下列事項未能依採購契約履行保固或養護責任時，本公司就因此不能履行保固或養護責任部分不負賠償責任：戰爭(不論宣戰與否)、類似戰爭行爲、叛亂或強力霸佔。依政府命令所爲之徵用、充公或破壞。罷工、暴動或民眾騷擾。但得標人或其代理人或與本採購有關廠商及其受僱人所爲者，不在此限。核子反應、核子輻射或放射性污染。可歸責於被保險人之事由。

(3) 第三條：保險期間：本保險單之承保期間爲自本保險單簽發之日起，至採購契約所訂期限屆滿且經被保險人書面通知解除保證責任之日止。於保險期間內，非經被保險人同意本公司不得終止本保險單。

(4) 第四條：採購契約之變更：採購契約如有變更時，本公司之保證責任以變更後之契約爲準。

(5) 第五條：給付之請求：遇有本保險單承保範圍之給付時，被保險人應立即以書面通知本公司，並檢具給付請求書向本公司請求給付。本公司應於收到給付請求書後15日內給付。

(6) 第六條：協助追償：本公司於履行給付責任後，向得標人追償時，被保險人對本公司爲行使該項權利之必要行爲，應予協助，其所需費用由本公司負擔。

(7) 第七條：放棄先行就得標人財產強制執行之主張。

(8) 本公司不得以被保險人未就得標人財產強制執行爲由，拒絕履行對被保險人之給付責任。

(9) 第八條：第1審管轄法院：倘因本保險而涉訟時，本公司同意以本保險單所載被保險人住所所在地之地方法院爲第1審管轄法院。

(10)第九條：其他事項：

(a) 本保險單之批單、批註均爲本保險契約之一部分。

(b) 本保險單之任何變更，需經本公司簽批始生效力。但採購契約之變更，不在此限。

(c) 本保險單未規定事項，悉依照保險法及其他有關法令辦理。

試說明工程之一般發包程序為何。

解析

(1) 施工圖說檢閱。

(2) 工程數量計算及市價查詢編列發包預算。

(3) 決定發包底價。

(4) 招標公告。

(5) 廠商資格審查。

(6) 開標。

(7) 決標。

(8) 簽訂合約。

試說明工程部分完成之使用驗收處理流程。

解析

(1) 提送部份驗收通知書，並列表說明尚未完成或尚未改正之工作項目。

(2) 提送最後之估驗計價單，包含相關之單據、同意書及補充文件。

(3) 提送特定之保證書、保固書、維修契約、最終證件等文件。

(4) 取得並提送使用執照、操作許可、最終檢驗證明及其他類似許可文件，以便工程得以不受限制完全使用，且各項公共設施得以啓用。

(5) 提送紀錄資料、竣工圖、維修手冊、完工照片、損壞或沉陷情形之測量紀錄、財產測量及類似之最終紀錄資料。

(6) 移交各項設備操作與維修所需之工具、零件等相關物件。

(7) 移除工地之臨時設施，包含施工工具、施工設施及實體模型等。

(8) 完成最後之清理工作。

(9) 修補損壞之裝修面，至業主滿意之程度。

(10)與契約規定有所出入或未依契約規定施作，但爲工程結束所需之項目，應列表連同副本一併提送。另應製作並提送一份對未完成之不相符項目之結束方案。

(11)完成鎖心之最後更換，將鑰匙交予工程師。

(12)完成系統之起用測試及操作維護人員之指導。

 試說明工程最終驗收之必要條件。

解析

在申請作最終檢驗或申請就最終驗收及末期付款作驗收證明之前，應先完成下列各項作業：

(1) 提出末期計價單申請，並附最終單據及先前未曾提送、未經審核之補充文件。

(2) 業主所列舉之未完成或未改正工作項目，應就按指示完成或另以其他方式解決認可等，逐項加以說明。此文件應經業主簽署認可。

(3) 提送部份驗收時，各公用設施計量錶上之最終讀數。

(4) 完成所有紀錄文件之送審。

 試說明工程提報竣工應注意事項。

解析

(1) 竣工檢驗：承包商應會同業主及主辦機關根據工程圖說、規範、詳細核對施工項目及數量，以確定該工程是否竣工。

(2) 設備功能之確認：承包商於提出竣工報告前，應將工程之主要及附屬設備予以功能測試，以定其功能符合契約文件之需求。該測試應在主辦機關與業主監督下爲之。

(3) 環境之整理：工程完竣後，在施工範圍內之環境應澈底整理，工程報請驗收前，下列項目應整理完竣。

   (a) 施工期間所架設之圍籬，臨時設施等應予拆除。

   (b) 工程範圍內環境應徹底清理。

(c) 施工後殘料廢土應運離工地。

(d) 施工期間暫時遷移之設施，應予回復。

(e) 施工期間損及之公共設施，應予修復。

(f) 下水道及邊溝之淤積物，廢料等應予清除。

(g) 完成之工程實體應予清理乾淨。

工程報請驗收前應準備之事項。

解析

(1) 竣工文件

(a) 工程竣工報告表－承包商應於預定竣工日前或竣工當日，將竣工日期書面通知監工單位及主辦[機關][單位]以備竣工檢驗，確定是否竣工。

(b) 竣工圖表、工程結算明細表－除契約另有規定外，業主應於竣工後7日內將該等文件及契約規定之其他資料送請主辦[機關] [單位]審核。

(2) 契約文件：施工期間下列各項文件應準備齊全，以備查驗。

(a) 原契約文件包含契約書、工程圖說、工程項目、數量、單價、施工規範等。

(b) 變更設計文件。

(c) 工期停(復)工或延期文件。

(d) 契約變更文件。

(e) 各期工程估驗紀錄。

(f) 各項工程材料試(檢)驗紀錄。

試說明工程辦理初驗應注意事項。

解析

(1) 主辦機關審核業主核轉之竣工文件後，於收受全部資料之日起(30日)內辦理初驗。

(2) 主辦機關依各項工程性質，指派有經驗之工程人員主驗，並函請業主及承包商會同參加。

(3) 初驗人員於驗收時以契約文件，竣工圖說、竣工數量等為依據，並檢驗其品質。

(4) 初驗時當場填發工程初驗紀錄，記載初驗結果及協議事項，由參與驗收人員簽認。

(5) 主辦機關及業主共同簽發工程初驗缺點改善通知單及工程初驗缺點紀錄表，並當場交承包商代表簽認。

(6) 如初驗結果有缺點待改善，承包商應於規定期限內改善完成，並報請複查。

(7) 複查合格，主辦機關應編製工程初驗報告，連同初驗文件辦理驗收。

試說明工程辦理驗收應注意事項。

解析

(1) 主辦機關於工程初驗合格後，除契約另有規定外，應於(20日)內辦理驗收。

(2) 驗收時除通知承包商、業主參加外，應依政府採購法之相關規定報請上級機關派員監辦，並應備妥下列文件：

 (a) 初驗合格文件：包含初驗報告、初驗缺點改善通知單、初驗缺點紀錄表、初驗紀錄等。

 (b) 契約文件：包含契約變更、工期停(復)工或延期、變更設計文件及各期工程估驗紀錄、各項材料試(檢)驗紀錄等。

(3) 驗收時應當場製作工程驗收紀錄，由參與驗收代表簽認驗收結果及協議事項。其內容應記載下列事項：

 (a) 有案號者其案號。

 (b) 驗收標的之名稱及數量。

 (c) 廠商名稱。

 (d) 履約期限。

 (e) 完成履約日期。

 (f) 驗收日期。

 (g) 驗收結果。

 (h) 驗收結果與契約、圖說、貨樣不符者，其處理之情形。

 (i) 其他必要事項。

 (j) 竣工文件：包含工程竣工報告、竣工圖、竣工數量計算書、工程結算明細表等。

試說明工程費按物價指數調整之相關規定。

解析

如契約內訂有工程費按物價指數調整之條文，則按本條款規定辦理。工程費按物價指數調整，其規定及計算辦法如下：

(1) 基準月：以本工程開標月爲基準月。

(2) 不予調整部份：除契約另行列明不予調整之項目外，凡物價指數之增減率2.5%者不予調整外，應將下列不予調整項目先行扣除。

(a) 預付款。

(b) 管理費及利潤。

(c) 設計費。

(d) 保險費。

(e) 外幣計價部份。

何謂物價指數。

解析

(1) 本條所稱物價指數及營造工程之物價指數增減率，係指行政院主計處所公布之「中華民國臺灣地區物價統計月報」中「臺灣地區營造工程物價指數」及其中之增減率。

(2) 在調整計算時，其物價指數之比率算至小數點第四位，第五位按四捨五入計，調整至元爲止。

假設某標工程已知條件，

(1) 開標(92 年 1 月 8 日)當月之台灣地區營造工程物價指數之總指數為104.19。

(2) 93 年 2 月 5 日辦理估驗請款，當期估驗內容之最後施工日為同年 1 月 18 日，查 93 年 1 月份當月之台灣地區營造工程物價指數之總指數為 113.79。

(3) 機關已付預付款為契約總價之百分之 30%。

(4) 假設 93 年 2 月 5 日辦理估驗之工程款為 15,000,000 元，其中直接工程費為 12,000,000 元，則當期估驗款之物價調整補償費為何？

解析

(1) 指數增減率：[(113.79/104.19)-1] × 100% =9.21%。

(2) 調整金額：A×(1-E) × (指數增減率之絕對值-2.5%)×F =12,000,000× (1-0.3) ×(0.0921-0.025)×1.05=591,822元。

(3) 故當期估驗款之物價調整金額爲補償591,822元。

 為避免分包結果影響工程合約的履行，對分包商的合約應規範哪些事項。

解析

(1) 廠商不得以不具備履行契約分包事項能力，或未依法登記或設立或依據採購法第103條規定不得作爲分包廠商之廠商爲分包廠商。

(2) 對於分包廠商履約之部分，得標廠商仍應負完全責任。

(3) 分包契約內容優於主契約外，不得違反主契約規定。

 試說明簽訂合理的條約條款或給予與業主工程合約相同分包承攬條款之規定。

解析

(1) 履約保證、保固保證、逾期罰款、保留款等財務性保障條款，均需於簽約前列入施工中始得以依約執行。

(2) 明訂保固期限之起算日，究爲全部完工或次承攬工程完工，以免爭議。

(3) 明訂品質管制全衛生之相關規定與罰責。

(4) 妥善執行協力合約的管理，降低風險。

 試說明發生工程爭議之處理原則。

解析

主辦機關與承包商因本契約之履行而發生爭議時，應本誠信和諧，盡力協調解決。如未能達成協議時，得以下列方式之一處理：

(1) 依政府採購法向採購申訴審議委員會申請調解。

(2) 依政府採購法規定，提出異議、申訴。

(3) 如主辦機關與承包商訂有仲裁協議者，得提付仲裁。

(4) 提起民事訴訟。

(5) 依其他法律申(聲)請調解。

(6) 依契約或雙方合意之其他方式處理。

 試說明政府採購法對於爭議處理之規定。

解析

政府採購法之爭議處理包含二大部分：

(1) 廠商對政府機關辦理採購(招標、審標、決標)行爲之爭議，得提出「異議及申訴」，以使其權益可獲得適當的確保；政府機關也會因此一規定使因採購所衍生之爭議得以早日解決，必有利於採購事務之順利推動。

(2) 當機關與廠商簽訂契約後，在履約過程中，機關與廠商難免會有不同之見解與爭執，其因而影響採購進行，因此本法乃於第85條之1至第85條之4設計了「調解」機制，由採購申訴審議委員會就兩造爭議問題加以調解，並準用民事訴訟法之程序及效力。

採購各階段，機關與廠商可能產生爭議，爭議之來源可區分為「行政處置爭議」及「履約爭議」二大類，試說明兩者之定義。

解析

(1) 行政處置：包含招標(招標內容是否不合理排除廠商之競爭、內容有疑義、…等)、審標(判斷廠商是否合於投標資格)、決標(是否決標於合於採購法之廠商)、終止或解除合約、停權處份(依據採購法101條刊登採購公報)。廠商如對機關之行政處置有異議，得向機關提出；接著，機關對廠商異議進行處置，如廠商對機關之異議處置不服，可向管轄機關提出「申訴」。

(2) 履約爭議：主要係指在簽約後、履約期間、驗收期間、保固期間，機關與廠商就合約內容或採購內容有不同主張所肇之爭議與損失求償。如果廠商對機關之履約管理不服，得向管轄機關提出「調解」。

依政府採購法規定，提出異議之期限規定為何。

解析

提出異議期限，視其內容分爲四類：

(1) 對招標文件規定提出異議者，爲自公告日或邀標日起等標期之四分之一，其尾數不足1日者，以1日計。但不得少於10日。

(2) 對招標文件規定之釋疑、後續說明、變更或補充提出異議者，爲接獲機關通知或機關公告日起10日。

(3) 對採購之過程、結果提出異議者，爲接獲機關通知或機關公告日起10日。其過程或結果未經通知或公告者，爲知悉或可得而知悉之日起10日。但屬招標、審標、決標事項者，至遲不得逾決標日起15日。

(4) 廠商對於依本法第101條之通知，爲接獲通知之日起20日。

廠商可提異議，然卻逾期提出，就此，本法雖未明示其法律效果，惟其逾期提出，顯已忽視自身權益，如再予救濟，將使已進行之採購程序流於浪費，並有損及其他廠商權益之虞，也會使機關採購陷於不確定狀態，而害及公益。此時，自應容許招標機關行使裁量權，以廠商已逾期而爲程序不受理，或評估後如認廠商之異議雖逾期但並無礙採購程序之進行，且其異議有實質理由者，仍可受理，並得自行撤銷或變更原處理結果或暫停採購程序之進行。

試說明工程爭議之異議處理程序。

解析

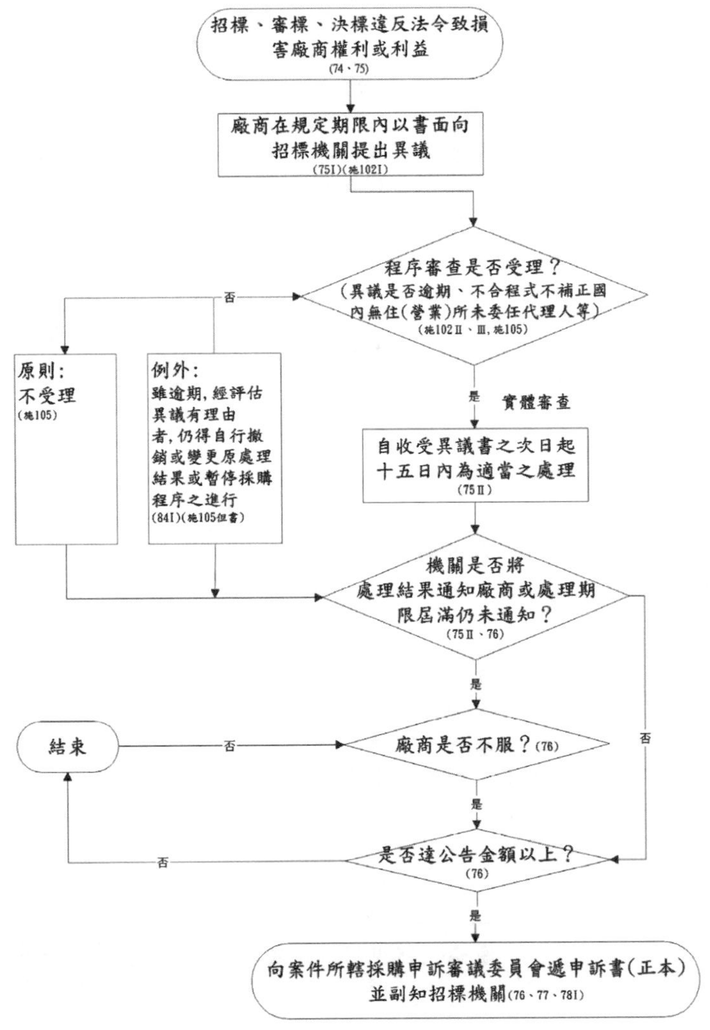

試說明工程爭議之申訴審議程序。

解析

申訴審議流程

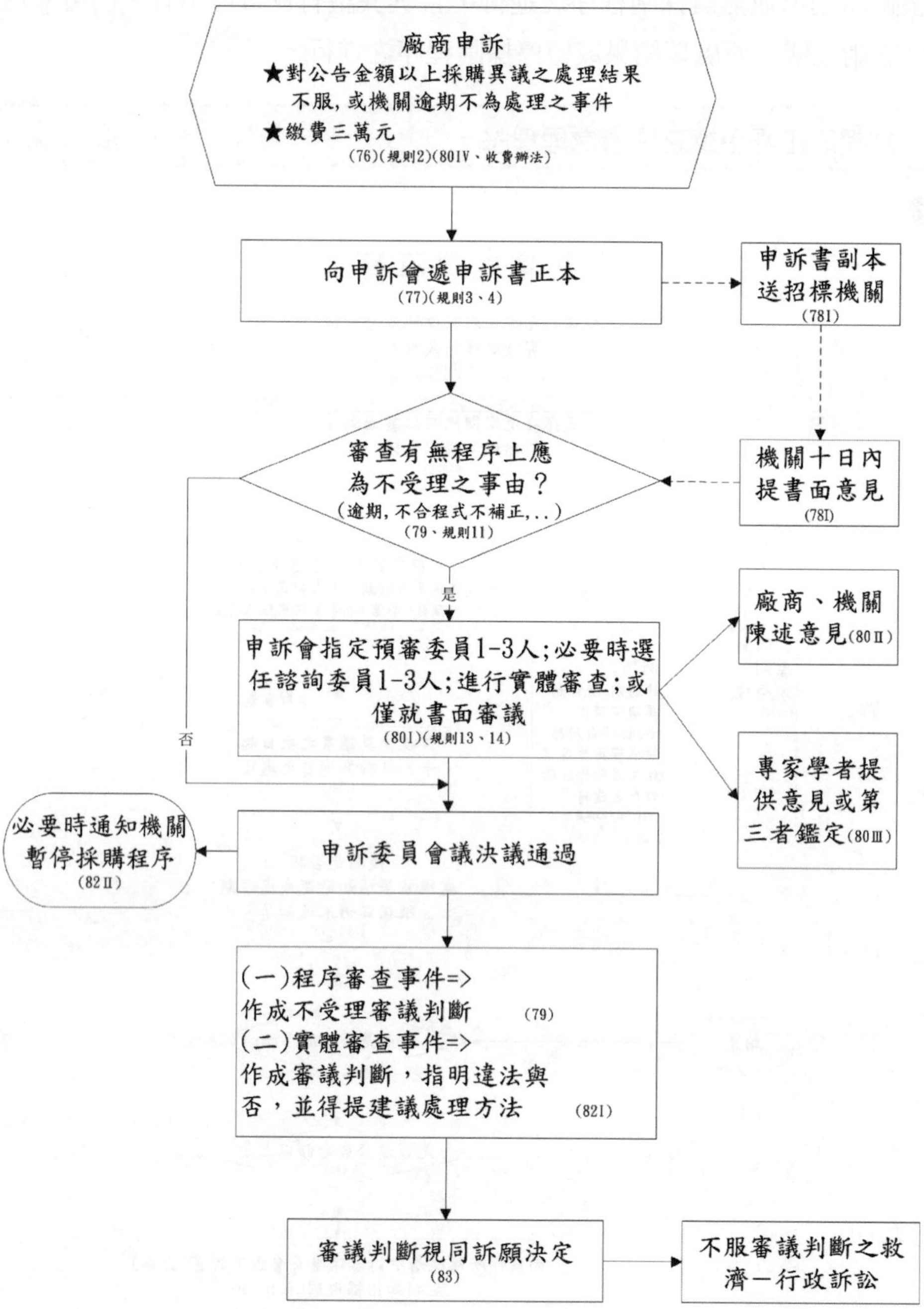

廠商申訴
★對公告金額以上採購異議之處理結果不服，或機關逾期不為處理之事件
★繳費三萬元
(76)(規則2)(80IV、收費辦法)

↓

向申訴會遞申訴書正本
(77)(規則3、4)

→ 申訴書副本送招標機關
(78I)

→ 機關十日內提書面意見
(78I)

↓

審查有無程序上應為不受理之事由？
(逾期，不合程式不補正，..)
(79、規則11)

是 ↓

申訴會指定預審委員1-3人；必要時選任諮詢委員1-3人；進行實體審查；或僅就書面審議
(80I)(規則13、14)

→ 廠商、機關陳述意見(80Ⅱ)

→ 專家學者提供意見或第三者鑑定(80Ⅲ)

否 ↓

申訴委員會議決議通過

→ 必要時通知機關暫停採購程序
(82Ⅱ)

↓

(一)程序審查事件=>
作成不受理審議判斷 (79)
(二)實體審查事件=>
作成審議判斷，指明違法與否，並得提建議處理方法 (82I)

↓

審議判斷視同訴願決定
(83)

→ 不服審議判斷之救濟－行政訴訟

試說明工程爭議之履約爭議調解程序。

解析

採購申訴審議委員會履約爭議調解流程 -1

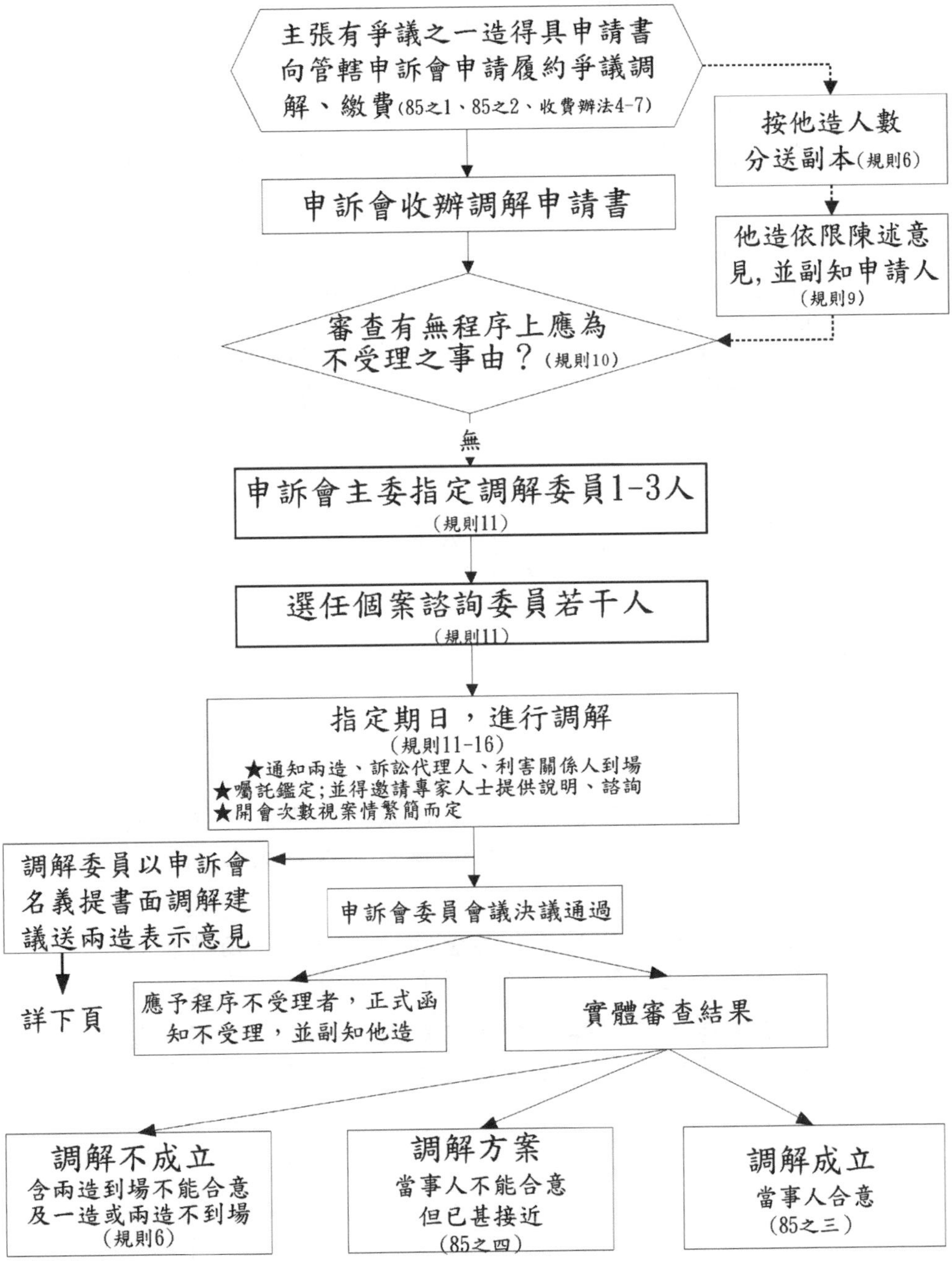

- 主張有爭議之一造得具申請書向管轄申訴會申請履約爭議調解、繳費(85之1、85之2、收費辦法4-7)
  - → (虛線) 按他造人數分送副本(規則6) → 他造依限陳述意見，並副知申請人(規則9) → (虛線) 審查有無程序上應為不受理之事由？
- → 申訴會收辦調解申請書
- → 審查有無程序上應為不受理之事由？(規則10)
- 無 → 申訴會主委指定調解委員1-3人(規則11)
- → 選任個案諮詢委員若干人(規則11)
- → 指定期日，進行調解(規則11-16)
  - ★通知兩造、訴訟代理人、利害關係人到場
  - ★囑託鑑定;並得邀請專家人士提供說明、諮詢
  - ★開會次數視案情繁簡而定
- → 調解委員以申訴會名義提書面調解建議送兩造表示意見 → 詳下頁
- → 申訴會委員會議決議通過
  - → 應予程序不受理者，正式函知不受理，並副知他造
  - → 實體審查結果
    - → 調解不成立：含兩造到場不能合意及一造或兩造不到場(規則6)
    - → 調解方案：當事人不能合意但已甚接近(85之四)
    - → 調解成立：當事人合意(85之三)

採購申訴審議委員會履約爭議調解流程 -2

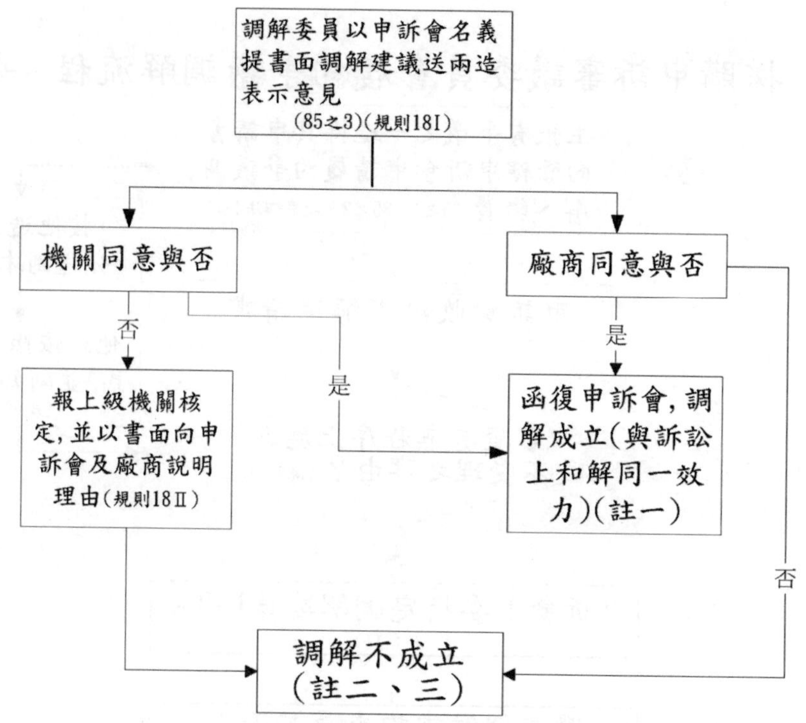

註

*依此流程調解成立者，申訴會將以兩造中較後函復同意者之函件到達日為調解成立日，並據以製作調解成立書分送兩造。

*依此流程調解不成立者申訴會將於任一造或兩造提出函復不同意後，製作調解不成立證明書分送兩造。

*機關無論為申請調解者或為相對人之身分，如不同意申訴會之調解建議，均應報請上級機關核定（規則18Ⅱ）

採購申訴審議委員會履約爭議調解流程 -3

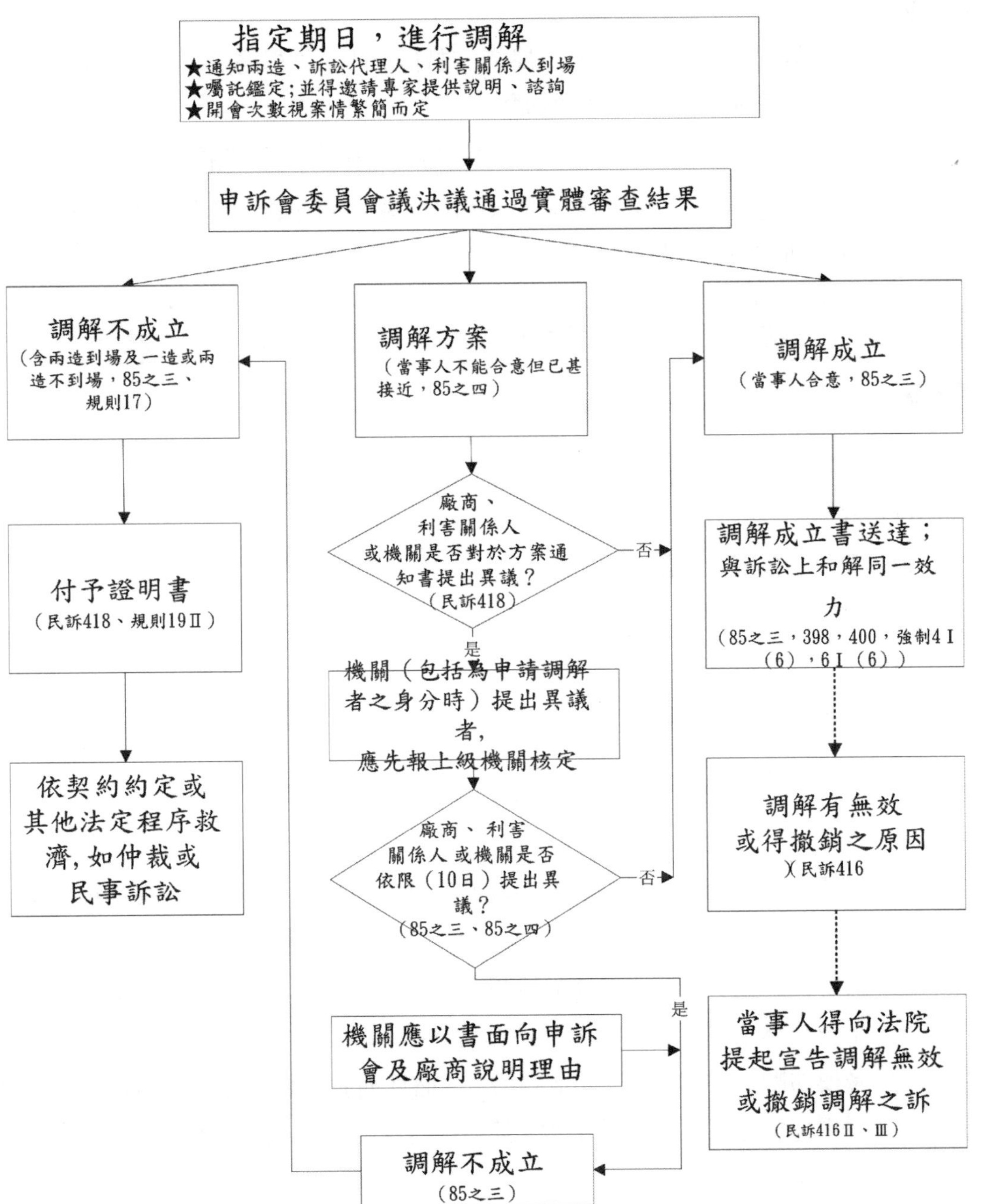
指定期日，進行調解
★通知兩造、訴訟代理人、利害關係人到場
★囑託鑑定;並得邀請專家提供說明、諮詢
★開會次數視案情繁簡而定
申訴會委員會議決議通過實體審查結果
調解不成立
(含兩造到場及一造或兩造不到場，85之三、規則17)
調解方案
(當事人不能合意但已甚接近，85之四)
調解成立
(當事人合意，85之三)
廠商、利害關係人或機關是否對於方案通知書提出異議?(民訴418)
否
是
付予證明書
(民訴418、規則19Ⅱ)
調解成立書送達;與訴訟上和解同一效力
(85之三，398，400，強制4Ⅰ(6)，6Ⅰ(6))
機關(包括為申請調解者之身分時)提出異議者,
應先報上級機關核定
依契約約定或其他法定程序救濟,如仲裁或民事訴訟
廠商、利害關係人或機關是否依限(10日)提出異議?
(85之三、85之四)
否
調解有無效或得撤銷之原因
(民訴416
是
機關應以書面向申訴會及廠商說明理由
當事人得向法院提起宣告調解無效或撤銷調解之訴
(民訴416Ⅱ、Ⅲ)
調解不成立
(85之三)

試說明工程保險基本特質為何。

解析

(1) 最大誠信原則：契約之訂立應遵守誠信原則，不得隱瞞，不得爲錯誤之陳述及不得違背明示或默示保證。

(2) 損害填補原則：保險之日的在於填補損失之利益，並非取得經濟上之新利益。

(3) 保險利益原則：工程保險係保障不因災害或保險事故發生致使其法律上具有之利益而有受到損失之意。

營建工程履約期間辦理之工程保險種類，包含哪些？

解析

一般工程保險涵蓋下列險種：

(1) 營造工程綜合保險。

(2) 安裝工程綜合保險。

(3) 電子設備保險。

(4) 營建機具綜合保險。

(5) 機械保險。

(6) 鍋爐保險。

(7) 各項工程保證保險。

一般營建工程常以營造工程綜合保險及營建機具綜合保險爲主。其中，

(1) 營造工程綜合保險

保險標的物：凡由領有營業執照之營造廠商所興建、擴建或改建之各種土木及建築工程，皆可投保營造綜合保險。

承保範圍：以列舉不承保危險方式，概括而充分的承保上述各種工程於營繕過程中之意外毀損爲宗旨。營造綜合保險一般在釐定費率時，考慮因素如下：

(a) 營造廠商、設計者、次承包商過去信譽及經驗。

(b) 工地暴露之危險程度。

(c) 施工方法及設計之建材和特色。

(d) 工程地質及地下水之情況。

(e) 工地安全防範措施。

(f) 施工季節及保險期間之長短。

(2) 營建機具綜合保險

保險標的物：凡供各種營造建築工程所使用之各型機具、設備器具工具，也包含各型機械設備於安裝工程或養護工程所使用者，均可投保營建機具綜合保險。

承保範圍：以列舉不承保危險方式，概括而充分的承保上述各類機具於使用維護及保管發生意外毀損爲宗旨。主要承保危險事故：

(a) 天災、閃電、雷擊、爆炸。

(b) 碰撞、傾覆、出軌、航空器墜落碰撞。

(c) 颱風、旋風 、颶風、風暴。

(d) 洪水、雨水、淹水。

(e) 地震、火山爆發、海嘯。

(f) 地陷、土崩、岩崩、雪崩、山崩。

(g) 竊盜、第三人非善意行爲。

(h) 操作指揮時之疏忽、技術不熟練所導致外部毀損等。

試說明營建工程保險相關定義。

解析

(1) 營造綜合保險：該種保險融合財產損失險及責任保險之綜合保險。它包含營造工程綜合損失險、營造工程第三人意外責任險、雇主意外責任險。此種保險可由定作人(業主)投保，此時即可將廠商、顧問公司，共同列爲被保險人。

(2) 營建機具綜合保險：此種保險是舉凡營建使用之各種機具均得投保。亦可投保屬於這些機具所發生意外事故的第三人意外責任險。本保險之優點是採年保單方式承保，意外事故發生不限施工處所，比放在營造或安裝保險內投保爲佳。

(3) 工程保証保險：此種保險屬於「確實保險」，乃由保險人於被保險人之債務人不履行工程契約時代負履行責任或賠償損失之保險。目前政府開辦的工程保証保險有：(1)押標金保証保險(2)預付款保証保險(3)履約保証保險(4)保留款保証保險(5)支付款保証保險(6)保固保証保險

(4) 公共意外責任險：此種保險是承保被保險人經營業務所致第三人體傷死亡、財損，依法應負之賠償責任。但這種保險限於營業場所，不太適用於營造業，故工程承攬人可投保「營造工程第三人意外責任險」。近年來政府也強制要求於營造險中投保。

(5) 僱主意外責任險：此種保險乃承保被保險人之受僱人因執行職務時發生意外事故所致傷亡(但不包含疾病及財損)，被保險人依法應負之賠償責任。

(6) 契約責任險：此種保險斤承保營造商依工程契約之損害賠償條款規定，所允諾應負責賠償之人員傷亡，疾病或財損之責任險。但國內契約較少規定投保此種保險。

(7) 專業責任保險：此種保險乃承保專門職業人員，執行其專業工作時，因過失或疏忽致第三人受有損害，依法應負之賠償責任。這種保險是對專業人員之專業知識及技術服務提供保障。以上是較常見之保險種類，在美國有一種已流行四十餘年之統保制度，它是由業主統一購買的一種保險制度，值得參考採用。

 試說明辦理工程保險應注意事項。

解析

保險為一良好的危險分攤制度，理應儘量維持其公平性，而在目前尚未能完全在公平合理之保險規範制度下實施工程保險，各負責承辦工程保險之人員，應注意下列各點：

(1) 應加強熟研保險法、基本保單條款及特約條款之精義，以了解工程保險之實務。

(2) 對投保事件的風險性應有評估的能力，以便定出經濟合理的自負額及應附加之特約條款。

(3) 投保期間之訂定要符合實際工期，因工期延誤再加保所增加之保費可能較不經濟。

(4) 注意變更設計時追加之加批效力，以免造成理賠時之爭議。

(5) 提出理賠時應配合公證公司準備齊全之資料文件外，還應列管追縱期使在合理期間內穫得應得之理賠

試說明何種情況下，承包商得以申請展延工期。

解析

承包商為完成契約內之工程或工作或其任何部分工程或工作，或為達成時程表規定進度，而發生延遲或阻礙，係由於下列任一情況時，業主應考慮給予展延工期：

(1) 主辦機關或業主在提供資料、給予核定、或依承包商提送經業主核定之施工進度表中所同意之時間提供承包商所需工地，有不合理之延遲。

(2) 主辦機關因延遲提供工地，致承包商工期延誤。

(3) 業主依契約變更而給予之任何變更指示，或變更計畫之提出所致之數量增加。

(4) 業主提供圖說或指示，有不合理之延遲。

(5) 承包商所提出之施工方法，業主給予同意或撤回先前所給予之同意，有不合理之延遲或不合理之要求時。

(6) 除外風險所列之除外風險。

(7) 遭遇不利之自然情況及人為障礙所稱之不利自然狀況或人為障礙。

(8) 關連契約承包商所導致之延遲、延遲提供工地所稱之延遲。

(9) 按暫停施工指示所導致之延遲。

(10)依有關政府機關公開發佈之颱風警報而暫停工地工作，依其狀況人員無法到工或停留於工作處所。本條不適用於其他天氣狀況或其所引起之影響。

承包商應於發生延遲事故後之(7)日內，以書面通知業主，並於(28)日內向業主提出其全部書面細節說明，敘明延遲之情況及理由，預計受延遲之天數，以及用以防止或減少延遲之措施。業主應於收到該項書面細節說明後，儘速在合理時間內，以書面提報主辦機關准許承包商在業主認為合理之範圍內，延長本契約所訂本工程或其部分工程之竣工時間、或完成本契約規定部分工程完成至規定程度之時間、或達成預定時程之時間(以主辦機關正式核准者為準)。除本契約另有規定外，承包商不得因施工順序改變而對主辦機關提出任何要求。

某工程之工程總價為 500 萬元，工期 60 日曆天(日曆天計算不含星期日、國定假日)，開工日期為 95.3.1，該工程於 95.5.27 完工，是否有逾期(逾期違約金，以日為單位，廠商如未依照契約規定期限完工，應按逾期日數，每日依約價金總額千分之一計算逾期違約金，逾期違約金之總額，以契約價金總額之百分之十為上限。

解析

工程期間無國定假日，只有星期日，若開工日期爲 95.3.1，則完工日應爲 95.05.09 完工，惟工程因故延遲於 95.05.27 完成，所以工程延遲 16 天。

工期延遲一天違約金爲$500 \times 0.001 = 0.5$萬，

工程違約總金額爲$16 \times 0.5 = 8$萬元，

未達契約價金總額之百分之十，故以8萬爲罰款金額。

試說明施工規範之定義及目的。

解析

一般所稱的施工規範是指圖樣與施工說明書，亦即技術規範。施工規範(說明書)與設計圖(合稱施工圖說)是描述工程施工的性質與內容、規定使用材料及各種構件的形狀與尺寸，做爲設計者與施工者之間溝通之工具。所以，對施工規範的了解不但有助於對工程原設計者的意態有更深入的認識外，更有助於施工成本、進度及品質的掌握。因此，在工程之初即應對施工規範(說明書)與設計圖等作深入的研究。

施工規範的目的在於使營造商在建造時有遵循之依據，且讓工程完成之品質能與預期結果接近。

試說明施工規範的功能。

解析

(1) 作爲設計者與業主之間溝通的工，使業主能預期未來的成果而做決策。
(2) 作爲營造商於競價或議價時，估計造價之依據。
(3) 作爲業主與營造商之間契約構成的必要文件；亦爲業主、設計者、營造商、材料供應商、工程師與工人於施工執行期間所共同使用的工程合約文件。

(4) 作爲工程施工期間所發生之爭議、補償、仲裁、終止合約及毀約等事件的根據。

(5) 做爲工人施工時之有關權責的指示及根據。

施工規範是用來配合設計圖施工之準則，一般包含哪些項目。

解析

(1) 工作項目：項目名稱及說明。

(2) 呈送物件：呈送物件包含但不限於下列項目：大樣圖、現場組裝圖(工作圖)、樣本、性能證明書及報告、試驗結果、製造廠商之使用或操作說明。

(3) 呈送物件呈繳的程序：一般合約特別條款裡對於施工大樣圖及現場組裝圖都有所通盤整體性的說明。

(4) 樣本：呈送製造廠商全線的標準樣品或依建築師之指定顏色、質料和式樣題出樣品。呈送之樣本應是以示範產品功能上的特性，並包含應有的附屬扣件等。每個樣本均應標示一個識別碼。於指定地點裝設實體樣本。樣本應完全。被接受本可留置現場不必拆除。

(5) 製造廠商之使用或操作說明：製造廠商之使用或操作說明應包含運輸、儲存之處理，施工前之準備動作，組立及裝設程序、試車、調節，及運轉之規則等。

(6) 呈送計劃：所有呈送物必須根據有關規範給予一個識別碼，並成爲該工程之永久記錄。提出相關呈送物之參考資料以加速建築師或工程師的批核作業。如有急件請標示「急件」「請於(何時)前批核」字樣。

(7) 建築材料及產品：建築材料標準之依據條例及核准之製造廠商。

(8) 工作執行時之注意事項等：準備，切割，組合，裝置，檢查，清理保護等之作業指示。

(9) 營造廠商有關品質控制方面之注意事項：正式運送產品前應確實了解樣本已被批核；確定工地確實的尺寸，現場施工現況，廠商型錄號碼，以及合約上有否其他要求。樣品之呈送並依合約文件上之要求及實際工作狀況。於每張大樣圖上和樣本上簽字以示符合合約文件要求。若有任何和合約文件要求上有異者，應於於呈送樣本時以書面說明之。樣本需簽證者，切勿於樣本核准前逕行動工。

試說明施工說明書內容。

解析

(1) 施工說明總則：內容規定之細則皆可能為工程契約一部分，與契約同具約束力。

(2) 材料規格：規定各項材料的品質、性質、尺寸等，以符合原設計的要求。

(3) 各類工程說明：內容之排列次序是依照施工順序來決定，而且依作業種類分門別類。

(4) 施工說明書種類

 (a) 指定功能施工說明書(功能說明書)：乃是指定所應具備之效果或功能，而非產品本身。說明書中視說明業主對該項產品所要求達到的結果，而不說明利用什麼方法及程序達到此功能或效果。其優點再於可任由承包廠商依據其經驗及技術，選擇適當的材料、設備、製造方法及過程；缺點須由指定的檢驗及測試，才能確定產品是否合乎要求。

 (b) 作業處理方式施工說明書：是將許多無法在現場測試成品的工作，加以說明其施工方式與工業標準，以釐清設計者與施工者之間的權責。

 (c) 敘述性施工說明書：敘述性施工說明書對材料的種類、大小、尺寸、物理性質及產生之效果等都加以詳細敘述。然而卻不說明詳細的施工及製造方法，只強調所要求的品質與規格，而這些需要經過監工人員確認即可。

10

勞工安全與衛生

勞工安全與衛生應具備工作智能之技能種類、技能標準及相關知識範圍，內容說明如下。

一、勞工安全衛生相關法規

(一) 技能標準：能熟悉並督導工程人員依勞工安全衛生法規、營造安全衛生設施標準等相關法令完成工程(工地)各項準備及檢驗。

(二) 相關知識：瞭解勞工安全衛生及其他相關法規規定。

二、勞工安全衛生計畫及管理

(一) 技能標準

1. 能編寫職業災害防止計畫、工地作業守則及勞工安全衛生教育訓計畫書等。
2. 能督導完成工程工作安全分析及安全觀察等事項。

(二) 相關知識：瞭解相關法規規定及實務。

三、勞工安全衛生專業知識

(一) 技能標準：能完成工程上組織協調、溝通並預防各類職業災害之發生。

(二) 相關知識：瞭解相關法規及實務、職業災害。

試說明應經檢查合格始得使勞工從事作業之危險性工作場所為何？

解析

(1) 從事合成農業原體之工作場所。

(2) 利用氯酸鹽類、過氯酸鹽類、硝酸鹽類、硫及硫化物、磷化物、木炭粉、金屬粉末等類原料製造爆竹煙火類物品之工廠。

(3) 從事爆炸物及其原料之製造，生產及加工成爆炸物之成品或半成品之場所。

(4) 設置高壓氣體類壓力容器，其處理能力一日在一百立方公尺或冷凍能力在二十公噸以上之工作場所。

(5) 設置蒸汽鍋爐，其傳熱面積在五百平方公尺以上之工作場所。

(6) 其他中央主管機關指定之工作場所。

試列舉營造工程之工作場所審查申請，應檢附之資料為何？

解析

(1) 申請書。

(2) 施工計畫摘要報告書。

(3) 施工安全評估報告書。

依勞動檢查法第二十六條規定，事業單位違反使勞工在未經勞動檢查機構審查或檢查合格之工作場所作業者，其罰則為何？

解析

違反第二十六條規定，使勞工在未經審查或檢查合格之工作場所作業者，處三年以下有期徒刑、拘役或科或併科新台幣十五萬元以上罰金。法人之代表人、法人或自然人之代理人、受僱人或其他從業人員，因執行業務犯前項之罪者，除處罰其行爲人外，對該法人或自然人亦科以前項之罰金。

試說明勞動檢查有哪些專責機構機構。

解析

中央或省(市)主管機關或有關機關爲辦理勞動檢查業務所設置之專責檢查機構：

(1) 行政院勞工委員會北區勞動檢查所。

(2) 行政院勞工委員會中區勞動檢查所。

(3) 行政院勞工委員會南區勞動檢查所。

(4) 台北市政府勞工局勞動檢查處。

(5) 高雄市政府勞工局勞工檢查所。

(6) 經濟部加工出口區管理處勞工科。

(7) 行政院國家科學委員會科學工業園區管理局勞工科。

試列舉丁類工作場所(係指營造工程之工作場所)為何？

解析

(1) 建築物頂樓樓板高度在五十公尺以上之建築工程。

(2) 橋墩中心與橋墩中心之距離在五十公尺以上之橋樑工程。

(3) 採用壓氣施工作業之工程。

(4) 長度一千公尺以上或需開挖十五公尺以上之豎坑之隧道工程。

(5) 開挖深度達十五公尺以上或地下室為四層樓以上，且開挖面積達五百平方公尺之工程。

(6) 工程中模板支撐高度七公尺以上、面積達一百平方公尺以上且佔該層模板支撐面積百分之六十以上者。

(7) 其他經中央主管機關會商目的事業主管機關指定者。

試列舉申請丁類危險性工作場所(營造工程)審查之施工計畫書，應包含哪些內容？

解析

(1) 工程概要。

(2) 勞工安全衛生管理計畫書。

(3) 分項工程作業計畫書。

有關申請丁類危險性工作場所審查之施工計畫書，其工程概要應包含哪些項目？

解析

(1) 工程內容概要：工程概要一覽表、主要施工項目、分包計畫。

(2) 施工方法及程序：施工方法、施工程序。

(3) 現況調查：鄰近地區利用現況、地質調查、現有地上、下管線調查、作業限制調查。

有關申請丁類危險性工作場所審查之施工計畫書，其勞工安全衛生管理計畫應包含哪些項目？

解析

(1) 勞工安全衛生組織、人員：組織表、工作職掌。

(2) 勞工安全衛生協議計畫：協議組織表、協議方式。

(3) 勞工安全衛生教育訓練計畫：教育訓練一覽表、教育訓練實施計畫。

(4) 自動檢查計畫：自動檢查一覽表、自動檢查制度。

(5) 緊急應變計畫及急救體系：緊急應變、急救體系。

(6) 稽核管理計畫。

有關申請丁類危險性工作場所審查之施工計畫書，其分項工程作業計畫應包含哪些項目？

解析

(1) 分項工程內容。

(2) 作業方法及程序。

(3) 作業組織：作業組織架構、職掌說明。

(4) 使用機具及設施設置計畫：使用機具及設施、配置圖。

(5) 作業日程計畫。

(6) 勞工安全衛生設施設置計畫。

試說明墜落災害防止設施設置之規定。

解析

根據營造安全衛生設施標準第十七條規定，雇主對於高度二公尺以上之工作場所，勞工作業有墜落之虞者，應依下列規定訂定墜落災害防止計畫，採取適當墜落災害防止設施：

(1) 經由設計或工法之選擇，儘量使勞工於地面完成作業以減少高處作業項目。

(2) 經由施工程序之變更，優先施作永久構造物之上下昇降設備或防墜設施。

(3) 設置護欄、護蓋。

(4) 張掛安全網。

(5) 使勞工佩掛安全帶。

(6) 設置警示線系統。

(7) 限制作業人員進入管制區。

(8) 對於因開放邊線、組模作業、收尾作業等及採取第一款至第五款規定之設施致增加其作業危險者，應訂定保護計畫並實施。

 試說明工作場所設置適當圍籬及警告標示之規定。

解析

根據營造安全衛生設施標準第八條規定，雇主對於工作場所，應依下列規定設置適當圍籬、警告標示：

(1) 工作場所之周圍應設置固定式圍籬，並於明顯位置裝設警告標示。

(2) 大規模施工之土木工程，或設置前款圍籬有困難之其他工程，得於其工作場所周圍以移動式圍籬、警示帶圍成之警示區替代之。

 試說明工作場所設置護欄之規定。

解析

根據營造安全衛生設施標準第二十條規定，雇主依規定設置之護欄，應依下列規定辦理：

(1) 高度應在九十公分以上，並應包括上欄杆、中欄杆、腳趾板及杆柱等構材。

(2) 以木材構成者，其規格如下：

(a) 上欄杆應平整，且其斷面應在三十平方公分以上。

(b) 中欄杆斷面應在二十五平方公分以上。

(c) 腳趾板寬度應在十公分以上，厚度一公分以上，並密接於地(或地板)面舖設。

(d) 杆柱斷面應在三十平方公分以上，間距不得超過二公尺。

(3) 以鋼管構成者，其上欄杆、中欄杆、杆柱之直徑均不得小於三・八公分，杆柱間距不得超過二・五公尺。

(4) 如以其他材料，其他型式構築者，應具同等以上之強度。

(5) 任何型式之護欄，其杆柱及任何杆件之強度及錨錠，應使整個護欄具有抵抗於上欄杆之任何一點，於任何方向加以七十五公斤之荷重，而無顯著變形之強度。

(6) 除必須之進出口外，護欄應圍繞所有危險之開口部分。

(7) 護欄前方二公尺內之樓板、地板，嚴禁堆放任何物料、設備。但護欄高度超過物料堆放高度九十公分以上者，不在此限。

(8) 以金屬網、塑膠網遮覆上、中欄杆與樓板或地板間之空隙者，依下列規定辦理：

(a) 得不設腳趾板，但網應密接於地，且杆柱之間距不得超過一·五公尺。

(b) 網應確實固定於上、中欄杆及杆柱。

(c) 網目大小不得超過十五平方公分。

(d) 固定網時，應有防止網之反彈設施。

 試說明工作場所設置安全網之規定。

解析

根據營造安全衛生設施標準第二十二條規定，雇主設置之安全網，應依下列規定辦理：

(1) 安全網之材料、強度、檢驗及張掛方式，應符合國家標準CNS 14252 Z2115安全網之規定。

(2) 工作面至安全網架設平面之攔截高度，不得超過七公尺。但鋼構組配作業得依本標準第一百五十一條之規定辦理。

(3) 爲防止勞工墜落時之拋物線效應，使用於結構物四周之安全網，應依下列規定延伸適當之距離。但結構物外緣牆面設置垂直式安全網者，不在此限：

(a) 攔截高度在一·五公尺以下者，至少應延伸二·五公尺。

(b) 攔截高度超過一·五公尺且在三公尺以下者，至少應延伸三公尺。

(c) 攔截高度超過三公尺者，至少應延伸四公尺。

(4) 工作面與安全網間不得有障礙物；安全網之下方應有足夠之淨空，以避免墜落人員撞擊下方平面或結構物。

(5) 材料、垃圾、碎片、設備或工具等掉落於安全網上，應即清除。

(6) 安全網於攔截勞工或重物後應即測試，其防墜性能不符第一款之規定時，應即更換。

(7) 張掛安全網之作業勞工應在適當防墜設施保護之下，始可進行作業。

(8) 安全網及其組件每週應檢查一次。有磨損、劣化或缺陷之安全網，不得繼續使用。

試說明雇主提供勞工使用之安全帶或安裝安全母索之規定。

解析

根據營造安全衛生設施標準第二十三條規定，雇主提供勞工使用之安全帶或安裝安全母索時，應依下列規定辦理：

(1) 安全帶之材料、強度及檢驗應符合國家標準CNS 7534 Z2037高處作業用安全帶、CNS 6701 M2077安全帶(繫身型)、CNS 14253 Z2116背負式安全帶及CNS 7535 Z3020高處作業用安全帶檢驗法之規定。

(2) 安全母索得由鋼索、尼龍繩索或合成纖維之材質構成，其最小斷裂強度應在二千三百公斤以上。

(3) 安全帶或安全母索繫固之錨錠，至少應能承受每人二千三百公斤之拉力。

(4) 安全帶之繫索或安全母索應予保護，避免受切斷或磨損。

(5) 安全帶或安全母索不得鉤掛或繫結於護欄之杆件。但該等杆件之強度符合第三款規定者不在此限。

(6) 安全帶、安全母索及其配件、錨錠在使用前或承受衝擊後，應進行檢查，如有磨損、劣化、缺陷或其強度不符第一款至第三款之規定時，不得再使用。

(7) 勞工作業中，需使用補助繩移動之安全帶，應具備補助掛鉤，以供勞工作業移動中可交換鉤掛使用。但作業中水平移動無障礙，中途不需拆鉤者，不在此限。

(8) 水平安全母索之設置，應依下列規定辦理：

(a) 超過三公尺長者應設立中間杆柱，其間距應在三公尺以下。

(b) 相鄰兩中間支柱間之安全母索只能供繫掛一條安全帶。

(c) 每條安全母索能繫掛安全帶之條數，應標示於母索錨錠端。

(d) 垂直安全母索之設置，應依下列規定辦理：

① 安全母索之下端應有防止安全帶鎖扣自尾端脫落之設施。

② 每條安全母索應僅提供一名勞工使用。但勞工作業或爬昇位置之水平間距在一公尺以下者，得二人共用一條安全母索。

試說明警示線、管制通行區，代替護欄、護蓋或安全網設置之規定。

解析

根據營造安全衛生設施標準第二十四條規定，雇主對於坡度小於十五度之勞工作業區域，距離開口部分、開放邊線或其他有墜落之虞之地點超過二公尺時，得設置警示線、管制通行區，代替護欄、護蓋或安全網之設置。設置前項之警示線、管制通行區，應依下列規定辦理：

(1) 警示線應距離開口部分、開放邊線二公尺以上。
(2) 每隔二·五公尺以下設置高度九十公分以上之杆柱，杆柱之上端及其二分之一高度處，設置黃色警示繩、帶，其最小張力強度至少二百二十五公斤以上。
(3) 作業進行中，應嚴禁作業勞工跨越警示線。
(4) 管制通行區之設置依第一款至第三款之規定辦理，僅供作業相關勞工通行。

試說明雇主對於鋼材儲存之規定。

解析

根據營造安全衛生設施標準第三十二條規定，雇主對於鋼材之儲存，應依下列規定辦理：

(1) 預防傾斜、滾落，必要時應用纜索等加以適當捆紮。
(2) 儲存之場地應爲堅固之地面。
(3) 各堆鋼材之間應有適當之距離。
(4) 置放地點應避免在電線下方或上方。
(5) 採用起重機吊運鋼材時，應將鋼材重量等顯明標示，以便易於處理及控制其起重負荷量，並避免在電力線下操作。

試說明雇主對於砂、石材料儲存之規定。

解析

根據營造安全衛生設施標準第三十三條規定，雇主對於砂、石等之堆積，應依下列規定辦理：

(1) 不得妨礙勞工出入，並避免於電線下方或接近電線之處。

(2) 堆積場於勞工進退路處，不得有任何懸垂物。

(3) 砂、石清倉時，應使勞工佩掛安全帶並設置監視人員。

(4) 堆積場所經常灑水或予以覆蓋，以避免塵土飛揚。

➡ 試說明雇主對於袋裝材料之儲存規定。

根據營造安全衛生設施標準第三十六條規定，雇主對於袋裝材料之儲存，應依下列規定辦理，以保持穩定；

(1) 堆放高度不得超過十層。

(2) 至少每二層交錯一次方向。

(3) 五層以上部分應向內退縮，以維持穩定。

(4) 交錯方向易引起材料變質者，得以不影響穩定之方式堆放。

➡ 試說明雇主對於施工構台與懸吊式施工架、懸臂或突樑式施工架及高度五公尺以上施工架之組配及拆除作業，應指定施工架及施工構台組配作業主管於作業現場應辦理哪些事項？

根據營造安全衛生設施標準第四十一條規定，雇主對於施工構台與懸吊式施工架、懸臂或突樑式施工架及高度五公尺以上施工架之組配及拆除作業，應指定施工架及施工構台組配(以下簡稱施工架組配)作業主管於作業現場辦理下列事項：

(1) 決定作業方法，指揮勞工作業。

(2) 實施檢點，檢查材料、工具、器具等，並汰換其不良品。

(3) 監督勞工個人防護具之使用。

(4) 確認安全衛生設備及措施之有效狀況。

(5) 其他爲維持作業勞工安全衛生所必要之設備及措施。

前項第二款規定於進行拆除作業時不適用。

雇主為維持施工架及施工構台之穩定，應依規定辦理哪些事項？

解析

根據營造安全衛生設施標準第四十五條規定，雇主爲維持施工架及施工構台之穩定，應依下列規定辦理：

(1) 施工架及施工構台不得與混凝土模板支撐或其他臨時構造連接。

(2) 應以斜撐材作適當而充分之支撐。

(3) 施工架在適當之垂直、水平距離處與構造物妥實連接，其間隔在垂直方向以不超過五．五公尺；水平方向以不超過七．五公尺爲限。但獨立而無傾倒之虞者，不在此限。

(4) 獨立之施工架在該架最後拆除前，至少應有三分之一之踏腳桁不得移動，並使之與橫檔或立柱紮牢。

(5) 鬆動之磚、排水管、煙囪或其他不當材料，不得用以建造或支撐施工架及施工構台。

(6) 施工架及施工構台基礎地面應平整，且夯實緊密，並襯以適當材質之墊材，以防止滑動或不均勻沈陷。

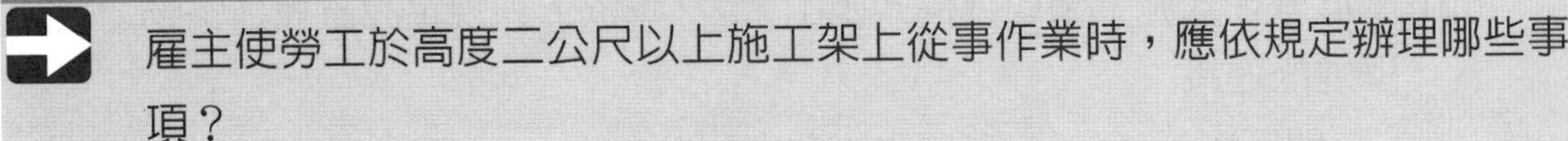

雇主使勞工於高度二公尺以上施工架上從事作業時，應依規定辦理哪些事項？

解析

根據營造安全衛生設施標準第四十八條規定，雇主使勞工於高度二公尺以上施工架上從事作業時，應依下列規定辦理：

(1) 應供給足夠強度之工作台。

(2) 工作台寬度應在四十公分以上並舖滿密接之板料，其支撐點至少應有兩處以上，並應綁結固定，無脫落或位移之虞，板料與施工架間縫隙不得大於三公分。

(3) 活動式板料如使用木板時，寬度應在二十公分以上，厚度應在三．五公分以上，長度應在三．六公尺以上；寬度大於三十公分時，厚度應在六公分以上，長度應在四公尺以上，其支撐點均至少應有三處以上，且板端突出支撐點之長度應在十公分以上，不得大於板長十八分之一，板料於板長方向重疊時，應於支撐點處重疊，其重疊部分之長度不得小於二十公分。

(4) 工作台應低於施工架立柱頂點一公尺以上。前項第三款之板長於狹小空間場所板料長度得不受限制。

雇主對於鋼管施工架之設置，應依規定辦理哪些事項？

解析

根據營造安全衛生設施標準第五十九條規定，雇主對於鋼管施工架之設置，應依下列規定辦理：

(1) 使用之鋼材等金屬材料應符合國家標準，其構架方式應依國家標準之規定辦理。

(2) 國外進口者，其製造所依據之材料規範、構架方式，應報請中央主管機關核備。

(3) 裝有腳輪之移動式施工架，勞工作業時其腳部應以有效方法固定之，勞工於其上作業時不得移動施工架。

(4) 構件之連接部分或交叉部分應以適當之金屬附屬配件確實連接固定，並以適當之斜撐材補強。

(5) 屬於直柱式施工架或突樑式施工架者，應依下列規定設置與建築物連接之壁連座連接：

(a) 間距應不大於下表所列之值為原則。

鋼管施工架之種類	間距(單位：公尺)	
	垂直方向	水平方向
單管施工架	五・〇	五・五
框式施工架(高度未及五公尺者除外)	九・〇	八・〇

(b) 應以鋼管或圓木等使該施工架建築堅固。

(c) 以抗拉材料與抗壓材料合構者，抗壓材與抗拉材之間距應在一公尺以下。

(6) 接近高架線路設置施工架，應先移設高架線路或裝設絕緣用防護裝備或警告標示等措施，以防止高架線路與施工架接觸。

(7) 使用伸縮桿件及調整桿時，應將其埋入原桿件足夠深度，以維持穩固，並將插銷鎖固。

雇主對於單管式鋼管施工架之設置，應依規定辦理哪些事項？

解析

根據營造安全衛生設施標準第六十條規定，雇主對於單管式鋼管施工架之構築，應依下列規定辦理：

(1) 立柱之間距：縱向爲一・八公尺以下；樑間方向爲一・五公尺以下。

(2) 橫檔垂直間距不得大於二公尺。距地面上第一根橫檔應置於二公尺以下之位置。

(3) 立柱之上端量起自三十一公尺以下部分之立柱應使用兩根鋼管。

(4) 立柱之載重應以四百公斤爲限。

雇主因作業之必要，無法依前項之規定構築者，得依前條第二款之規定。雇主因作業之必要而無法依第一項第一款之規定，而以補強材有效補強時，得不受該款規定之限制。

雇主對於框式鋼管式施工架之構築，應依規定辦理哪些事項？

解析

根據營造安全衛生設施標準第六十一條規定，雇主對於框式鋼管式施工架之構築，應依下列規定辦理：

(1) 最上層及每隔五層應設置水平樑。

(2) 框架與托架，應以水平牽條或鉤件等，防止水平滑動。

(3) 高度超過二十公尺及架上載有物料者，主框架應在二公尺以下，且其間距應保持在一・八五公尺以下。

雇主對於施工構台，應依規定辦理哪些事項？

解析

根據營造安全衛生設施標準第六十二條之一規定，雇主對於施工構台，應依下列規定辦理：

(1) 支柱應依施工場所之土壤性質，埋入適當深度或於柱腳部襯以墊板、座鈑等以防止滑動或下沈。

(2) 支柱、支柱之水平繫材、斜撐材及構台之樑等連結部分、接觸部分及安裝部分，應以螺栓或鉚釘等金屬之連結器材固定，以防止變位或脫落。

(3) 高度二公尺以上構台之覆工板等板料間隙應在三公分以下。

(4) 構台設置寬度應足供所需機具運轉通行之用，並依施工計畫預留起重機外伸撐座伸展及材料堆置之場地。

為防止地面崩塌及損壞地下埋設物致有危害勞工之虞，應事前就作業地點及其附近，施以鑽探、試挖或其他適當方法從事調查，其調查內容包含哪些項目？

解析

根據營造安全衛生設施標準第六十三條規定，雇主僱用勞工從事露天開挖作業，爲防止地面之崩塌及損壞地下埋設物致有危害勞工之虞，應事前就作業地點及其附近，施以鑽探、試挖或其他適當方法從事調查，其調查內容，應依下列規定：

(1) 地面形狀、地層、地質、鄰近建築物及交通影響情形等。

(2) 地面有否龜裂、地下水位狀況及地層凍結狀況等。

(3) 有無地下埋設物及其狀況。

(4) 地下有無高溫、危險或有害之氣體、蒸氣及其狀況。

依前項調查結果擬訂開挖計畫，其內容應包括開挖方法、順序、進度、使用機械種類、降低水位、穩定地層方法及土壓觀測系統等。

雇主僱用勞工從事露天開挖時，為防止地面之崩塌或土石之飛落，應採取下列哪些措施？

解析

根據營造安全衛生設施標準第六十五條規定，說明如下：

(1) 作業前、大雨或四級以上地震後，應指定專人確認作業地點及其附近之地面有無龜裂、有無湧水、土壤含水狀況、地層凍結狀況及其地層變化等，並採取必要之安全措施。

(2) 爆破後，應指定專人檢查爆破地點及其附近有無浮石或龜裂等狀況，並採取必要之安全措施。

(3) 開挖出之土石應常清理，不得堆積於開挖面之上方或開挖面高度等值之坡肩寬度範圍內。

(4) 應有勞工安全進出作業場所之措施。

(5) 應設置排水設備，隨時排除地面水及地下水。

雇主使勞工以機械從事露天開挖作業，應依哪些規定辦理？

解析

根據營造安全衛生設施標準第六十九條規定，說明如下：

(1) 使用之機械有損壞地下電線、電纜、危險或有害物管線、水管等地下埋設物，而有危害勞工之虞者，應妥爲規劃該機械之施工方法。

(2) 事前決定開挖機械、搬運機械等之運行路線及此等機械進出土石裝卸場所之方法，並告知勞工。

(3) 於搬運機械作業或開挖作業時，應指派專人指揮，以防止機械翻覆或勞工自機械後側接近作業場所。

(4) 嚴禁操作人員以外之勞工進入營建用機械之操作半徑範圍內。

(5) 車輛機械應裝設倒車或旋轉警示燈及蜂鳴器，以警示周遭其他工作人員。

雇主對於擋土支撐之構築，應依哪些規定辦理？

解析

根據營造安全衛生設施標準第七十三條規定，說明如下：

(1) 依擋土支撐構築處所之地質鑽探資料，研判土壤性質、地下水位、埋設物及地面荷載現況，妥爲設計，且繪製詳細構築圖樣及擬訂施工計畫，並據予構築之。

(2) 構築圖樣及施工計畫應包括樁或擋土壁體及其它襯板、橫檔、支撐及支柱等構材之材質、尺寸配置、安裝時期、順序、及降低水位方法、土壓觀測系統等。

(3) 擋土支撐之設置，應於未開挖前，依照計畫之設計位置先行打樁或擋土壁體，應達預定之擋土深度後，再行開挖。

(4) 爲防止支撐、橫檔、牽條等之脫落，應確實安裝固定於樁或擋土壁體上。

(5) 壓力構材之接頭應採對接，並應加設護材。

(6) 支撐之接頭部分或支撐與支撐之交叉部分應墊以承鈑，並以螺栓緊接或採用焊接等方式固定之。

(7) 備有中間柱之擋土支撐者，應將支撐確實妥置於中間直柱上。

(8) 支撐非以構造物之柱支持者，該支持物應能承受該支撐之荷重。

(9) 不得以支撐及橫檔作為施工架或乘載重物；但設計時已預作考慮及另行設置支柱或加強時，不在此限。

(10)開挖過程中，應隨時注意開挖區及鄰近地質及地下水位之變化，並採必要之安全措施。

(11)擋土支撐之構築，其橫檔背土回填應緊密、螺栓應栓緊、並應施加預力。

雇主對於隧道、坑道開挖作業，為防止落磐、湧水等危害勞工，應依哪些規定辦理？

解析

根據營造安全衛生設施標準第八十條規定，說明如下：

(1) 事前實施地質調查；以鑽探、試坑、震測或其他適當方法，確定開挖區之地表形狀、地層、地質、岩層變動情形及斷層與含水砂土地帶之位置、地下水位之狀況等作成紀錄，並繪出詳圖。

(2) 依調查結果訂定合適之施工計畫，並依該計畫施工。該施工計畫內容應包括開挖方法、開挖順序與時機，隧道、坑道之支撐、換氣、照明、搬運、通訊、防火及湧水處理等事項。

(3) 雇主應於勞工進出隧道、坑道時，予以清點或登記。

雇主對於隧道、坑道之鋼拱支撐設置，應依哪些規定辦理？

解析

根據營造安全衛生設施標準第九十三條規定，說明如下：

(1) 支撐組之間隔應在一·五公尺以下。但以噴凝土或安裝岩栓來支撐岩體荷重者，不在此限。

(2) 使用連接螺栓、連接桿或斜撐等，將主構材相互堅固連接之。

(3) 為防止沿隧道之縱向力量致傾倒或歪斜，應採取必要之措施。

(4) 為防止土石崩塌，應設有襯板等。

雇主對於從事鋼筋混凝土之作業時，應依哪些規定辦理？

解析

根據營造安全衛生設施標準第九十三條規定，說明如下：

(1) 鋼筋應分類整齊儲放。
(2) 使從事搬運鋼筋作業之勞工戴用手套。
(3) 利用鋼筋結構作爲通道時，表面應舖以木板，使能安全通行。
(4) 使用吊車或索道運送鋼筋時，應予紮牢以防滑落。
(5) 吊運長度超過五公尺之鋼筋時，應在適當距離之二端以吊鏈鉤住或拉索捆紮拉緊，保持平穩以防擺動。
(6) 從事牆、柱及墩基等立體鋼筋之構結時，應視其實際需要使用拉索或撐桿予以支持，以防傾倒。
(7) 禁止使用鋼筋作爲拉索支持物、工作架或起重支持架等。
(8) 鋼筋不得散放於施工架上。
(9) 暴露之鋼筋應採取彎曲、加蓋或加裝護套等防護設施。但其正上方無勞工作業或勞工無虞跌倒者，不在此限。
(10)基礎頂層之鋼筋上方，不得放置尚未組立之鋼筋或其他物料。但其重量未超過該基礎鋼筋支撐架之荷重限制並分散堆置者，不在此限。

雇主對於模板支撐安全之要求，應依哪些規定辦理？

解析

根據營造安全衛生設施標準第一百三十一條規定，說明如下：

(1) 模板支撐應由專人事先以模板形狀、預期之荷重及混凝土澆置方法等妥爲設計，以防止模板倒塌危害勞工。
(2) 支柱應視土質狀況，襯以墊板、座板或敷設水泥等，以防止支柱之沉陷。
(3) 支柱之腳部應予以固定，以防止移動。
(4) 支柱之接頭，應以對接或搭接妥爲連結。
(5) 鋼材與鋼材之接觸部分及搭接重疊部分，應以螺栓或鉚釘等金屬零件固定之。
(6) 對曲面模板，應以繫桿控制模板之上移。
(7) 橋樑上構模板支撐，其模板支撐架應設置側向支撐及水平支撐，並於上、下端連結牢固穩定，支柱(架)腳部之地面應夯實整平，排水良好，不得積水。

(8) 橋樑上構模板支撐，其模板支撐架頂層構台應舖設踏板，並於構台下方設置強度足夠之防護網，以防止人員墜落、物料飛落。

雇主對於混凝土澆置作業之要求，應依哪些規定辦理？

解析

根據營造安全衛生設施標準第一百四十二條規定，說明如下：

(1) 裝有液壓或氣壓操作之混凝土吊桶，其控制出口應有防止骨材聚集於桶頂及桶邊緣之裝置。

(2) 使用起重機具吊運混凝土桶以澆置混凝土時，如操作者無法看清楚澆置地點，應指派信號指揮人員指揮。

(3) 禁止勞工乘坐於混凝土澆置桶上。

(4) 以起重機具或索道吊運之混凝土桶下方，禁止人員進入。

(5) 混凝土桶之載重量不得超過容許限度，其擺動夾角不得超過四十度。

(6) 混凝土拌合機具或車輛停放於斜坡上作業時，除應完全剎車外， 並應將機械墊穩，以免滑動。

(7) 實施混凝土澆置作業，應指定安全出入路口。

(8) 澆置混凝土前，須詳細檢查模板支撐各部分之連接及斜撐是否安全，澆置期間須指派模板工巡視，遇有異常狀況必須停止作業，並經修妥後方得作業。

(9) 澆置樑、樓板或曲面屋頂，應注意偏心載重可能產生之危害。

(10)澆置期間應注意避免過大之振動。

(11)以泵輸送混凝土時，其輸送管接頭應有適當之強度，以防止混凝土噴濺。

雇主對於鋼構吊運、組配作業之要求，應依哪些規定辦理？

解析

根據營造安全衛生設施標準第一百四十八條規定，說明如下：

(1) 吊運長度超過六公尺以上之構架時，應在適當距離之兩端以拉索捆紮拉緊，保持平穩以防擺動，作業人員暴露於其旋轉區內時，應以穩定索繫於構架尾端使之穩定。

(2) 吊運之鋼料，應於置放前將其捆妥或繫於固定之位置。

(3) 安放鋼構時，應由側方及交叉方向安全撐住。

(4) 設置鋼構時，其各部尺寸、位置均須測定，妥爲校正，並用臨時支撐或螺栓等使其充分固定後，再行熔接或鉚接。

(5) 鋼樑於最後安裝吊索鬆放前，鋼樑兩端腹鈑之接頭處，應有二個以上之螺栓裝妥或採其他措施固定之。

(6) 中空柵構件於鋼構未熔接或鉚接牢固前，不得置於該鋼架上。

(7) 鋼構組配進行中，柱子尙未於兩個以上之方向與其他構架構牢固前，應使用柵當場栓接，或採取其他措施，以抵抗橫向力，維持構架之穩定。

(8) 使用十二公尺以上長跨度柵樑或桁架時，於鬆放吊索前，應安裝臨時構件，以維持橫向之穩定。

(9) 使用起重機吊掛構件從事組配作業時，如未使用自動脫鉤裝置，應設置施工架等設施，供作業人員安全上下及協助鬆脫吊具。

 雇主對於鋼構建築臨時性構台之舖設，應依哪些規定辦理？

解析

根據營造安全衛生設施標準第一百五十一條規定，說明如下：

(1) 用於放置起重機或其他機具之臨時性構台，應依預期荷重設計木板或座鈑，並應緊密舖設防止移動，並於下方支撐物確認其結構安全。

(2) 不適於舖設臨時性構台之鋼構建築，且未使用施工架而落距差超過二層樓或七．五公尺以上時，應張設安全網，其下方應具有足夠淨空，以防彈動下沉撞及下面之結構物。安全網於使用前須作好耐燃和耐衝擊的相關現場試驗。

(3) 以地面之起重機從事鋼構組配之高處作業時，如勞工於其上方從事熔接、焊接、上螺絲等併接或上漆作業，其鋼樑正下方二層樓或七．五公尺高度內，應安裝密實之舖版或相關的安全防護措施。

 雇主對於構造物之拆除，應依哪些規定辦理？

解析

根據營造安全衛生設施標準第一百五十七條規定，說明如下：

(1) 不得使勞工同時在不同高度之位置從事拆除工作。但已採適當措施，維護低位勞工之安全者，不在此限。

(2) 拆除應按序由上而下逐步拆除。

(3) 被拆除之材料，不得堆積至危害樓板或構材之穩定程度，並不得靠牆堆放。

(4) 拆除進行中，應經常注意控制拆除構造物之穩定性。

(5) 於狂風或暴雨等惡劣氣候，如構造物有崩塌之虞時，應立即停止拆除工作。

(6) 構造物有飛落、震落之虞者，應即予拆除。

(7) 拆除進行中，如塵土飛揚者，應適時予以灑水。

(8) 以拉倒方式拆除構造物時，應使用適當之鋼纜，並使勞工退避至 安全距離。

(9) 以爆破方法拆除構造物時，應採取防止爆破產生危害之措施。

(10)地下擋土壁體用於擋土及支持構造物者，在構造物未適當支撐， 或以板樁支撐土壓前，不得拆除。

(11)拆除區內應禁止與工作無關之人員進入，並加揭示。

試說明臨時房舍設置之規定。

解析

根據營造安全衛生設施標準第一百七十二條規定，雇主對於臨時房舍，應依下列規定辦理：

(1) 應選擇乾燥及排水良好之地點搭建。必要時應自行挖掘排水溝。

(2) 應有適當之通風及照明。

(3) 應使用合於飲用水衛生標準規定之飲用水及一般洗濯用水。

(4) 用餐地點、寢室及盥洗設備等應予分設並保持清潔。

(5) 應依實際需要設置冰箱、食品貯存及餐具櫥櫃、處理廢物、廢料等衛生設備。

試說明申請職業災害殘廢補助，應具備哪些文件？

解析

根據職業災害勞工保護法施行細則第五條規定，說明如下：

(1) 職業災害勞工殘廢補助申請書及補助收據。

(2) 勞工保險殘廢診斷書。

(3) 職業災害相關證明文件。

(4) 經醫學影像檢查者，檢查報告及影像圖片。
(5) 事業單位之名稱、負責人姓名及地址等相關資料。
(6) 未領取雇主依勞動基準法規定給付職業災害殘廢補償之聲明書。

前項第二款勞工保險殘廢診斷書，由應診之全民健康保險特約醫院或診所出具。在勞工保險條例施行區域外致殘廢者，得由原應診之醫院或診所出具。

試說明申請職業災害死亡補助，應具備哪些文件？

解析

根據職業災害勞工保護法施行細則第六條第一項規定，說明如下：

(1) 職業災害勞工死亡補助申請書及補助收據。
(2) 死亡診斷書或檢察官相驗屍體證明書；受死亡宣告者，法院判決書。
(3) 職業災害相關證明文件。
(4) 載有死亡日期之全戶戶籍謄本；申請人爲養子女者，並需載有收養日期。申請人與死亡勞工非屬同一戶籍者，應同時提出各該戶籍謄本。
(5) 事業單位之名稱、負責人姓名及地址等相關資料。
(6) 未領取雇主依勞動基準法規定給付職業災害死亡補償之聲明書。

試說明申請職業災害死亡補助之順位為何？

解析

根據職業災害勞工保護法施行細則第七條規定，說明如下：

(1) 配偶及子女。
(2) 父母。
(3) 祖父母。
(4) 孫子女。
(5) 兄弟、姊妹。

事業單位與承攬人、再承攬人分別僱用勞工共同作業時，為防止職業災害，原事業單位應採取哪些必要措施？

解析

根據勞工安全衛生法第十八條規定，說明如下：

(1) 設置協議組織，並指定工作場所負責人，擔任指揮及協調之工作。

(2) 工作之連繫與調整。

(3) 工作場所之巡視。

(4) 相關承攬事業間之安全衛生教育之指導及協助。

(5) 其他為防止職業災害之必要事項。

事業單位分別交付二個以上承攬人共同作業而未參與共同作業時，應指定承攬人之一負前項原事業單位之責任。

雇主不得使童工從事哪些危險性或有害性工作？

解析

根據勞工安全衛生法第二十條規定，說明如下：

(1) 坑內工作。

(2) 處理爆炸性、引火性等物質之工作。

(3) 從事鉛、汞、鉻、砷、黃磷、氯氣、氰化氫、苯胺等有害物散布場所之工作。

(4) 散佈有害輻射線場所之工作。

(5) 有害粉塵散布場所之工作。

(6) 運轉中機器或動力傳導裝置危險部分之掃除、上油、檢查、修理或上卸皮帶、繩索等工作。

(7) 超過二百二十伏特電力線之銜接。

(8) 已溶礦物或礦渣之處理。

(9) 鍋爐之燒火及操作。

(10)鑿岩機及其他有顯著振動之工作。

(11)一定重量以上之重物處理工作。

(12)起重機、人字臂起重桿之運轉工作。

(13)動力捲揚機、動力運搬機及索道之運轉工作。

(14)橡膠化合物及合成樹脂之滾輾工作。

(15)其他經中央主管機關規定之危險性或有害性之工作。

前項危險性或有害性工作之認定標準，由中央主管機關定之。

雇主不得使女工從事哪些危險性或有害性工作？

解析

根據勞工安全衛生法第二十一條規定，說明如下：

(1) 坑內工作。

(2) 從事鉛、汞、鉻、砷、黃磷、氯氣、氰化氫、苯胺等有害物散布場所之工作。

(3) 鑿岩機及其他有顯著振動之工作。

(4) 一定重量以上之重物處理工作。

(5) 散布有害輻射線場所之工作。

(6) 其他經中央主管機關規定之危險性或有害性之工作。

前項第五款之工作對不具生育能力之女工不適用之。第一項危險性或有害性工作之認定標準，由中央主管機關定之。第一項第一款之工作，於女工從事管理、研究或搶救災害者，不適用之。

事業單位工作場所發生哪些職業災害，雇主應即採取必要急救、搶救等措施，並實施調查、分析及作成紀錄？

解析

根據勞工安全衛生法第二十八條規定，事業單位工作場所發生左列職業災害之一時，雇主應於二十四小時內報告檢查機構：

(1) 發生死亡災害者。

(2) 發生災害之罹災人數在三人以上者。

(3) 其他經中央主管機關指定公告之災害。

檢查機構接獲前項報告後，應即派員檢查。事業單位發生第二項之職業災害，除必要之急救、搶救外，雇主非經司法機關或檢查機構許可，不得移動或破壞現場。

試說明具有危險性之機械包含哪些？

解析

根據勞工安全衛生法施行細則第十一條規定，說明如下：

(1) 固定式起重機。

(2) 移動式起重機。

(3) 人字臂起重桿。

(4) 升降機。

(5) 營建用提升機。

(6) 吊籠。

(7) 其他經中央主管機關指定具有危險性之機械。

試說明安全衛生工作守則之內容包含哪些？

解析

根據勞工安全衛生法施行細則第二十七條規定，說明如下：

(1) 事業之勞工安全衛生管理及各級之權責。

(2) 設備之維護及檢查。

(3) 工作安全及衛生標準。

(4) 教育及訓練。

(5) 急救及搶救。

(6) 防護設備之準備、維持及使用。

(7) 事故通報及報告。

(8) 其他有關安全衛生事項。

雇主對於有車輛出入、使用道路作業、鄰接道路作業或有導致交通事故之虞之工作場所，應依哪些規定設置適當交通號誌、標示或柵欄？

解析

根據勞工安全衛生設施規則第二十一條之一規定，說明如下：

(1) 交通號誌、標示應能使受警告者清晰獲知。

(2) 交通號誌、標示或柵欄之控制處，須指定專人負責管理。

(3) 新設道路或施工道路，應於通車前設置號誌、標示、柵欄、反光器、照明或燈具等設施。

(4) 道路因受條件限制，永久裝置改為臨時裝置時，應於限制條件終止後即時恢復。

(5) 使用於夜間之柵欄，應設有照明或反光片等設施。

(6) 信號燈應樹立在道路之右側，清晰明顯處。

(7) 號誌、標示或柵欄之支架應有適當強度。

(8) 設置號誌、標示或柵欄等設施，尚不足以警告防止交通事故時，應置交通引導人員。

前項交通號誌、標示或柵欄等設施，道路交通主管機關有規定者，從其規定。

雇主對於起重機具之運轉，應於運轉時採取防止吊掛物通過人員上方及人員進入吊掛物下方之設備或措施。從事前項起重機具運轉作業時，為防止吊掛物掉落，應依哪些規定辦理？

解析

根據勞工安全衛生設施規則第九十二條規定，說明如下：

(1) 吊掛物使用吊耳時，吊耳設置位置及數量，應能確保吊掛物之平衡。

(2) 吊耳與吊掛物之結合方式，應能承受所吊物體之整體重量，使其不致脫落。

(3) 使用吊索(繩)、吊籃等吊掛用具或載具時，應有足夠強度。

雇主對使用於就業場所之車輛系營建機械，應依哪些規定辦理？

解析

根據勞工安全衛生設施規則第一百十九條規定，說明如下：

(1) 其駕駛棚須有良好視線，適當之通風，容易上下車；如裝有擋風玻璃及窗戶，其材料須由透明物質製造，且如衝擊破裂時，不致產生尖銳碎片。擋風玻璃上並有由動力推動之雨刮器。

(2) 應裝置前照燈具。但使用於已設置有作業安全所必要照明設備場所者，不在此限。

(3) 應設置堅固頂蓬，以防止物體掉落之危害。

雇主對於使用高空工作車從事作業，應依哪些事項辦理？

解析

根據勞工安全衛生設施規則第一百二十八條之一規定，說明如下：

(1) 除行駛於道路上外，應於事前依作業場所之狀況、高空工作車之種類、容量等訂定包括作業方法之作業計畫，使作業勞工周知，並指定專人指揮監督勞工依計畫從事作業。

(2) 除行駛於道路上外，爲防止高空工作車之翻倒或翻落，危害勞工，應將其外伸撐座完全伸出，並採取防止地盤不均勻沉陷、路肩之崩塌等必要措施。

(3) 在工作台以外之處所操作工作台時，爲使操作者與工作台上之勞工間之連絡正確，應規定統一指揮信號，並指定人員依該信號從事指揮作業等必要措施。

(4) 不得搭載勞工。但乘坐席位及工作台，不在此限。

(5) 不得超過高空工作車之積載荷重及能力。

(6) 不得使高空工作車供爲主要用途以外之用途。但無危害勞工之虞時，不在此限。

(7) 除工作台相對於地面作垂直上升或下降之高空工作車外，使用高空工作車從事作業時，雇主應使該高空工作車工作台上之勞工佩帶安全帶。

雇主使勞工以捲揚機等吊運物料時，應依哪些規定辦理？

解析

根據勞工安全衛生設施規則第一百五十五條之一規定，說明如下：

(1) 安裝前須核對並確認設計資料及強度計算書。

(2) 吊掛之重量不得超過該設備所能承受之最高負荷，且應加以標示。

(3) 不得供人員搭乘、吊升或降落。但臨時或緊急處理作業經採取足以防止人員墜落，且採專人監督等安全措施者，不在此限。

(4) 吊鉤或吊具應有防止吊舉中所吊物體脫落之裝置。

(5) 錨錠及吊掛用之吊鏈、鋼索、掛鉤、纖維索等吊具有異狀時應即修換。

(6) 吊運作業中應嚴禁人員進入吊掛物下方及吊鏈、鋼索等內側角。

(7) 捲揚吊索通路有與人員碰觸之虞之場所，應加防護或有其他安全設施。

(8) 操作處應有適當防護設施，以防物體飛落傷害操作人員，如採坐姿操作者應設坐位。

(9) 應設有防止過捲裝置，設置有困難者，得以標示代替之。

(10)吊運作業時，應設置信號指揮聯絡人員，並規定統一之指揮信號。

(11)應避免鄰近電力線作業。

(12)電源開關箱之設置，應有防護裝置。

雇主對物料之堆放，應注意哪些規定？

解析

根據勞工安全衛生設施規則第一百五十九條規定，說明如下：

(1) 不得超過堆放地最大安全負荷。

(2) 不得影響照明。

(3) 不得妨礙機械設備之操作。

(4) 不得阻礙交通或出入口。

(5) 不得減少自動灑水器及火警警報器有效功用。

(6) 不得妨礙消防器具之緊急使用。

(7) 以不倚靠牆壁或結構支柱堆放爲原則。並不得超過其安全負荷。

雇主對於勞工從事火藥爆破之鑽孔充填、結線、點火及未爆火藥檢查處理等火藥爆破作業時，應規定其遵守哪些注意事項？

解析

根據勞工安全衛生設施規則第二百十九條規定，說明如下：

(1) 不得將凍結之火藥直接接近煙火、蒸汽管或其他高熱物體等危險方法融解火藥。

(2) 充填火藥或炸藥時，不得使用明火並禁止吸菸。

(3) 使用銅質、木質、竹質或其他不因摩擦、衝擊、產生靜電等引發爆炸危險之充填具。

(4) 使用粘土、砂、水袋或其他無著火或不引火之充填物。

(5) 點火後，充填之火藥類未發生爆炸或難予確認時，應依左列規定處理：

(a) 使用電氣雷管時，應自發爆器卸下發爆母線、短結其端部、採取無法再點火之措施、並經五分鐘以上之時間，確認無危險之虞後，始得接近火藥類之充填地點。

(b) 使用電氣雷管以外者，點火後應經十五分鐘以上之時間，並確認無危險之虞後，始得接近火藥類之充填地點。

雇主對於使用電氣方式從事爆破作業，應就經火藥爆破特殊安全衛生教育、訓練之人員中，指派專人辦理哪些事項？

解析

根據勞工安全衛生設施規則第二百二十二條規定，說明如下：

(1) 指示從事該作業勞工之退避場所及應經路線。

(2) 發爆前應以信號警告，並確認所有人員均已離開危險區域。

(3) 指定發爆者。

(4) 指示有關發爆場所。

(5) 傳達點火信號。

(6) 確認有無未爆之裝藥或殘藥，並作妥善之處理。

雇主對於移動梯之使用，應符合哪些規定？

解析

根據勞工安全衛生設施規則第二百二十九條規定，說明如下：

(1) 具有堅固之構造。

(2) 其材質不得有顯著之損傷、腐蝕等現象。

(3) 寬度應在三十公分以上。

(4) 應採取防止滑溜或其他防止轉動之必要措施。

雇主對於裝有電力設備之工廠、供公衆使用之建築物及受電電壓屬高壓以上之用電場所，應依哪些規定置專任電氣技術人員，或另委託用電設備檢驗維護業，負責維護與電業供電設備分界點以內一般及緊急電力設備之用電安全？

解析

根據勞工安全衛生設施規則第二百六十四條規定，說明如下：

(1) 低壓(六百伏特以下)供電且契約容量達五十瓩以上之工廠或供公眾使用之建築物，應置初級電氣技術人員。

(2) 高壓(超過六百伏特至二萬二千八百伏特)供電之用電場所，應置中級電氣技術人員。

(3) 特高壓(超過二萬二千八百伏特)供電之用電場所，應置高級電氣技術人員。

前項專任電氣技術人員之資格，依專任電氣技術人員及用電設備檢驗維護業管理規則之規定辦理。

雇主對於電氣技術人員或其他電氣負責人員，除應責成其依電氣有關法規規定辦理，並應責成其工作遵守哪些事項？

解析

根據勞工安全衛生設施規則第二百七十四條規定，說明如下：

(1) 隨時檢修電氣設備，遇有電氣火災或重大電氣故障時，應切斷電源，並即聯絡當地供電機構處理。

(2) 電線間、直線、分歧接頭及電線與器具間接頭，應確實接牢。

(3) 拆除或接裝保險絲以前，應先切斷電源。

(4) 以操作棒操作高壓開關，應使用橡皮手套。

(5) 熟悉發電室、變電室、受電室等其工作範圍內之各項電氣設備操作方法及操作順序。

雇主為防止電氣災害，應依哪些事項辦理？

解析

根據勞工安全衛生設施規則第二百七十六條規定，說明如下：

(1) 對於工廠、供公眾使用之建築物及受電電壓屬高壓以上之用電場所電力設備之裝設與維護保養，非合格之電氣技術人員不得擔任。

(2) 爲調整電動機械而停電，其開關切斷後，須立即上鎖或掛牌標示並簽字之。復電時，應由原掛簽人取下安全掛簽後，始可復電，以確保安全。

(3) 發電室、變電室或受電室，非工作人員不得任意進入。

(4) 不得以肩負方式攜帶過長物體(如竹梯、鐵管、塑膠管等)接近或通過電氣設備。

(5) 開關之開閉動作應確實，如有鎖扣設備，應於操作後加鎖。

(6) 拔卸電氣插頭時，應確實自插頭處拉出。

(7) 切斷開關應迅速確實。

(8) 不得以濕手或濕操作棒操作開關。

(9) 非職權範圍，不得擅自操作各項設備。

(10)如遇電氣設備或電路著火，須用不導電之滅火設備。

雇主對於有害氣體、蒸氣、粉塵等作業場所，應依哪些規定辦理？

解析

根據勞工安全衛生設施規則第二百九十二條規定，說明如下：

(1) 工作場所內發生有害氣體、蒸氣、粉塵時，應視其性質，採取密閉設備、局部排氣裝置、整體換氣裝置或以其他方法導入新鮮空氣等適當措施，使其不超過勞工作業環境空氣中有害物容許濃度標準之規定。如勞工有發生中毒之虞時，應停止作業並採取緊急措施。

(2) 勞工暴露於有害氣體、蒸氣、粉塵等之作業時，其空氣中濃度超過八小時日時量平均容許濃度、短時間時量平均容許濃度或最高容許濃度者，應改善其作業方法、縮短工作時間或採取其他保護措施。

(3) 有害物工作場所，應依有機溶劑、鉛、四烷基鉛、粉塵、特定化學物質等有害物危害預防法規之規定，設置通風設備，並使其有效運轉。

雇主對於勞工工作場所之採光照明，應依哪些規定辦理？

解析

根據勞工安全衛生設施規則第三百十三條規定，說明如下：

(1) 各工作場所須有充分之光線，但處理感光材料、坑內及其他特殊作業之工作場所不在此限。
(2) 光線應分佈均勻，明暗比並應適當。
(3) 應避免光線之刺目、眩耀現象。
(4) 各工作場所之窗面面積比率不得小於室內地面面積十分之一。
(5) 採光以自然採光爲原則，但必要時得使用窗簾或遮光物。
(6) 作業場所面積過大、夜間或氣候因素自然採光不足時，可用人工照明。
(7) 燈盞裝置應採用玻璃燈罩及日光燈爲原則，燈泡須完全包蔽於玻璃罩中。
(8) 窗面及照明器具之透光部份，均須保持清潔。

試說明鋼筋混凝土作業安全守則。

解析

(1) 從事鋼筋作業人員應配戴手套。
(2) 不得在暴露之鋼筋正上方從事作業。
(3) 不得乘坐於混凝土澆置桶上。
(4) 吊車或以索道吊運之混凝土桶下方，不得站立人員。
(5) 水泥拌合車如停在斜坡上作業時，除應完全剎車外，並應將車用三角木墊於輪胎下方，以免滑動。
(6) 在高處裝置或吊運模板時，下方作業人員應全部撤離現場。
(7) 模板之裝拆，須由有經驗之人員在旁督導，以策安全。
(8) 拆除模板時，應將該模板物料立即整理成堆，如堆置於接近人員作業場或經常出入區，應拔除足以傷人之暴露鐵件。
(9) 在壁柱等高處或斜面上實施混凝土之補修、整修、養護等作業時，應使用工作架、救生帶或安全索等設備。
(10)使用吊車或索道運送鋼筋時，應予紮牢以防滑落。
(11)鋼筋不得散置於工架上。

11

土方工程

土方工程應具備工作智能之技能種類、技能標準及相關知識範圍，內容說明如下。

一、整地

(一) 技能標準

1. 能依據工程之需要完成整地計畫。
2. 能依各項施工機具之性能督導施工人員之使用。

(二) 相關知識

1. 瞭解土木建築工程之土方測量準則。
2. 瞭解土木建築工程之放樣程序。
3. 瞭解土木建築工程之挖填土計畫。

二、開挖

(一) 技能標準

1. 能依據工程之需要擬定開挖計畫。
2. 能有效計算工程開挖數量。
3. 能依工程之需要決定開挖方式及督導工程人員施工。

(二) 相關知識

1. 瞭解土木建築工程之土方開挖施工方法及應注意事項。
2. 瞭解土木建築工程之施工機具之應用、檢核及相關注意事項。

三、運土

(一) 技能標準

1. 能依據工程之需要規劃裝載選擇、計算及運距之評估。
2. 能完成運土能量之計算。

(二) 相關知識

1. 瞭解裝運土機具之應用及注意事項。
2. 瞭解裝運費用之計算。

四、剩餘土及棄土

(一) 技能標準

1. 能完成剩餘土及棄土地點之選擇。
2. 能熟悉廢剩餘土及棄土處理法規。
3. 能依規定做好剩餘土及棄土作業之管制與處理與回收。

(二) 相關知識

1. 瞭解相關剩餘土石方相關規定。
2. 瞭解相關管理制度。

五、回填

(一) 技能標準：能依規定督導工程人員完成回填。

(二) 相關知識

1. 瞭解相關施工規範。
2. 瞭解夯壓及預壓原理。
3. 瞭解密度試驗等相關規定。

六、查核試驗

(一) 技能標準：能依規定督導工程人員完成高程之檢測、密度之檢測及數量之查核。

(二) 相關知識

1. 瞭解載重試驗等相關規定。
2. 瞭解密度試驗等相關規定。
3. 瞭解數量與測驗。

試說明土石方工程(土工)施工時應注意事項。

解析

(1) 土工須依照設計圖並依序放樣確實施工。

(2) 取土地點除另有規定者外，須在不影響現有構造物安全地區或指定地區取用。

(3) 剩餘土石方應設置棄土場堆置。

(4) 使用炸藥時，應切實依照「爆炸品使用安全須知」辦理，並妥善安排保安措施。

(5) 填土面或構造物基礎面須將雜草及雜物等完全清除，並整理成為小階段或粗糙面。

(6) 填方所用之土石，不得含有樹根、雜草及雜物。

(7) 填土石方(包括回填)須依照施工規範及有關規定辦理。填土並須預加高度以防止沈陷，填土預留沈陷量，如下所示。

填土高度	增加高度比
1 公尺以下	12%
1～2 公尺	10%
2 公尺以上	8%

(8) 挖填土坡面應即時植生。

(9) 構造物之兩面填方時，其填築工作須兩面同時進行，每層填築高度並應大致相同。

(10)填方時應小心滾壓，避免損壞構造物。取土或填土面如有積水，應即排除，不得在淤泥及積水面上填土。

試說明美國統一土壤分類法之分類步驟。

解析

美國統一土壤分類法其步驟如下：

(1) 由土粒大小分析試驗蒐集：通過4號篩百分比，通過200號篩百分比。

(2) 由阿太堡限度試驗蒐集：液性限度LL，塑性指數PI。按土壤內各土粒所佔之百分比，液性限度，塑性指數等數值，以統一土壤分類法之土壤分類表，如表所示。可查出土樣為何種分類之土壤。其中A線值請參照塑性圖表(Plastic Chart)，如圖所示。

第一個字母之符號定義如：		第二個字母符號定義如下：	
G (Gravel)	：礫石及礫石土壤。	W (Well)	：優良級配。
S (Sand)	：砂石及砂質土壤。	P (Poorly)	：不良級配。
M (Silty)	：無機質沉泥及極細砂。	H (High)	：高塑性。
C (Clay)	：無機質粘土。	L (Low)	：低塑性。
O (Organic)	：有機質沉泥及粘土。		
Pt(Peat)	：泥炭土(Peat)。		

本分類法適合一般營建工程上土壤之分類用。

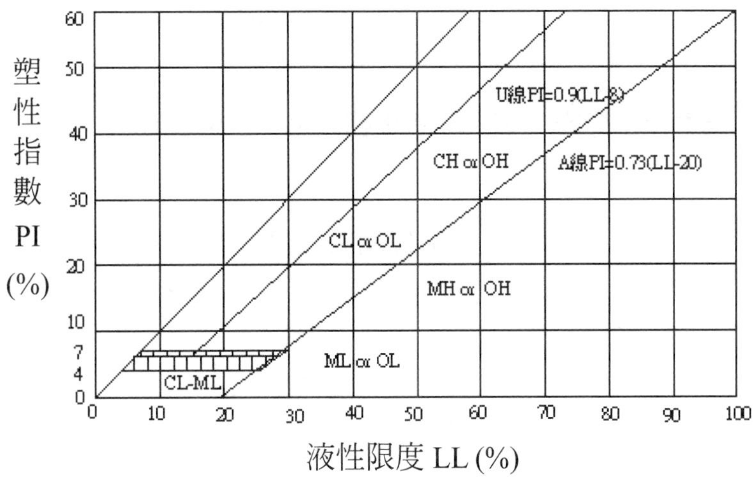

塑性圖表

美國統一土壤分類法

分類條件				標準名稱	符號
粗粒土壤通過#200篩 50%以下	通過 #4 篩<50%	礫石通過#200 篩<5%	級配良好 Cu≥4 且 Cd≤1-3	級配良好之礫石	GW
			級配欠佳不符 GW 之條件	級配欠佳之礫石	GP
		礫質土壤通過 #200 篩>12%	泥質 A 線以下或 PI<4%	泥質礫石	GM
			粘質 A 線或以上 PI>7%	粘質礫石	GC
	通過 #4 篩≥50%	砂土通過#200 篩<5%	級配良好 Cu≥6 且 Cd≤1-3	級配良好之砂土	SW
			級配欠佳不符 SW 之條件	級配欠佳之砂土	SP
		砂質土壤通過 #200 篩>12%	泥質 A 線以下或 PI<4%	泥質砂土	SM
			粘質 A 線或以上 PI>7%	粘質砂土	SC

分類條件				標準名稱	符號
細粒土壤通過#200篩 50%以上	液性限度<50%	無有機質土壤	泥質 A 線以下或 PI<4%	沉泥	ML
			粘質 A 線或以上 PI>7%	低至中塑性粘土	CL
		有機質土壤	沉泥	有機質沉泥	OL
	液性限度≥50%	無有機質土壤	泥質 A 線以下	具彈性之沉泥	MH
			級配欠佳 A 線或以上	高塑性粘土	CH
		有機質土壤	粘土	有機質粘土	OH
高有機質土壤				泥炭土	Pt

請就自然方、鬆方、實方三種土石狀態，比較其膨脹係數。

解析

土石方體積脹縮係數表					
土石種類	土石狀態	單位重量	脹縮係數		
			自然(Bm^3)	挖鬆(Lm^3)	壓實(Cm^3)
粗砂	自然	1,780kg/Bm^3	1.00	1.11	0.89
	挖鬆	1,600kg/Lm^3	0.90	1.00	0.80
	壓實	2,000kg/Cm^3	1.12	1.25	1.00
普通土	自然	1,780kg/Bm^3	1.00	1.25	0.90
	挖鬆	1,600kg/Lm^3	0.80	1.00	0.72
	壓實	2,000kg/Cm^3	1.11	1.39	1.00
黏土	自然	1,780kg/Bm^3	1.00	1.43	0.92
	挖鬆	1,600kg/Lm^3	0.70	1.00	0.65
	壓實	2,000kg/Cm^3	1.09	1.55	1.00
岩石	自然	1,780kg/Bm^3	1.00	1.67	1.19
	挖鬆	1,600kg/Lm^3	0.60	1.00	0.71
	壓實	2,000kg/Cm^3	0.84	1.40	1.00

何謂「路基土壤」？

解析

「路基土壤」係指接觸於鋪面結構系統最下面一個層次的土壤材料，應包括在鋪築結構內。超過路基土壤整治或滾壓深度以下的部份，則屬於填方路堤或挖方路塹，均定義爲路床(Road Bed)。少數從業人員對於「鋪面結構」的認知，僅針對面層及基底層等層次而言，導致路基土壤的重要性經常被忽略或未予以正視，甚至造成失敗案例而時有所聞。

試說明地下開挖及回填之施工要求。

解析

(1) 開挖工作

(a) 開挖時不論其土質如何，應按設計圖所示尺度，或業主之指示辦理。並應配合其他有關工程之施工，依序辦理。

(b) 開挖坑內挖出之土石，除另有指定棄置地點及預備用於回填或其他填方，應依業主之指示堆放外，其餘均由承包商覓妥符合環保及當地法令規定之適當地點棄置。

(c) 橋梁、擋土牆、護坡、建築物、箱涵等開挖工作，挖至設計圖所示之高程後，非經業主檢驗認爲合格，不得繼續進行有關之次項工作。

(d) 設計圖所示之開挖基底位置，尺度及高程，業主得視地質情況，變更其尺度及深度高程，承包商不得異議。

(e) 開挖工作之基底，除有特別規定外，應按設計圖示挖成水平或作台階，如因地形限制，局部須挖成斜面時，其傾斜角度，不得大於20°，以免基角滑動。開挖時並應儘量避免擾動鄰近土壤，基礎底面所有鬆動雜物應清除潔淨，並以機械或人工夯壓，務使其堅實均勻。

(f) 岩石或其他原有之堅固底部，其表面應按設計圖或業主之指示，挖掘成水平或台階形，並清除一切浮鬆雜物。表面如有裂縫空隙，應先清除潔淨，然後灌入水泥砂漿或混凝土，不另給價。

(g) 明挖式基礎，其明挖邊坡應保持適當斜度，土質鬆軟或含水量甚大時，得設置板樁，或用適當之支撐予以加固，以防坍塌，除業主同意變更設計外不另給價。基礎表面之清除工作，應延至澆置基礎混凝土前施行之。

(h) 地下構造物開挖後，如發現有不適用材料時，需依「不適用材料」之規定辦理。

(i) 在已有之構造物附近進行開挖工作時，應慎重從事，勿使原有構造物基礎發生鬆動甚至崩坍危及交通安全，承包商應負全責。

(j) 開挖之基礎坑內遇有出水情形，如積水過深，影響挖基工作進行時應遵照業主之指示，建造擋水壩、圍堰或設置抽水設備。

(k) 澆置基礎前，應將積水抽乾為原則，如有地下湧水無法抽乾時，業主得視實際情形同意承包商在基底先行灌搗一層適當厚度之水中混凝土。

(l) 圍堰所用之支撐，除設計圖有規定外應避免埋存於所澆置之混凝土中。

(m) 在基礎內部施行抽水時，應設法防止流水通過甫經澆置之混凝土，以免新鮮混凝土受流水沖蝕而影響其強度。如果流水在基礎混凝土周圍流動，無法使其停止時，則應設法使模板緊密，並將模板下部之周圍予以封塞，然後在圍堰與模板之間進行抽水工作。

(n) 基礎挖方數量，應按設計圖所示開挖線計算，或經業主指示之開挖數量，如設計圖未繪註挖坡線時，概以距離構造物基礎邊線外50cm之垂直面所包圍之體積計算，超過此範圍部份之開挖不予計量及計價。

(o) 凡未經業主指示而將基底高程超挖時，不予計價外，承包商應將超挖部分以業主認可之適當材料回填，並按規定予以滾壓或夯實。如超挖部分為岩層，應以混凝土回填之，上述增加所需的一切費用，由承包商負擔。

(p) 開挖之基礎如必須使用炸藥開炸時，應先徵得業主之同意後，報請治安機關核准，並依照爆炸管理規則及法令之規定辦理。

(2) 回填工作

(a) 回填工作應依照本規範施工之一切開挖處所，凡未為永久構造物所佔據而形成之空間之回填。並應依照本規範或契約之規定辦理。

(b) 在地下構造物或基礎施工完成後，將模板、支撐、垃圾及其他雜物清除，且基礎混凝土周圍，至少應在澆置混凝土(7天)後，並經業主檢驗認可後方可回填。回填時應配合其相關工程之施工，依序辦理。

(c) 除了另有規定外，應以業主認可之適當材料回填，回填至原地面高程，或設計圖所示或業主指示之高程，回填料不得含有機物，木材及其他雜物。

(d) 回填區內有積水或流水現象，特別是防水系統，並應先處理妥善後，方可回填。

(e) 進行回填工作時，不得損害構造物，應注意勿使回填材料對構造物產生楔塞作用(Wedging Action)。回填外緣及接坡面可修築成階梯或鋸齒式以防構成楔塞作用。

(f) 回填工作應分層填築，每層鬆方厚度不得超過30cm除設計圖或契約另有許可外，應使用機械夯實，若空間足夠小型壓路機施工時，則其每層鬆方厚度經業主同意後可增加至50cm每層壓實度應達到以(AASHTO T180)試驗求得最大乾密度之90%以上。

(g) 如構造物兩側均需回填時，應同時進行，並使兩側回填高度儘量保持相同，以平衡兩側所受之土壓力。

(h) 回填工作之數量應按設計圖或業主所示之回填線與設計圖所示開挖線所包圍之體積扣除爲永久構造物所佔體積後所得數量計算。

試說明下列建築結構物地下室外壁回填之相關規定。

(1) 填充材。
(2) 填方粒徑。
(3) 鋪設厚度。
(4) 壓實度規定。
(5) 填方的時機。

解析

依據公共工程施工綱要規範之規定，說明如下。

(1) 除另有規定外，應以業主認可之適當材料回填，回填至原地面高程，或設計圖所示或業主指示之高程，回填料不得含有機物，木材及其他雜物。

(2) 用於回填構造物周圍之認可材料，應爲10cm以下之粒料，且應級配良好易於壓實者。如業主認爲該項材料一時無法獲得時，可用石塊或礫石摻粒料回填之，但此等材料之最大粒徑不得大於10cm，且細料所佔之百分比，應足以填充任何孔隙並能均勻夯實至規定壓實度者。

(3) 回填工作應分層填築，每層鬆方厚度不得超過30cm。除設計圖或契約另有許可外，應使用機械夯實，若空間足夠小型壓路機施工時，則其每層鬆方厚度經業主同意後可增加至50cm。

(4) 每層壓實度，須符合以AASHTO T180試驗求得最大乾密度之90%以上。

(5) 混凝土構造物周圍，至少應在澆置混凝土7日後，並經業主同意後方可回填。

試說明開挖作業，應注意事項。

解析

(1) 開挖前應先調查作業區域管線，並留下位置記號。

(2) 實施露天開挖於每次大雨過後，應檢查開挖邊緣，加強防止滑動及崩塌之措施。

(3) 挖出之土方應離開挖邊緣至少1m以上。

(4) 開挖地區四週應設置警告標示，並視情況設置安全護欄。

(5) 開挖過程應隨時注意抽水計畫與開挖進度之間的關係，避免抽水不足或超抽的現象。

(6) 開挖底部如有積水應設置抽水設備，隨時排除地面水、地下水。

(7) 注意基礎是否為湧砂層、沉泥砂，造成異常出水或異常沉降。

試說明土方開挖過程應注意事項。

解析

(1) 開挖前
  (a) 確實除去障礙物。
  (b) 確實實施鄰接建築物之保護工作。
  (c) 遷移埋設物與處理基地內殘存舊水管、下水道。
  (d) 設置開挖過程中各種測定作業所需之基準點、基準線。
  (e) 研判土壤性質，調查地下水量。
  (f) 預先調查、拍攝鄰接建築物現況照片，尤其是鄰房有龜裂情形等，更須加強紀錄。

(2) 開挖中
  (a) 檢討開挖順序，由運輸車輛架台設置處先行開挖，後由距離棄土搬出口最遠處開始挖掘。
  (b) 自開挖完成處開始架設橫擋及支撐。
  (c) 維持邊坡穩定。披肩之寬度依地盤性質而異，最小需在2m以上，斜面坡度在40°~60°之範圍內。
  (d) 周圍開挖深度以架設支撐前擋土必不發生變形為限，一般為2~4m，不可超挖，架設第一階段支撐前，擋土壁之變形對於周圍構造物影響甚巨。
  (e) 中央部份之開挖深度亦應根據邊坡穩定計算作充分之檢討。
  (f) 集水坑之開挖，需保持低於其他底面，俾收良好排水。
  (g) 橫板條之崁入作業應配合開挖進度確實實施。
  (h) 橫板條背後之填土，楔板是否設置完妥，均應確實加以處理。

(i) 凡有滲水之橫板條背後，應經常加以檢查。如發現已出現空洞，則須以藥液、混凝土、水泥砂漿或砂袋等填充。

(j) 定期實施週圍沉陷量檢測。定期檢測沉陷程度，若發現不均等現象出現，應立即採取搶救措施。

(k) 地下室及閥基礎之全部挖運工程與回填工程，需確實掌控土方計算數量，並編製成計算書報表。

(l) 當棄土方需留置現場當成回填方使用時，堆置場所、回填土樣之挑選與污染之避免等規劃。

(m) 承商需確實依據基地放樣範圍開挖，其深度達到規定開挖深度時並整平，經確認後方得施混凝土灌漿，避免超挖情事發生。

(n) 棄運土方之棄運處需取得棄土証明，並出具土尾證明，棄運過程中須符合環保法規。

(o) 施工前須先行點井抽水處理，施工中於每層開挖前，須先行設置幾處深於開挖面之集水坑與集水渠，於開挖面內先行抽除，使施工區域保持乾燥以利施工。

(p) 開挖深度達設計值時，需交叉、重複測量確認開挖深度是否無誤。並於基地四周修飾洩水坡度，設置集水渠、集水井，現場留置抽水馬達，使其面水或雨水得以抽除。

(q) 在開挖作業過程中，應經常(定期)實施擋土支撐設施之檢查、計測、週邊道路與鄰房狀況之檢視、觀測等工作，建立相關紀錄資料，並妥爲保管。

(r) 開挖過程中應隨時量測其開挖高程，並確實紀錄，尤其接近設計開挖深度時，應以開挖深度爲準架設水準儀，時時觀測，避免造成超挖，減少基礎地板面之粗糙。

(s) 開挖過程中，應隨時檢視土層剖面與原設計之土層剖面，如有差異應立即向設計單位反應。

(3) 開挖後

(a) 湧水量多時，需詳細檢討封閉抽水井之適當時間。

(b) 若使用砂質土回填時，則須大量之水以作灑水壓實。

(c) 視地盤與連接物之狀況，可將部份擋土板樁埋置，不予拔出。

(d) 開挖後常造成周圍地盤移動，可能損壞週遭排水溝渠或自來水管線，下雨時，地表水容易流入開挖區，尙未完工的結構體受到水之浮力，容易造成結構體傾斜。

開挖作業，應注意哪些事項？

解析

(1) 開挖前研判土壤性質，調查湧水量。

(2) 預先拍起鄰接構造物現狀相片。

(3) 確實處理基地內殘存之舊水電管線。

(4) 採用適宜之擋土措施，維持邊坡之穩定。

(5) 保持良好的基地排水，避免產生隆起或砂湧，以易於挖掘之效。

(6) 定期實施周圍沉陷之檢測。

有一條 200m 長之自然排水溝，經測量後其各里程之斷面如表所示，今欲將此排水溝以土方填平，試計算所需之土方量。

里程(m)	0	20	40	60	80	100	120	140	160	180	200
寬(m)	2	2.1	2.3	2.5	2.3	2.2	2.4	2.6	2.7	2.8	2.6
高(m)	1.2	1.2	1.3	1.1	1.2	1.2	1.3	1.4	1.3	1.5	1.3

解析

里程(m)	0	20	40	60	80	100	120	140	160	180	200	合計
寬(m)	2	2.1	2.3	2.5	2.3	2.2	2.4	2.6	2.7	2.8	2.6	
高(m)	1.2	1.2	1.3	1.1	1.2	1.2	1.3	1.4	1.3	1.5	1.3	
斷面積(m^2)	2.4	2.52	2.99	2.75	2.76	2.64	3.12	3.64	3.51	4.2	3.38	
體積(m^3)		49.2	55.1	57.4	55.1	54	57.6	67.6	71.5	77.1	75.8	620.4

所需之土方量為 $620.4m^3$。

如圖所示之獨立基礎，今欲以 45 度自然斜坡開挖，試計算其開挖之土方量。

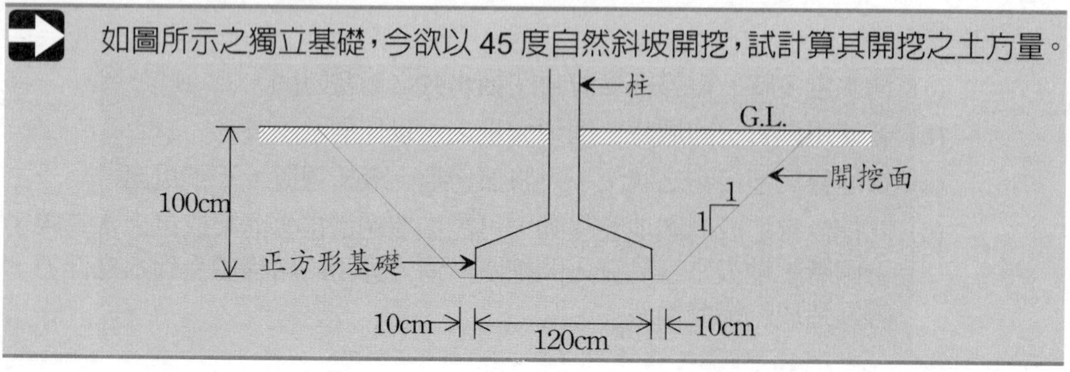

基礎開挖底部面積=$(1.2+0.1\times2)^2=1.96m^2$

基礎開挖上部面積=$[1.2+(0.1+1)\times2]^2=11.56m^2$

開挖之土方量=$(1.96+11.56)\times1\div2=6.76m^3$

設某廣場預定地經劃分每邊為 5m 之方格後共有 10 格，而每一方格木樁處地面之高程(m)如圖所示，若預定廣場高程為 20m，試計算其開挖土方量為多少立方公尺(m^3)？

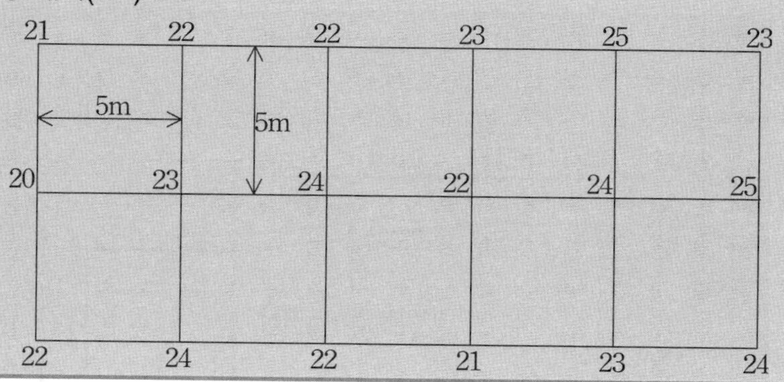

解析

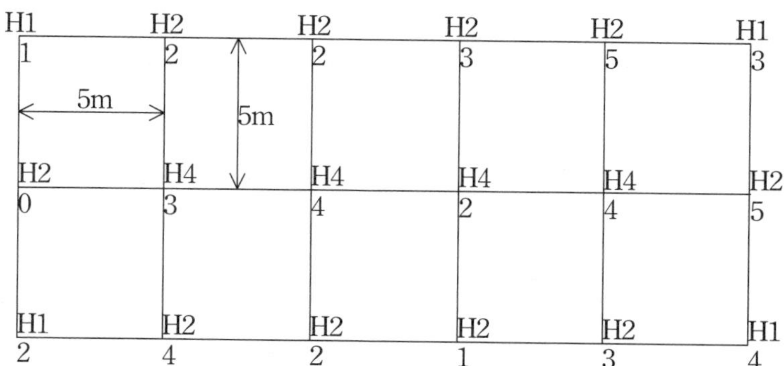

(1) 由圖面判斷各樁使用之次數，並標示H1、H2、H4於圖上。

(2) 計算各樁之挖土高度，並標示於圖上。

(3) 計算土方

$\Sigma H1=1+3+4+2=10m$

$\Sigma H2=2+2+3+5+5+3+1+2+4+0=27m$

$\Sigma H4=3+4+2+4=13m$

$V=(10\times1+27\times2+13\times4)\times(5)^2\div4=725m^3$(挖方)

如圖所示，有一 5m 深之地下室，擬採用 45 度明挖邊坡工法開挖，邊坡底部離外牆 1m，試計算開挖地下室之土方量。

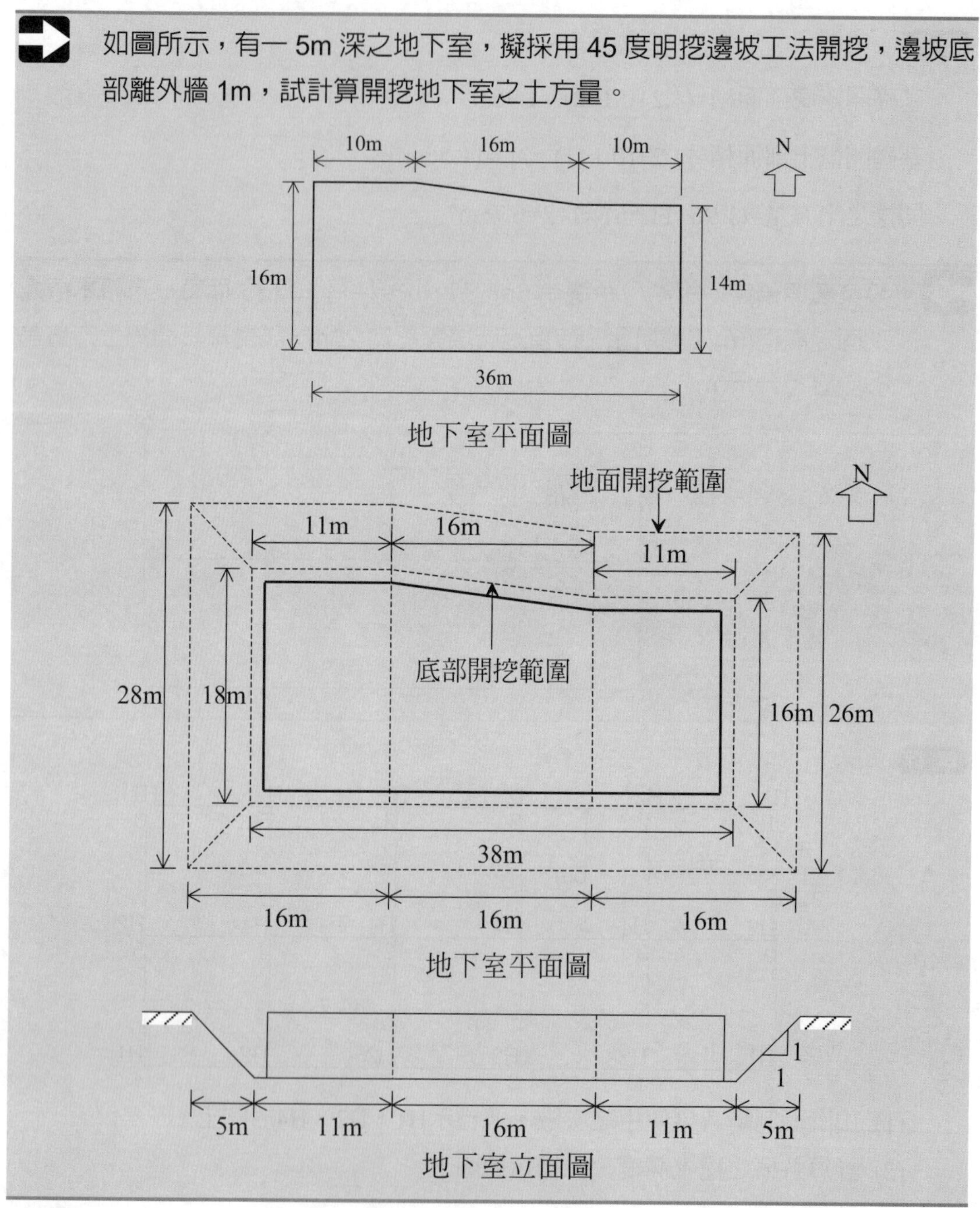

解析

地面開挖範圍面積=(28×16)+[(28+26)×16÷2]+(26×16)1,296m²

底部開挖範圍面積=(18×11)+[(18+16)×16÷2]+(16×11)646m²

開挖地下室之土方量=(1,296+646)×5÷2=4,855m³

如圖所示，有一 500m 長之道路，擬採用 45 度斜坡填土施築，其每 50m 長之填土斷面數據如表所示，試計算填土之土方量。

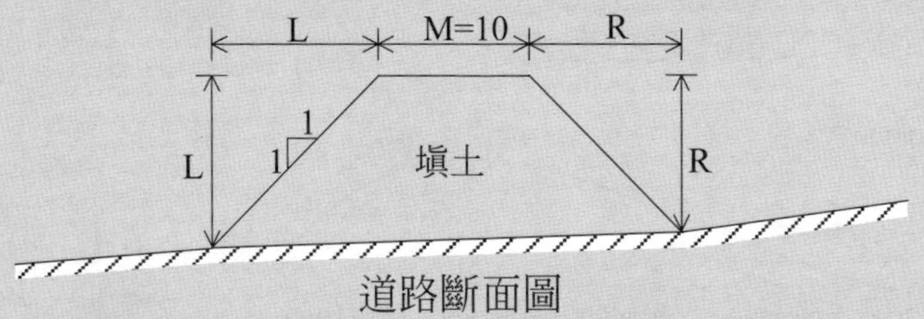

道路斷面圖

里程\寬度	L(m)	M(m)	R(m)
0k+000	5.30	10.00	5.10
0k+050	5.60	10.00	5.40
0k+100	6.30	10.00	6.30
0k+150	6.90	10.00	6.70
0k+200	7.40	10.00	7.20
0k+250	7.20	10.00	7.00
0k+300	7.30	10.00	7.10
0k+350	6.60	10.00	6.40
0k+400	6.20	10.00	6.00
0k+450	6.00	10.00	5.80
0k+500	5.80	10.00	5.40

解析

各斷面之斷面積=(10+L+10+R) × [(L+R)÷2]÷2=(20+L+R) × (L+R)÷4

各斷面間之體積=$(A_1+A_2)\times 50\div 2$

里程	L(m)	M(m)	R(m)	斷面積(m^2)	體積(m^3)
0k+000	5.30	10.00	5.10	79.04	
0k+050	5.60	10.00	5.40	85.25	4,107.25
0k+100	6.30	10.00	6.30	102.69	4,698.50
0k+150	6.90	10.00	6.70	114.24	5,423.25
0k+200	7.40	10.00	7.20	126.29	6,013.25
0k+250	7.20	10.00	7.00	121.41	6,192.50
0k+300	7.30	10.00	7.10	123.84	6,131.25
0k+350	6.60	10.00	6.40	107.25	5,777.25
0k+400	6.20	10.00	6.00	98.21	5,136.50
0k+450	6.00	10.00	5.80	93.81	4,800.50
0k+500	5.80	10.00	5.40	87.36	4,529.25
				合計	52,809.50

如圖所示，擬於地質堅硬之山坡地上開闢 6m 寬、長 1000m 之排水箱涵，若排水箱涵採用垂直開挖，其開挖底部高程為 E.L10m，試求其自 0k+000~1k+000 開挖之土方。

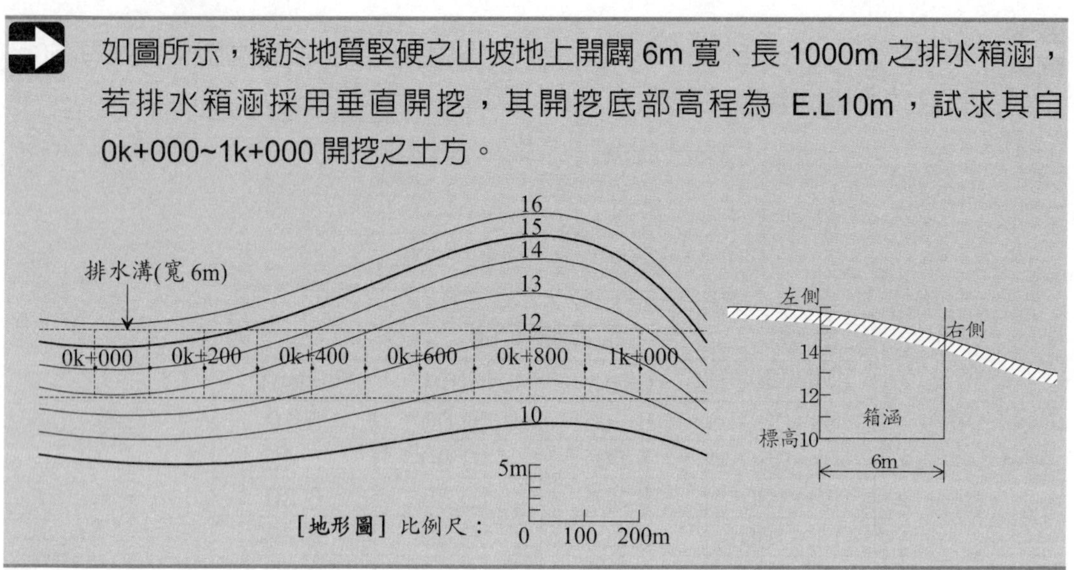

解析

以內插法計算箱涵兩側之標高

里程	左側(m)	右側(m)	斷面積(m^2)	體積(m^3)
0k+000	15.80	12.80	25.80	2,565.00
0k+000	15.70	12.80	25.50	2,460.00
0k+000	15.30	12.60	23.70	2,235.00
0k+000	14.80	12.20	21.00	1,920.00
0k+000	14.00	11.80	17.40	1,560.00
0k+000	13.20	11.40	13.80	1,245.00
0k+000	12.70	11.00	11.10	1,020.00
0k+000	12.30	10.80	9.30	885.00
0k+000	12.20	10.60	8.40	870.00
0k+000	12.30	10.70	9.00	1,035.00
0k+000	12.90	11.00	11.70	
			合計	15,795.00

擬新建一條長度 100m、寬度 4m 之道路，其原始地坪高程如下表，所示，若道路預定高程為 EL10.5m，試繪製土積圖。

里程(m)	0	10	20	30	40	50	60	70	80	90	100
左側高程(m)	10.5	10.5	11	10.4	10.8	10.2	10.4	10.6	10.4	10.8	10.8
中心高程(m)	10.5	10.5	10.8	10.2	10.4	9.8	10.2	10.4	10.8	11.2	10.5
右側高程(m)	10.5	10.5	11.2	10.6	10.6	9.8	10.4	10.4	10.4	10.8	10.6

[道路平面圖]

解析

挖填方數量計算表											
	A	B	C	D	E	F	G	H	I	J	K
里程	0	10	20	30	40	50	60	70	80	90	100
左側高程(m)	10.5	10.5	11	10.4	10.8	10.2	10.4	10.6	10.4	10.8	10.8
中心高程(m)	10.5	10.5	10.8	10.2	10.4	9.8	10.2	10.4	10.8	11.2	10.5
右側高程(m)	10.5	10.5	11.2	10.6	10.6	9.8	10.4	10.4	10.4	10.8	10.6
計畫高程(m)	10.5	10.5	10.5	10.5	10.5	10.5	10.5	10.5	10.5	10.5	10.5
斷面積(m^2)	0	0	1.8	-0.6	0.2	-2.4	-0.8	-0.2	0.4	2	0.4
挖填方(m^3)		0	9	6	-2	-11	-16	-5	1	12	12
累計(m^3)		0	9	15	13	2	-14	-19	-18	-6	6
計算式	斷面積=[(左側高程-10.5)+(中心高程-10.5)] ×2÷2+ [(中心高程-10.5)+(右側高程-10.5)] ×2÷2 =(左側高程+2×中心高程+右側高程)-42 挖填方=(A 斷面積+B 斷面積) ×10÷2 =(A 斷面積+B 斷面積) ×5										

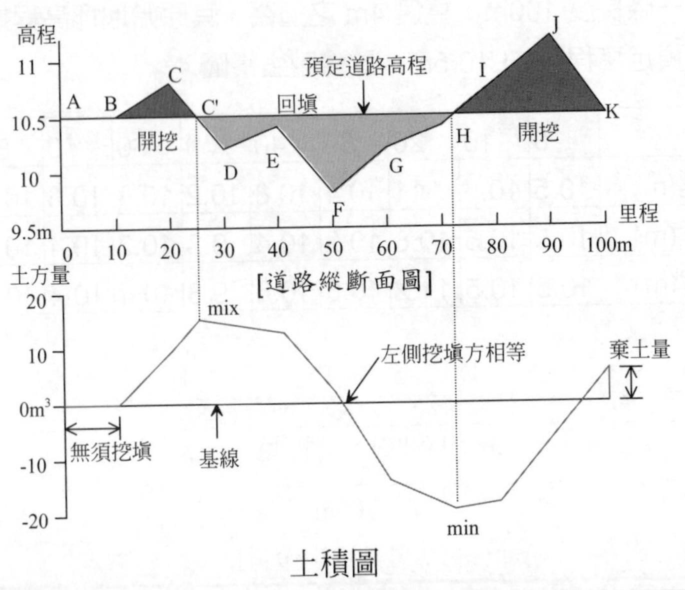

土積圖

設某處土質高坡計畫開挖，其平面開挖長度為 200 公尺，平均平面開挖寬度為 50 公尺，每層開挖厚度為 0.5 公尺，依工期需要，每層開挖須一天完成，求所需推土機及挖溝機數量及其型別。

解析

平均一層開挖之實方數量爲 $200\times50\times0.5=5000^{bm3}$。

設鬆方與實方之比例爲 1:1.3，則一層所挖之鬆方爲 $5000\times1.3=6500^{Lm3}$。

推土機作業，自內側向外緣挖推，令鬆方自原坡面自由滾落於坡腳，則平均推土機挖推距離爲 $1/2\times50=25$ 公尺。又設推土機之機械效率爲 0.8，工作效率爲 50/60=0.83(即 60 分鐘內有效作業爲 50 分鐘)。

土方開挖，使用中型推土機即可，設爲 D_6 推土機，每小時之工作量爲 300^{Lm3}，則實際效率爲每小時 $300\times0.8\times0.83=200^{Lm3}$。

因而每層開挖 6500^{Lm3}，則實需“機-時”數爲 6500÷200=32“機-時”。

今依工期需要，需在一天 8 小時內完成，則實需 D_6 型推土機數爲 32÷8=4 台推土機。

由於開挖每層厚度僅爲 0.5 公尺，修坡面積不大，故使用中型或小型一台挖溝機即可。

在一頁岩石方運輸工程中，假如使用 35 噸級之後卸傾卸車運輸，而以每斗 3.82 立方公尺之鏟斗機裝車 (鏟裝情況較為困難即鏟挖係數在 0.8~0.9 之間)，求每裝載一車所需之時間。

解析

假設頁岩鬆方之單位重量為 1.68t/m³

則每車可裝之鬆方=35/1.68=20.8 lm³

若 3.82m³ 之鏟斗，每小時(60 分)之工作量為 374 lm³

令實際鏟裝工作效率為 50/60，再設鏟斗之滿載率為 0.8

則實際每小時鏟裝量=374×50/60×0.8=250 lm³

故每車裝載時間=20.8/250×60=5.0 分鐘

亦即每小時一鏟斗機可裝載 60/5=12 車。

在一頁岩石方運輸工程中，假如使用 35 噸級之後卸傾卸車，而以每斗 3.47 立方公尺之裝載機裝車，每鏟裝一斗所需之時間為 0.6 分鐘，滿斗率為 0.9，求每裝一車所需之裝載時間。

解析

由前例知頁岩鬆方單位重為 1.68t/m³

35 噸車每車可裝 35÷1.68=20.8 lm³

則每車所需裝載斗數= $\dfrac{20.8}{3.47\times0.9}=6.7=7$斗

設工作效率為 0.8，則每車實需裝載之時間：

裝載時間=7×0.6÷0.8=5.25 分鐘

亦即每小時每一裝載機可裝載 60/5.25=11.4 車≒12 車

設載重 35t 之傾卸車，其空車重為 22t，引擎馬力為 405HP，以之作土方運輸，其運距為 500 公尺，道路為升坡其坡度為 4%，路況不良，求運土一趟(單程)所需之時間。

解析

滿載重=35+22=57t

重量馬力比= $\dfrac{57\times1000}{0.81\times405}=174\text{kg/HP}$

以重量馬力比爲 174kg/HP、運距爲 500 公尺及 4%上坡等數據，若速度係數爲 0.60。又知路況不良，故知其轉動阻力 R=36kg/t

則最大行駛速度=$\dfrac{405\times0.81\times273.8}{57\times(36+8.9\times4)}=22.0\text{km/hr}$

故平均行駛速度=22.0×0.60=13.2km/hr

因而知單程運輸時間爲 $T=\dfrac{500\times60}{13200}=2.3$ 分鐘。

假設有 10 輛運輸車輛，求以幾台鏟斗機配合最經濟?每方之單價為何?假定運輸車輛每小時租金為新台幣 600 元，鏟斗機每小時租金為新台幣 2000 元。

解析

依前算結果，每裝載一車即 20.8 lm^3 之時間爲 5 分鐘，則每一鏟斗機每小時可裝車數爲 60÷5=12 車。

依前算結果，運輸車輛每跑一來回需時 11.42 分鐘。則每小時可跑趟數爲 60÷11.42=5.25 次。今有 10 輛運輸車輛，每小時可跑 5.25×l0=52.5 次。

則 10 輛運輸車輛共需裝載之鏟斗機數爲 $N=\dfrac{5.25}{12}=4.4\text{台}=5\text{台}$

亦即配置 5 台同能量之鏟斗機最爲經濟。

又因每輛運輸車每小時需費新台幣 600 元，則 10 輛每小時共需 10×600=6000 元。

每台鏟斗機每小時需費 2000 元，則 5 台每小時共需 5×2000=10,000 元

依前算每車每小時運輸量爲 110 lm^3，則 10 輛車，每小時運輸量爲 110×10=1100 lm^3。

故知此石方運至棄置位置之單價 (unit price)爲

$$U=\frac{6000+10000}{1100}=14.54/lm^3$$

亦即每方所需單價爲新台幣 14.54 元。但因機具數量通常多需加 20%之備份，由於機械必須定期維修及常有故障等等事故，因而必須增設備份，以維持隨時均有足夠數量之機具運作，故其單價亦應增高 20%，故每方實需之單價爲 14.54× (1+0.2)=17.54 元，但此一 20%之增值，亦有因降低成本以利競標而不予增加者。

若某一路線進行橫斷面量測，圖示如下各斷面積為 $A_1=10m^2$，$A_2=35m^2$，$A_3=30m^2$，$A_4=25m^2$，$A_5=16m^2$，$A_6=20m^2$，各縱斷面距為 20m，試計算土方數量為多少？

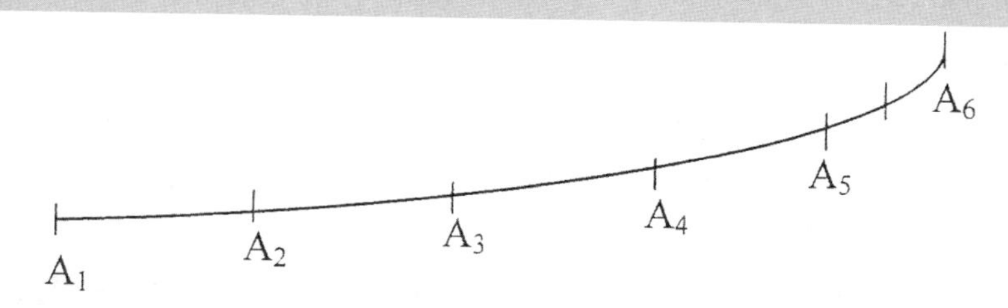

解析

$$V_i=\left(\frac{A_1+A_2}{2}\right)\times L$$

$$\Sigma V=\frac{1}{2}\left[A_1+2\times(A_2+A_3+A_4+A_5)+A_6\right]\times L$$

$$=\frac{1}{2}\left[10+2\times(35+30+25+16)+20\right]\times 20=2420m^3$$

某一工地開挖，其地形等高線如下圖，欲開發基準高程為 90m，試計算開挖之土方量為多少?

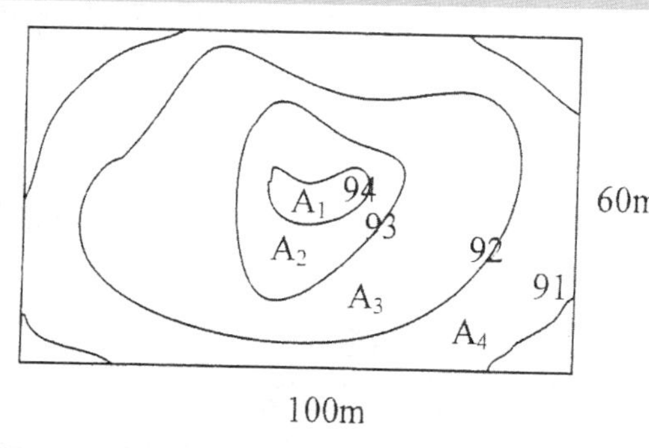

$A_1=180m^2$

$A_2=1000m^2$

$A_3=3000m^2$

$A_4=5000m^2$

$A_5=6000m^2$

解析

$$V=\left[A_1+2(A_2+A_3+A_4)+A_5\right]\frac{h}{2}$$

$$=\left[180+2(1000+3000+5000)+6000\right]\times\frac{1}{2}=12{,}090m^3$$

試說明級配料基層施工方法。

解析

(1) 路基整理

(2) 撒鋪材料

(a) 運達工地之合格材料，可直接倒入鋪料機之鋪斗中，攤平於已整理完成之路基面上；或分堆堆置於路基上，然後以機動平土機(Motor Graders)攤平。

(b) 在撒鋪之前，如業主認為必要，應按其指示在路基上灑水，以得一適宜之濕度。

(c) 撒鋪時，如發現粒料有不均勻或析離現象時，應按業主之指示，以機動平土機(Motor Graders)拌和至前述現象消除為止。

(d) 級配粒料應按設計圖說所示或業主指示之厚度分層均勻鋪設，每層厚度應約略相等。

(e) 鋪設時，應避免損及其下面之路基，並按所需之全寬度鋪設。

(f) 所有不合規定之顆粒及一切雜物，均應隨時予以檢除。

(g) 級配粒料每層撒鋪厚度應依設計圖說所示或業主之指示辦理，每層撒佈厚度應約略相等，其最大厚度須視所用滾壓機械之能力而定，務須足能達到所需之壓實度為原則。

(h) 每層壓實厚度視滾壓機具之能量而異，除另有規定或業主核准外，每層最大壓實厚度不得超過(20cm)(通常鬆鋪厚度約為壓實厚度之1.35倍)，但亦不得小於所用粒料標稱最大粒徑之(2倍)。

(3) 滾壓

(a) 級配粒料撒鋪及整形完成後，應立即以(10t)以上三輪壓路機或振動壓路機滾壓。

(b) 滾壓時，如有需要，應以噴霧式灑水車酌量灑水，使級配粒料含有適當之含水量，俾能壓實至所規定之密度。

(c) 如級配粒料含水量過多時，應俟其乾至適當程度後，始可滾壓。

(d) 滾壓時應由路邊開始。如使用三輪壓路機時，除另有規定者外，開始時須將外後輪之一半壓在路肩上滾壓堅實，然後逐漸內移，滾壓方向應與路中心線平行，每次重疊後輪之一半，直至全部滾壓堅實，達到所規定之壓實度時為止。

(e) 在曲線超高處，滾壓應由低側開始，逐漸移向高側。

(f) 壓路機不能到達之處，應以夯土機或其他適當之機具夯實。

(g) 滾壓後如有不平之處，應耙鬆後補充不足之材料，或移除多餘部分，然後滾壓平整。

(h) 分層鋪築時，在每一層之撒鋪與壓實工作未經業主檢驗合格之前，不得繼續鋪築其上層。

(i) 鋪築上層級配粒料時，其下層表面應刮毛約(2cm)，以增加二層間之結合，並應具有適當之濕度，否則應酌量灑水使其濕潤。

(j) 最後一層滾壓完成後，應以機動平土機(Motor Graders)刮平，或以人工修平，隨即再予滾壓。

(k) 刮平及滾壓工作應相繼進行，直至所有表面均已平整堅實，並符合設計圖說所示之斷面為止。

(l) 刮平及滾壓時，得視實際需要酌量灑水。

試說明級配料底層施工方法。

解析

(1) 路基或基層整理。

(2) 撒鋪材料

(a) 運達工地之合格材料，可直接倒入鋪料機之鋪斗中，攤平於已整理完成之路基或基層面上或分堆堆置於路基或基層上，然後以機動平土機(Motor Graders)或其他機具攤平。

(b) 在撒鋪之前，如業主認為必要，應按其指示在路基或基層上灑水，以得一適宜之濕度。

(c) 撒鋪時，如發現粒料有不均勻或析離現象時，應按業主之指示，以機動平土機(Motor Graders)拌和至前述現象消除為止。

(d) 級配粒料應按設計圖說所示或業主指示之厚度分層均勻鋪設，每層厚度應約略相等。

(e) 鋪設時，應避免損及其下面之路基、基層或已鋪設之前一層，並按所需之全寬度鋪設。

(f) 所有不合規定之顆粒及一切雜物，均應隨時予以檢除。

(g) 級配粒料每層撒鋪厚度應依業主之指示辦理，其最大厚度須視所用滾壓機械之能力而定，務須足能達到所需之壓實度為原則。

(h) 每層壓實度視滾壓機具之能量而異，除另有規定或業主核准外，每層最大壓實厚度不得超過(20cm)(通常鬆鋪厚度約為壓實厚度之1.35倍)，但亦不得小於所用粒料標稱最大粒徑之(2倍)。

(3) 滾壓

(a) 級配粒料撒鋪及整形完成後，應立即以(10t)以上三輪壓路機或震動壓路機滾壓。

(b) 滾壓時，如有需要，應以噴霧式灑水車酌量灑水，使級配粒料含有適當之含水量，俾能壓實至所規定之密度。

(c) 如級配粒料含水量過多時，應俟其乾至適當程度後，始可滾壓。

(d) 滾壓時應由路邊開始，如使用三輪壓路機時，除另有規定者外，開始時須將外後輪之一半壓在路肩上滾壓堅實，然後逐漸內移，滾壓方向應與路中心線平行，每次重疊後輪之一半，直至全部滾壓堅實，達到所規定之壓實度時為止。

(e) 在曲線超高處，滾壓應由低側開始，逐漸移向高側。

(f) 壓路機不能到達之處，應以夯土機或其他適當之機具夯實。

(g) 滾壓後如有不平之處，應耙鬆後補充不足之材料，或移除多餘部分，然後滾壓平整。

(h) 分層鋪築時，在每一層之撒鋪與壓實工作未經業主檢驗合格之前，不得繼續鋪築其上層。

(i) 鋪築上層級配料時，其下層表面應刮毛約(2cm)，以增加二層間之結合，並應具有適當之濕度，否則應酌量灑水使其濕潤。

(j) 最後一層滾壓完成後，應以機動平土機(Motor Graders)刮平，或以人工修平，隨即再予滾壓。

(k) 刮平及滾壓工作應相繼進行，直至所有表面均已平整堅實，並符合設計圖說所示之斷面為止。

(l) 刮平及滾壓時，得視實際需要酌量灑水。

營建廢棄土報備應具備哪些資料？

解析

根據臺灣省公共工程廢棄土處理要點規定，公共工程應於工程開工前將廢棄土處理計畫送工程主辦機關審核同意，並由工程主辦機關轉報其上級主管機關備查。廢棄土處理計畫應載明下列各項：

(1) 工程名稱及承造業者。

(2) 廢棄土數量、內容及棄土作業期間。

(3) 棄土場之地點、使用權源及運送時間與路線。

(4) 廢棄土棄置及處理作業方式。

(5) 運送車輛牌照號碼及駕駛員駕照影印本。

前項廢棄土處理計畫經核備後，由工程主辦機關發給運送憑證。第一項處理計畫內容有變更者，仍應依本要點規定程序申請。

試說明廢棄物清理法規定之廢棄物種類。

解析

依廢棄物清理法第二條規定，廢棄物有二種：

(1) 一般廢棄物：由家戶或其他非事業所產生之垃圾、糞尿、動物屍體等，足以污染環境衛生之固體或液體廢棄物。

(2) 事業廢棄物

   (a) 有害事業廢棄物：由事業所產生具有毒性、危險性，其濃度或數量足以影響人體健康或污染環境之廢棄物。

   (b) 一般事業廢棄物：由事業所產生有害事業廢棄物以外之廢棄物。

廢棄物清理法規定之一般廢棄物，除依哪些規定清除外，其餘在指定清除地區以內者，由執行機關清除之？

解析

依廢棄物清理法第十一條規定如下：

(1) 土地或建築物與公共衛生有關者，由所有人、管理人或使用人清除。

(2) 與土地或建築物相連接之騎樓或人行道，由該土地或建築物所有人、管理人或使用人清除。

(3) 因特殊用途，使用道路或公共用地者，由使用人清除。

(4) 火災或其他災變發生後，經所有人拋棄遺留現場者，由建築物所有人或管理人清除；無力清除者，由執行機關清除。

(5) 建築物拆除後所遺留者，由原所有人、管理人或使用人清除。

(6) 家畜或家禽在道路或其他公共場所便溺者，由所有人或管理人清除。

(7) 化糞池之污物，由所有人、管理人或使用人清除。

(8) 四公尺以內之公共巷、弄路面及水溝，由相對戶或相鄰戶分別各半清除。

(9) 道路之安全島、綠地、公園及其他公共場所，由管理機構清除。

廢棄物清理法規定之事業廢棄物清理，除再利用方式外，其處理方式為何？

解析

依廢棄物清理法第二十八條規定，事業廢棄物清理之處理方式，包含：

(1) 自行清除、處理。

(2) 共同清除、處理：由事業向目的事業主管機關申請許可設立清除、處理該類廢棄物之共同清除處理機構清除、處理。

(3) 委託清除、處理：

(a) 委託經主管機關許可清除、處理該類廢棄物之公民營廢棄物清除處理機構清除、處理。

(b) 經執行機關同意，委託其清除、處理。

(c) 委託目的事業主管機關自行或輔導設置之廢棄物清除處理設施清除、處理。

(d) 委託主管機關指定之公營事業設置之廢棄物清除處理設施清除、處理。

(e) 委託依促進民間參與公共建設法與主辦機關簽訂投資契約之民間機構設置之廢棄物清除處理設施清除、處理。

(f) 委託依第二十九條第二項所訂管理辦法許可之事業之廢棄物處理設施處理。

(4) 其他經中央主管機關許可之方式。

事業委託公民營廢棄物清除處理機構清除、處理其事業廢棄物，未符合哪些條件者，應與受託人就該事業廢棄物之清理及環境之改善，負連帶責任？

解析

依廢棄物清理法第三十條規定，有二種情形：

(1) 依法委託經主管機關許可清除、處理該類事業廢棄物之公民營廢棄物清除處理機構或執行機關清除、處理，且其委託種類未逾主管機關許可內容。

(2) 取得受託人開具之該事業廢棄物妥善處理紀錄文件。

前項第二款紀錄文件，應載明事業廢棄物種類、數量、處理地點、主管機關核准受託人之許可內容及其他中央主管機關規定事項；其格式，由中央主管機關定之。

廢棄物及剩餘土石方清除機具處理設施或設備扣留作業辦法之規定有哪些？

解析

依廢棄物清理法第六條規定，扣留機關執行扣留清理機具設施之作業程序如下：

(1) 塡具扣留清理機具設施清單一式四聯，第一聯由扣留機關用印後留存，第二聯交保管機構，第三聯於扣留現場交付清理機具設施之所有人或使用人留存，第四聯由扣留機關用印後連同相關處分書送達清理機具設施所有人或使用人。

(2) 扣留之清理機具設施移置至保管機構後，保管機構應塡具扣留清理機具設施保管條予扣留機關。

(3) 扣留機關應於扣留之清理機具設施之適當處黏貼封條，封條應載明扣留之日期、時間，並應就扣留之清理機具設施外觀、扣留現場現況及執行扣留與移置過程拍照或錄影存證。

(4) 執行扣留之現場無法立即查明該清理機具設施之所有人或使用人者，扣留機關應於清理機具設施清單中載明其事由，並於完成查證程序後，依第一款規定辦理送達；如經查證仍無法查明者，得以公告或刊登政府公報或新聞紙代替之。

何謂壓實度？

解析

壓實度是用來表示土壤、級配料、水泥處理土壤及結構回塡材料等項目在工地現場滾壓緊密之程度值，亦爲設計工程師在某一壓實度基準下必須設定工程材料強度值下限，以利憑作鋪面結構厚度設計作業之準據。因此，除工程材質之外，壓實度乃爲施工作業主要控制項目之一。

路基土壤壓實的目的為何？

解析

路基土壤壓實的目的，可從主、客觀立場來分析，茲歸納其要點如下：

(1) 以人工或機械方式施加能量於土壤材料，促使土壤孔隙內之空氣排出而降低孔隙比、增加土壤密度之作用，謂之壓實。

(2) 增加土壤顆粒間之結合力(Mechanical Bond)。

(3) 增加土壤之剪力強度(Shearing Strength)及承載力(Bearing Capacity)。

(4) 防止鋪面結構之沈陷、側移及延緩損壞程度。

(5) 從業人員為了確認工程品質，致必須訂定「壓實度」之規定值，而工地密度試驗即為檢驗壓實度之必要手段，否則無法了解壓實度是否合乎設計要求。

試說明工地土層之壓實度要求。

解析

(1) 依施工規範規定各層填方達一定數量時，應做工地密度試驗，以確保土壤壓實品質。每層厚度應大於15cm。

(2) 工地密度試驗前應以CNS 11777規定之土壤含水量與密度關係試驗法，依夯實能量不同(標準或改良)，求得最大單位重及最佳含水量(OMC)，最佳含水量依CNS 5091規定之實驗室土壤含水量測定法求得。

(3) 工地依最佳含水量，進行工地滾壓夯實。

(4) 待滾壓完成後，依CNS 14733規定之以砂錐法測定土壤工地密度試驗法，求得土壤現場之乾密度。若土壤含有粗料料時，依CNS 14732規定之粗料含量土壤夯實密度試驗法，調整實驗室最大乾密度。

(5) 以砂錐法求得之工地密度除以調整後的實驗室最大乾密度再乘以100%，便可得到土壤之壓實度。

(6) 一般農路規定壓實度為90%，公路規定壓實度為95%，高速公路規定壓實度為98%。

(7) 如試驗結果未達規定密度時，應繼續滾壓或以翻鬆灑水或翻曬晾乾後重新滾壓之方法處理，務必達到所規定之密度為止。

試說明標準式土壤夯實試驗方法及適用性。

解析

標準式土壤夯實試驗法係依據 CNS 11777 之規定處理，說明如下。

(1) 本標準規定於特定夯模內以2.5kg之夯錘及305mm 之落距條件下將土壤分層夯實，測定其含水量與密度之關係，共有四種方法如下：

A 法：101.60mm夯模，試樣通過試驗篩4.75mm者。

B 法：152.40mm夯模，試樣通過試驗篩4.75mm者。
C 法：101.60mm夯模，試樣通過試驗篩19.0mm者。
D 法：152.40mm夯模，試樣通過試驗篩19.0mm者。

夯實方法依夯實能量區分為標準式(Standard effort method)與改良式(Modified effort method)兩種，有時亦稱為普羅克達夯實試驗(Proctor compaction test)與改良式普羅克達夯實試驗(Modified proctor compaction test)，前者夯實能量約為600kN-m/m^3，後者約為2700 kN-m/m^3。

(2) 採用A法與B法時本標準適用於停留試驗篩4.75mm上土壤材料在40%以下者，採用C法或D法時則適用於停留試驗篩19.0mm上土壤材料在30%以下者。停留於上述篩號之材料稱為粗料。

(3) 應用於工地密度之壓實控制時，若試樣含有粗料，則應依AASHTO T224、CNS 14732(依粗料含量調整土壤夯實密度試驗法)調整密度後再予比較求得壓實度。指定標準方法之權責單位應規定不必進行調整之粗料最少百分率，否則可定為5%。

(4) 若粗料百分率超過本標準規定之容許值，得採其他方法進行壓實控制，諸如以試驗填築(test fill)決定獲致所需壓實度之方法，再以規定壓實設備之種類、能量、每層填築厚度與滾壓次數等方法規範控制壓實工作。

試以流程圖方式說明土壤夯實試驗法之試驗流程。

解析

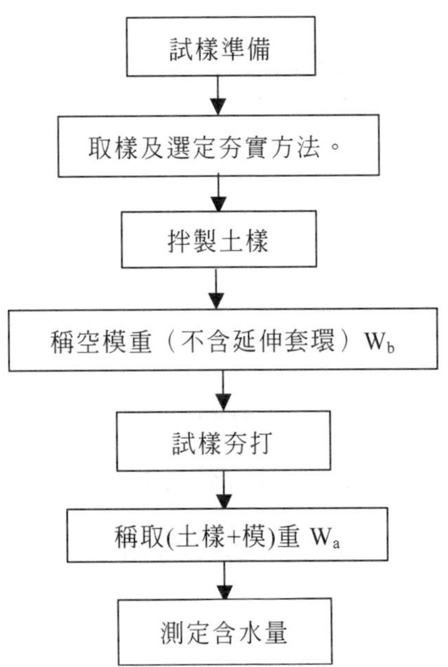

試以流程圖方式說明土壤工地密度試驗法之試驗流程。

解析

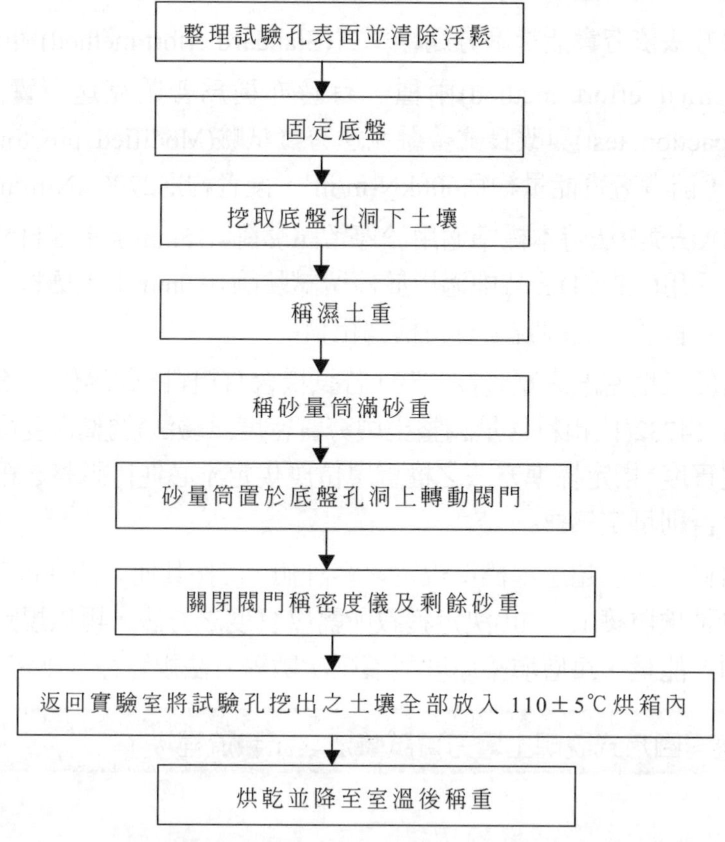

整理試驗孔表面並清除浮鬆
固定底盤
挖取底盤孔洞下土壤
稱濕土重
稱砂量筒滿砂重
砂量筒置於底盤孔洞上轉動閥門
關閉閥門稱密度儀及剩餘砂重
返回實驗室將試驗孔挖出之土壤全部放入 110±5℃ 烘箱內
烘乾並降至室溫後稱重

何謂相對壓實度(Relative Compaction)？

解析

若採用公式來定義「壓實度」一詞，如下所示。

$$RC=\frac{(r_d)_{max\ in-sim}}{(r_d)_{max\ ab}}\times 100\%\cdots\cdots\text{公式}(1)$$

式中 RC：相對壓實度(Relative Compaction)。

$(r_d)_{max\ in-sim}$：工地密度試驗之最大乾密度值。

$(r_d)_{max\ ab}$：試驗室內夯壓試驗之最大乾密度值。

試說明載重試驗應依哪些規定辦理？

解析

依建築物基礎構造設計規範規定，說明如下：

(1) 載重試驗坑底之標高，應與設計基礎版底相同，試驗坑每邊寬度不得少於試驗版寬度之四倍。

(2) 試驗版邊長，不得小於三十公分，沉陷測微表之精度至少應達到0.25公厘。

(3) 每次加載應加設計載重之五分之一，每次加載持壓時間應相同，並不得少於一小時。加載應繼續施行，直至總沉陷量達二十五公厘，或達土壤支承力破壞為止；卸載時應依加載相反之程序；依所記載之沉陷及回彈記錄，繪製載重~沉陷曲線圖，並估算其極限支承力。

若某工地之土壤工地密度試驗，得到試驗孔之標準砂充砂重為 2929g，試驗孔挖取之濕土重為 3660g，若濕土之含水量為 5.5%，試問土壤之相對夯實度為何？(假設：標準砂單位重為 1.600t/m^3，室內夯實最大乾單位重為 1.900g/cm^3)

解析

γ=W/V，1.600=2929/V，V=2929/1600=1831cm^3

W%=(WT-WS)/WS，0.055=(3660-WS)/WS，0.055WS=3660-WS，

(1+0.055)WS=3660

WS=3660/(1+0.055)=3469g

γd=WS/V=3469/1831=1.895g/cm^3

相對夯實度(%)=(γd /γdmax)×100%=1.895/1.900=99.7%

平鈑載重試驗結果如下表，若基礎容許沉陷量為 2.5cm，求 3m×3m 基礎之容許承載力。

沉陷量(cm)	0.2	0.6	0.9	1.5	2.0
載重(t/m^2)	10	30	40	60	70

解析

(1) 載重沉陷曲線如圖

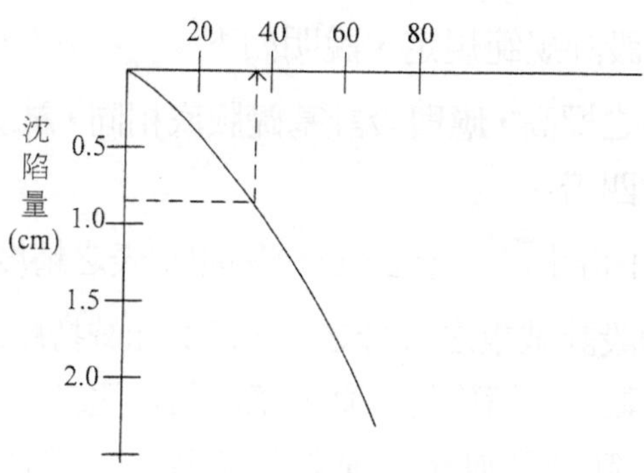

(2) 相當之平鈑沉陷量。

$$S = S_1\left(\frac{2B}{B+0.3}\right)^2$$

$$2.5 = S_1\left(\frac{2\times 3}{3+0.3}\right)^2$$

$$S_1 = 0.76\text{cm}$$

(3) 由對應之載重沉陷量曲線面容許承載力=38t/m^2。

試說明基礎載重所引致之沉陷量包含哪些？

解析

依建築物基礎構造設計規範規定，包含瞬時沉陷、壓密沉陷及次壓縮沉陷，以及塑性流潛移等造成之沉陷。砂性土壤以瞬時沉陷爲主，黏性土壤則以壓密沉陷及次要壓縮沉陷量爲主，特殊軟弱土壤如極軟弱黏土、腐植土及有機土等應另加考慮塑性流及潛移導致之沉陷。

12

地下工程(含基礎工程)

地下工程(含基礎工程)應具備工作智能之技能種類、技能標準及相關知識範圍，內容說明如下。

一、地質調查

(一) 技能標準

1. 能判讀地質鑽探報告書。
2. 能完成地質調查作業程序。
3. 能督導完成土壤、岩石試驗程序及載重試驗。

(二) 相關知識

1. 瞭解土壤力學等相關規定。
2. 瞭解岩石力學等相關規定。
3. 瞭解地工試驗等相關規定。

二、擋土措施

(一) 技能標準

1. 能督導完成各種擋土工法之計算及判讀。
2. 能完成各種擋土工法之施工技能。
3. 能完成擋土災害之預防及搶救。

(二) 相關知識

1. 瞭解地錨等相關規定。
2. 瞭解支撐等相關規定。
3. 瞭解各種工法。
4. 瞭解灌漿等相關規定。
5. 瞭解地盤改良等相關規定。

三、抽排水措施

(一) 技能標準

1. 能督導完成地下水之研判。
2. 能督導完成抽排水計畫及施工技術。
3. 能督導有效運用各種抽、排水機具設備完成工程需要之各項抽、排水工程工作。

(二) 相關知識

1. 瞭解水力學等相關規定。
2. 瞭解抽排水原理等相關規定。

四、直接基礎

(一) 技能標準

1. 能督導完成承載力分析及檢討。
2. 能督導完成沉陷量分析及檢討。

(二) 相關知識

1. 瞭解結構學等相關規定。
2. 瞭解土壤力學等相關規定。
3. 瞭解鋼筋混凝土設計等相關規定。

五、樁基礎

(一) 技能標準

1. 能督導完成單樁施工與檢核。
2. 能督導完成群樁施工與檢核。
3. 能與檢核樁之載重試驗。

(二) 相關知識

1. 瞭解土壤力學等相關規定。
2. 瞭解樁之設計理論等相關規定。

六、墩基礎與沉箱

(一) 技能標準
能完成沉箱及墩基之設計圖判讀與施工。

(二) 相關知識

1. 瞭解沉箱及墩基相關理論與技術。
2. 瞭解地工監測等相關規定。

七、連續壁工程

(一) 技能標準：能完成連續壁之設計圖判讀與施工。

(二) 相關知識

1. 瞭解連續壁相關理論與技術。
2. 瞭解地工監測等相關規定。

八、隧道工程

(一) 技能標準

1. 能完成隧道工法之檢討及指導施工。
2. 能完成監測紀錄及應變救災指揮。

(二) 相關知識

1. 瞭解隧道相關理論與技術。
2. 瞭解地工監測等相關規定。

九、共同管道

(一) 技能標準

1. 能完成共同管道各項工法之檢討及指導施工。
2. 能完成共同管道監測紀錄及應變救災指揮。

(二) 相關知識

1. 瞭解共同管道相關理論與技術。
2. 瞭解共同管道監測等相關規定。

十、地下管線

(一) 技能標準

1. 能完成地下管線各項工法之檢討及指導施工。
2. 能完成地下管線監測紀錄及應變救災指揮。

(二) 相關知識

1. 瞭解地下管線相關理論與技術。
2. 瞭解地下管線監測等相關規定。

 試說明建築基地調查報告的目的及其項目。

解析

依建築物基礎構造設計規範規定，說明如下。

(1) 地基調查之目的，在取得與建築物基礎設計、施工以及使用期間相關之資料，包含地層構造、強度性質及鄰近地形、地物、地震、水文狀況與周圍環境等。

(a) 用以選擇基礎之形式與深度。

(b) 決定基礎設計之土壤支承力。

(c) 預測基礎可能發生之沉陷量。

(d) 測定地下水位之高程。

(e) 估計土壤之側壓力。

(f) 作爲基礎適當且經濟設計之依據。

(g) 探查基地周圍現有構造物之安全性，供作施工時預防措施之依據。

(h) 用以預測或提供施工期間現場可能發生之困難與危險。

(i) 提供施工前假設工程施工計畫之資料。

(j) 提供防止鋼樁腐蝕對策之決定資料。

(2) 建築物地基調查報告項目可分爲記實與分析兩部分，其內容依設計需要決定之。

(a) 記實部份包含下列內容：工程之說明、基地概述、引用之既有文獻及資料、調查目的、工作範圍、基地環境、調查方法及說明、調查點之位置及高程及地層柱狀圖、地下水文、現地試驗及探測結果、取得樣品及室內試驗結果、特殊調查試驗、調查過程相片、地質剖面圖及地層分類及描述、地層綜論。

(b) 分析部份包含下列內容：計畫工程設施概述、區域性潛在地質不利因素概述、簡化之地層剖面及承載層、建議之地層大地工程參數。

建議之基礎型式及設計準則，至少應包含基礎深度、支承力及對鄰地與建築物之影響推估之建築物最大沉陷量、差異沉陷量，及對建築物之影響基礎施工應注意事項及安全監測項目進一步調查之內容。

(c) 必要時應包含下列項目：基礎開挖及擋土及支撐方式建議、擋土開挖穩定性分析、對基地挖填方法之建議、基地地震液化潛能評估及其影響、地層改良之需要性及對改良方法之建議、邊坡之穩定性及穩定工法建議、施工中排水及降水之建議及沉陷速率之預估。

試說明基地調查之步驟。

解析

依建築物基礎構造設計規範規定，說明如下：

建築物基地之調查可配合建築計畫之規劃設計及施工作業階段逐步辦理，調查之精度由低至高，並視工程之重要性與地層之複雜性，採取不同之步驟。調查步驟包括資料蒐集、現場踏勘、初步調查與細部調查。為特殊目的或施工之需要，亦可再進行特殊調查、補充調查或施工環境調查。

建築物基礎應視基地特性，檢討哪些事項之穩定性及安全性？

解析

依建築技術規則建築構造篇第六十條規定，建築物基礎應視基地特性，依左列情況檢討其穩定性及安全性，並採取防護措施：

(1) 基礎周圍邊坡及擋土設施之穩定性。
(2) 地震時基礎土壤可能發生液化及流動之影響。
(3) 基礎受洪流淘刷、土石流侵襲或其他地質災害之安全性。
(4) 填土基地上基礎之穩定性。
(5) 施工期間挖填之邊坡應加以防護，防發生滑動。

試說明建築物地下探勘之相關規定。

解析

依建築技術規則建築構造篇第六十四條規定，地基調查方式包含資料蒐集、現地踏勘或地下探勘等方法，其地下探勘方法包含鑽孔、圓錐貫入孔、探查坑及基礎構造設計規範中所規定之方法。

(1) 五層以上或供公眾使用建築物之地基調查，應進行地下探勘。
(2) 四層以下非供公眾使用建築物之基地，且基礎開挖深度為五公尺以內者，得引用鄰地既有可靠之地下探勘資料設計基礎。無可靠地下探勘資料可資引用之基地仍應依第一項規定進行調查。但建築面積六百平方公尺以上者，應進行地下探勘。

基礎施工期間，因實際地層狀況與原設計條件不一致或有基礎安全性不足之虞，而應增加調查之情形有哪些？

解析

依建築技術規則建築構造篇第六十四條規定，建築基地有下列情形之一者，應增加調查內容：

(1) 五層以上建築物或供公眾使用之建築物位於砂土層有土壤液化之虞者，應辦理基地地層之液化潛能分析。

(2) 位於坡地之基地，應配合整地計畫，辦理基地之穩定性調查。位於坡腳平地之基地，應視需要調查基地地層之不均勻性。

(3) 位於谷地堆積地形之基地，應調查地下水文、山洪或土石流對基地之影響。

(4) 位於其他特殊地質構造區之基地，應辦理特殊地層條件影響之調查。

試說明地基調查計畫之地下探勘調查點數量、位置及深度之規定。

解析

依建築技術規則建築構造篇第六十五條規定，地基調查計畫之地下探勘調查點之數量應依下列規定：

(1) 基地面積每六百平方公尺或建築物基礎所涵蓋面積每三百平方公尺者，應設一調查點。但基地面積超過六千平方公尺及建築物基礎所涵蓋面積超過三千平方公尺之部分，得視基地之地形、地層複雜性及建築物結構設計之需求，決定其調查點數。

(2) 同一基地之調查點數不得少於二點，當二處探查結果明顯差異時，應視需要增設調查點。

調查深度至少應達到可據以確認基地之地層狀況，以符合基礎構造設計規範所定有關基礎設計及施工所需要之深度。同一基地之調查點，至少應有半數且不得少於二處，其調度深度應符合前項規定。

試說明鑽探試驗報告的內容。

解析

鑽探報告應依契約項目填製，一般內容包含工程名稱、鑽探日期、鑽孔位置圖、地層概況分析、地層剖面圖、孔號、標高、深度、柱狀圖、樣號、N 值、地質說明、地下水位、岩心率、岩心箱照片及其他足以提供地質特徵之任何資料。契約內容如包含試驗時，除上述項目外，應包含土壤分類、顆粒分析、自然含水量、比重、當地密度、空隙比、液性限度、塑性限度、塑性指數、指定之力學試驗結果，以及承載力估計(註明來源依據)。

試說明工程施工前鄰近建築物現況調查程序。

解析

(1) 對每一建築物均應填寫調查表，由承包商及該建物所有人簽字，並由里長或鄰長或管區警員見證。

(2) 以(4in × 6in)光面彩色照片拍攝每座建築物之臨街面高程。

(3) 每項缺陷處均應拍攝詳細照片，並以草圖或文字標明其確切位置。儘可能將這些照片與臨街面高程照片對照。照片之大小不得小於(4in × 6in)。

(4) 調查表、照片、底片及附註之說明及草圖，應依建築物之控制號碼，以活頁整齊裝訂。照片或說明、簡圖之背面應標示出位置、日期、攝影人員及調查人員之姓名。

(5) 承包商應提送(4份)紀錄文件給業主。

(6) 業主得於施工階段或完工後要求承包商進行額外之調查工作。

試說明土層隆起、砂湧及上舉之定義。

解析

(1) 隆起：隆起破壞之發生，係由於開挖面外土壤載重大於開挖底部土壤之抗剪強度，致使土壤產生滑動而導致開挖面底部土壤產生向上拱起之現象。

(2) 砂湧：砂湧係指開挖面下爲透水性良好之土壤時，由於開挖側抽水使內外部有水頭差而引致滲流現象，當上湧滲流水之壓力大於開挖面底部土壤之有效土重時，滲流水壓力會將開挖面內之土砂湧舉而起，造成破壞。

(3) 上舉：開挖底面下方土層中，如有不透水層且承受壓力水頭者，會因爲水壓力導致土層上浮，而造成基礎破壞。

工程施工發生隆起現象，應採取哪些補救措施？

解析

隆起現象易使周圍地盤沉陷，而且引起支撐系統的中間柱上浮及水平支撐的挫屈等破壞現象，進而使擋土系統崩壞。若事前研判結果，推測可能會產生隆起現象，應採取下列措施：

(1) 採用剛性高之擋土壁，其設置深度須達無產生隆起之慮的良質地盤。
(2) 開挖底面下之軟弱地盤實施地盤改良以增加地盤之抗剪強度。
(3) 開挖區域面積很大時，可實施分區開挖。
(4) 採用築島式工法，先行構築中央部之地下結構體，並將其周圍邊坡之土方予以分區開挖，再進行其他部份之施工。
(5) 在開挖初期，發現有微現鼓起，應將開挖部份回填，開挖部份灌漿滿水，除去版樁背面之砂土。
(6) 開挖位置擋土壁外側有空地時，可鏟除部分周圍地盤，以減輕擋土壁背面上土壤之荷重，減少作用在滑動面之破壞力矩。
(7) 鄰接構造物，可實施托換基礎，使該構造物之荷重直接傳遞到良質地盤，不爲隆起破壞力矩所影響。

何謂不適用材料？

解析

指含有木本、草本及蔓藤類植物或屬於污泥、腐植土及最大密度小於 $1.5t/m^3$ 之不良土壤，或其他任何經業主認定爲不適於作爲基礎或塡方之物質，但不包含自然含水量過多經乾燥後仍可適用之土壤。依 ASTM D2487 試驗結果屬於泥炭土(PT)、高塑性有機質土(OH)及低塑性有機質土(OL)材料者，皆爲不適用之材料。

何謂逆打工法及說明其優缺點？

解析

逆打工法(Top-Down Construction Method)，又稱爲逆築工法，係先在結構物周圍施築擋土牆，再架設地下結構體之鋼骨柱或支撐柱以承受載重，再進行部分開挖，而地下結構物之樓版代替內支撐，由地面逐層向下挖土及興築，各階段之穩定性分析類似順築內撐工法。逆打工法中樓版無法施加預力，且樓版在澆置乾縮後，可導致擋土壁產生內擠現象。在開挖至最底層時，須要開挖最底層之樓高及基礎版之厚度，此時擋土壁之無支撐高度最大，所受土壓力及水壓力亦最大，且開挖時間最長，通常此階段之整體穩定性最低，必要時，應用內支撐加以補強。此工法有別傳統開挖工法，可以減少深開挖的耗時及損鄰情況，尤其適合都會區建築物有地下室工程或地鐵捷運等地下工程。

(1) 優點

(a) 適合大面積，深開挖，及側向土壓不平衡之基地。

(b) 地下施工無噪音，不受天候影響，地下與地上結構並行施工，縮短工期。

(c) 已施作之樑或樓版可作爲擋土支撐，代替H鋼支撐安全性高。

(d) 地下開挖部分與結構體同時施作，可增強擋土的穩定性。

(2) 缺點

(a) 非傳統工法，需較高度施工技術。

(b) 混凝土於工作接縫澆置費時，也影響強度。

(c) 爲支撐上部結構體重量，需隨時要檢討結構物開口部分的補強。

(d) 增設照明與通風設備，造成施工不便。

(e) 鋼柱或基樁有二次接續的可能，增加施工成本。

試說明順築工法(亦稱順打工法)之施築流程為何？

解析

(1) 擋土結構體構築。

(2) 安裝中間柱。

(3) 第一次開挖(移除表層土1~2m)

(4) 安裝最上層支撐。

(5) 第二次開挖(表層土以下)。

(6) 安裝第二層支撐。

(7) 重覆(5)及(6)至開挖完成。

(8) 施築基礎底版。

(9) 拆除底層支撐。

(10)施築地下室樓版。

(11)重覆支撐拆除及樓版施築至地下室完成。

試說明逆築工法(亦稱逆打工法)之施築流程為何？

解析

(1) 擋土結構體構築。

(2) 逆築支柱施築。

(3) 第一次開挖(移除表層土)。

(4) 施築地下室頂版。

(5) 第二次開挖(表層土以下)。

(6) 施築地下室樓版。

(7) 重覆(5)及(6)至開挖完成。

(8) 施築地下室基礎底版。

試說明島區式工法之施築流程為何？

解析

此方法應結合明挖及內撐工法，其施工順序，說明如下：

(1) 擋土結構體構築。

(2) 開挖地下室中央部份，保留四周戧堤(soil berm)。

(3) 構築中央部份結構體至地。

(4) 逐次開挖(削低)戧堤，然後安裝支撐(利用已完成之結構體作反力)。

(5) 開挖完成，施築基礎底版。

(6) 逐層拆除支撐及施築樓版。

基地開挖若採用邊坡式開挖，所開挖邊坡之穩定分析應考慮哪些因素？

解析

(1) 正常及暴雨期間地下水位之影響。

(2) 施工期間之地表上方超載重。

(3) 施工期間可能發生之地震影響。

(4) 施工期間之地表逕流，可能產生之沖刷影響。

(5) 開挖對周圍環境之影響。

試比較說明鋼軌樁、鋼鈑樁、預壘排樁、鑽掘排樁、手掘式沉箱及連續壁擋土工法之適用地層及優缺點。

解析

擋土方法	施工方法	適用地層	優點	缺點
鋼軌樁	打擊式 震動式 油壓貫入 預鑽孔	堅實粘土層 開挖深度<8m	施工簡單 便宜 可重覆使用 位置調整容易	須要降水 垂直度差 背側沉陷量大 拔除後常留下空洞
鋼鈑樁	震動式 打擊式 油壓貫入	軟弱土層 開挖深度<8m	水密性良好 可重覆使用 品質控制容易	施工易有噪音及震動 變形量大 背側沉陷量大(施工中及拔除後)
預壘排樁	空幹螺旋鑽	軟弱土層 開挖深度<10m	施工簡單 便宜 快捷	水密性不良 垂直度差 不超過 15m 長度
鑽掘排樁	衝擊式 鑽掘-無套管 鑽掘-有套管	各類土層 卵礫塊石地層較不宜 開挖深度<15m	剛性良好	水密性不良 垂直度差 昂貴 用地較多
手掘式沉箱	人工挖掘	卵礫塊石地層 開挖深度<15m	無噪音及震動 剛性良好 可多組人員同時施工	昂貴 安全性差 工作條件差 須要降水配合
連續壁	抓斗式 反循環式	各類土層 卵礫塊石地層較不宜 開挖深度不限	噪音量低 無震動 剛性良好 水密性較好 可用作永久牆	昂貴 技術要求較高 用地較多

試說明擋土設施設計應考慮之因素為何？

解析

(1) 基地地質特性及擋土設施型式。

(2) 地下結構物之構築方式。

(3) 擋土設施之材料強度。

(4) 擋土設施之水密性。

(5) 擋土結構系統之勁度及變位對周圍環境之影響。

(6) 基地開挖過程中各階段開挖面之穩定性。

(7) 擋土設施與支撐之施工程序、時機及預力。

(8) 擋土設施基本上應爲臨時結構物，但若作爲永久結構物時，其設計應符合建築技術規則建築構造編各相關章節之規定，並應對施工期間各構件所產生之殘餘應力作適當考慮。

試問有關擋土式開挖之穩定性，應檢核哪些項目？

解析

(1) 貫入深度。

(2) 塑性隆起。

(3) 砂湧。

(4) 上舉。

(5) 施工各階段之整體穩定分析。

試說明斜坡式及擋土式開挖基礎開挖之規定為何？

解析

依建築技術規則建築構造篇第一百二十二條規定，基礎開挖分爲斜坡式開挖及擋土式開挖，其規定如下所示：

(1) 斜坡式開挖：基礎開挖採用斜坡式開挖時，應依照基礎構造設計規範檢討邊坡之穩定性。

(2) 擋土式開挖：基礎開挖採用擋土式開挖時，應依基礎構造設計規範進行牆體變形分析與支撐設計，並檢討開挖底面土壤發生隆起、砂湧或上舉之可能性及安全性。

試說明地錨的定義。

解析

係土錨及岩錨之統稱，爲可將拉力傳遞至特定地層之裝置，按其錨碇段所在地層類別可再細分爲錨碇於土層中之土錨，以及錨碇於岩層中之岩錨。

試說明地錨的施工程序。

解析

(1) 準備工作

(a) 工作面整理：以邊坡開挖施作預力地錨爲例，依照設計圖說所示或工地業主指示之階次，每階高約2~4m，先從最上階地錨位置開挖，俟完成該階鋼筋混凝土護牆、預力地錨工作後，再依序往下分階施工。開挖時應小心施工，避免鬆動岩盤。必要時應採用跳島式間隔開挖，以避免嚴重之坍塌。開挖後之坡面應平順，並符合設計高程及坡度。

(b) 鑽孔：鑽孔應按地層條件及設計要求選擇適當之鑽掘系統施鑽，其鑽頭外徑不得小於設計孔徑。鑽孔進行中，應視地層實際情況，於必要時，以套管保護孔壁，以免發生崩坍現象。如遇嚴重漏水現象時，承包商應於漏水處先行預灌，再繼續施鑽。鑽孔時，錨碇段應取土樣或岩心樣本，以供業主研判地質及校核錨碇段長度。如業主認爲由相鄰兩側孔所鑽取之土樣或岩心樣本可判明該孔之地質時，則該孔可免取土樣或岩心試樣。

(2) 現場品質管理

(a) 預力鋼腱之安裝：鋼腱裝入孔中前，應詳細檢查各部組件是否妥善，錨碇段鋼腱是否附有油脂、鐵銹及其他足以影響鋼腱裹握力裹握力之雜物。裝入孔中時，應特別注意，避免鋼腱遭受嚴重扭曲及護管受損，並應預防其他穢物進入孔中。

(b) 預力鋼腱之灌漿

① 灌漿機具及材料應經業主認可。

② 錨碇段灌漿：以水灰比爲(0.45)並加無收縮摻料之水泥漿，用壓力灌漿將錨碇段灌滿，如該段設有防蝕護管時，則其內外空隙均應灌滿，且灌漿壓力除另有規定外，應不得小於(5kgf/cm^2)，並保持定壓，觀測(10分鐘)，如壓力低落，應再施灌，直至無低落現象爲止。倘於灌漿作業進行中，發生灌漿中斷情事時，承包商應將預力鋼腱立即拔出，重新施鑽錨孔。拔出之預力鋼腱及各部件，應經業主檢視合格後，方可再行使用，否則應廢棄之。如預力鋼腱無法拔出時，應予作廢，承包商應即提出重做補強計畫，送請業主核可後施工。上述所需費用概由承包商負擔，不另給價。

③ 自由段灌漿：預力鋼腱施預力完成，並經業主檢驗合格後，自由段鋼腱與護管間之空隙，應以水灰比(0.5)之水泥漿灌實，直至水泥漿由承板孔溢出時爲止。

(c) 預力鋼腱之施預力

① 預力鋼腱應於錨碇段所灌水泥漿之立方體抗壓強度達(200kgf/cm^2)以上時，並經業主認可後，方可開始施預力。

② 施預力之雙動液壓千斤頂應符合下列規定：須附經檢驗機構檢驗合格而能隨時顯示鋼腱所受拉力之壓力計。拉力控制設備應爲自動式，並於達到某一設定拉力噸數時，即能自動停止且維持該拉力者。施預力之方法，須符合鋼腱製造廠商所提供之規定及要求。

(3) 檢驗

(a) 驗收實驗分爲例行驗收實驗及追加驗收實驗。所有結構用地錨均應接受例行驗收實驗。每(10支)應取(1支)進行追加驗收實驗，以檢核其性能。

(b) 實驗結果之評估。

(c) 鋼腱摩擦損失若小於所施拉力之(5%)，於適用性實驗及驗收實驗時不需考慮。

(d) 其他規定

① 預力操作人員須具有此項工作經驗者，施預力時，其安全防護設施應符合要求。

② 每一條鋼腱之施工應有詳細紀錄，且應經業主簽認，施預力及檢校預力時，均應有業主在場。

③ 不合規定之鋼腱：施工中如發生鋼腱損壞，以致使得鋼絞線或鋼線拉力之規定或無法符合驗收實驗之要求時，應視爲不合格，承包商應提出重做或加做補強計畫，經業主核可後施工，其費用概由承包商負擔。

(4) 清理

(a) 鋼腱之剪斷：地錨強度經檢校合格，且自由段已灌漿完成後，其露出孔外之鋼腱，除留下約(20cm)外，其餘應予剪斷，剪斷時不得使用燒切。

(b) 保護：端錨保護應依業主核可之詳圖施工，並依規定予以保護。

試說明灌漿工作之工作計畫內容。

解析

(1) 灌漿孔之位置、大小、深度、壓力、灌漿位置之預定灌注體積及預定成果。

(2) 灌漿種類及方法之細節，證明該種類之灌漿適合本工程所用。

(3) 灌漿管裝設方法。

(4) 灌注方法及步驟。

(5) 資料之紀錄及報告方式。

(6) 操作之時間表及與其他隧道或開挖施作之關係。

(7) 監測儀器之位置及型式。

試說明地下灌漿工程施工方法。

解析

(1) 地表施作灌漿時，應開挖足夠數量之試坑或觀測坑，以確定地下管線及人爲障礙物之位置。灌漿孔之鑽孔排列應參考管線或障礙物之位置，作周詳之考慮。於灌漿作業期間，現有之管線應予以充份保護，防止其受損。

(2) 任何溢流至地表面上之漿液或其他材料，均應予以移除。施工完成後，地面應予恢復原狀。

(3) 灌漿壓力應予審慎控制，以防漿液損及或侵入鄰近管線、構造物，或破壞週邊土壤。壓力狀況應持續監視，如有任何壓力驟增或驟減情形發生時，應立即暫停灌漿作業，直至確定其原因爲止。

(4) 必要時灌漿管可用合適之套管或其他方式穿過連續壁，穿過連續壁之任何套管或孔應加以封固，以達防水效果。灌漿管應妥爲保護，以免遭受損壞。如有灌漿管無法再作後續灌漿之用時，應於緊鄰處另行安裝管線。

試說明灌漿作業要領。

解析

(1) 灌漿應採分段灌漿法，原則上採用孔口向下分段灌漿，惟業主得視鑽孔所得之地層破碎情況，變更爲孔底向上分段灌漿。凡需要使用栓塞處，需將灌漿管端之栓塞置於所要灌孔段之上端，以規定之壓力施灌，待無回壓時再予移動，依序進行。施灌作業，承包商應備足量之輸漿管及栓塞，不使作業中輟。

(2) 灌漿作業應依照第1次孔、第2次孔至第N次孔等次序辦理，即：

 (a) 第1次孔作業，先行鑽孔、洗孔、壓力試驗、選定漿液配比與灌漿壓力、以及灌漿。

 (b) 檢討前孔之灌漿資料(P－Q關係曲線)，再進行第2次孔之施工。

 (c) 依前述方法依序進行至最後1次孔。

(3) 鑽孔進行中如遇到特殊之層縫或大空隙，應於穿過該縫隙後，即行沖洗及作灌漿處理，方可繼續向下施工。所採用之漿液配比及附加劑或砂量視隙縫情況由業主決定之。

(4) 各區段之灌漿一旦開始，除非所供應之電力中斷或地層漏漿嚴重經業主同意外，不得中輟。若灌漿因電力中斷，應即以其他動力抽水，徹底沖洗該灌漿孔，以確保復灌時該區段可繼續注入漿液。

試說明鋼板樁擋土設施之施工要求。

解析

(1) 開工前應依照圖示位置放樣。
(2) 在打樁周圍30m範圍內，如有不足7天齡期之混凝土時，不得打設鋼板樁。
(3) 施打鋼板樁前，應先進行探查試挖工作，樁位處如有障礙物，必須事先清除乾淨方可施打。
(4) 鋼板樁之吊裝應儘量利用樁頂之頂孔鈞吊，如因特殊情形須捆紮樁身吊裝時，應在捆紮處以木片麻繩等物加以保護，避免板樁接槽受損。
(5) 鋼板樁施打前應詳細檢查，如發現槽縫有彎曲或受損，應妥爲整修並將槽縫部份所附塵垢及其他一切不潔雜物徹底清除，並塗以油脂以利施打，施打時須隨時注意其接槽是否緊密。
(6) 鋼板樁之施打與拔除都應採用足夠能量之打樁機與拔樁機。
(7) 鋼板樁入土深度應依工作圖所示施工，施工過程中如無法打至設計深度時，應請示監造單位決定是否繼續施打。
(8) 鋼板樁作擋土擋水應用時應配合設計圖裝設支撐、橫檔、角撐、中間柱、回撐橫檔、拉桿等以免因受土壓而傾倒，致生意外。
(9) 拔樁時需以塡砂並灌水隨拔隨塡滿間隙，如有危及鄰近構造物或附近地面產生變異之情形時，除應立即停止拔樁工作外，並應立即改善並加強安全措施。

試說明鋼板樁施工方法。

解析

(1) 清除施打鋼板樁經過未知所有的地下障礙物。
(2) 進行導溝開挖、設置導軌。
(3) 架設並施打板樁，將約20片之鋼板樁沿著導軌先行打入到可以直立之深度爲止，豎立時相鄰兩樁須完全聯鎖。

(4) 鋼板樁之打入應視施工情況分2~4次來回打入，以維持打設方向之平直。

(5) 重覆(3)與(4)兩步驟打設鋼板樁，直至全部鋼板樁打設完成為止。在此過程應視實際施打狀況，可調整每批鋼板樁豎立之數量及打入之次數。

試說明主樁橫板條施工方法。

解析

(1) 樁柱應依圖示間隔配置，於吊放打入前樁柱須校正垂直，再利用自由體落錘及捲揚機打入地中。

(2) 若地盤堅硬不易打入時，樁柱尖端應加以補強。

(3) 開挖時先以機械挖掘至樁面止，其須嵌入橫板條之部份則以人工挖掘。

(4) 橫板條應配合樁柱打設精度於現場裁切，自開挖面沿樁柱由下而上嵌放，以楔子塞緊並加釘角材，撐桿以防板條脫落。

(5) 嵌放橫板條時，每嵌二片須即於壁背填土。

(6) 橫板條擋土面如有積水、湧水等現象則在橫板條背後裝入麻袋以防止砂土流失或在背填土內灌入水泥使其堅固。

(7) 頂繫梁應依圖示規定辦理。

(8) 拔除樁柱時，應隨拔隨灌砂以防空隙造成土壤移動。

試說明預壘排樁施工方法。

解析

(1) 開工前承包商應提送施工計畫書及施工圖經監造單位核准。施工時應保持鑽孔及灌注等作業之完整紀錄，其內容應包含鑽孔、鑽桿抽出上升速度、水泥砂漿配合比、灌注壓力及計量等事項。

(2) 使用螺旋鑽機配合設計圖所示樁徑之鑽頭鑽掘至設計深度。

(3) 然後將鑽桿自樁孔中抽出，同時用灌漿泵以($2.1kgf/cm^2$)以上之壓力將已拌妥之水泥砂漿經由鑽桿之空心軸注入樁孔內，一面注入水泥砂漿，一面以均勻適當之速度將鑽桿徐徐抽出，灌漿及抽出鑽桿時，藉滿附泥土之鑽桿作為灌漿操作中之栓塞，並使樁孔能在規定壓力下注滿水泥砂漿以澆置成完整之樁體。

(4) 灌注樁體時應連續操作，如拆鑽桿而須暫時停灌時，其時間應儘量縮短。

(5) 樁體灌注完成後，在所注入水泥砂漿尚未凝固前，應使用適當方法妥加保護，樁體之周圍應保持濕潤。

(6) 鋼筋籠於灌注工作完成後，在所注入水泥砂漿尚未凝固之前，按規定深度吊放樁內。

(7) 樁體凝固後應將樁頭整修至圖示高度，修整樁頂時注意不得損傷樁體，致產生破裂等情形。

 試說明連續壁施工程序。

解析

(1) 連續壁槽溝挖掘
  (a) 應視地質及設計條件選用合適之挖掘機具。
  (b) 開始挖掘的同時應注入穩定液，穩定液之高度以能確保槽溝不致崩坍爲原則，穩定液水面應高出地下水位1m以上直至混凝土澆置完成。開挖中如發現穩定液突然消失潛入地下，應立即採取應變措施，如以土砂回填，以防止災害發生。
  (c) 施工中應保持工地及環境之清潔，挖出之廢土及廢液經處理後應立即清除運棄，對四週排水溝污染沉泥等，應定期清除、定期檢視。
  (d) 連續壁槽溝之挖掘不得造成地表土壤移動或危及鄰近建築物或火車軌道等，挖掘時必須使地面振動減至最低程度。如超過原設計預期值，承包商必須立即採取必要之應變保護措施。

(2) 鋼筋籠製作及吊裝
  (a) 鋼筋籠製作場應架設平台以求鋼筋籠之平整，平台之高度亦須配合現場計測儀器之安裝需求。
  (b) 鋼筋籠製造必須準確堅固，在吊裝前加上必要之補強鐵件，保證吊起時不會變形，橫筋、豎筋、腹筋和預留筋之每一連接點必須加以銲接，鋼筋籠兩側之鋼板與止水鋼片銲接部份必須完全銲滿。
  (c) 鋼筋搭接時其搭接長度須符合契約設計圖規定。搭接並應符合相關規定。
  (d) 預留筋、鋼筋續接器等必須以銲接或業主認可之其他方式妥善固定於鋼筋籠上。除契約圖說另有規定外，上述材料並應以業主認可之發泡聚胺基甲酸酯(PU)樹脂材料覆蓋，再以合板保護。以免導致日後連續壁與相鄰構造物或梁(板)之接頭無法施工。
  (e) 鋼筋籠製作完成後兩側所包裹之帆布應確實包裹穩當，以免混凝土澆置時漏漿。

(f) 鋼筋籠吊放必須以自重慢慢放入槽溝壁，若遇到無法完全放入之情形應重新吊起，重新挖掘清理槽底之沉澱物及砂土等廢料後再行吊放，絕對不得將鋼筋籠切割或壓下。

(g) 鋼筋籠吊放前，應使用特製鋼刷仔細清洗先前鋼筋籠之搭接節點位置，以保持節點之清潔，必要時得利用壓縮空氣沖洗節點。

(h) 若因實際情況限制，每單元鋼筋籠需以續段方式始可吊放入槽溝內，其接駁方式及長度須符合契約設計圖。

(3) 混凝土澆置

(a) 混凝土澆置前應先將槽溝內之沉澱物、塌落之砂土等雜物處理清潔後再行澆置，避免日後嚴重影響混凝土強度，導致連續壁沉陷或失敗。灌注混凝土應儘速於鋼筋籠吊放後爲之，若超過1小時以上仍未澆置混凝土，則應將吊放之鋼筋籠取出，清除附於鋼筋上之淤泥及膨土，並經業主同意後，始得重新吊放。

(b) 特密管必須保持清潔及不漏水，同時直徑大小應不小於20cm且足以使混凝土保持自由落下。特密管管底必須延伸至離槽溝底部約20cm，同時在第一次澆置時必須先放入皮圍(Plunger)，再灌入混凝土以確保特密管內穩定液完全擠出。混凝土澆置進行中特密管底部必須經常埋入混凝土中至少1.5m以確保穩定液不致灌入管內。特密管抽動時要小心，不得碰觸槽溝壁，以免砂土崩落與混凝土混合澆置，而影響連續壁品質。

(c) 混凝土澆置若使用2個或2個以上之特密管澆置，特密管內之混凝土面均應保持同等高度，即每車次混凝土應平均澆置於各特密管內，兩特密管之最大間距不得超過3m。澆置混凝土必須連續作業，不得間斷。混凝土澆置時，特密管不得水平移動。倘特密管中混凝土不易自由落下時，特密管可以垂直上下移動，惟不得超過30cm。若圖上未註明，連續壁混凝土澆置時，至少須澆置至設計高度90cm以上，此多出含有泥漿之劣質混凝土，若有礙工程時，須待硬化後予以打除，其餘部份應於回填復舊前打除。於十字路口處，所有連續壁均應切除至完工時之地面下2.5m。

(d) 每片連續壁單元澆置必須至原地面高度，或設計圖標示高度。

(e) 接續單元之開挖完成後，附著於接續面之黏泥及穩定液，必須加以清除。

(f) 每片連續壁單元從鑽挖、鋼筋籠吊放至混凝土澆置完成爲止，應儘可能連續施工。

試說明一般地層改良方法之功能，包含哪些？

解析

依建築物基礎構造設計規範規定，說明如下：

(1) 增加支承力。

(2) 降少變形量。

(3) 減小側向土壓力。

(4) 防止液化。

(5) 增加止水效果或排水效果。

(6) 防止坡地之崩滑。

(7) 防止土層沖刷、流失。

(8) 環境保護。

(9) 處理廢棄物。

試說明基礎構造有哪二種基本型式？

解析

依建築物基礎構造設計規範規定，說明如下：

(1) 淺基礎：利用基礎版將建築物各種載重直接傳佈於有限深度之地層上者，如獨立、聯合、連續之基腳與筏式基礎等。

(2) 深基礎：利用基礎構造將建築物各種載重間接傳遞至較深地層中者，如椿基礎、沉箱基礎、壁樁與壁式基礎等。

試說明沉陷的總類及其定義。

解析

基礎載重所生之總沉陷量包含瞬時沉陷、壓密沉陷、次壓縮沉陷及塑性流及潛移導致沉陷等四部份。當土壤承受載重後於短時間內產生之沉陷稱為瞬時沉陷，而當超額孔隙水壓消散過程所伴隨產生之沉陷稱為壓密沉陷，當壓密完成後，於有效壓力不變的情形下，土壤隨著時間持續發生之變形稱為次要壓縮沉陷，但土壤如極軟弱黏土、腐植土及有機土等因載重而產生側向塑性流或潛移造成基礎沉陷。

試說明改良地層方法有哪些？

解析

依建築物基礎構造設計規範規定，說明如下：

(1) 劣土置換法：此法係將表層劣土清除，然後以良土置換、分層夯實。本方法較適用於淺層及地下水位以上之地層。

(2) 加密法：此法係利用機械振動、夯實或其他外力使基地土層密度增加、孔隙比減少，以達到強化之目的。本方法較適用於非粘性土層或回填土。常用之工法有下列幾種：

(a) 表層夯實：以人工或夯壓機械夯實。

(b) 動力夯實：利用吊高重錘自由落下，反復多次夯擊地面使地層壓實。

(c) 擠壓砂樁：以鋼管採擠壓方式將填砂貫入地層成砂樁，地層因受擠壓而密化之工法。

(d) 振沖壓實：以振動機具配合沖水力量貫入地層而密化之工法，貫入孔內可回填砂土或卵礫石塊。

(3) 排水固結法：此法乃利用預加壓力及自然或人工排水系統使軟弱粘土之孔隙水排出，達到快速沉陷及增加強度之效果。本方法較適用於含水量高及滲透性低之粘土地層。人工排水系統包括橫向及直向排水系統之設置，其中直向排水物，例如砂樁、砂井、袋裝排水物、排水帶等係在天然地層中設置，用以縮減土層排水路徑，加速排水效果。一般用於預加壓力之方法有，堆土預壓法、真空預壓法、降低地下水法及電滲法等方法。

(4) 地層固化法：此法係利用添加物改良土壤之物理及化學性質。常用添加物有水泥、石灰、水玻璃等無害化學物。添加方法可利用攪拌、灌漿、或滲入等方法進行。一般常用施工法有：

(a) 表層加固法：於地層表面加入固化劑，經混合、夯壓、固化後形成較堅實表層，以增加基礎承載力。此法主要適用於軟弱粘土、砂土及回填土。

(b) 深層攪拌法：利用深層攪拌機械將固化劑與土層混合、固化成堅硬柱體，與原地層共成複合地基作用。此法主要適用於軟弱粘土。

(c) 高壓噴射法：利用高壓力噴射作用將液態固化劑與土層相混合，固化成堅硬柱體，與原地層共成複合地基作用。此法主要適用於砂性土壤。

(d) 灌漿法：利用壓力將液態固化物灌注入土層之孔隙或裂縫，以改善地層之物理及力學性質。此法主要適用於砂性土、卵礫石及岩層。

(5) 溫度處理法：法係利用人工方法改變土層之溫度以改善其性質。可採用之工法有：
   (a) 冰凍法：利用通過冷媒使土層孔隙水溫度降至冰點下而凍結，減低土層之透水性，並提高其強度。此法適用於飽和砂土及軟弱粘土。
   (b) 加熱法：於鑽孔中加熱，使土層含水量及壓縮性減少，提高其強度。
   (c) 加勁法：法係於土層中埋設加勁材以達到提高土層總體強度、增加穩定度及減少沉陷量之處理方法。加勁法一般有下列數種：地錨、岩栓土釘、微型樁、加勁土、地工合成物、短樁及其他工法。

試說明地層改良方法之評估與選擇方式為何？

解析

依建築物基礎構造設計規範規定，說明如下：

(1) 建築物基礎分析結果。

(2) 天然地層條件。

(3) 改良方法原理。

(4) 應用經驗。

(5) 施工機具與材料。

(6) 可行性分析。

(7) 環保要求。

試說明地層改良設計應遵守之原則為何？

解析

依建築物基礎構造設計規範規定，說明如下：

(1) 選擇改良方法或材料時，應考慮改良效果之時效性及材料之耐久性。

(2) 應就地層改良之力學機制，研判可能發生之破壞模式、或壓縮行為，並參考類似案例設計之。

(3) 若某一地層改良技術理論未臻成熟，除非已具有相當豐富之類似工程經驗，否則應以現場測試或室內模型試驗，證實該改良方法及設計理念之可靠性。

(4) 改良後地層之設計參數，應考慮改良效果之不均勻性，作適當且保守之選擇。

(5) 應考慮改良區外之鄰近地層可能受改良施工影響而產生地層壓縮、沉陷、隆起、側向移動、振動或強度減低等現象，並對鄰近地區之構造物，採行適當之防護措施。

(6) 應考慮因地層改良可能對環境所造成之污染。

試說明獨立基腳、聯合基腳、連續基腳及筏式基礎等基腳之定義。

解析

(1) 獨立基腳：獨立基腳係用獨立基礎版將單柱之各種載重傳佈於基礎底面之地層。

(2) 聯合基腳：聯合基腳係用一基礎版支承兩支或兩支以上之柱，使其載重傳佈於基礎底面之地層。

(3) 連續基腳：連續基腳係用連續基礎版支承多支柱或牆，使其載重傳佈於基礎底面之地層。

(4) 筏式基礎：筏式基礎係用大型基礎版或結合地梁及地下室牆體，將建築物所有柱或牆之各種載重傳佈於基礎底面之地層。以基礎版承載建築物所有柱載重之筏式基礎，應核算由於偏心載重所造成之不均勻壓力分佈。

試說明基礎支承力應依基礎型式作哪些力學方面考慮？

解析

依建築物基礎構造設計規範規定，說明如下：

(1) 作用於直接基礎之各種載重，係由基礎底面之垂直反力、底面摩擦阻力及基礎版前之側向反力承擔。

(2) 作用於樁基礎之各種載重係由樁之底面垂直反力、樁身表面摩擦力及側向反力承擔。

(3) 作用於沉箱基礎之各種載重係由沉箱底面之垂直反力、底面摩擦阻力及側向反力承擔。

(4) 綜合基礎構造係指採用前述兩種以上之基礎型式共同支承上部結構物之載重。

試說明基礎之規劃設計原則。

解析

(1) 基礎之設計，主要在選擇合適之基礎型式及尺寸，以確保所支承之建築構造物不致發生不可接受之變形或傾斜，而符合建築物之使用需求。
(2) 基礎之設計應充分考慮整體結構系統之均衡性，並適度考量所支承建築物之使用目的、規模、重要性及使用年限等因素。
(3) 辦理基礎設計時，應充分瞭解基地地層狀況、地下水位變化、以及地層在受基礎載重後之變形行爲。
(4) 辦理基礎設計時，應先確實調查基地鄰近構造物之基礎狀況、地下構造物及各項設施之位置與實際狀況，作爲設計其保護措施之依據。
(5) 基礎之設計應同時考慮施工之可行性及安全性，其施工不得影響基地之四周環境、道路與公共設施等之正常使用。

試說明基樁分類種類。

解析

一般基樁包含爲鑽掘式基樁、打入式基樁及植入式基樁三種，如下圖所示。

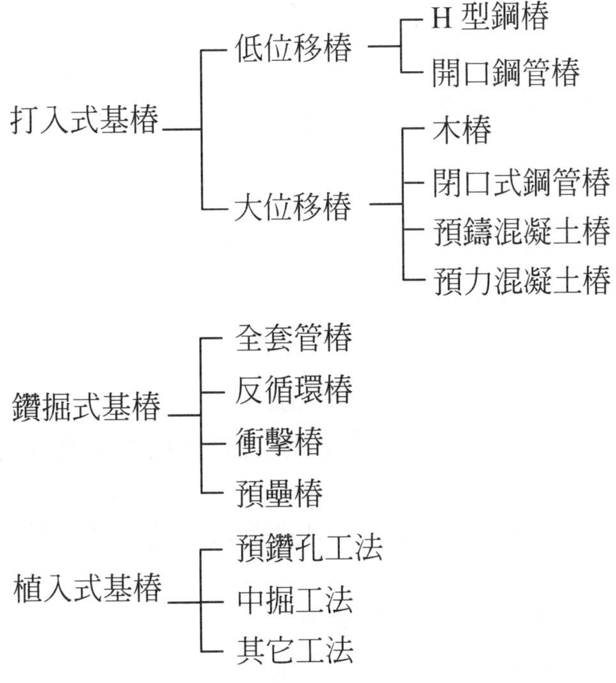

試說明樁載重試驗之試驗步驟。

解析

(1) 試驗樁最大載重應爲設計載重之2倍，如試驗樁將作爲正式基樁者，試驗時不得採用極限載重。

(2) 試驗載重應按設計載重之25%，分段逐次增加至最大載重。

(3) 各階段載重之維持時間應爲2小時，如試驗樁每小時之下沉量不超過0.25mm，即可繼續加載次一階段載重。

(4) 試驗載重達到設計載重之200%時，如持續時間達12小時且每小時下沉量小於0.25mm，即可按總載重量之25%，每隔1小時分段解除其載重，如每小時下沉量大於0.25mm時該載重應維持24小時。若依本說明書之方法估計容許載重量時，當試驗載重達到設計載重200%，其載重持續時間應達48小時後方可解除。

(5) 各增減載重階段之前後須記讀時間、載重量及下沉量。載重加載階段之0~30分鐘內記讀區間應小於10分鐘，30分鐘以後之記讀區間應小於20分鐘。達試驗總載重時於0~2小時之記讀區間應小於20分鐘，2~12小時之記讀區應小於1小時，12~24小時之記讀區間應小於2小時。24~48小時之記讀區間應小於4小時。於載重解除階段之記讀區間應小於20分鐘，並於完全解除後12小時記讀最終讀數。

試說明樁載重試驗之試驗結果判斷。

解析

根據試驗結果應繪製下列曲線，以判斷基樁降伏載重。

(1) 曲線繪製位置，如圖所示。

(2) 曲線種類：

(a) 載重-下沉量曲線：繪於第4象限。

(b) 載重-塑性變形曲線：繪於第4象限：(自最大載重減重至零時之下沉量即爲塑性變形)。

(c) 載重-彈性變形曲線：繪於第1象限：(最後下沉量扣除塑性變形即爲彈性變形)。

(d) 載重-時間曲線：繪於第2象限。

(e) 下沉量-時間曲線：繪於第3象限。

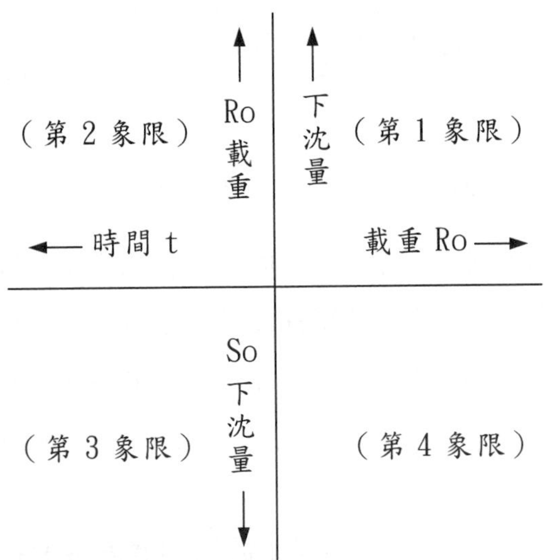

試說明計算基樁支承力時之考量要點。

解析

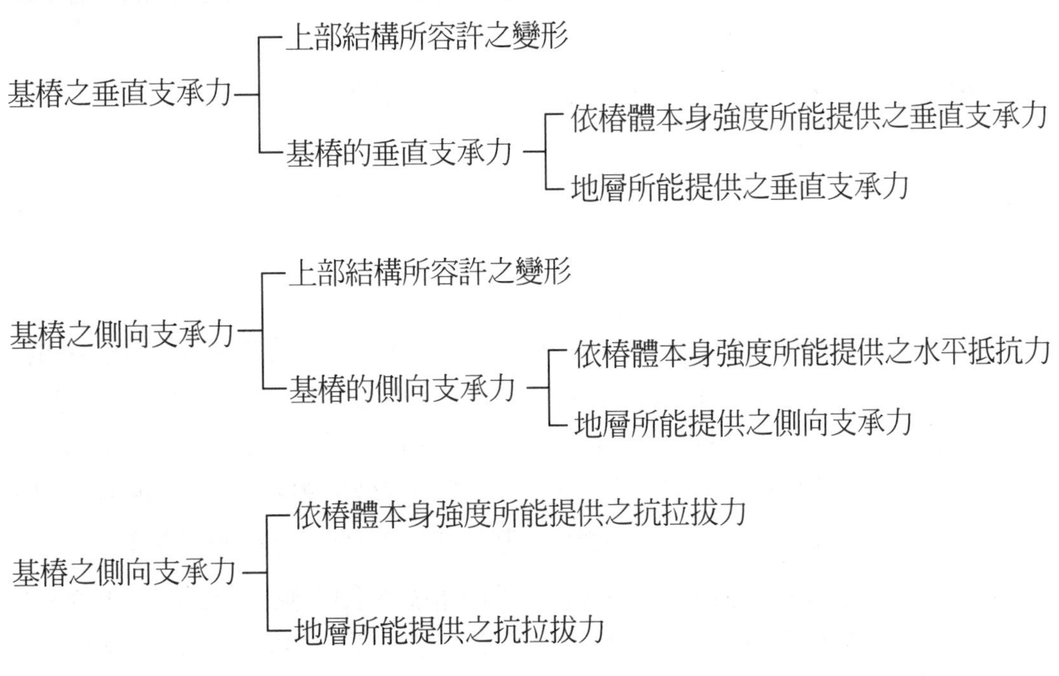

(註)樁體之強度包含春帽、基樁之接樁處及樁尖之強度

試說明基樁設置間距之規定。

解析

依建築物基礎構造設計規範規定，說明如下：

樁基礎之各單樁間應保持適當間距，原則上各單樁中心間距應符合下列規定。間距小於規定者，應視地層條件、基樁種類及施工方式審慎檢討群樁之互制效應。

(1) 設置木樁時，其中心間距不得小於樁頭直徑之2倍，且不得小於60cm。

(2) 設置預鑄混凝土樁時，其中心間距不得小於樁頭直徑之2.5倍，且不得小於75cm。

(3) 設置鋼樁時，其中心間距不得小於樁頭寬度或直徑之2倍，且不得小於75cm。若採用底部封閉式之鋼管樁，其中心間距不得小於樁徑之2.5倍，且不得小於75cm。

(4) 設置場鑄混凝土樁時，其中心間距原則上不得小於樁頭直徑之2.5倍，且不得小於樁直徑加1m。

(5) 設置擴座基樁時，其中心間距不得小於樁頭直徑之3.0倍，且不得小於擴座寬度加1m。

基樁最小間距的規定，主要考量哪些因素？

解析

(1) 減少鄰近基樁施工之影響：若基樁間距過小，當施工時發生樁位偏移或傾斜時，即可能造成相鄰基樁十分接近，在樁承受載重時，局部區域的應力集中對樁基支承力之發揮與沉陷控制均相當不利；此外粘土層中之打入式基樁，若樁距過密則於打設時易造成樁周土壤隆起連帶使鄰樁上浮、側移與傾斜，導致樁端支承力降低，甚而喪失，基樁亦可能因此而發生斷折情形。

(2) 減少群樁效應之影響：基樁受載重時，相鄰樁間之應力影響圈會重疊，將會造成群樁效應，應力重疊之程度與基樁載重及樁間距有關，若間距不足，可能導致土壤產生剪力破壞或超量沉陷，以及樁群內部與外圍的基樁受力不均勻之現象。若要使群樁受力時各樁彼此不互相影響，其間距通常需達6~8倍樁徑以上，在工程應用上較難接受。

試說明基樁載重試驗之試驗目的及適用範圍。

解析

基樁載重試驗之方法包括靜載重試驗、動載重試驗或其他方式之試驗，其目的為求取或推估單樁於實際使用狀態或近似情況下之載重－變形關係，以獲得判斷基樁支承力或樁身完整性之資料。基樁載重試驗可分成極限載重試驗及工作載重試驗。極限載重試驗係用以確定所選擇之基樁於該基地之適用性及與設計極限支承力之符合性為主，於下列情況時，基樁之設計，均需以極限載重試驗，驗證其承受載重之能力：

(1) 供公眾使用或極具重要性建築物之基樁。
(2) 基樁沉陷將對結構物安全及使用功能具影響者。
(3) 於基地鄰近地區之類似地層狀況中，缺乏同類型基樁之載重試驗資料時。
(4) 基樁支承於軟弱之地層狀況時。
(5) 基樁承受長期拉拔力之狀況。
(6) 基樁設計載重量超過一般之使用範圍時。
(7) 根據計算所得之支承力與該地區之基樁使用經驗值有重大差異時。基樁施工完成後，應以工作載重試驗確定基樁之支承力及施工品質符合設計需求。用於極限載重試驗之基樁，若於試驗中該樁已達降伏狀態，應檢討其作為永久性基樁之適用性。

試說明基樁之試樁的選擇。

解析

(1) 選擇試驗用之基樁應具代表性，並就設計條件、地層變化及施工狀況選擇適當之試樁項目。
(2) 試樁總數目應不少於總樁數之百分之二，且不應少於2支，其中工作載重試驗之試樁數目不少於總樁數之百分之一，且至少應有1支。總樁數超過300支時，得視地層狀況及實際需要調整試樁數目。
(3) 基樁載重試驗部份得採用動載重試驗法，惟動載重試驗之數量不得超過總試樁數量之一半，且動載重試驗之有效性及正確性須先予以確認。

試說明鋼管樁施工程序。

解析

(1) 定位：承包商須按設計圖所示，於地面標定鋼管樁之預定打設位置，並經業主勘視核可後始得打樁。

(2) 打設及鑽挖：豎樁時，吊點應確實固定，樁尖走向範圍內，不可有坑洞或障礙物。打樁前，應先將樁錘滑落至樁帽上，並校準樁錘、樁帽與樁身三者之軸線是否在同一直線上。除斜樁外，打樁過程中應在與樁身相互垂直的2個方向上架設經緯儀或重力垂線等裝置，以觀測樁身垂直度，若偏移時應隨時修正之。鋼樁打設至最後5m時，應特別注意阻止其橫向移動，若有偏移時，須於打樁時予以校正。打設完成後之樁心位置、樁身垂直度與斜度偏差均應在規定許可差範圍內，否則應拔起重打或廢樁。打樁時，由第1錘開始至預定深度或規定之錘擊貫入量爲止，不得中途停頓，以免因土壤與樁身密接而造成打設困難。若因故中途停止，再恢復打設時，至少須先打入30cm深度後，才可恢復貫入量紀錄。所有樁須打至規定之長度，且根據打入地層最後30cm之錘擊數或最後10錘之平均貫入量，由業主認可之打樁公式計算所得之安全承載力大於設計安全承載力100%以上，才可停止打樁，否則須接樁續打。如樁頂設計高程低於原地面，應先將樁頭打至地面齊平後，再於樁頭上另加引樁筒繼續施打至設計高程。引樁須經業主認可後方可施工。開口式鋼管樁之管內土壤，可於打樁過程中以壓縮空氣將管內土壤吹送至地面，或以高壓水配以壓縮空氣使管內土壤成泥漿溢流而出。大口徑鋼管樁可利用鑽機將管內土壤鑽鬆，再以抓斗抓至地面。

(3) 許可差：垂直度≦1/48。樁位≦樁徑1/4或15cm。

(4) 澆置混凝土及樁頭處理：鋼管樁內應澆置混凝土，以增加鋼樁強度，並避免樁體內壁生銹。另樁頂部分須按設計圖作樁頭處理，以和上部構造物連結成一體。

(5) 打樁紀錄：施工期間，承包商每日均應派專人記載打樁紀錄，並經業主簽署後方爲有效。紀錄內容至少應包括樁號、位置、打樁設備概述、樁尺度型式長度、每50cm打擊數、作業起始時間、每打1次貫入量、樁位偏移量、傾斜度、最後30cm之錘擊數或最後10擊之平均貫入量與其他有關事項，及業主指示之事項。

(6) 接樁：如因打樁設備限制或其他地質因素，致使單支樁無法達到設計深度或所需承載力時，須採接樁方式處理。接樁時應先將下段樁打至樁頭露出地表約50cm，再將上段樁吊置於其上，並用經緯儀檢測其垂直度無誤後，照設計圖或業主指示原則，於接頭處實施全周長電弧電銲。接頭銲接前除應嚴密檢查有無油污、銹屑、塗料並保持密接外，銲接及檢驗方式應符合CNS之規定。另銲接完成後，須俟銲接處冷卻後才可繼續打樁。

(7) 廢樁：打樁過程中，如因樁帽或墊塊擺設不當，或因墊塊硬化，致使樁頭或樁身過分受力損壞，或打樁完成後之樁位偏移量、垂直度偏差超出設計圖說規定容許值，經業主研判無法補救者，均須以廢樁處理。

(8) 截樁：所有樁應儘量照規定打至設計高程，以避免截樁。若因地質因素確實無法打至設計高程或接樁部分超過設計樁頂高程時，須將超出設計高程之樁長截除。截樁後之餘樁已併入打樁單價內，不另給付。

(9) 沖樁：鋼管樁若無法繼續錘擊施工需經業主同意方可使用沖樁法施工，其沖樁長度不得超過樁長之50%，其餘樁長，仍應用錘擊法打設。

 試說明反循環基樁施工程序。

解析

(1) 定位：承包商須按設計，訂定樁位正中心線，標定基樁正確位置，並經業主實地核定。每支基樁正確位置處均應打設至少2m上之保護鋼管、須使用口徑稍大之鑽頭鑽孔至相當深度，始吊放保護鋼管，鋼管須儘量保持垂直不得偏斜，其垂直度應經測量，斜度超過1/300時，應拔起重新裝設。施工中應檢測樁位是否偏離並及時調整。

(2) 鋼套管：爲確保水頭壓及防止因機具過重或振動導致表層土壤崩塌，必須在鑽孔前打設鋼套管以資保護。套管入土深度除設計圖說上註明外，應視地質、地下水位及防止鋼管下端漏水之有效地層位置等決定之。鋼套管頂部高度視需要而定，使管內水頭高度至少能使孔壁產生0.2kgf/cm^{2}以上的水壓。鋼管之管壁厚應依直徑、長度及所受衝擊力而定，以免發生變形或損傷，其厚度以不小於9mm爲原則。

(3) 鑽掘：施工時依地下土層之性質，選擇用蒜頭鑽頭施工，鑽掘時鑽桿須垂直，位置須準確，其偏差應於許可差範圍內。在陸地施工時得於適當位置設置泥漿沉澱池，使排出之泥砂沉澱。在現場挖坑式之沉澱池應有足夠容量，以免鑽掘時排出之泥漿及穩定液之循環在工地漫流。此外，大容量沉澱池使穩定液留滯時間長，提高掘出之泥砂沉澱分離之效果或塡加藥劑，加速懸浮質沉澱，促進固液分離。施工場地受限制時，應使用鐵製容器儲存泥漿，沉澱池或儲存容器中積存之泥砂應即時挖出並運離工地棄置，俾使沉澱池或容器能保持足夠之容量。鑽掘過程中爲防止孔壁崩坍，應經常派員監視或檢查，並應視地層狀況採用靜水壓法、穩定液法或鋼壁法，並視需要添加穩定液之稠度或將保護管加長。爲防止孔壁崩坍，鑽掘孔內之泥水位應經常保持在地下水位之上至少1.0m，如地下水位接近地表面時，應在地表面上加接保護鋼管，使孔內水位能保持在地下水位以上1.0m。保護管之厚度不得小於9mm，其上下端須予加強，以防止打入地下時變形或開裂，其直徑不得大於基樁直徑15cm。保護管不得於樁孔已鑽至相當深度後再行放置；應先在樁位處鑽挖裝設，並以重錘將保護管垂直打下，不得偏斜，至管口露出地面約20cm處止。樁機轉盤之安裝，不得直接壓於保護管上，應使其腳架置於地面上，墊以方木，使樁機放置穩固，以免保護管受壓沉陷或位移。鑽掘中，如鑽桿擺動嚴重時，將影響基樁之精確度，應降低鑽機之轉速，以減少孔壁坍崩之可能。鑽掘過程中如遇堅硬之土層或流木等障礙物，不能鑽掘至預定深度時，應即研擬替代方案，提送業主審核。平時施鑽過程中，原則上不得中途停止，如因特殊事故中途停止時，須報備並列入紀錄，同時應妥善保護已鑽成之壁孔。鑽至設計深度時，應即由業主會同取樣及測定深度。鑽孔作業完成應立即準備下一步工作，不可使之停頓，萬一無法繼續施工至澆置混凝土完成時，不得立即移機，應派專人看管，注意孔內水位變化，每隔1小時須轉動鑽桿5分鐘，使其保持泥漿水之均勻，並隨時補充穩定液，且保持應有之水位。樁孔完成後應以超音波檢測儀或其他經業主同意之有效方法檢測樁孔斷面及垂直度。樁孔許可傾斜度爲1/100。樁位最大偏差不得超過5cm。經業主核對深度並測量底部沉澱量，孔中沉澱不得超過30cm，如超過30cm者，應重新抽吸沉砂後，始可吊放鋼筋籠。爲減少孔底沉澱物，可於樁孔鑽掘完成後將鑽頭稍爲提起，緩慢空轉，使泥水循環約10分鐘以降低孔內泥水濃度。孔底處理之適當時間，以鋼筋籠吊放完畢澆置水中混凝土之前行之。鑽掘樁孔到達預定深度後，發生崩坍之現象，除應防止繼續崩坍外，並應清除坍下之砂土，使達到原來鑽掘之深度，始可放置鋼筋籠。鑽掘樁孔至高透水性土層時，易發生逸水現象，使孔內之水位急劇下降，而致影響孔壁坍落，故宜立即補充泥水，增加泥水比重，使用穩定劑等，以穩定孔壁；如情況嚴重時，應將鑽機移開，迅速回塡黏土，以防坍陷。如因樁孔附近地面有超載荷重時，保護管穿入粗砂層有湧水現象而致生孔壁坍落時，應即減少載重，加深保護管使伸至低透水土層，或調整泥水比重以控制之。基樁施工中，依據現場樁施工及控制紀錄，研判是否需要使用穩定液，以增加工程之安全並提高工作效率及施工之品質。

(4) 鋼筋籠之製作與吊放：主副鋼筋按設計圖說之配置施工，爲防吊裝時鋼筋籠之分離或變形，主鋼筋須加環筋以點銲銲牢外，主鋼筋之搭接處亦以電銲連結。每處電銲長度不得少於3cm，並使用低氫銲條依照AWS D12.1預熱後施工。無論設計圖說上有無註明，鋼筋籠外側須加做間隔鋼片，以便控制鋼筋籠保護層之厚度，其放置方向與主鋼筋平行(即與環筋垂直)，間隔鋼片如設計圖說所示，間距約爲200cm。鋼筋籠如有變形，不得放入已鑽掘完成之樁孔內，應即吊起，加以修正後再行放入。鋼筋籠吊放入樁孔內，如下至中途發現鋼筋籠無法放下時，不得強行壓入，隨即吊起，查明原因補救後，再繼續施工。鋼筋籠應以2點吊放，以避免鋼筋籠下端負荷，致引起鋼筋籠之彎曲或接頭之變形。

(5) 混凝土澆置：鋼筋籠放置完成後，隨即放置特密管，接合處必需密合不滲水，管底離樁底約20cm，並依鑽掘樁孔之深度，配置特密管之長度，每支特密管之長度爲0.5~3m不等，所有使用之特密管長除最頂三支之長度爲調整長度之不等長管外，其餘之管長需均等，不等長之管不得放入樁內使用。

(6) 特密管放置完成後，應將孔內之泥漿水或穩定液反循環抽出，並置換清水，同時用強力抽水機清除底部沉積物，完成後方可澆置混凝土。泥水循環處理至少20分鐘以上，且於澆置混凝土5分鐘前不得停止。特密管之管徑爲20~25cm，管之上端裝有漏斗，下方設有鐵製活門及與管徑同大之橡皮栓塞(Plunger)，當混凝土大量灌入漏斗，迫使活門及橡皮栓塞壓入導管，逼降管內泥漿水，使其從管底溢出，並使樁孔之水不致流入管內。混凝土澆置時，特密管須經常埋入混凝土內至少1.5m，每次提昇特密管前，需先行估計後，方可確定提取支數，及埋留混凝土內之管長，不可一次取管到混凝土頂，影響混凝土品質或使管無法拔出。應採用預拌混凝土，混凝土澆置準備工作完成後，經業主檢查核准，始可出車，其出車次應加以控制，不得太密集，以免出廠時間與澆置時間相差過久，影響品質；車次太過於疏少，亦將影響混凝土之澆置品質，致使已澆置之混凝土發生初凝。澆置混凝土時，應經常保持保護管內水位在地下水位上1m以上之高度，沉澱池內之出水口應關閉堵塞，逐漸上升之泥水應使用水泵抽出，不得用溢流方式漫流至整個場地。混凝土須連續澆置，一次完成，如施工中途因故停留時間稍長，不得已時可將特密管上下稍微抽動，但其速度不宜太快、幅度亦不宜太大、避免澆置之混凝土形成冷縮縫。如設計圖規定樁頭須與基礎混凝土聯結時，則混凝土應澆置至高出設計高度如設計圖所規定至少30cm，並將保護管拔除，俟基礎開挖後，將高出部份鑿除使基樁內鋼筋露出，並將鋼筋按設計圖說示直入或彎入基礎混凝土中。每支基樁之施工過程，自鑽掘、吊放鋼筋籠至澆置混凝土必須連續不斷日夜施工，直至完成爲止，中途不得停止。基樁完成後，樁頂至地面間之孔穴應以細砂填平，並蓋以鐵板，附加區隔與標示以免危險。

(7) 崩坍處理：承包商應於施工計畫中擬就孔壁崩塌處理對策，以利施工。施工時若鑽頭抵達預定深度後發生孔壁崩坍，除設法防止再崩坍外，應即除盡坍下之砂土。若在設置鋼筋籠後發生崩坍，仍應設法清除後始得澆置混凝土。

 沉箱設計考慮事項為何？

解析

依建築物基礎構造設計規範規定，說明如下：

(1) 沉箱基礎之設計，除應考慮上部構造物所傳遞之垂直載重、側向載重及傾覆力矩外，尙應考慮沉箱本身之重量與施工中之各項作用力，並檢核其安全性。

(2) 沉箱設計應檢核施工中沉箱體各構件所承受之應力，以及完工後整體結構之穩定性。

(3) 沉箱基礎之設計應考慮施工可能發生之偏心及所引致之額外彎矩。考慮之偏心量應視地層狀況及施工方法決定之，設計時所採用之最小偏心量不得小於10cm。

 試說明沉箱載重支承方式之規定。

解析

依建築物基礎構造設計規範規定，說明如下：

(1) 作用於沉箱之垂直載重，設計時原則上考慮由沉箱底面地層之垂直反力所支承。

(2) 作用於沉箱之水平側向載重與傾覆力矩，設計時原則上考慮由沉箱底面地層之垂直反力、底面摩擦阻力及沉箱正前方地層之水平反力等支承之。

沉箱基礎座落之支承地層相關規定為何？

解析

(1) 沉箱基礎原則上應座落於堅實之地層上，支承地層之厚度至少爲基礎寬度之1.5倍以上。

(2) 沉箱基礎底面下，基礎寬度3倍以內之地層，原則上不得有高壓縮性之軟弱地層存在，惟經分析對建築物無不利影響者不在此限。

試說明混凝土沈箱施工程序。

解析

(1) 沉箱製作:沉箱鋼腳，應依照設計圖說尺度製作。安放時須特別注意其位置、方向及水平之正確。組立模板前後，均應經業主之檢查認可。沉箱混凝土應分節澆置，通常每節長約3~5m。除第一節直接澆置於鋼腳上模板外，其他各節應俟前一節下沉至相當深度後(水位以上約50cm)，再繼續澆置。

(2) 沉箱下沉：沉箱澆置混凝土後，須俟混凝土強度達到設計強度之50%時，始可拆除模板，達到70%時，始可進行箱內挖掘下沉工作。若沉箱下沉，必須藉助外加壓重時，其壓重之局部壓力應低於混凝土抗壓強度之50%。沉箱下沉不可在箱外周圍開挖，應採用箱內挖掘辦法。如箱內積水可以抽乾時，可採用普通人工及機械挖掘；如積水不能抽乾，則須用抓泥機(Clamshell)或潛水工挖掘，必要時經業主之同意，得採用水注法(Water Jet)幫助下沉。挖掘時應由沉箱中央開始，向四週平均對稱擴展，不可局部挖掘過深，致使沉箱偏倚。無論用何種方法下沉，均不得損及沉箱內壁。沉箱壓重時，應先將箱頂伸出之鋼筋，妥爲彎曲。不可使鋼筋周圍之混凝土破裂。沉箱與壓重之間，應墊以木塊及草墊，俾可防止局部應力之集中。壓重應均勻分布於沉箱之四週，以免沉箱承受偏重而發生偏倚。沉箱下沉時，應隨時校對其方位與角度，如發現傾斜，應立即糾正。使用水中挖掘法下沉時，應隨時注意使箱內水位高出箱外四週水位，以免箱外水壓大於箱內水壓，而致泥沙自箱底湧入，增加挖掘工作。沉箱下沉時，如遇有岩石必須使用爆炸法時，應先徵得業主之許可，並且不可損及沉箱內壁及其鋼腳。所有炸藥、石方及相關費用，已包含於相關項目內，不另計價。

(3) 封底：沉箱下沉到達設計深度，經業主檢驗後，即可進行沉箱底部整理，準備封底。封底以水中混凝土辦理，施工之方法除特殊情況須經業主同意者外，應採用特密管施工。水中混凝土，無論用何種方法施工，均須隨時測量其澆置之深度，並應作多點處觀測，以測得混凝土表面情況是否均勻。

(4) 水泥砂漿回填灌漿：貫入岩盤之沉箱施築完成後，於沉箱外壁與開挖岩盤面間之空隙，應按設計圖及業主指示配置灌漿管，以水泥砂漿回填灌漿，增加側壁抵抗力，避免沉箱受外力產生傾斜。水泥砂漿回填灌漿前，應先確認岩盤深度，由承包商提出施工計畫及預估水泥砂漿數量，經業主認可後，開始施灌。水泥砂漿之拌和比及灌漿之壓力業主得視實際情形調整，原則上水泥砂漿之拌和比約為1：2，灌漿之壓力在灌漿管出口之淨壓力應不大於2kgf/cm^2，至進漿率每分鐘少於1L即可結束灌漿。

 試說明地下排水目的及排水計畫。

解析

(1) 地下排水主要目的
 (a) 適當的排水措施有利於開挖作業之進行。
 (b) 避免開挖底面因水壓不均衡而發生隆起現象。
 (c) 避免因水壓差而產生砂湧現象，導致砂土流失，地盤下陷。

(2) 排水計畫
 (a) 依據鑽探報告之土壤構造與地下水位深度，選擇適當之排水工法。
 (b) 依照基地之面積與地形，計算抽水井之口數及井深。
 (c) 依據出水量計算抽水馬達之馬力與台數，並須備有緊急發電機組。
 (d) 依浮力之檢討，估算工程進行至幾層樓時，方可停止抽水，以便進行井位封井。
 (e) 抽水井馬達的馬力不宜採用大於抽水井檢討所計算的馬力，否則會容易引起抽水井底部掏空，萬一停電時水位回升，易造成災害。

 試說明各類土層之滲透係數及適用之降水方法。

解析

含水層	滲透係數(cm/sec)	降水方法
卵礫石層	$>1\times10^{-1}$	重力排水
水中開挖(不降水)		
粗砂至中砂	$1\times10^{-1}\sim1\times10^{-3}$	重力排水、深井、點井
真空抽水井		
細砂、粉土、粘土	$1\times10^{-3}\sim1\times10^{-5}$	深井、點井、真空抽水井
粘土	$<1\times10^{-5}$	電滲法或不降水

試說明穩定液檢驗之相關規定。

解析

若設計圖未有規定時，穩定液之調配使用、測定及檢驗控制如下表之規定：

穩定液檢驗表

項目	範圍(以 20℃爲準)	檢驗法	測定時間及次數
比重	1.02~1.22(使用中)1.05(混凝土澆置前)	漿密度天平	鑽挖前後、下雨後、混凝土澆置前
黏滯性	20~35 秒	漏斗黏滯性儀(500/500C.C.)	每日測定情況同上
濾過度	滲透量少於 15C.C. 泥漿膜厚小於 2mm	濾過壓試器測試壓力 ($3kgf/cm^2$)	每 5 日測定一次
pH 值	7~12	pH 值顯示儀	混凝土澆置前後
含砂量	小於 5%(使用中)	200 號篩	每 5 日測定一次
說明： (1) 穩定液須用清水調配，水中不得含有油質、不合規定之酸鹼物、有機物質或其他雜質。穩定液放置 10 小時，水之分離度應在 5%以內，穩定液保持均勻，放置 6 小時後液面下降應少於 20cm。 (2) 上列測定次數爲一般情形下之測量次數，業主得增減實際測量之次數。同時下雨前後、久置後、停工前及土層有變化情況時，應照業主之指示，加做必要之試驗。 (3) 穩定液控制紀錄至少應包含試驗時間、取樣地點、工作狀況及上表所列之檢驗項目。			

何謂隧道新奧工法？

解析

新奧工法(NEW AUSTRIAL TUNNELING METHOD 簡稱 NATM)其施工理論依據主要是由 Dr.Rabcewicz 教授於 1983 年研究有關隧道開挖後，開挖面四周岩體應力及應變的變化曲線，利用岩體本身具有的自持力特性，來幫助完成開挖後所需的支撐力，所發展而成一種隧道支撐工法。爲目前國內隧道施工方法之主流，其利用岩體本身具有自持能力之特性，以噴凝土、岩栓、輕型支保等支撐構件，藉以達成隧道開挖後周圍岩體應力重新平衡之目的，另藉由配置各種監測儀器觀測隧道穩定與安全，並作爲回饋設計之依據。其施工順序如下：

(1) 開挖及開挖周面噴凝土(厚5cm)。

(2) 組立鋼支保。

(3) 掛鋼線網及噴凝土(厚5cm)。

(4) 安裝岩栓。

(5) 次一輪開挖。

 何謂全斷面隧道鑽掘工法？

解 析

全斷面隧道鑽掘工法(Tunnel Boring Machine Method，TBM)係利用全斷面鑽掘機進行隧道開發之施工方法。隧道鑽掘機以切削轉盤進行連續旋轉切削地層，並搭配出渣系統，立即將開挖渣料後送運出隧道，機身後側裝設的環片組裝機等設備，可於開挖後立即架設環片，所以可連續進行隧道開挖與支撐作業，運用於長隧道施工尤見效果。目前北宜公路隧道工程，便是採用全斷面隧道鑽掘工法施作。其施工流程，說明如下：

(1) 事前準備，包含電氣設備及施工作業環境。

(2) 隧道鑽掘機組裝作業。

(3) 隧道鑽掘機削掘。

(4) 隧道鑽掘機出碴及運搬。

(5) 環片組裝。

(6) 背填灌漿作業。

(7) 反覆循環步驟(3)~(6)。

 何謂潛盾工法？

解 析

潛盾工法(Shield Method)是西元 1818 年，由法國人 M. I. Bunnnel 發明，並將其應用於倫敦泰晤士河公路與鐵路並用之隧道工程。潛盾工法理念源於地下蛀蟲進食過程，一般蛀蟲在蛀食木頭過程，蟲吃掉木頭經身體消化後，從尾巴排掉廢棄物，蟲經過的地方形成一條通路，此種現象應用於工程就是潛盾工法，利用潛盾機代替蟲，在地下鑽來鑽去，潛盾機頭有一個掘削口，掘削口把土挖進機體經過處理後，從機尾排出，並隨著潛盾機前進，同時組立環片以防壁體崩落，形成一條隧道。

潛盾工法最大特點是以潛盾機爲主要施工機械，機身主要由分爲盾首、盾殼及盾尾三大部份組成，施作過程潛盾機一旦停滯，工程立即停擺，所以潛盾機選擇爲潛盾工法之關鍵所在，選擇過程應包含地質適應性、施工性與經濟性等層面考量。目前高雄市及台北市捷運工程之部分隧道工程便是由潛盾工法施作。其施工流程，說明如下：

(1) 準備作業：流程包含出發井施築、出發段地盤改良、潛盾機運送、鏡面破除、鏡面框設置、發進台及反力座、潛盾機投入及組裝、附屬設備及試車等作業。

(2) 初期掘進：環片假組立、潛盾機掘進出土、環片組立、背填灌漿及設備灌漿等作業。

(3) 主要掘進：潛盾機掘進出土、環片組立、背填灌漿、到達/迴轉井施築及到達段地盤改良等作業。

(4) 到達作業：鏡面破除及鏡面框設置、接收架台及潛盾機拆解吊運/迴轉/棄殼等作業。

(5) 後續作業：塡縫、集水坑、仰拱、管路、安全走道、接頭及跨接版等作業。

試說明潛盾工法的特性。

解析

(1) 依固定步驟循環施工，其作業管理可以自動化。

(2) 施工全由機械與電腦操控，施工精確，並可節省作業人力需求。

(3) 震動與噪音公害較小。

(4) 全斷面開挖隧道，採隨挖隨襯，安全迅速。

(5) 每部潛盾機僅有一個工作面，施工遭遇意外無法後退時，只得停機待修。

(6) 除工作井及地面輔助工法施工用地外，其餘作業均在地面下進行，所以對地面上的活動影響程度低。

(7) 必須配合適當之輔助工法，工程費略高。

(8) 覆土深的地底，仍可容易施工；惟覆土較淺時，施工稍有困難。

(9) 地面下施工，受天候影響較小，可日夜施工，並縮短工期。

(10)適當防護措施下，可於河川或其它結構物下方穿越施工。

(11)對地下管線及鄰近建物影響較小，可免除施工拆除、遷移及保護等困擾。

(12)較難達到地盤無沉陷之狀態。

(13)半徑短急之曲線段，施工較為困難。

試說明工程施工監測系統之目的。

解析

(1) 設計條件之確認：由觀測所得結果與設計採用之假設條件比較，可瞭解該工程設計是否過於保守或冒險，另外可適時提供有關工程變更或補救處理所需之參數。

(2) 施工安全之掌握：在整個開挖過程中，監測系統可以隨時反應出有關安全措施之行為訊息，作為判斷施工安全與否之指標，具有預警功效。必要時可做為補強措施及緊急災害處理之依據。

(3) 長期行為之追蹤：對於特殊重要之建築物於完工後，仍可保留部份安全監測系統繼續作長期之觀測追蹤。如地下水位的變化、基礎沉陷等現象，是否超出設計值。此外，長期之觀測追蹤結果亦可做為鑑定建築物破壞原因之參考資料。

(4) 責任鑑定之佐證：基礎開挖導致鄰近結構物或其它設施遭波及而損害，由監測系統所得之資料，可提供相當直接的技術性資料以為責任鑑定之參考，以迅速解決紛爭，使工程進度不致受到不利之影響。

(5) 相關設計之回饋：對於基礎開挖擋土安全設施之理論，至今仍難以做妥善圓滿之模擬；因此，一般基礎開挖擋土安全之設施與施工，工程經驗往往佔有舉足輕重的地位，而工程經驗皆多半由監測系統所獲得之資料整理累積而成。所以監測系統觀測結果經由整理歸納及回饋分析過程，可了解擋土設施之安全性及其與周遭地盤之互制行為，進而修正設計理論及方法，提升工程技術。

試舉例說明安全監測的項目及監測頻率。

解析

安全監測之項目一般包括下列各項，可視現場條件及設計需求作適當之選擇。

(1) 開挖區四周之土壤側向及垂直位移。

(2) 開挖區底部土壤之垂直及側向位移。

(3) 鄰近結構物及公共設施之垂直位移、側向位移及傾斜角等。

(4) 開挖影響範圍內之地下水位及水壓。

(5) 擋土設施之受力及變位。

(6) 支撐系統之受力與變形。

監測項目	儀器名稱	儀器個數	監測頻率
擋土結構體變形及傾斜	傾度管	處	每逢基地挖土前後，支撐施加預力及拆除前後：平時每週一次，開挖階段每週至少二次，必要時隨時觀測
地下水位及水壓	水壓式水壓計	支	平時每週二次，抽水時每天一次
	水位觀測井	支	平時每週二次，必要時每天二次
開挖面隆起量	隆起桿	支	開挖階段每天至少一次，平時每週二次
支撐應力及應變	振動式應變計	個	每天一次
道路及建築物沉陷量	沉陷觀測釘	個	平時每週一次，必要時隨時觀測
筏式基礎沉陷量	沉陷觀測釘	個	每層澆築混凝土前後，平時每十天一次
擋土壁鋼筋應力	鋼筋計	支	基地開挖時每天一次，平時每週二次

一般基礎開挖設計遇到哪些情形，應配合基礎開挖工作設置監測系統？

解析

(1) 經大地工程學理及經驗分析，結果顯示難以確定開挖所致之影響者。

(2) 相臨基地曾因類似規模之開挖及施工方法而發生災害或糾紛者。

(3) 開挖影響範圍內之地層軟弱、或其他相關條件(如高靈敏度、高水位差、流砂現象等)欠佳者。

(4) 開挖影響範圍內有供公眾使用之建築物、古蹟、或其他重要建築物者。

(5) 鄰近結構物及設施等現況條件欠佳或對沉陷敏感者。

(6) 於坡地進行大規模開挖時。

(7) 將開挖擋土壁作爲永久性結構物使用，而於施工期間有殘餘應力過高或變位過大之顧慮者。

試說明工程監測規劃設計之要領。

解析

(1) 監測參數之選定：基本考慮爲開挖工程施工安全之掌握所需之資料，一般包括地下水位及水壓、土壓力及支撐系統荷重、擋土結構變形及應力變化、開挖區地盤之穩定性、開挖區外圍之地表沉陷、鄰近結構物與地下管線等設施之位移、沉陷量及傾斜量、鄰近結構物安全鑑定所需之資料(如結構物之裂縫寬度等)。

(2) 各項參數在施工過程之行爲預測：設計單位依據其設計原理與假設之施工條件，預測各項參數之最大可能值以決定各該項監測參數之量測範圍；同時預測施工各階段各項參數之演變，以爲擬訂監測管理值之參考。

(3) 各種儀器設置地點、設置時機之決定。

(4) 儀器規格之決定。

(5) 儀器裝設施工規範之擬訂。

(6) 儀器測讀正確性之檢核方法與程序之制定。

(7) 監測頻率最低要求之決定。

(8) 監測管理值之研擬：管理值擬訂須考慮之因素包含，工程規模與工期、設計參數之不確定性、環境的複雜性、地下管線分佈、鄰房現況及基礎特性、公共關係、鄰房心態及反應。

(9) 提示施工單位應於施工前辦理之事項：設計者應就其設計上之特殊考慮因素及設計上未能充份考量之事項加以整理，而期望施工單位於施工前辦理之事宜，如補充地質調查、地下管線調查、鄰房現況調查或鑑定。

試說明安全監測之項目，包含哪些？

解析

(1) 開挖區四周之土壤側向及垂直位移。

(2) 開挖區底部土壤之垂直及側向位移。

(3) 鄰近結構物及公共設施之垂直位移、側向位移及傾斜角等。

(4) 開挖影響範圍內之地下水位及水壓。

(5) 擋土設施之受力及變位。

(6) 支撐系統之受力與變形。

 營建工程施工之地下公共管線應調查之項目為何？

解析

公共管線應調查的項目，包含：

(1) 自來水供水系統及設備。

(2) 電力設施及電源設備。

(3) 民用、警用及軍用電信設施。

(4) 天然瓦斯供應系統及設備。

(5) 臨時及永久性之交通號誌、標誌、停車計時器。

(6) 臨時及永久性之路燈。

(7) 雨水及污水管線系統。

(8) 消防系統管線等項目。

13

機電與設備

機電與設備應具備工作智能之技能種類、技能標準及相關知識範圍，內容說明如下。

一、給排水衛生工程

(一) 技能標準

1. 能督導配管工程人員做好給排水配管及試水檢查等工作。
2. 能督導工程人員做好衛生、廚房設備之按裝工作。

(二) 相關知識

1. 瞭解配管試水檢查之方法。
2. 瞭解各類衛生廚房設備之說明書及一般按裝應注意事項。

二、機電工程

(一) 技能標準

1. 能督導電氣工程人員做好配管穿線、接地等工作。
2. 能督導工程人員做好電機設備按裝工作。
3. 能督導工程人員做好弱電設備配管、按裝等工作。

(二) 相關知識

1. 瞭解電氣配管、穿線、接地之工作方式。
2. 瞭解電機設備之施工說明規定。
3. 瞭解弱電設備配管、穿線之工作方式。
4. 瞭解弱電設備之施工說明規定。

三、昇降機、電扶梯

(一) 技能標準

1. 能依電扶梯廠商提供之資料施工時預留施工空間。
2. 能督導工程人員做好昇降機之按裝工作。

(二) 相關知識

1. 瞭解電扶梯之按裝說明要點。
2. 瞭解有關電扶梯電氣配管及機電設備應注意事項。

3. 瞭解昇降機之種類。
4. 瞭解昇降機廠家之說明及規定。
5. 瞭解昇降機及昇降送貨機之國家檢查標準。

四、空調工程

(一) 技能標準：能督導冷凍空調工程人員做好中央冷氣系統之配管、機器吊裝、風管按裝等工作。

(二) 相關知識：瞭解中央冷氣系統之配管、機器吊裝、風管按裝之工作方式。

五、消防及警報系統工作

(一) 技能標準：能督導水電工程人員做好消防設備配管及警報系統配線等工作。

(二) 相關知識：瞭解消防設備配管及警報系統配線之工作方式。

試說明給排水工程施工之一般要求。

解析

1. 詳閱施工製造圖，在預埋及安裝前確認器具開口位置及尺度。
2. 配管之彎曲及分歧等需採用標準制試管件，口徑不得擅自更改，亦不得直接將配管彎曲區爲之。
3. 外露之管路，其吊管架及支架均須能適應管路之伸縮及高低調整，且能適當的支持管路使不致動搖。
4. 管路依規定設置各式制水閥，並需預留維護空間。如閘門凡而、逆止凡而、過濾器、防震軟管及水位開關等。
5. PVC管施工時不熱接，須以冷卻接塗膠爲原則。
6. 管路裝配完成後應予以試壓，並注意維護以避免遭到損壞。
7. 配管之管口空端，應以塞頭或管帽封密。
8. 污排水管之施工，均須按規定使用各種制式標準管件。
9. 排水管之按裝坡度，配管φ3"(含)以下時爲1/50，φ4"以上爲1/100，並須依於適當位置裝置清潔口。
10. 横向污排水分之管向上裝設通氣管時，須以垂直或小於45度插入污排水管上，方且通氣管插入污排水管之高度，必須高於設備或器皿溢流點15公分以上。

試說明衛生設備施工說明書應註明之內容。

解析

(1) 詳閱施工製造圖，在預埋及安裝前確認器具開口位置及尺度。
(2) 確認衛生設備鄰近之結構已完成，可提供衛生設備所需之安裝工作。
(3) 每一器具需安裝存水彎，使其易於維護及清潔。
(4) 供應並安裝鍍鉻硬質或軟質水管至各器具，並附「鑰匙」「螺絲刀」止水裝置，異徑接頭及孔罩。
(5) 組件須安裝平直。
(6) 所有衛生器具使用「牆壁支撐」、「牆式固定架」及螺栓安裝及固定。
(7) 各衛生器具與牆面及地面間之空隙應塡塞塡縫劑，其顏色需與器具相符。
(8) 各衛生器具距裝修後地板面之參考高度(如廠商建議提供値安裝)。

試說明給水設備工程施工注意事項。

解析

(1) 蓄水池與水塔應爲水密性構造物，應設置適當之人孔、通氣管及溢排水設備，水池(塔)底應設坡度五十分之一以上之洩水坡。

(2) 蓄水池應設於地面上或地板上，其牆壁、平頂應與其他結構物分開，不得連接並應保持四十五公分以上距離(人孔上方60cm以上)，池底需與接觸層之基礎分離，並設置適當之人孔、通氣管、溢排水設備及長、寬各三十公分，深度十公分之集水坑。

(3) 進水口低於地面之蓄水池，其受水管口徑五十公厘以上者，應設置地上式接水槽或表箱內設置持壓閥。

(4) 水塔、壓力水槽或其他加壓設備之水泵應自附設之蓄水池抽水，不得直接連接公共給水管。

(5) 蓄水池及水塔不得用有害於水質之材料建造，頂蓋及人孔必須嚴密，通氣管應加設防蟲網，水池應設溢流管，管口應加設防蟲網。

(6) 水池與水塔之總容量須爲設計用水量之十分之四以上。一般蓄水池容量採十分之三，屋頂水塔採十分之一。

(7) 蓄水池進水應採跌水式，進水管之管口，應高出溢水面一個管徑以上，並不得小於五十公厘。

(8) 水塔底應高於屋頂二公尺以上或另設間接加壓設備，以確保頂樓正常水壓。

(9) 池頂或塔頂設直徑六十公分以上或長寬各六十公分以上之人孔附不銹鋼蓋及鎖，人孔上方至少六十公分以上淨空。

(10)五十公噸以上水池及水塔，爲維護、管理、清洗及避免死水，應設導流牆及人孔二處。

(11)水池上方不得有污排水管通過。

(12)池內淨水深不得少於六十公分，以沉水泵揚水時，池內淨水深爲九十公分以上。

(13)爲有效保護用水設備，並兼顧用水方便，又能防止水錘作用(water hammer)，應採用給水區劃分(zoning)，即建築物高度每五十公尺以內，設置中間水池，且給水器具承受水壓超過3.5kg/cm^{2}以上時，應設置減壓閥。

(14)對於層間變位及配管伸縮等之需要，於立管及分岐管等適當地點應設置伸縮吸收裝置及防震設備。

(15)給水配管如貫穿建築結構時，其貫穿部分應設套管。

(16)有可能發生水錘作用時，應設置空氣室(air-chamber)、緩衝器等。

(17)減壓閥之前後應裝止水栓及壓力表各一只，並設繞流管，裝設減壓閥之用水點，宜裝設水錘防止器至少一只。

(18)減壓閥應設於易於檢修之處所，若設於管道間時，應在其用水戶內或可自公共通道處開設檢修用之門或窗，並需有足夠之檢修空間。

(19)給水管路配管完成後，在尚未澆築混凝土前，須立即進行試水，試水壓力爲10kg/cm^{2}以上，並保持60分鐘無洩漏現象才算合格；於建築工程尚未施作牆面及地坪之粉刷或貼磚前，須配合先行二度試水。

試說明污、排水管路施工注意事項。

解析

(1) 水管路與一般廢水管不得共同銜接幹管使用。

(2) 橫向排水管絕對不准有積水現象，應有排水坡度，約爲管徑之倒數，如：50mmψ管則須1/50坡度，並使一般排水管不得接入雨水落水管，應各自獨立管路分開排至陰井。

(3) 污(排)水之分支管與橫向主幹管之銜接，必須以45度水平高度且順著排水方向相接；通氣管則向上分支銜接，並須以45度相接，不得以水平接出。

(4) 最底層通氣立管應以斜向上45度角自排水立管引出並須在最低排水橫支管以下處銜接。

(5) 最頂層通氣立管應以斜向上45度角接入排水管延伸之通氣大主管。

(6) 各層通氣支管與立管銜接高度，須高於最高衛生器具如洗面盆溢水面之上緣15公分以上。

(7) 通氣管與衛生設備之銜接，應自尾端衛生器具排水管之前面引出。

(8) 爲防止雨水沿著通氣管滲入屋內，通氣管穿過屋頂版部須加裝過版管，離屋面適當高度須加裝泛水帽，且末端開口面積須大於通氣管管徑，並加裝金屬製防蟲網。

(9) 馬桶污水管與污水橫管之銜接方式，應自污水橫管側邊順著排水方向水平45度斜角接入。

(10)污、廢水管轉彎處及立管底端，應以2只45度彎頭銜接，絕不可以1只90度直角彎頭銜接。

 試說明衛生設備施工注意事項。

解析

(1) 每一器具需安裝存水彎，使其易於維護及清潔。
(2) 供應並安裝鍍鉻硬質或軟質水管至各器具，並附(鑰匙、螺絲刀)止水裝置，異徑接頭及孔罩。
(3) 各組件須安裝平直。
(4) 所有衛生器具使用(牆壁支撐、牆式固定架)及螺栓安裝及固定。
(5) 各衛生器具與牆面及地面間之空隙應填塞填縫劑，其顏色需與器具相符。

 試說明油脂截留器功能為何？

解析

針對油脂類之排水，將油脂利用浮力而過濾，避免油漬阻塞下水道管路。

 試說明自來水蓄水池施工應注意哪些事項?

解析

自來水蓄水池施工中應考量與牆面保持 45cm，基腳 30cm 及人孔維修及溢卸水口等。

 試說明電氣設備工程貫穿外牆之配管設置止水設施施工要領。

解析

目的係爲貫穿地下室外牆之配管，常因施工不當，造成滲漏水現象，致污染地下室內部牆面後又無法予以有效防止繼續滲漏，可藉由正確施工方法予以事前防範。其作業內容，說明如下：

(1) 地下室外牆封模與澆築混凝土前，先行預埋過牆管，管圍並加止水環，室外銜接過牆管之配管亦應做向下S型，以防止地下水沿管壁滲流而入。
(2) 穿越外牆之管路，不可以預埋套管方式或於外牆施作完成後再以鑽孔機鑽孔配管，如此易造成外牆滲漏水，即使以矽膠填塞，也只能達一時防水之效。
(3) 檢查項目，包含：

(a) 過牆管埋設位置、高程是否適當。
(b) 過牆管管圍是否加設止水環。
(c) 過牆管兩端是否以管塞密封。
(d) 過牆管外端配管是否以向下S型方式配設。

試說明電氣設備工程管路穿樑之施工要領。

解析

目的係為避免管路穿樑之位置不當而影響結構體強度，所以施工前檢討正確的穿樑位置是必要的。其作業內容，說明如下：

(1) 施工前先行全盤規劃管路配設路徑及高程，倘須要穿樑時，應先就預定穿樑位置與尺寸檢討結構強度，管路穿樑處應做適當之補強措施。
(2) 管路穿樑位置不正確，將嚴重破壞大樑結構強度，影響結構安全。
(3) 除於正確之位置穿樑外，樑穿孔處亦須加以補強。
(4) 檢查項目，包含：
   (a) 預定穿樑位置與高程是否適當。
   (b) 穿樑位置周邊是否加設補強鋼筋。
   (c) 相鄰穿樑管路之間隔是否適當。

試說明電氣設備工程配電場所之設置施工要領。

解析

目的係基於用電需要，於建築基地或建築物內設置適當之配電場所及通道，提供台電公司裝設供電設備，確保供電無虞與安全。配電場所設置面積如下：

	1,000 平方公尺以上未滿 2,000 平方公尺	2,000 平方公尺以上未滿 6,000 平方公尺	6,000 平方公尺以上未滿 10,000 平方公尺	10,000 平方公尺以上每增加 2,000 平方公尺
低壓新設	3×4 公尺乙處	4×5 公尺乙處	40 平方公尺乙處	另增加 5 平方公尺
高壓新設	4×5 公尺乙處，若超過兩戶時，每增加一戶應於長(或寬)增加 1.2 公尺			
其他	1. 配電場所設置於地面一樓或法定空地不影響供電設備裝置及操作範圍內，其面積得酌予縮減。 2. 用戶因高壓改低壓，低壓改高壓，高壓分戶或增設及低壓增設後滿 100 瓩以上者，需新設或擴大配電場所時，得視實際需要洽定其面積。 3. 十六樓以上之建築物，依其用電性質個案辦理。			

其檢查項目，包含：

(1) 依台電規劃股正審合格之台電配電室面積確實丈量，面積以淨尺寸爲準，最窄處不得小於3m，並配合埋設接地設施。

(2) 配電室樓地板之活載重強度應依台電規定特別配合。
   (a) 配電室面積20m^{2}以下，活載重強度400kg/m^2
   (b) 配電室面積20m^2~40m^2，活載重強度600kg/m^2
   (c) 配電室面積40m^{2}以上，活載重強度900kg/m^2

(3) 配電室淨高至少2.5m以上。

(4) 配電室內不得有用戶自備管線穿過，配電室上方如有廁所及其相關管路時，應事先協調建築工程採雙層樓板施作。

(5) 配電室通路應保持1.2m以上淨寬。

(6) 預埋引進管路之管徑、管數、配置及埋設深度。

(7) 預埋引進管穿過地下室外牆處要加設止水環。

 試說明電氣設備工程於樓版及柱、牆配管施工要領。

解析

目的係爲避免有關照明、火警探測器及開關、插座等埋設於樓版與柱牆內之管路因施工不當，致樓版及柱牆產生龜裂或蜂窩現象。其作業內容，包含：

(1) 樓版配管應施設於雙層鋼筋中間，並採用高腳型出線匣，管路與出線匣接續處接成S型，並應避免貼模。

(2) 樓版配管應避免過度集中及交錯重疊，致影響混凝土澆築後之強度及保護層不足。

(3) 柱牆之管路應配設於箍筋內，以防混凝土澆築後保護層不足，致柱牆面造成龜裂。

(4) 兩出線匣間之配管應避免轉彎，如因現況無法避免，應不得超過四個小於90度轉彎，俾利配線及日後更換導線作業。

(5) 管路與出線匣施設完成後應以16號軟鐵線將管路固定於配筋上，以防脫落。

(6) 檢查項目，包含：
   (a) 管材廠牌、規格是否符合設計圖說規定。

(b) 出線匣材質、厚度是否符合設計圖說規定。
(c) 出線匣放樣位置是否適當並方正整齊。
(d) 樓版管路是否配於雙層鋼筋中間。
(e) 柱牆管路是否配於箍筋內。
(f) 樓版配管不得過度集中且並排，避免混凝土澆築無法密實。

試說明電氣設備工程出線匣或配電箱與管路接續施工要領。

解析

目的在於說明出線匣或配電箱與管路接續之正確施工方式，俾免導線之絕緣皮損傷致造成電氣事故。其作業內容，包含：

(1) 出線匣或配電箱施設應力求方正，箱體及面板不宜凸出牆面以免妨礙通行及影響觀瞻。
(2) 配管與出線匣或配電箱接續之管口應施設喇叭口，金屬管管口則應附裝適當之護圈，以維持管口平滑。
(3) 配管至出線匣或配電箱的長度不宜過長或過短，如管口又未以適當之護圈保護，則導線之絕緣被覆易遭破壞，送電後會造成漏電或短路的危險。
(4) 出線匣或配電箱不宜有多餘之開口，多餘之開口應以封閉。
(5) 檢查項目，包含：
  (a) 出線匣及配電箱之材質、規格、厚度是否符合設計圖說規定。
  (b) 出線匣或配電箱體安裝是否平整。
  (c) 出線匣或配電箱是否有多餘之開口。
  (d) 管配至出線匣或配電箱出口長度是否適當。
  (e) 出線匣或配電箱接管管口是否有施做喇叭口或加套護圈。
  (f) 喇叭口或護圈口徑應與配管管徑相同，不得縮小。

試說明電氣設備工程管路配線結線施工要領。

解析

目的在於為使電氣導線配設完成後之使用安全無虞。其作業內容，包含：

(1) 牆面電氣開關箱與開關、插座之出線匣及中間連絡導線應於粉刷前施配完成，以避免粉刷後因導線管不通再行打鑿，影響牆面整體美觀。

(2) 樓版出線口至天花板器具間之導線，不得露明，應穿於導管(金屬或PVC可撓管)內，樓版出口亦應裝設蓋板，以避免導線在天花板內被蟲鼠咬破，造成短路現象。

(3) 開關箱及配電盤內所有電力線、控制線均應排列整齊，力求美觀，盤內匯流銅排並應加裝絕緣被覆。

(4) 導線配設工作應於導線管工程及混凝土澆築完成後始可開始進行。

(5) 導線應儘量避免連接，如須連接不得於導線管內爲之。

(6) 電氣導線配設完成後，依規定辦理電路之絕緣電阻測試，新設時絕緣電阻，建議在1MΩ以上。

(7) 檢查項目，包含：

(a) 樓版出線口至天花板器具間之導線是否穿於可撓導管內，並固定完妥。

(b) 導線之連接是否妥適。

(c) 導線是否完成回路絕緣電阻測試。

試說明電氣設備工程水電箱體周邊混凝土澆築施工要領。

解 析

目的在於配電箱周邊管路密集，混凝土澆築時，應避免產生蜂窩現象。其作業內容，包含：

(1) 水電箱體周邊因管路密集，應儘量分散配設，混凝土澆築時需以振動棒或木槌敲打模板，以使混凝土能充份流通，避免造成蜂窩現象。

(2) 檢查項目，包含：

(a) 箱體周邊配管儘量分散，以使混凝土粒料能充份流動。

(b) 澆築混凝土時，請專人以振動棒或木槌敲打模板使混凝土粒料充份流動，以免造成蜂窩現象。

試說明電氣設備工程機房相關配合設施施工要領。

解 析

目的在於爲使機器設備能順利搬運至機房內安裝，及正常運轉，其相關配合設施，需妥當配設。其作業內容，包含：

(1) 機房門及機器搬運通道大小應考慮機器尺寸及高度。

(2) 機器設置位置之基礎台。

(3) 機器防振措施及噪音管制。

(4) 機房通風百葉及抽排風機之設置。

(5) 檢查項目，包含：

(a) 機房門及機搬運通道之空間尺寸量測。
(b) 基礎台高度，及排水口之預留。
(c) 避震器是否依機器規格適當安置。
(d) 機房是否有消音之處理。
(e) 通風百葉大小尺寸是否足夠。
(f) 抽排風機電源是否留設。

 試說明弱電之支撐設備施工工法。

解析

(1) 吊桿、導線管夾、出線口、接線盒等，固定於建築結構上時要用膨脹錨栓。

(2) 在RC、磚牆內用膨脹錨栓或預埋方式，而在木質牆則用木螺絲固定。

(3) 禁止在鋼結構體上鑽孔或使用管線、線槽、機械設備作爲固定支撐物。

(4) 支撐附著於結構物或地板上，需考慮熱脹冷縮及振動時，須要有伸縮護件(Expansion Shields)。

(5) 支撐應照設計圖所定尺寸確實製作。

(6) 型鋼施工用切割器切割，應將其缺疤、鐵渣等鑿除，並使用砂輪整修邊緣。

(7) 螺絲或華司，穿越孔的直徑爲螺桿和螺絲的直徑再加1/8”(3mm)。

(8) 安裝點之位置，應照設計圖所示或監工工程師之指導做正確之按裝。

(9) 安裝時應注意相連接端是否固定妥，注意是否鎖緊。

(10)裝過程中應做適當之保護措施，避免承受過重之負荷。

(11)固定支撐架須調整時須注意支撐架鬆動之情形，須處於“緊密”狀態。

(12)支撐架之支撐面須完全接觸不可有間隙，以確保能支撐管線的重量。

(13)須預先偏位的支撐或吊架，應依圖面標示的尺寸予以偏位。

(14)每一組支撐均必須和圖面對照，要能確定所有元件均已被安裝，且都在其適當的位置。

(15)每個支撐元件，具有螺紋的部份，應檢驗其可操作性或可能遭到的損壞，如已損壞者，應即時換掉。

(16)須注意支撐本體是否有損壞，歪斜及變形等因素存在。

(17)螺桿之緊拉狀態是否良好，螺絲部份是否有良好的吻合狀態。

試說明弱電之電纜架施工工法。

解析

(1) 施工時應照設計圖所定尺寸確實製作，製作完成後視狀況塗上鍍鋅漆補強。

(2) 製作完成的電纜架支撐，應將其缺疤、鐵渣等鑿除，並應使用砂輪整修邊緣。

(3) 安裝時應注意與結構物(STRUCTURE)相連接端是否固定妥，相連接端。

(4) 安裝過程中應做適當之保護措施，避免承受過重之負荷。

(5) 檢查電纜架是否在正確的高度上附屬元件應依圖面指定使用。

(6) 需檢查電纜架本體是否有損壞，歪斜及變形等因素存在。

(7) 製作完成的電纜架，應將其所屬的號碼以明顯的記號記上，使容易區別。

(8) 安裝點之位置，應照設計圖所示或監工工程師之指導做正確之按裝。

(9) 安裝時應注意相連接端是否固定妥，注意是否鎖緊。

(10)電纜架之支撐面須完全接觸，不可有間隙，以確保能支撐電纜架的重量。

(11)每一組電纜架均必須和圖面對照，要能確定所有元件均已被按裝，且都在其適當的位置。

(12)檢查電纜架是否在正確的高度上。

(13)裝置多層電纜架要檢查是否路徑正確。

試說明弱電之導線管施工工法。

解析

(1) 導線管在現場連接時要切齊。螺牙要刮乾淨，並且要鎖緊，不能預留可移動的螺紋。

(2) 彎管及附件要小心施作，不能使導管截面積減少，其彎曲半徑不能小於標準彎頭。

(3) 支撐22mm至54mm的單一導管須藉由12mm全螺紋鍍鋅鋼吊桿和吊環架固定，70mm及以上之導管，則以16mm全螺紋鍍鋅鋼吊桿和吊環架固定。

多根導管使用相似的方法或使用共同的鞦韆式吊架。導管的鞦韆式吊架要以重型吊環架固定之。兩吊架中心間距爲不大於1500mm和轉彎處每300mm以內要有固定物。

(4) 所有導線空管要預先穿入8mm的聚丙烯細繩爲將來佈線用，並且要確定連接到每個入口到出口，於每條細繩末端貼上標籤以標示起點、終點和長度。

(5) 導管在伸縮縫的地方或有位移的鄰近兩段導管要安裝伸縮配件。

(6) 所有導管應有效的接地，從起點到配電箱、拉線盒和到出線盒的所有配件都要保持接地狀態。

(7) 所有導管在穿入導線之前應保持通暢，不能有外物侵入，施工時在管子的兩端須用塞頭或管帽以防外物侵入。

(8) 導管配件要和導管的形式相似，以保持導管和建築物表面的緊密。

(9) 裝設配線管路時，留設至地板上的導線管必須是垂直的明管，不可看見彎管的彎曲部份。

(10)接到設備上的防水軟管，長度至少450mm，但不超過1000mm，以防止震動。

(11)牙接步驟

(a) 垂直的切削牙口接合管端以接合管件凹陷的底部和切割後削整，不要減小管子水道的大小。

(b) 陽牙口接頭使用導電管膏塗布。

(c) 不要使用燈蕊或其他工具來完成接頭密合之工作。

試說明弱電之電纜配結線施工工法。

解析

(1) 佈線前先檢查及管線(電纜架)是否在正確的高度上。

(2) 佈線點之位置，應照設計圖所示或監工工程師之指導。

(3) 佈線過程中應做適當之保護措施，避免承受過重之負荷。

(4) 纜線應統一格式包覆並將其束緊或整捆包覆，不得散亂塞入。

(5) 纜線設備應將本案表示貼紙貼於明顯易判讀區域。

(6) 應以電工法規規定之施工方式施作，手拉時不會輕易鬆脫。

(7) 線材應以線槽集中。

(8) 端子應該確實鎖緊拉扯時不輕易鬆脫爲原則。

(9) 所有設備之電力供應，應照業主指定之分電盤配接，並爲獨立迴路供電，不得與其它系統或設備共用或混用。

(10)電纜尾端須備有適當線號之套籤，且加上識別絕緣色套。

(11)端子螺絲固定時所施加扭力、應能符合下表之數値並作記錄於查對後劃上記號：

螺絲尺寸	M3	M3.5	M4	M5	M6	M8	M10	M12	M16
扭力	5~7	8~10	10~15	20~30	40~50	90~120	180~250	320~420	800~1000

註：單位：kgf-cm。

 試說明弱電之配電盤施工工法。

解析

(1) 配電盤定位作業

(a) 基礎座如水平誤差±3mm(含)以內以60W×120D×1.6t水平墊片置於盤與盤間底部依水平誤差選擇片數調整至允許公差範圍。誤差超過±3mm以上則發文知會業主進行整修，如業主不克整修則需同意水平墊片提高厚度，以維持盤體平面及立面水平。

(b) 盤體定位前需依電氣室平面圖確認放樣是否依圖面尺寸放樣無誤。

(c) 每一列盤均須有放樣基準點並推算列盤中央基準點爲定位起始點。

(d) 盤體平面及立面水平須符合作業需求，必要時得以水平儀檢測設備進行校驗作業公差爲±3mm以內。

(e) 列盤擺放順序依電氣室作業空間分別訂定。

(2) 變壓器定位作業

(a) 完成變壓器推移定位後以附件防倒支架固定於底座四端預留孔，並確認對地相間距離無誤後，將可拆門檻復原完成變壓器定位作業。

(b) 變壓器推移作業帶電體接點處，嚴禁受力避免影響電氣使用安全品質。

(c) 完成列盤定位及併箱無誤後，再將變壓器盤體底部搬運支撐角鐵移除始進行變壓器搬運定位，部份箱體支撐角鐵不會卡到變壓器可免拆除。

(d) 將變壓器以機具推移至變壓器盤前端，將可拆式門檻移除後，小心將變壓器移推至定位點。

(e) 變壓器安裝程序另依工地條件進行補充說明。

(f) 變壓器軌道與地面走道如有高低落差，則事先舖設引接軌道，將變壓器以千斤鼎升高移至引接軌道後小心推入盤內。

(g) 變壓器推移作業須注意高低壓側方向。

(3) 併箱及基礎固定

(a) 併箱螺絲高低壓以M10×35五彩鍍鋅螺絲選用。

(b) 螺絲扭力依螺絲扭力基準設定。

(c) 2人一組由列盤中央向兩邊外側依序鎖緊，並以扭力計檢測扭力值，是否符合要求。

(d) 鎖緊前確保兩箱間間隙平整。

(e) 水泥鑽孔直徑及深度須逐盤檢查無誤後，方可進行基礎螺絲固定，避免鎖一半卡死無法修改。

(f) 基礎螺絲選用得依使用場所條件分別訂定。

(g) 膨漲基礎螺栓規格選用以M12爲依據。

(h) 基礎螺絲選用須依設備底座型式選用，固定槽鐵頂部用M12*75L，固定槽鐵底部用M12*30L。

(i) 無論單盤固定或列盤固定，基礎螺絲分別固定盤體4點基礎孔。

(j) 工地環境有特殊要求時，不在此限。

(k) 基礎螺絲作業方式依附件技術資料進行基礎固定。

(4) 銅排母線連接

(a) 依系統單線圖確認連接範圍及盤別。

(b) 所有併接銅排均已事先製作完成，並置於所有併接處下方接地銅排上。

(c) 併接螺絲規格數量，標示於附件明細表並將包裝置於盤體任一箱內，並於箱外標示附件在此箱之標示。

(d) 銅排併接作業每盤方式需一致，螺絲朝向以盤內已完成螺絲方向爲依據。

(e) 併接板兩端需平整不可歪斜，並以扭力計依扭力選用標準完成檢驗後，統一檢查劃記。

(f) 高壓盤部份隔板及金屬遮網，於品檢作業完成確認無誤後始依序復原。

(5) 接地線中繼連接

(a) 依單線系統圖確認連接範圍及盤別。

(b) 所有併接銅排均已事先製作完成並置於併接盤任一端。

(c) 拆除併接銅排與另一盤併接點連接固定即可。

(d) 所有併接螺絲已事先含於接地母線上，不須另行包裝。

(e) 併接板兩端需平整固定不可歪斜，並以扭力計依螺絲扭力基準完成檢驗後統一劃記。

(f) 變壓器設備接地需於變壓器安裝完成後一併作業。

(g) 避雷器接地不得與接地母線串連接，須直接連接於接地系統。(大地接地)

(6) 主回路電纜中繼連接

(a) 依單線系統圖確認連接範圍及盤別。

(b) 所有主回路盤間跨接電纜均已事先製作完成，並置於連接盤內暫時固定之。

(c) 低壓電力電纜置於兩連接盤其中一盤。

(d) 連接時依相序逐相固定，連接不可有交錯現象。

(e) 端子連接須平貼連接端子或銅排，再以端子所附螺絲，統一方向固定之，並以扭力計進行扭力檢測。

(f) 電力電纜固定須以盤體所附綁線角鐵固定整齊，避免連接處造成拉力影響用電品質。

(7) 控制回路連接

(a) 依單線系統確認連接範圍及盤別。

(b) 所有控制回路連接均事先完成過盤端子壓接，連接作業只須於定位後於併接處其中一盤即有連接線牽引過盤孔依序號逐次完成連接固定。

(c) 連接端子兩端之線號均一致，不會有不一致現象，如發現不一致請勿自行判斷，須先通知製造廠技術人員查明後再行作業。

(8) 變壓器之電力回路安裝

(a) 變壓器完成定位固定安裝確認無誤，開始進行一、二次側電力回路連接。

(b) 變壓器連接銅排及電纜、螺絲均事先完成置於附件箱或盤內。

(c) 銅排連接及電纜連接注意事項，依銅排中繼連接、主回路電纜連接作業標準進行。

(d) 散熱風扇電源及溫度偵測電源連接依圖標示作業，注意電纜避免碰及變壓器本體。

(e) 完成各項連接動作並完成檢驗劃記，依序將金屬遮網固定之。

試以流程圖說明電信系統之施工要領。

解析

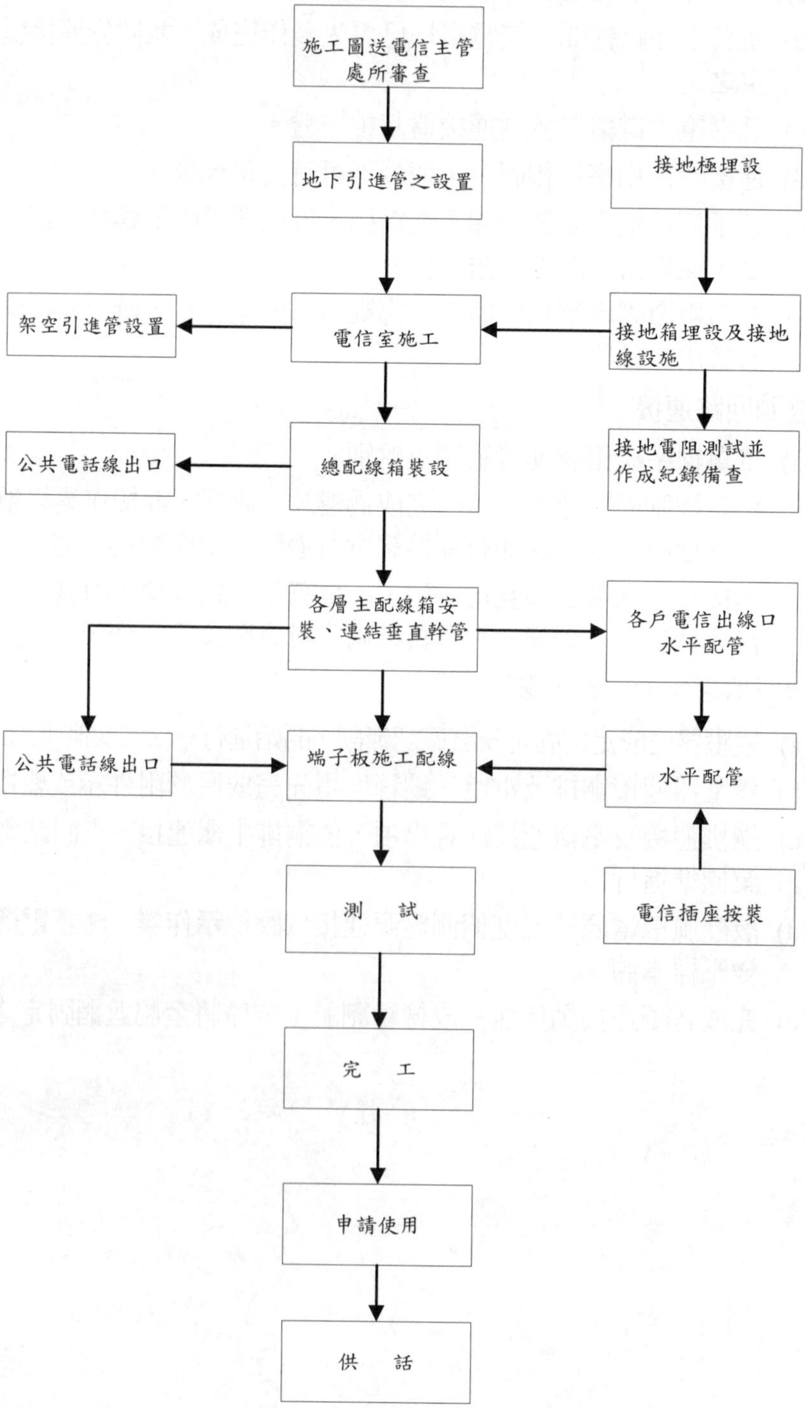

施工圖送電信主管處所審查
→ 地下引進管之設置
→ 電信室施工（→ 架空引進管設置）
→ 總配線箱裝設（→ 公共電話線出口）
→ 各層主配線箱安裝、連結垂直幹管（→ 公共電話線出口；→ 各戶電信出線口水平配管）
→ 端子板施工配線
→ 測　試
→ 完　工
→ 申請使用
→ 供　話

接地極埋設
→ 接地箱埋設及接地線設施（→ 電信室施工）
→ 接地電阻測試並作成紀錄備查

各戶電信出線口水平配管
→ 水平配管（→ 端子板施工配線）

電信插座按裝
→ 水平配管

公共電話線出口 → 端子板施工配線

試以流程圖說明電視系統之施工要領。

解析

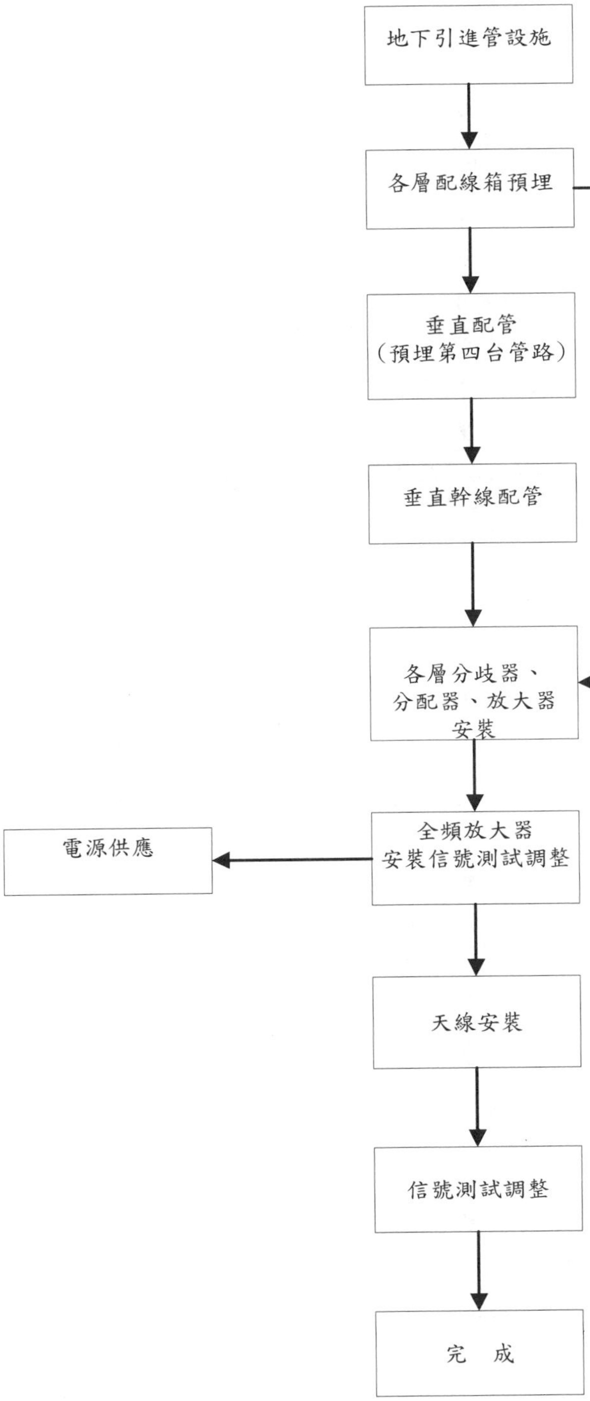

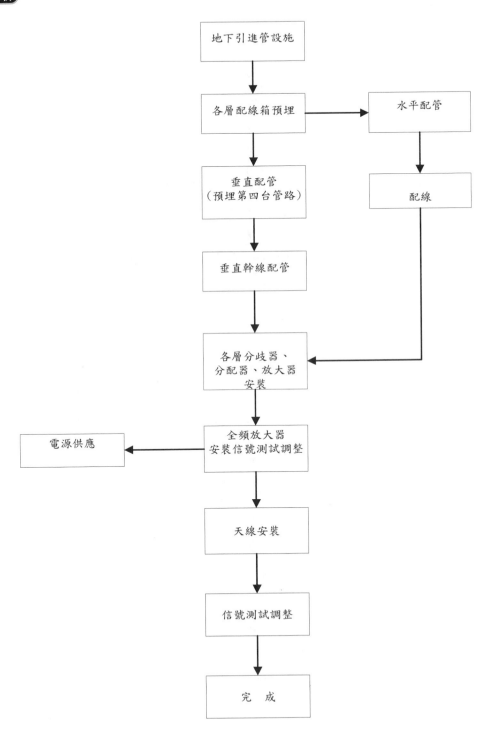

試以流程圖說明電視對講機系統之施工要領。

解析

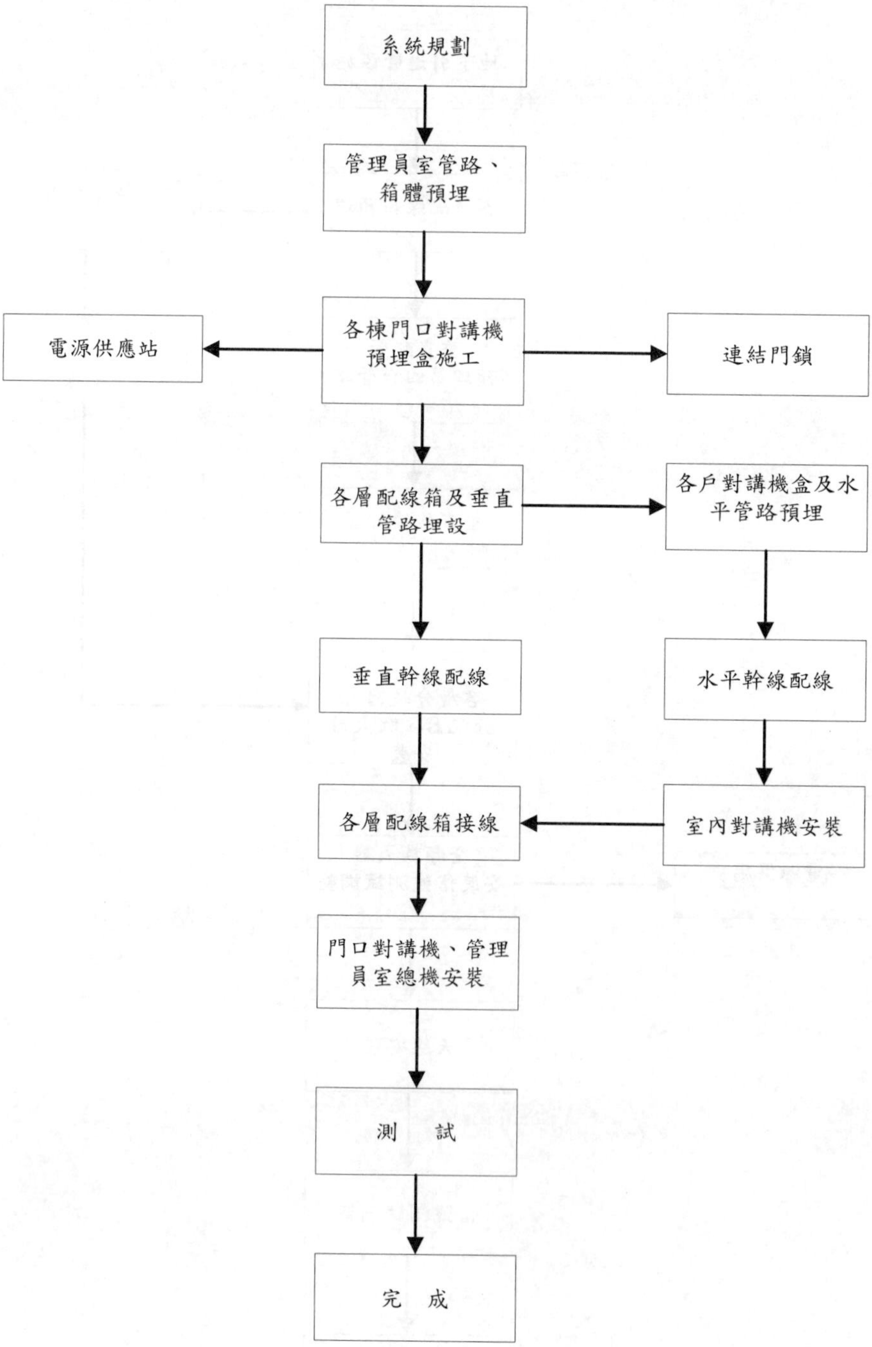

系統規劃
↓
管理員室管路、箱體預埋
↓
各棟門口對講機預埋盒施工 → 電源供應站
各棟門口對講機預埋盒施工 → 連結門鎖
↓
各層配線箱及垂直管路埋設 → 各戶對講機盒及水平管路預埋 → 水平幹線配線 → 室內對講機安裝 → 各層配線箱接線
↓
垂直幹線配線
↓
各層配線箱接線
↓
門口對講機、管理員室總機安裝
↓
測　試
↓
完　成

試以流程圖說明監視系統之施工要領。

解析

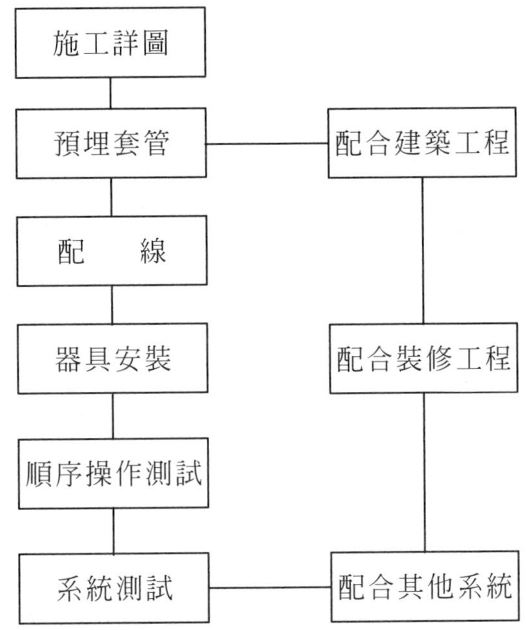

試以流程圖說明中央監控系統之施工要領。

解析

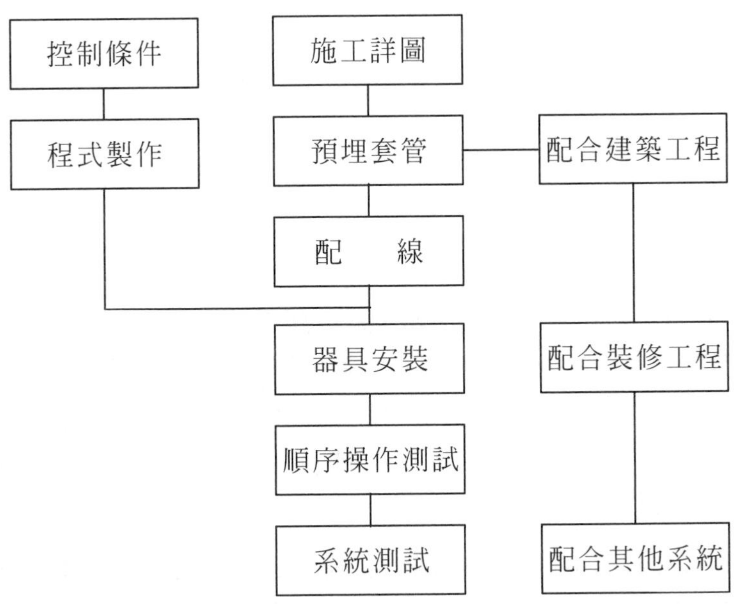

試說明弱電設備施工注意事項。

解析

(1) 與其他工作項目之關係及配合事項

(a) 由電氣承商負責配電源管線至其它相關電氣設備之接線盒。

(b) 配合圖說之規劃，由各關聯承商確認管路安裝，避免相互實體衝突。

(c) 協調配合土建鋼筋綁紮的進度，進行預埋配管作業。

(d) 配合土建裝修進度，進行動力設備及插座安裝固定。

(2) 施工前之準備事項

(a) 於施工工地應預先規劃進料存放區。

(b) 施工材料應分門別類整齊堆集於進料存放區，並按到達次序取用。

(c) 施工時應避免妨礙鄰近交通、佔用道路、損害公私財產、污染環境或妨礙民眾生活安寧等事宜。

(3) 水電管線設施

(a) 臨時配電系統：依施工及安裝之需求，設臨時分電箱，其供電之電壓爲220V/110V，其電路設置漏電斷路器供施工人員工作用電之所需。

(b) 臨時通風設施：將新鮮空氣直接吹送至工作區域，污染空氣則經樓板空隙及開挖口送出，使作業人員總是有好的工作環境。

(c) 臨時照明系統：結構照明採用220V/500W投射燈及220V/40W日光燈爲主、安裝間隔每10米一具、單邊排列。

(d) 緊急供電系統：採用發電機組供電(220V、100KW)至工區臨時電位置。

試說明接地的目的。

解析

(1) 防止感電：用電設備之帶電部份與外殼間，若因絕緣不良或劣化而使外殼對地間有了電位差，稱爲漏電，嚴重漏電時可能使工作人員受到傷害。防止感電的最簡單方法，便是將設備的非帶電金屬外殼實施接地，使外殼的電位接近大地或與大地相等。由於人體的電阻、鞋子電阻及地板電阻的差異，所以能夠承受的電壓隨著人、地而不同，通常人類不致感電死亡的電壓界限約爲24~65伏特。

(2) 防止電器設備損壞：由於雷擊、開關突波、接地故障及諧振等原因而使線路發生異常電壓，此等異常電壓可能導致電氣設備之絕緣劣化，形成短路而燒毀。但若系統實施接地，則可抑制此類異常電壓。

(3) 提高系統之可靠度：若系統實施接地時，可使接保護電驛迅速隔離故障電路，讓其他電路能夠繼續正常供電。

(4) 防止靜電感應：若電器設備上累積靜電荷時，可利用接地線導至大地。

試說明接地工程之種類。

解析

(1) 電氣設備之外殼非帶電金屬的接地。

(2) 電力系統的接地。

(3) 避雷器與避電針的接地。

試說明接地之方式。

解析

(1) 設備接地：用電設備非帶電金屬部份之接地。包括金屬管、匯流排槽、電纜之鎧甲、出線匣、開關箱、馬達外殼等。

(2) 內線系統接地：屋內線路中被接地線之再行接地。其接地位置通常在接戶開關之電源側與瓦時計之負載側間，可以防止電力公司中性線斷路時電器設備被燒毀，亦能防止雷擊或接地故障時發生異常電壓。

(3) 低壓電源系統接地：配電變壓器之二次側低壓線或中性線之接地，目的在穩定線路電壓。

(4) 設備與系統共同接地：內線系統接地與設備接地，共用一條地線或同一接地電極。

試說明接地之安裝流程。

解析

(1) 接地材料應設在與地下管線及基礎不相衝突之處或未來不致開挖之場所。接地導線不應連接至地下管線或地下箱槽。

(2) 地下接地之連接應依圖示或需要辦理(以熱銲劑法)，每一待接觸之表面，在連結以前應徹底清理乾淨，經檢查並認可後方可將連接點予以回填。

(3) 接地系統應依圖所示位置施工。

(4) 接地導線之預留出線在圖示位置。凡接地導線之預留出線通過混凝土或地板者，須設套管及止水設施。

(5) 接地電阻未達到規定值時，可使用土壤改良劑。

(6) 在適當地方加裝接地測試裝置。

MOF 代表什麼意思？

對需要高壓及特別高壓的消費者而言，電力公司計費用變換器稱爲 MOF。亦即，同時收容電流用變流器和電壓用變壓器的機器謂之。

GCB、VCB 是何種電氣設備？其功能為何？

(1) GCB瓦斯斷路開關，VCB眞空斷路開關。

(2) 功能爲高壓用電設備之保護開關。

提供電信室有何功能為何？

作爲固網業者設置電信轉換設備及用戶責任分界點。

提供台電配電室有何功能及目的？

提供台電公司設置變電設備以利用戶之供電。

漏電斷路器其裝置場所為何？裝置目的？

如潮濕地點、工地臨時電、沈水泵…等，針對線路漏電時可以跳脫之裝置，避免發生電擊之危險發生。

試說明冷氣空調安裝程序。

解析

(1) 依照廠商說明書安裝。

(2) 屋頂式箱型空調機組應裝於工廠預製之屋頂安裝框架上，且須確保水密，以保護風管及其他組件。屋頂安裝框架之安裝應保持水平。

(3) 電腦室空調機組之安裝應與電腦房高架地板安裝者協調。

(4) 水冷式機組之冷凝器進出水管須裝關斷閥。

(5) 水盤之排水管及加濕器沖洗系統應裝適當之排水接頭，並依需要接管至地板落水或冷凝水排水系統。

(6) 所供應之機組應充妥冷媒及冷凍油。

試說明空調風管安裝施工程序。

解析

(1) 玻璃纖維風管安裝前，應經業主檢查。

(2) 風管在需要處應預留孔，以供安裝溫度計、控制器及系統測試用之皮托管；皮托管測試開孔應含有金屬蓋及彈簧裝置或螺絲，以確保氣密。若在保溫風管上開孔，則在金屬蓋內加裝保溫材。

(3) 設備附近之風管應預留足夠空間，以作正常操作及維護用。

(4) 埋設風管應保持1：500之斜率接至充氣室或較低之出口，並設檢修口。

(5) 埋設無外覆之金屬風管，應覆一層瀝青保護底漆(接縫及接頭須多加一層)。

(6) 埋設金屬風管應適當固定，以防止灌漿時發生風管浮動，外應覆至少75mm(3吋)厚混凝土，且混凝土灌漿後20天內，不得通熱入風管中。

(7) 空氣終端箱以不超過300mm之撓性風管接於中壓或高壓之風管系統，撓性風管不得用於方向之改變。

(8) 擴散式風口或燈具型風口應以不超過1.5m之撓性風管接於低壓風管系統，且須用固定帶或固定夾將風管定位固定。

(9) 廚房排油煙罩之垂直排風管底部，應裝設雜物分離器及風管清理之裝置，水平風管要有反排氣方向之坡度，每隔適當距離須設有集油杯，以免油脂類或雜物沉積其間。外露之風管應使用(不銹鋼、著漆之鍍鋅鐵皮)；隱蔽之風管應使用(不銹鋼、鍍鋅鐵皮)。

(10)玻璃纖維風管僅能用於可掀開之天花板，但不得用於兼作排煙系統。

(11)風管製作期間，風管之開口處應覆以臨時性之金屬或聚乙稀蓋板，以防灰塵進入。

(12)所有貫穿防火區劃牆面及樓地板面之風管開孔，必須用彈性體可位移性±40%之阻火材料密封，以達(2小時)以上之防火時效，其施工方式必須經業主及業主核准後方可施工。

試說明升降機裝置之一般分類。

解析

(1) 依用途別分類

(a) 載人用升降機(Passenger Elevator)：專用於載人的升降機。

(b) 載貨用升降機(Freight Elevator)：專用於載運貨物，不得載人。如因需要，得搭乘一人充當操作員。

(c) 人貨兩用升降機(Passenger and Freight Elevator)：載人、載貨兩用之升降機。並可依需要設計爲以載人爲主或以載貨爲主。

(d) 醫院床用升降機(Bed or Hospital Elevator)：醫院中用以載送病床之升降機。其特點爲車廂縱深較大，以便容納病床台車。平常亦可當載人升降機使用。

(e) 汽車專用升降機(Car Elevator)：停車場之汽車專用升降機。

(f) 小型載貨升降機(Dumb Waiter)又稱爲送菜梯：一般用於工廠載送手推車或圖書館、銀行、大飯店運送文件、資料、餐點等。因無法乘人，故都由外部來操作。

(2) 依速度分類

(a) 低速升降機：額定速度45m/min以下之升降機。

(b) 中速升降機：額定速度60m/min~105m/min以下之升降機。

(c) 高速升降機：額定速度120m/min以上之升降機。

(3) 依捲揚馬達之電源別分類

(a) 交流升降機(AC Elevator)：以交流三相感應馬達(Induction Motor)驅動捲揚機(Traction Machine)牽引梯廂昇降之升降機。

(b) 直流升降機(DC Elevator)：以感應馬達驅動直流發電機(DC Generator)，產生之直流電源，供給驅動捲揚機之直流馬達(DC Motor)之升降機。一般直流馬達和直流發電機合稱爲「馬達－發電機組」(M-G

Set)。直流升降機又分為以下兩種型式：

① 直流－減速齒輪式(DC-Geared)：直流捲揚電動機回轉軸結合減速齒輪(Geared)，減速後驅動升降機。此方式適用於90，105m/min之中速升降機。

② 直流－無減速齒輪式(DC-Gearless)：直流捲揚電動機回轉軸，直接經捲揚機驅動升降機。此方式適用於速度120m/min以上之高速升降機。

(4) 依驅動方式分類

(a) 鋼纜式(Rope)升降機：鋼纜(Rope)掛在捲揚機之驅動滑輪上(Sheave)，一端吊掛升降機車廂，另一端則另掛平衡錘(Counter weight)；當捲揚機捲上、捲下動作時，車廂便隨之上昇、下降。鋼纜式升降機是利用鋼纜與驅動滑輪之間的摩擦力來傳達馬達的驅動力，使升降機昇降。

(b) 油壓式升降機(Hydraulac Elevator)：控制油壓幫浦打油注入油壓圓筒(Cylinder)，油壓即將柱塞(Plunger)往上推，升降機車廂則直接固定在柱塞的上部，隨著油壓的增減而昇降。

(5) 依機械室位置分類

(a) 昇降路頂部式(Overhead Installation Type)。

(b) 昇降路底部式(Basement Installation Type)。

一般而言，鋼纜式升降機採用頂部式(特殊情形才採用底部式)，而油壓式升降機則採用底部式。

 試說明升降機機種及規格之表示方法。

解析

製造者為了區分與識別，通常以代號來表示不同之機種規格。一方面也便利設計、生產製造以及維修、保養上之管理。表示方式及意義說明如下：

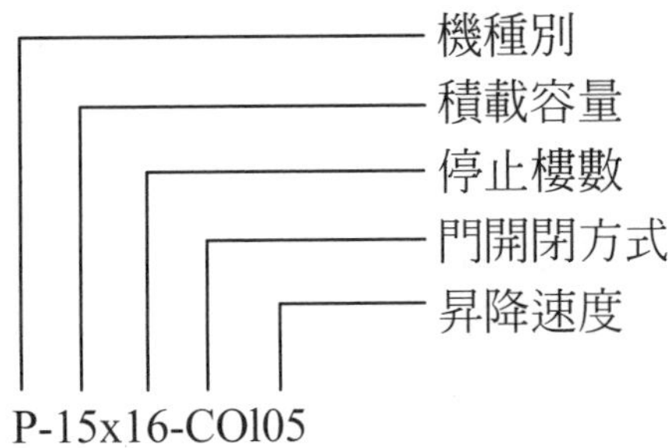

(1) 機種別：以升降機之用途別區分。

記號	文義	說明
P	Passenger Elevator	人用電梯
PF	Passenger & Freight Elevator	人貨兩用電梯
F	Freight Elevator	載貨用電梯
B	Bed Elevator	醫院病床用電梯
DW	Dumb Waiter Elevator	小型貨梯或送菜機
DC-GD	DC Geared Elevator	直流有齒輪式電梯
DC-GL	DC Gearless Elevator	直流無齒輪式電梯
CV-GL	Thyristor Gearless Elevator	閘流體控制無齒輪式電梯

(2) 積載容量(Load Capacity)：P型升降機(含DC-GD,GL,CV-GL)之積載容量，以額定搭乘人數表示，如6(人)、15(人)……等；其他如B、F、DW等機種則標示額定積載重量，如750(公斤)、1000(公斤)等。

(3) 停止樓數：表示升降機之服務樓數，如升降機非全階服務時，則以分數形式來表示：如10/12表示建築有十二層，但升降機僅服務十樓，以作爲區分。

(4) 門開閉方式：升降機門之開閉方式，大致上可分爲水平方向開閉式(橫開式)及垂直方向開閉式(上下開式)二大類，一般有下列數種：

區分	記號	名稱	圖示
水平方向開閉式	CO	二門中央對開式 (2 Panel Center Opening Door)	
	2S	二門雙速側開式 (2 Panel Speed Opening Door)	
	3S	三門三速側開式 (3Panel 3Speed Opening Door)	
	4P-CO	四門中央對開式 (4 Panel Center Opening Door)	

區分	記號	名稱	圖示
垂直方向開閉式	2U	二門上開式 (2Panel UP-Sliding Door)	
	3U	三門上開式 (3 Panel UP-Sliding Door)	
	BP	二門上下對開式 (2 Panel By-Parting Door)	

(5) 昇降速度：升降機昇降速度以公尺/每分鐘(M/min)表示。

試說明升降機資料送審之廠商資料文件內容。

解 析

(1) 車廂內部設計圖。

(2) 車廂、乘場操作盤及顯示器圖。

(3) 出入口門詳圖。

(4) 設備平面配置圖、立面詳圖。

(5) 主要構件強度計算書。

(6) 捲揚機及緩衝器反力大小。

(7) 馬力計算書。

(8) 捲揚機型式及其主要規格。

(9) 主要電氣接線圖。

以升降機為例，試說明土建及機電界面協調應處理之事項為何？

解 析

(1) 土建工程負責部分

(a) 防火、防潮及結構堅牢之升降路、機坑。

(b) 機械室樓板及乘場牆面配合升降機所需之預留孔。

(c) 升降機安裝完成後各預留孔之縫隙填補及修飾平整。

(d) 機械室於升降機安裝後舖設約10cm輕質混凝土。

(e) 機械室裝設吊鉤或吊梁。

(2) 電機工程負責部分

(a) 供應交流、三相、380V、60Hz動力電源至機械室(含分電箱及無熔線斷路器)。

(b) 機械室設置單相、110V、60Hz、20A檢查用插座及照明。

(c) 機坑設置單相、110V、60Hz、20A檢查用插座。

(d) 火警訊號接點依計畫需求增減。

 試說明升降機安全設備之相關規定。

解析

(1) 極限開關：為防車廂超程移動，於升降機軌道之最高及最低樓層應各設置終點極限開關及最後極限開關。

(2) 緊急停止按鈕：車廂頂及機坑應分別設置緊急停止按鈕。

(3) 防超載裝置及警示燈：車廂應設置防超載裝置及警報器，於超載時發出警報及警示，除非減少負荷，升降機應無法啓動。升降機行走中，防超載裝置即不產生作用。

(4) 馬達保護裝置：馬達須具逆相、欠相及過載保護裝置。

(5) 警報器與對講機：車廂操作盤上應設緊急呼叫按鈕與隱藏對講機，於緊急狀況時可與外面人員連絡，對講機分別連接至升降機機械室與值班室、監控室、警衛室。

 試說明升降機之施工程序。

解析

(1) 安裝

(a) 升降機均需由承包商或製造商完全依照規範書、最後認可之圖面及認可之程序進行安裝。

(b) 承包商在安裝期間，應提供充分之安全設施，例如邊界之圍籬、欄杆、爬梯、平台、遮蔽物、警示牌、警示燈及一切勞工法或其它政府法令規定之各項要求。

(c) 安裝時，承包商應隨時保持工地清潔，不得有廢料或垃圾堆存。完工前，應將工地內不屬於業主之所有設施架料、設備、材料及垃圾運離。

在試車完成後，承包商應在工地留下令業主滿意之整齊、清潔及能表現其工作品質之情況。任何因本工程作業而損壞之設施，應由承包商無償修復或更換之。

(2) 測試：除另有規定外，升降機至少應實施下列各項測試：
   (a) 負載試驗：包括0、25、50、75、100及110%額定負載之上、下運轉試驗。
   (b) 著樓試驗：許可差在±5mm以內。
   (c) 安全裝置試驗。(包括調速機和安全鉗)
   (d) 測量間隙與許可差。
   (e) 超載警報試驗。
   (f) 電氣設備之絕緣測量。
   (g) 其他一般機械與電氣設備之一般檢驗。
   (h) 其他功能測試。
   (i) 升降機設備安裝完成後，應向主管機關申請安全檢驗。

試說明升降機工程常與建築土木及水電工程產生的介面問題。

解析

(1) 電源的供應：使用電源之相數、電壓、頻率，電源設備及配線由那工程施工？
(2) 配電箱、消防栓箱等機電設備施設於升降機坑之牆壁。
(3) 升降機坑之牆壁內埋有水管。
(4) 升降機機房內設有非升降機工程使用之機電設備。
(5) 升降機機房內未設有通風或空調設備。
(6) 升降機機房地板未作防塵處理。
(7) 升降機機坑連續壁滲水。
(8) 升降機機坑深度不足或車廂至機房之間距OH不足。
(9) 地梁凸出於升降機機坑內。
(10)柱凸出於升降機機坑之牆，使車廂變小。
(11)鋼構建築鋼柱所噴之防火披覆影響控制之電子設備。

試說明消防安全設備種類就用途及功能可包含哪些？

解析

(1) 警報設備：指報知火災發生之器具或設備。

(a) 火警自動警報設備。

(b) 手動報警設備。

(c) 緊急廣播設備。

(d) 瓦斯漏氣火警自動警報設備。

(2) 滅火設備：指以水或其他滅火藥劑滅火之器具或設備。

(a) 滅火器、消防砂。

(b) 室內消防栓設備。

(c) 室外消防栓設備。

(d) 自動灑水設備。

(e) 水霧滅火設備。

(f) 二氧化碳滅火設備。

(g) 泡沫滅火設備。

(h) 乾粉滅火設備。

(3) 避難逃生設備：指火災發生時為避難而使用之器具或設備。

(a) 標示設備：出口標示燈、避難方向指示燈、避難指標。

(b) 避難器具：指滑台、避難橋、救助袋、緩降機、避難繩索、滑杆及其他避難器具。

(c) 緊急照明設備。

(4) 消防搶救上之必要設備：指火警發生時，消防人員從事搶救活動上必要之器具或設備。

(a) 連結送水口。

(b) 消防專用水池。

(c) 排煙設備(緊急昇降機間、特別安全梯間排煙設備、室內排煙設備)。

(d) 緊急電源插座。

(e) 無線電通信輔助設備。

(5) 其他經中央消防主管機關認定之消防安全設備。

試說明消防管線之裝配流程。

解析

(1) 設計圖所示之管線配置位置，並非絕對遵循之路線，承包商應在施工前，充分了解工地情況，以及與其他工程間之關係，對有衝突之處，應與有關人員協調，作適當之調整，並提送施工詳圖，經業主核准後施工。

(2) 管線應盡可能採直線配置，避免不必要之偏位、交錯，凹陷及造成氣囊。管線排列應與樑柱及地坪面保持平行，以及具有傾向洩水或排氣位置之適當斜度並考慮閥及管配件之維修空間。如閥及管配件裝於隱蔽處所，須預留檢修門(孔)。

(3) 安裝管線須能允許膨脹或收縮，且無應力作用於管子、接頭或所連接之設備上。

(4) 所有水管應於必要高點裝設排氣閥，低點裝設洩水閥。

(5) 所有與機器設備相連接之管子，或管線日後有拆卸保養顧慮處，應採用管套節或凸緣連接，不同材質之金屬管，須使用絕緣管套節。

(6) 銲接歧管以及使用銲接管件改變管路方向，必須使用標準管件，不允許使用管子互相切角插接或交接，而代替肘管及T型管。

(7) 地下金屬管須防蝕處理。

(8) 管線油漆依相關規定辦理。

(9) 所有管線須有良好的支撐，並應考慮設備的振動、流體溫度及壓力。

(10)除特別註明外，管線不得貫穿建築物之結構體。

(11)管線貫穿基礎、樓板、牆壁)時須加套管。

(12)管線貫穿防火區劃時，應使用核可之防火填充材料於結構體開孔與配管空隙間密封，以達防火之要求。

試說明警報設備配線之安裝流程。

解析

(1) 依據各類場所消防安全設備設置標準及製造廠商的安裝說明書安裝探測器及結線。

(2) 火警迴路及各探測器迴路之接線應可施行迴路斷線試驗。

(3) 火警迴路由頂樓地板之出線匣至天花板上出線匣或探測器間之配線，應穿入(金屬管、可撓金屬、塑膠管、塑膠軟管)內。

消防受信總機之功能為何？

解析

連接火警探測器或手動警報設備，可以顯示各分區動作之機器。

何謂室內消防栓，其功能為何？

解析

屬滅火設備一種，利用消防泵浦連接室內消防栓做爲室內滅火。

A 參考文獻

1. 中國國家標準CNS 11567，民國90年版(修正)。
2. 行政院公共工程委員會，公共工程製圖手冊V 3.1，民國93年版。
3. 林銘毅，建築製圖總複習，民國81年，矩陣圖書有限公司。
4. 楊秉蒼，營造工程製圖與識圖課程講義，民國95年。
5. 行政院勞工委員會中區辦公室，技術士歷年試題及答案，http://www.labor.gov.tw/。
6. 營造業法，全國法規資料庫，民國95年，http://law.moj.gov.tw/。
7. 營造業法施行細則，全國法規資料庫，民國95年，http://law.moj.gov.tw/。
8. 營造業工地主任評定回訓及管理辦法，全國法規資料庫，民國93年，http://law.moj.gov.tw/。
9. 政府採購法，全國法規資料庫，民國95年，http://law.moj.gov.tw/。
10. 政府採購法施行細則，全國法規資料庫，民國93年，http://law.moj.gov.tw/。
11. 建築法，全國法規資料庫，民國93年，http://law.moj.gov.tw/。
12. 建築技術規則，內政部營建署，民國96年，http://w3.cpami.gov.tw/law/law/lawe-2/ b-rule.htm。
13. 空氣污染防制法，行政院環境保護署，民國95年，http://w3.epa.gov.tw/epalaw/index.aspx。
14. 噪音管制法，行政院環境保護署，民國92年，http://w3.epa.gov.tw/epalaw/index.aspx。
15. 廢棄物清理法，行政院環境保護署，民國95年，http://w3.epa.gov.tw/epalaw/index.aspx。
16. 楊秉蒼，測量與放樣課程講義，民國96年。
17. 李聖堂，測量學題庫，民國91年。
18. 葉怡成，測量學-21世紀觀點，民國88年，台灣東華書局股份有限公司。
19. 張淑芬，丙級測量學術科通關寶典，民國91年，台灣科技大學。
20. 實力土木編輯委員會，最近十年(81-90)土木類試題解析(四)：施工.營管.測量，民國90年，實力出版社。

21. 行政院公共工程委員會，公共工程施工綱要規範，http://140.115.63.229/csi/。
22. 楊秉蒼，建築施工課程講義，民國95年。
23. 張國禎，營造施工1000題，民國79年，茂榮圖書股份有限公司。
24. 葉基棟、吳卓夫，營造法與施工，民國67年，茂榮圖書股份有限公司。
25. 石正義，超高層鋼骨:施工與管理實務，民國79年，詹氏圖書股份有限公司。
26. 行政院公共工程委員會，公共工程施工品質管理制度，http://www.pcc.gov.tw/。
27. 行政院公共工程委員會，公共工程施工品質管理作業要點，http://www.pcc.gov.tw/。
28. 行政院公共工程委員會，公共工程品質管理相關教材，http://www.pcc.gov.tw/。
29. 行政院公共工程委員會，公共工程管理法令彙編，民國94年。
30. 楊秉蒼，營建管理科學，民國92年，詹氏圖書股份有限公司。
31. 楊秉蒼，營建自動化電子化，民國93年，詹氏圖書股份有限公司。
32. 彭蘇進，建築工程管理[工地 主任 監工]考照大全:甲級學科，民國81年，漢威營建管理顧問公司。
33. 黃正忻，營建工程管理，民國82年，九樺文教機構。
34. 羅醒亞，營建工程管理與實務，民國86年，詹氏圖書股份有限公司。
35. 劉福勳，營建管理概論，民國83年，現代營建雜誌社。
36. 廖國禎，營建管理，民國87年，科技圖書股份有限公司。
37. 九樺文教機構，營建管理歷年試題精解，民國86年，九樺文教機構。
38. 林耀煌，營建工程施工規劃與管理控制，民國83年，長松出版社。
39. 劉福勳，實用工程進度規劃與控制，民國85年，漢天下工程管理顧問有限公司。
40. 中國土木水利工程學會，建築(含設施)工程施工計畫書綱要製作手冊，民國94年，行政院公共工程委員會。

41. 羅明安，契約與規範，民國82年，矩陣圖書有限公司。
42. 張德周，契約與規範，民國94年，文笙出版社。
43. 行政院公共工程委員會，品質管理人員回訓班「營建工程履約管理實務」教材，民國94年，行政院公共工程委員會。
44. 勞工安全衛生法，勞工安全衛生研究所，民國91年，http://www.iosh.gov.tw。
45. 勞工安全衛生法施行細則，勞工安全衛生研究所，民國91年，http://www.iosh.gov.tw。
46. 勞工安全衛生設施規則，勞工安全衛生研究所，民國91年，http://www.iosh.gov.tw。
47. 勞工安全衛生設施規則，勞工安全衛生研究所，民國78年，http://www.iosh.gov.tw。
48. 機械器具防護標準，勞工安全衛生研究所，民國93年，http://www.iosh.gov.tw。
49. 起重升降機具安全規則，勞工安全衛生研究所，民國85年，http://www.iosh.gov.tw。
50. 高架作業勞工保護措施標準，勞工安全衛生研究所，民國86年，http://www.iosh.gov.tw。
51. 營造安全衛生設施標準，勞工安全衛生研究所，民國93年，http://www.iosh.gov.tw。
52. 安全資料表資料庫，勞工安全衛生研究所，http://www.iosh.gov.tw。
53. 物質安全資料表，勞工安全衛生研究所， http://www.iosh.gov.tw。
54. 汪燮之，土木工程施工機械，民國77年，大中國圖書股份有限公司。
55. 沈永年，施工機械，民國88年，全華圖書股份有限公司。
56. 胡之光，施工機械，民國88年，文京圖書股份有限公司。
57. 建築物基礎構造設計規範，內政部營建署，http://w3.cpami.gov.tw/br/ref/dir.htm。
58. 鋼骨鋼筋混凝土構造設計規範與解說，內政部營建署，http://w3.cpami.gov.tw/ref3/dir.htm。

59. 賴景波，基礎工程施工與實務，民國80年，現代營建雜誌社。

60. 楊全成，實用基礎工程，民國76年，人生書局。

61. 熊雲嵋，基礎工程，民國73年，教育部。

62. 沈國瑞，大地工程學.基礎工程精要篇，民國85年，文笙出版社。

63. 陳修勳，水電空調工程實務，民國84年，詹氏圖書股份有限公司。

64. 陳志泰，水電工程相關法規彙編，民國88年，詹氏圖書股份有限公司。

65. 陳志泰，水電工程品質管制實務，民國88年，詹氏圖書股份有限公司。

66. 陳志泰，水電工程規劃與管理，民國87年，詹氏圖書股份有限公司。

營造工程管理技術士技能檢定術科精華解析

作　　者　社團法人台灣中小型營造業協會
　　　　　楊秉蒼
執行編輯　廖之萍
發 行 人　陳本源
出 版 者　全華圖書股份有限公司
地　　址　23671 台北縣土城市忠義路 21 號
電　　話　(02) 2262-5666　(總機)
傳　　真　(02) 2262-8333
郵政帳號　0100836-1 號
印 刷 者　宏懋打字印刷股份有限公司
圖書編號　05980
初版二刷　2008 年 7 月
定　　價　新台幣 680 元
I S B N　978-957-21-5857-9 (平裝)

全華圖書
www.chwa.com.tw
book@ms1.chwa.com.tw

全華科技網 OpenTech
www.opentech.com.tw